자연에 대한 온전한 이해4

이론 물리학, 옴에서 아인슈타인까지

2부 이제는 막강해진 이론 물리학, 1870~1925년

2

우리 부모님께

한국연구재단 학술명저번역총서 서양편·728

자연에 대한 온전한 이해:
이론 물리학, 옴에서 아인슈타인까지
2부 이제는 막강해진 이론 물리학, 1870~1925년

4

발 행 일   2015년 1월 2일 초판 인쇄
          2015년 1월 7일 초판 발행

원   제   Intellectual Mastery of Nature:
          Theoretical Physics from Ohm to Einstein,
          Volume 2: The Now Mighty Theoretical Physics 1870~1925
지 은 이   크리스타 융니켈(Christa Jungnickel)
          러셀 맥코마크(Russell McCormmach)
옮 긴 이   구 자 현
책임편집   이 지 은
펴 낸 이   김 진 수
펴 낸 곳   **한국문화사**
등   록   1991년 11월 9일 제2-1276호
주   소   서울특별시 성동구 광나루로 130 서울숲IT캐슬 1310호
전   화   (02)464-7708 / 3409-4488
전   송   (02)499-0846
이 메 일   hkm7708@hanmail.net
홈페이지   www.hankookmunhwasa.co.kr

ISBN 978-89-6817-105-5 94420
ISBN 978-89-6817-101-7 (세트)

이 도서의 국립중앙도서관 출판예정도서목록(CIP)은
서지정보유통지원시스템 홈페이지(http://seoji.nl.go.kr)와
국가자료공동목록시스템(http://www.nl.go.kr/kolisnet)에서
이용하실 수 있습니다.(CIP제어번호: CIP2014034183)

'한국연구재단 학술명저번역총서'는 우리 시대 기초학문의 부흥을 위해
한국연구재단과 한국문화사가 공동으로 펼치는 서양고전 번역간행사업입니다.

『자연에 대한 온전한 이해: 이론 물리학, 옴에서 아인슈타인까지』 *Intellectual Mastery of Nature: Theoretical Physics from Ohm to Einstein*의 한국어판이 나오기까지 어려운 일이 많았다. 힘든 만큼 일에는 보람이 있어 역자의 지적 여정에 하나의 이정표를 남기는 경험이 되었다. 19세기부터 20세기 초까지 독일 물리학의 가장 중요한 시기에 물리학이 어떻게 독일적 맥락에서 형성되었는지를 새로운 접근법으로 살핌으로써 기념비적인 저작이 된 책을 번역할 수 있었던 것은 특권이었다.

20세기 초 현대 물리학은 양자 역학과 상대성 이론이라는 양대 기둥에 의해 우뚝 섰다. 그 이론들이 독일적 맥락에서 주로 이루어졌다는 것은 이러한 놀라운 성과를 이룩하기 위해 독일인들이 불과 한 세기 전의 미약했던 물리학의 토대 위에서 어떠한 노력을 기울였는가에 의문을 품게 한다. 그런 점에서 이 책은 기존의 연구와는 차별되는 접근법, 즉 과학 내적 흐름보다는 제도적 흐름에 주목함으로써 탁월한 이론 물리학의 성과들이 어떻게 독특한 배경 속에서 출현하게 되었는가를 서술한다. 이 책은 19세기와 20세기 초를 거치면서 물리학 교과서에서 흔히 접하는 상당수 물리학자들의 개인적인 면모를 볼 수 있는 남다른 즐거움을 선사한다. 교과서에서 위대한 물리학의 창조자로 나오는 이들이 현대 사회의 어떤 물리학자보다도 어려운 연구 형편에서 연구에 매진하여 이룩해낸 위대한 성과를 현재 우리가 접하고 있다는 사실을 통해 독자들은 큰 감동을 느낄 것이다. 인력과 지식이 원만하게 흐를 때 그 사회의 과학은 성공적으로 발전할 수 있다는 것도 배우게 될 것이다. 또한 독자들은 두 저자가 탁월한 연구를 수행하기 위해 참고한 방대한 자료에 놀라고 이러한 대단한 저작이 나올 수 있도록 여러 가지로 지원한 사회의 지적 배경에 또한 부러운 시선을 보내게 될 것이다.

이제 우리나라도 과학의 수혜자 지위에서 과학의 창조자로서 지위로 서서히 나아가고 있다. 이 시점에서 과학의 발전에 대한 이러한 심오한 논의는 우리나라 과학 종사자들의 과학에 대한 관점을 새롭게 하는 데 보탬이 되리라고 기대해 본다. 책의 존재 의미는 적절한 독자를 만날 때 실현될 수 있다. 이 번역서가 과학자를 비롯한 많은 지적 대중에게 사랑받으며 한국어의 지적 풍요를 확대하는 책이 되기를 바란다. 이 책의 번역 출판을 지원해준 한국연구재단에 감사한다. 또한 책이 나오기까지 여러 차례의 교정으로 큰 도움을 준 아내 최윤정에게 감사하며, 마지막으로 멋진 책이 나오도록 꼼꼼하고 진지하게 책을 만들어 준 한국문화사 여러분의 노고에도 감사를 드린다.

2013년 12월 1일
천성산 기슭에서 구자현

『자연에 대한 온전한 이해』의 1부에서 우리는 1800년부터 1870년까지 독일에서의 물리학의 발전을 분석했다. 그 분석에서 우리는 부분적으로 자율적인 이론 분야를 포함하는 물리학이라는 전문 분야가 점진적으로 등장하는 것을 보여주었다. 2부에서 우리는 1870년 이후의 분석을 지속할 것이다. 이전처럼 우리는 물리학자들의 업무 활동에 대해 가능한 한 온전한 설명을 제공함으로써 이 일을 할 것이며, 몇몇 영방국가의 물리학의 제도적 틀 안에서, 개별적으로 또는 집단적으로 물리학자들을 자세히 살필 것이다. 우리는 이 시기에 설립된 전문화된 이론 물리학 연구소에서 일하는 물리학자들에게 특별한 관심을 둘 것이며 이 연구소들에서 그들이 한 이론적 연구와 그것이 실험 물리학과 맺은 관계를 분석할 것이다. 이전처럼 우리는 우리의 설명을 주로 독일 물리학에 대한 광범한 기록 보관소 자료에 기초할 것이다. 여기에서 다시 우리는 이 책이 한 권의 책이며 단지 편의를 위해 2부로 나누었음을 강조한다. 전체 연구의 목표와 접근법에 대해서는 1부의 서문을 보면 된다.

1920년대 중반 원자 물리학의 주요 발전에 대한 짤막한 논의까지 이 책에 포함하겠지만, 우리의 고유한 연구는 1915년경까지 살피는 것으로 마감할 것이다. 1915년에 헤르만 폰 헬름홀츠의 제자이자 주로 이론 물리학에서 수행한 연구로 그 직전에 노벨상을 받은 뷔르츠부르크 대학의 물리학자 빈Wilhelm Wien은 이 분야에 대한 자부심과 특별한 애착을 가지고 이렇게 말했다. 지성의 창조력을 무엇보다도 우선적으로 의존하는, "이론 물리학의 위대한 대가들은 가장 위대한 과학자이기도 했다." 그는 이론 물리학은 이제 "분리된 과학"으로 인식되게 되었으나 "더 확실하게 일체로서" 실험 물리학과 결합된 과학이라고 말했다. 빈은 "이제는 막강해진 이론 물리학"에 대해 이야기했다.

■ 감사의 글

우리 연구에 크게 두 번의 지원금을 내어준 미국 국립과학재단National Science Foundation과 이 책이 나오게 될 연구의 연구 계획서를 평가할 때 지지해 준 여러 과학사학자에게 감사한다. 우리는 특히 마틴 클라인 Martin J. Klein과 토머스 쿤Thomas S. Kuhn의 격려와 도움에 감사한다. 자신이 소장하고 있는 원고와 사진의 사용을 허락해 준 분들께 감사드리고 우리 연구를 도운, 이곳과 외국의 여러 원고 컬렉션의 기록 관리자archivist들과 사서들에게 감사하고 싶다.

■ 차례

· 일러두기 · ─────────

1. 논문이나 기사는 「 」로, 책은 『 』로, 신문이나 잡지는 《 》로 표기했다.
2. 로마자 서지사항을 그대로 쓴 부분은 책 제목을 기울임꼴(이탤릭체)로 표기했다.
3. 옮긴이 주는 [역주]로 표기했다.
4. 고유명사는 외래어 표기법에 따랐고, 일부는 학계에서 통용되는 바에 따라 표기했다.

1권 차례

2권 차례

3권 차례

괴니히스베르크

프랑크푸르트

브레슬라우

크라쿠프

프라하

올뮈츠

브륀

빈

오펜

그라츠

20세기 초의
독일 대학들
지도 원본:
Franz Eulengburg,
"Die Frequenz der deutschen Universitäten."

24 20세기 전환기의 이론 물리학의 새로운 기초

　19세기가 끝나면서 물리학에서 몇 가지 두드러진 실험적 발견이 이루어졌다. 1895년 뢴트겐[1]은 뷔르츠부르크 대학의 물리학 실험실에서 "새로운 종류의 광선", 투과하는 엑스선, 또는 뢴트겐선에 대해 보고했는데, 그것의 본성이 그 당시에 문제가 되었다. 그것은 그가 진공으로 만든 관에서 전기 방전으로 실험했을 때 예상한 것이 아니었으니, 이는 진정한 발견이었다. 같은 때에 비슷한 종류의 장치로 실험하여 오랜 논쟁이 된 "음극선"의 본성이 결정되었다. 광선들은 헤르츠와 다른 독일 물리학자들이 생각한 것처럼 에테르를 통해 전파된 교란이 아니라 영국 물리학

---

[1]　[역주] 뢴트겐(Wilhelm Conrad Röntgen, 1845~1923)은 독일의 물리학자로 1895년에 X선을 발견하여 1901년에 첫 번째 노벨 물리학상을 받았다. 가족이 일찍이 네덜란드로 이주했고 1865년에 취리히 연방 공과 대학에 들어가 기계 공학을 공부했다. 1869년에 박사학위를 받았고 쿤트의 제자가 되어 1873년에는 스트라스부르 대학으로 따라갔다. 1876년에는 같은 대학에서 교수가 되었고 1879년에는 기센 대학 물리학 교수가 되었다. 뷔르츠부르크, 뮌헨 대학에서도 교편을 잡았다. 1895년에 다양한 종류의 진공 장비에 나타나는 외부 효과를 탐구하다가 음극선이 방출되도록 만들어진 알루미늄 창 위에 종이판을 대어 놓아 강한 전자기장이 알루미늄 창을 상하지 않게 했는데, 몇 미터 밖에서 희미한 번쩍임을 관찰하고 이 신기한 현상에 대한 집중적인 연구를 통해 이것이 새로운 종류의 복사선임을 발견했다. 이것은 투과성이 매우 강한 빛으로, 이 빛으로 뼈의 사진을 찍을 수 있음이 밝혀졌다. 그 실용적 가치 때문에 그는 갑자기 유명해졌고 노벨상까지 받게 되었다.

자들이 주장했고 프랑스의 페랭[2]이 1895년에 설득력 있게 입증했듯이 입자의 흐름이었다. 입자적 본성을 가장 인상적으로 확증한 실험은 케임브리지 대학의 물리학 연구소에서 보고되었다. 1897년에 J. J. 톰슨[3]은 음으로 대전된 입자, 또는 "전자"의 질량 대 전하의 비와 그것의 속도를 측정했다. 전자라는 이름은 이보다 몇 년 전에 제안되었고 채택되었다.[4]

---

[2] [역주] 페랭(Jean Baptiste Perrin, 1870~1942)은 프랑스의 물리학자이자 화학자이다. 고등사범학교를 졸업했고 파리 대학 교수와 생물 이학 연구소장을 지냈다. 그는 콜로이드 용액의 연구를 통해 분자가 실제로 있다는 것을 증명했다. 또한, 화학 반응 속도의 복사 이론을 제안했고, 광화학 방면에서도 뛰어난 업적을 남겼다. 1926년에 노벨 물리학상을 받았으며, 제2차 세계대전 때에 미국으로 망명했다.

[3] [역주] 톰슨(Sir Joseph John Thomson, 1856~1940)은 영국의 물리학자로서 전자와 동위원소를 발견했고 질량 분석계를 발명했으며, 기체에 의한 전기 전도를 실험 연구하고 전자를 발견한 공로로 1906년 노벨 물리학상을 받았다. 1870년에 오웬스 칼리지로 알려진 맨체스터 대학에서 공학을 공부했고 1876년에 케임브리지 대학으로 옮겨 공부했다. 1884년에는 캐번디시 물리학 교수가 되었고 1908년에 기사 작위를 받았으며, 1912년에 메리트 훈장을 받았다.

[4] [역주] 전자(electron)라는 용어가 처음 쓰일 때에는 현대적인 의미와 다소 지칭하는 바가 달랐다. 방전관의 음극(cathode)에서 방출되는 광선(ray)은 19세기 말에 널리 연구되었다. 1880년대에 헤르츠도 음극선관에서 음극선의 본성에 대해 연구했고 이에 따라 다양한 이론이 도출되었다. 1895년에 페랭(Jean Perrin)은 음극선이 전하를 띠고 있다는 것을 증명했고, 곧이어 J. J. 톰슨은 음극선을 전기적으로 휘어지게 하는 데 성공하여 그것이 음의 전기를 띤 입자의 흐름임을 밝혀내었다. 톰슨이 다양한 종류의 금속으로 이루어진 전극을 썼을 때에도 같은 성질을 가진 입자가 음극에서 발생한다는 것을 입증함으로써, 음극에서 방출되는 입자는 보편적으로 물질을 구성하는 기본 입자로서 음의 전하를 띤 입자로 인정을 받게 되었다. 이 전기를 띤 구성 입자에 대한 개념은 이미 로렌츠를 비롯한 여러 물리학자에 의해 추구된 전자 이론에서 사용되었다. 로렌츠는 맥스웰의 전자기 이론을 확장하여 물질의 구조와 물성, 더 나아가서 역학적 현상까지도 전자기적 현상의 연장선상에서 취급하는 포괄적 이론으로 전자 이론을 내놓았다. J. J. 톰슨이 음극선에서 전자를 발견한 것은 전자 이론을 확증한 것으로 여겨졌고 '전자'는 양 또는 음의 전하를 띤 입자를 지칭하는 의미로 20세기 초에도 사용되었다. 로렌츠의 전자 이론은 1905년에 아인슈타인의 특수 상대성 이론이 도출되고 그 내포한 뜻에 대한 이해가 서서히 형성되어 가던 20세기 초에도 전자기적 세계관에 따라 물체의 운동까지 전기 동역학으로 해결하려는 노력과 함께 한동안 널리 받아들여졌다.

1890년대 중반의 몇몇 발견은 서로 관련이 있었다. 톰슨은 이온화된 기체 안에서 뢴트겐선을 가지고 음극선의 본성을 연구하게 되었다. 1896년에 프랑스 물리학자 베크렐[5]이 우라늄염이 방출하는 어떤 투과 복사선을 발견한 것은 뢴트겐선과 그의 연구 주제인 형광의 관계를 연구하면서였다. 그는 방사능을 발견했는데 그 현상은 그의 동료인 피에르 퀴리와 마리 퀴리 부부의 관심을 끌었다. 그들은 곧 새로운 방사능 원소를 발견했으며 케임브리지 대학의 톰슨의 실험실에서 뢴트겐선을 가지고 연구하던 뉴질랜드인 러더퍼드[6]의 관심도 끌었다. 베크렐, 퀴리 부부, 러더퍼드, 그의 동료인 소디Frederick Soddy, 그리고 다른 많은 실험 연구자가 점차

---

[5] [역주] 베크렐(Antoine Henri Becquerel, 1852~1908)은 프랑스의 물리학자로 방사선을 발견한 공로로 1903년에 노벨 물리학상을 받았다. 형광과 광화학을 연구하던 아버지 알렉산더 베크렐의 영향을 받아 과학 연구에 들어섰다. 1896년 우라늄염의 형광 현상을 연구하던 중 방사선(알파선)이 우라늄에서 발생해 사진 건판을 변화시키는 현상을 우연히 발견했다. 방사능의 SI 단위인 베크렐(Bq)은 그의 공적을 기리려고 이름 붙인 것이다.

[6] [역주] 러더퍼드(Ernest Rutherford, 1st Baron Rutherford of Nelson, 1871~1937)는 뉴질랜드 태생의 영국 핵물리학자이다. 방사능이 원자 내부에서 일어나는 반응임을 밝혔고, 자연붕괴 현상을 연구하여 기존의 물질관을 바꾸었고, 알파 입자 산란 실험으로 원자의 내부 구조를 새롭게 이해했으며, 1908년 노벨 물리학상을 받았다. 러더퍼드는 뉴질랜드의 넬슨 대학에 입학했고 1889년에 장학금을 받고 웰링턴의 캔터베리 대학에 가서 공부했다. 1894년 캔터베리 대학에서 지질학과 화학 학위를 받았다. 1895년 뉴질랜드를 떠나 케임브리지 대학의 트리니티 칼리지로 가서 그곳에서 J. J. 톰슨의 지도로 전자기파에 관한 연구를 했다. 그는 케임브리지의 캐번디시 연구소에서 그의 역량을 유감없이 발휘했다. 1898년 캐나다의 맥길 대학 교수직을 맡게 되어 그곳에서 방사선과 알파선에 관한 연구를 했다. 1900년에는 프레더릭 소디와 함께 방사 현상을 분자적이 아닌 원자적 반응으로 보는 "붕괴 이론"을 만들었으며 이 이론을 많은 양의 실험적 근거로 뒷받침했다. 1907년 영국으로 다시 돌아와 맨체스터 대학에서 라듐 방사와 알파선에 관한 연구를 계속했고, 한스 가이거와 함께 알파 입자의 개수를 세는 방법을 고안했다. 1910년 알파선의 산란에 관한 연구로 원자의 내부구조를 밝혀내고, 1913년 헨리 모즐리와 함께 음극선을 이용해 원자번호에 따른 주기율표를 고안해냈다. 1919년에는 톰슨 경의 뒤를 이어 캐번디시 연구소 소장을 지내며 수많은 노벨 수상자를 배출해 내었다.

방사능의 특징인 복사와 변환의 복잡성을 해명했다. 뢴트겐선, 전자, 방사능에 대한 이 광범한 실험 연구는 이론 물리학에 근본적인 문제를 제시했다. 방사능 붕괴에서 튀어나오는 고속 전자를 포함하여, 전자는 전자 이론을 검증할 수단을 제공했다. 여기에서 전자 이론은 세기 전환기에 논쟁의 대상이 된 포괄적인 물리학 이론 중 하나였다. 나중에 방사능 원sources을 가지고 하는 실험은 원자 구조의 해명으로 이어졌고, 새로운 역학에 기초한 엄밀한 원자론이 도출되는 토대를 제공했다. 이론 물리학은 또 다른 실험 연구에서 자극을 받기도 하고 자극을 주기도 했다. 다른 실험 연구란 새로운 종류의 실험 즉, 세계에 존재하는 새로운 것들을 발견하는 실험이 아니라 스펙트럼 선과 그 갈라짐, 흑체 복사, 광전 방출, 있을지 모르는 에테르를 통과하는 지구 운동 등의 정확한 측정이었다.

이론 물리학은 실험 물리학에서 오는 자극 외에도 내적인 심각한 문제들에 응답해야 했다. 이 문제들은 주로 전기 동역학, 에너지학, 열역학 및 그와 관련된 운동 및 통계 이론과 같은 19세기의 위대한 발전에서 제기되었다. 이 이론들과 역학 사이의 관계는 세기 말에 널리 퍼진 논쟁의 주제였다. 당시는 물리학의 기초에 강력한 의문이 제기되는 시기였고 그때 가장 생생한 질문 중 하나는 물리학의 여러 영역에서 역학적 설명 방식이 확장 가능한가 또는 바람직한가였다. 물리학자들은 그들의 모임과 출판물에서 물리학의 역학적 기초와 그 대안들의 장점에 대해 주장하고 논의했다. 실험적 진보와 함께, 기초를 재점검하는 일은 그들을 이론 물리학의 "고전적" 시기를 종결하고 "현대적" 시기의 도래를 고하는 이론들로 이끌었다.

역학적 기초

1896년에 물리학과 화학의 최신 교재들에 대해 언급하면서 라이프치히 대학의 물리 화학자 오스트발트는 널리 퍼진 과학적인 세계 묘사가 역학적 가설에 토대를 두고 있다는 그의 인상이 옳았음을 더 확신하게 되었다고 말했다.[7] 오스트발트가 항상 마음에 둔 방법이 아니더라도 이런저런 방법으로 19세기 말의 물리학 교재들은 물리학 이론을 인도하는 역할을 공통으로 역학에 부여했다. 그것은 물리학자들이 점차 모든 현상을 역학이 다루는 "하나의 동일하고 근본적인 원인인 운동"으로 설명하려고 노력한다고 말한 빌너의 교재나, 열 이론의 많은 부분을 역학과 결합하고 역학이 빛과 전기에도 적용된다고 말한 뮐러-푸이예Müller-Pouillet의 교재에서 지지를 받는 것이었다. 뮐러-푸이예 교재의 당시의 편집자인 파운들러Leopold Pfaundler는 "역학이 실제로는 물리학의 부분이 아니다. 오히려 개별 전문 분야들이 역학의 부분이거나 응용"이라고 결론지었다. 쿤트나 바르부르크의 새로운 교재들도 유사한 관점을 피력했다. 실험 물리학에 대한 쿤트의 강의록은 역학을 "전 물리학과 모든 자연과학의 기초"로 소개했고, 바르부르크의 교재는 "역학이나 운동 이론은 물리학의 기초를 건설하는 것"으로 묘사했다. 바르부르크가 지적했듯이 그 근거는 운동의 중요성 때문이었다. 물리학자들은 많은 현상을 직접적인 운동으로 인지했으며 운동 법칙을 그들이 직접적인 운동으로 인지하지 않는 다른 여러 현상, 가령, 빛, 전기, 열 등에 성공적으로 적용했다.[8]

---

[7] Wilhelm Ostwald, "Zur Energetik," *Ann.* 58 (1896): 154~167 중 160.

[8] Adolph Wüllner, *Lehrbuch der Experimentalphysik,* vol. 1, *Allgemeine Physik und Akustik* (Leipzig, 1882), 8. Leopold Pfaundler, ed., *Müller-Pouillet's Lehrbuch der Physik und Meteorologie,* 9th rev. ed., vol. 1 (Braunschweig, 1886), 15. August

이와 연관하여 우리는 이론 물리학에 관한, 이미 친숙한 몇 권의 교재들을 짤막하게 떠올려 보려 한다. 프란츠 노이만의 강의록처럼 그 교재들은 물리학의 역학적 분야로 시작했다. "왜냐하면, 역학이 그 밖의 분야를 위해 기초를 놓고 그 분야들에서 응용을 발견할 원리들을 담고 있기 때문이었다." 폴크만은 이론 물리학에 대한 그의 개론 교재에서 역학을 "물리적 체계 내에서 기초가 되는 전문 분야"로 간주했다. 포크트는 이론 물리학에 대한 그의 교재의 처음 절반을 강체와 비강체의 역학에 할애했고, 거기에서 모든 물리학의 분야 중에서 가장 중요한 현상들에 대한 "역학적 이론들"을 전개했다. 출판된 이론 물리학 강의에서 키르히호프는 열 이론의 모든 개념이 역학적 용어로 성공적으로 번역되지 않더라도 모든 물리학을 역학으로 환원하는 것은 "할 수 있는 한도까지 최대한" 추구해야 할 목표라고 말했다. 헬름홀츠는 질점의 운동에 대한 그의 강의록에서 해밀턴의 동역학적 원리를 전기 동역학과 열역학에 적용하기 위해 일반화하면서 끝을 맺었고, 역학에 관한 헤르츠의 논저는 헬름홀츠의 관련 연구에서 출발하여 역학적 세계 묘사를 공언했다. 하인리히 베버가 물리학의 수학적 방법에 대한 리만의 강의를 편집한 보조적인 교재조차 "역학이 우리의 전체 이론적 자연 과학의 기초에 있다"고 주장할 정도였다.[9] 볼츠만은 역학에 대한 그의 강의록에서 모든 자연 과학의

Kundt, *Vorlesungen über Experimentalphysik*, ed. K. Scheel (Braunschweig: F. Vieweg, 1903), xii. Emil Warburg, *Lehrbuch der Experimentalphysik für Studirende* (Freiburg i. B. and Leipzig, 1893), 1.

[9] Franz Neumann, *Vorlesungen über mathematische Physik, gehalten an der Universität Königsberg*, ed. 그의 제자들, *Einleitung in die theoretische Physik*, ed. Carl Pape (Leipzig, 1883), 1. Volkmann, *Einführung*, 41~43, 349. Voigt, *Kompendium der theoretischen Physik*. Kirchhoff, *Theorie der Wärme*, 2. Helmholtz, *Dynamik discreter Massenpunkte*. Hertz, *Principles of Mechanics*. Heinrich Weber, *Die partiellen Differential-Gleichungen der mathematischen*

기초로서 역학에 대한 이해를 표현할 때 정치학과의 유비를 사용했다. "한 국가가 그 이웃 국가들보다 큰 성공을 거두면, 그 국가는 그것에 관계된 지배권을 획득하여 종종 이웃 국가들을 복종시키고 이용한다. 이것은 정확하게 과학 전문 분야들의 관계와 같다. 역학은 모든 물리학에 대해 지배권을 획득했다."[10]

물리학의 분자 역학적 기초에 대한 열역학적 의문

1894년에 플랑크는 프로이센 과학 아카데미의 취임 연설에서 당시 물리학에서 역학의 지위를 주제로 논의했다. 그는 자연의 포괄적 관점을 찾는 이론 물리학의 임무가 한 세대 이전보다 훨씬 더 수행하기 어려워졌다고 보았다. 그 당시 포괄적 관점이란 모든 자연 현상을 역학으로 환원하는 것이었다. 그러나 "오늘날 지고의 목표에 대한 이 직접적인 추구는 멈추었다. 어떤 각성이 일어난 것이다." 플랑크는 그 이유가 역학이 충분한 개념이 없어서가 아니라 어떤 과정에 대해 복잡하고 다른 것보다 명쾌하게 나을 것이 없는, 너무 많은 역학적 설명을 허용하기 때문이라고 설명했다. 플랑크는 매질을 통한 힘의 전달과 같은 새로운 개념들이 역학의 선택지 간에 무엇이 옳은지를 결정해 줄지도 모른다고 믿었다. 일례로 최신 열역학에서는 두 가지 기본 원리만이 필요하다는 것이

Physik. Nach Riemann's Vorlesungen, 4th rev. ed., 2 vols. (Braunschweig: F. Vieweg, 1900~1901), 1: 283.

[10] Boltzmann, *Prinzipe der Mechanik* 1: 1; "Antritts-Vorlesung. Gehalten in Leipzig im November 1900," in "Zwei Antrittsreden," *Phys. Zs.* 4 (1902~1903): 247~256 중 248.

"자연의 역학적 관점"에서 물리학이 전적으로 벗어나고 있음을 지시하는 것 같았다. 그러나 이것은 모든 자연의 힘을 통합하는 일이 플랑크에게는 물리학이 항상 달성하고자 하는 목표였기에 물리학의 내적 본성상 "정체성"에 해당하며 이 목표가 물리학에서 역학을 통해서 가장 잘 달성될 수 있다는 것을 망각하는 일이었다. 그리하여 1894년에 플랑크는 이론 물리학에서 역학적 지향에 의문이 제기되는 것을 의식하면서, 특히 자신이 선호하는 물리학 분야인 열역학의 성공에 기초하여 역학적 지향은 앞으로도 가치 있을 것임을 신중하게 재확인했다.[11]

열역학의 측면에서 물리학의 역학적 지향을 문제 삼을 중요한 이유가 또 하나 있었다. 1870년대에 로슈미트는 볼츠만의 열역학 제2법칙의 해석, 즉 분자 운동의 역학 법칙이 시간에 대하여 가역적이라는 볼츠만의 주장에 반대하며 그것을 한 가지 형태로 진술했었다. 그 반대는 또 다른 형태로 1896년에 플랑크의 베를린 대학 조수인 체르멜로[12]에 의해 제시되었다. 보존력을 받아 움직이는 역학 체계는 시간이 충분히 지나가면 원래의 상태에 얼마든지 가까워질 수 있다는, 푸앵카레의 1890년 정리[13]

---

[11] Max Planck, "Antrittsrede zur Aufnahme in die Akademie vom 28. Juni 1894," *Sitzungsber. preuss. Akad.*, 1894, 641~644. *Phys. Abh.* 3: 1~5에서 재인쇄. 인용은 1~2, 4.

[12] [역주] 체르멜로(Ernst Zermelo, 1871~1953)는 독일의 수학자로 수학의 기초와 철학에 관련된 업적을 많이 남겼다. 체르멜로-프랭켈(Zermelo-Fraenkel) 공리 집합 이론으로 유명하다. 베를린, 할레, 프라이부르크 대학에서 수학, 물리학, 철학을 공부했고 1894년에 베를린 대학에서 변분 미적분학에 대한 논문으로 박사학위를 받았다. 그는 베를린 대학의 플랑크 밑에서 조수가 되었다가 1897년에 수학의 중심지였던 괴팅겐에 가서 교수 자격 논문을 썼다. 1910년에 취리히 대학 수학 교수로 임용되었다. 힐베르트의 영향을 받아 집합론을 연구했다.

[13] [역주] 푸앵카레의 회귀 정리(recurrence theorem)를 말한다. 푸앵카레는 1890년에 특별히 3체 문제를 다루면서 복잡한 계가 상호 간에 보존력을 받아 움직일 때 결국에는 같은 지점을 다시 반복해서 통과하게 된다는 것을 역학적으로 증명했다. 역학에서 푸앵카레의 회귀 정리는 어떤 역학적 계의 초기 상태는 그 계가 보존력

에 근거하여 체르멜로는 비가역 과정의 과학인 열역학이 역학, 적어도 현재의 형태의 역학으로는 환원될 수 없다고 주장했다. 열역학 제2법칙이 볼츠만의 용어로 일반적 유효성을 갖기 위해서는 매우 개연성이 낮은 초기 조건을 가정해야 하는데, 그런 가정은 인과성을 갖추어야 한다는 요구에 모순될 것이며 전반적으로 "자연 자체를 역학적 관점에서 재구성한다는 정신"에도 모순이 될 것이다. 그러므로 가령, 헤르츠의 것과 같은 새로운 역학이 도래하지 않는다면, "제2법칙의 역학적 유도"는 불가능하다고 가정해야 한다.[14]

볼츠만은 역학의 방향에 대한 체르멜로의 문제 제기에 대답하면서 다시 한 번 열역학 제2법칙의 확률론적 성격을 강조했다. 분자 이론의 관점에서 제2법칙은 "단지 확률적 법칙"이지 보통의 역학 정리가 아니다. 체르멜로가 그의 주장을 잘못 이해했다는 것이다. 볼츠만이 말한 바로는 제2법칙은 우리에게 역학적 묘사의 사용을 포기하기를 요구하지 않는다.[15] 푸앵카레[16]의 역학적 정리가 예견한 회귀는, 일어나지만 극히 드물

에 종속될 때 그 계의 변화 과정에서 다시 출현한다는 것이다. 예를 들어, 상자의 가운데 칸막이를 설치하고 한쪽의 공기 분자를 모두 펌프로 뽑아내고 칸막이를 열면 적당히 오랜 시간 기다리면 모든 분자가 언젠가는 그 상자의 한쪽에 다시 모이게 될 것임을 말한다. 이것은 열역학 제2법칙에 어긋나는 사건처럼 생각되었다. 그렇지만 열역학 제2법칙은 이러한 일이 일어날 수 없다는 것이 아니라, 이러한 일이 일어날 확률이 매우 낮다는 것을 말하므로, 이 정리와 열역학 제2법칙은 상충하지 않는다.

[14] Ernst Zermelo, "Ueber einen Satz der Dynamik und die mechanische Wärmetheorie," *Ann.* 57 (1896): 485~494, 인용은 492~494.

[15] [역주] 확률론에 근거한 볼츠만의 열역학 제2법칙의 해석은, 엔트로피의 증가란 단지 경우의 수가 적은 상태에서 경우의 수가 많은 상태로의 전이일 뿐이라는 것이다. 어떤 계를 국소적인 계들의 집합으로 간주할 때 각각의 국소적인 계가 취할 수 있는 상태는 모든 국소적인 계에 대해 동등하게 주어진다. 그러므로 어떤 거시적 계가 특정한 상태에 들어가기 위해서는 미시적인 계들의 상태들의 집합이 그 특정한 상태를 이루기 위한 배열을 갖추어야 한다. 예를 들면, 찬물과 더운물이

며 제2법칙의 확률론적 해석을 무효로 하지 않는다.[17]

플랑크는 체르멜로와 볼츠만이 이견을 보인 문제들에 대한 자신의 의견을 1897년에 그래츠Graetz에게 보낸 편지에 적었다. 플랑크는 그 문제들이 "현재의 이론 물리학에 관계된 가장 중요한 문제들"이라고 생각했고 그래츠의 뮌헨 콜로키엄에서 최근에 그 문제들을 논의했다는 것을 듣고서 기뻐했다. 그는 확률 미적분은 가장 확률이 높은 상태에 적용되지만, 역학은 주어진 확률이 낮은 상태라 할지라도 뒤따르는 상태를 결

어떤 경계선을 사이에 두고 양쪽에 각각 몰려 있는 상태는 찬물과 더운물이 고르게 섞여 있는 상태보다 가질 수 있는 미시적 계 배열의 수가 적다. 그러므로 모든 미시적 계가 찬 상태와 더운 상태 중 어느 하나를 가져야 한다면 용기 내부의 어느 구역에서 모든 미시적 계가 찬 상태를 갖게 되기는 어렵다. 반면에 찬 상태와 더운 상태가 적당히 섞여 있는 상태가 훨씬 경우의 수가 많으므로 확률적으로 물은 미지근한 물의 상태로 고르게 섞이는 상태로 나타나기가 쉽다. 이러한 논의는 어떤 계를 구성하는 입자들이 역학적 법칙에 따라 운동한다는 법칙을 위배하지 않고도 얼마든지 가능하다.

[16] [역주] 푸앵카레(Jules Henri Poincare, 1854~1912)는 프랑스의 수학자로 그 시대 가장 뛰어난 수학자로 알려졌다. 1875년 에콜 폴리테크니크를 졸업한 후 1879년 광산 학교에서 채광 기사 자격을 취득했으며, 같은 해에 파리 대학에서 이학 박사 학위를 받았다. 광산 학교를 졸업하자마자 그는 카엥 대학의 강사로 임명되었으나, 2년 후 파리 대학으로 옮겨 1912년 죽을 때까지 수학과 과학의 여러 교수직을 거쳤다. 매년 소르본에서 순수 또는 응용 수학의 다른 주제에 관하여 명쾌한 강의를 했는데, 이 강의의 대부분은 곧바로 출판물로 발행되었다. 그는 30여 권의 책과 500편의 논문을 썼다. 수학과 과학을 대중에게 보급하는 데 가장 능력 있는 사람 중의 한 사람이었다. 미분 방정식에 관한 박사학위 논문은 그것의 존재 정리에 관한 것이었다. 이 논문에서 자기 동형 함수, 특히 소위 제타-푸크스 함수의 이론을 발전시켰는데, 푸앵카레는 이것이 대수적 계수를 가지는 2계 선형 미분 방정식을 푸는 데 이용될 수 있음을 보였다. 라플라스처럼 확률론 분야에 상당한 기여를 했고 위상수학에서 수열적 위상수학의 푸앵카레 군에 그의 이름이 붙었다. 그밖에도 광학, 전기학, 전신, 모세관 현상, 탄성, 열역학, 전위 이론, 양자 이론, 상대성 이론, 우주 진화론 같은 다양한 분야에 기여했다.

[17] Ludwig Boltzmann, "Entgegnung auf die wärmetheoretischen Betrachtungen des Hrn. E. Zermelo," *Ann.* 57 (1896): 773~784, *Wiss. Abh.* 3: 567~578 중 567에 재인쇄. 체르멜로와 볼츠만 사이에 또 한바탕의 논쟁이 있었다. 전체 논쟁 교환은 Brush, *Motion We Call Heat* 2: 632~637에서 논의된다.

정할 수 있을 뿐이니, 물리적 변화가 항상 더 큰 확률의 방향으로 일어난다고 가정할 이유가 없다고 주장했다. 플랑크는 세계의 특정한 초기 상태를 가정하는 더 이상 쓸모없는 일을 함으로써 기체 운동론을 구제하려고 노력하기보다는, 제2법칙을 엄밀하게 유효한 자연법칙으로 간주하는 것이 더 낫다고 믿었다. 이 모두에서 플랑크는 체르멜로에게 동의했다. 그러나 그는 체르멜로가 "자연법칙으로서 제2법칙이 전적으로 자연의 역학적 개념과 양립할 수 없다고 주장한 것은 너무 과하다"고 생각했다. "띄엄띄엄 떨어진 질점(기체 운동론의 분자처럼)에서 연속적인 물질로 넘어가면 그것은 꽤 다른 문제이기 때문이다. 나는 이런 식으로 우리가 제2법칙의 엄밀한 역학적 해석을 찾아낼 수 있다고 믿고 그것을 희망하지만, 이 문제는 분명히 매우 어렵고 풀어내는 데 시간이 필요한 문제이다."[18]

문제를 제기하는 플랑크의 태도는 이 시기에 그의 강의에도 나타났다. 그가 베를린으로 온 후 출판한 첫 번째 강의는 그가 선택한 주제인 "열역학의 전체 분야"에 관한 것이었다. 그는 그것을 "단일한 관점"에서 제시했고 거기에 자신의 최근 연구의 많은 부분을 포함했다. 그해는 그가 에너지론자들과 논쟁을 한 직후인 1897년이었고 그 교재에서 그는 열역학 제1법칙에 제2법칙을 종속시킨 근본적인 잘못을 교정했다. 그 자신의 방법은, 제1법칙을 도입하고, 경험으로 알아낸 사실로서 또는 단순히 사실에서 유도된 법칙으로서 "본질적으로" 다른 제2법칙을 도입하고, 그다음에 그 법칙들로부터 물리학과 화학의 법칙들을 유도하는 것이었다. 그는 열 변화를 포함하는 과정들에 적용되는 에너지 보존 원리인

[18] 플랑크가 그래츠에게 보낸 편지, 1897년 5월 23일 자, Ms. Coll., DM, 1933 9/30. 이 편지는 부분적으로 Kuhn, *Black-Body Theory*, 27~28에서 논의되고 인용된다.

제1법칙에 대해 아무도 이의를 제기하지 않는다고 말했다. 그러나 모든 유한한 물리적, 화학적 과정의 기본적인 비가역성의 "보편적 기준"이면서, 엔트로피 증가의 법칙이자 두 법칙 중에서 더 복잡한 제2법칙에 대해서는 이의 제기하는 이들이 있었다. 플랑크는 제2법칙이 단지 제한된 유효성밖에 없을지도 모른다는 것을 인정했다. 그러나 그렇다 해도 한계는 자연에 있지 우리에게 있지 않다. 그 법칙의 추론 과정은 실험에서 사용하는 우리의 기술과는 관계가 없는 "이상적인" 과정을 사용한다.[19]

그의 강의에서 플랑크는 열역학을 가장 확고한 기초, 즉 우리의 보편적인 자연 경험에 뿌리를 둔 법칙들에 놓는 데 관심을 두었다. 그는 열역학의 경험적 토대를 "역학적인 자연관" 내의 열역학의 토대에서 엄밀하게 분리했다. 그는 열역학을 역학적 이론의 한 분야로 제시하지 않았다. 그는 열역학을 운동 이론으로도 헬름홀츠의 더 일반적인 역학 이론으로도 제시하지 않기로 했다. 전자는 "가장 근원적인 데까지" 파고들었지만 "본질적 어려움"에 봉착하는 이론이었고, 후자는 열을 운동으로 보지만 운동 유형을 특정하지 않는 이론이었다. 플랑크는 역학적 이론들보다 열의 본성에 대해 아무 가정도 하지 않는 자신의 이론이 더 생산적이라고 믿었다. 플랑크는 자신의 열역학 이론을 최종적인 것으로 생각하지 않았고 언젠가 "역학적 기초나 다른 기초 위에 세울, 자연에 대한 일관된 이론에 대한 우리의 열망"과 일치하는 또 하나의 이론으로 대체될지 모른다고 말했다. 그 경우에 열역학의 두 법칙은 "독립적인 것으로 도입되지 않고 다른 더 일반적인 명제에서 유도될 것"이라고 했다.[20] 이것은

---

[19] Max Planck, *Vorlesungen über Thermodynamik* (Leipzig, 1897), 영역본은 *Treatise on Thermodynamics*, by A. Ogg (London, New York and Bombay: Longmans, Green, 1903), vii, ix, 38, 77~79, 86, 103.

[20] Planck, *Thermodynamics*, ix~x.

통상적인 사색이 아니었다. 우리가 보았듯이 그래츠에게 보낸 편지에서 플랑크는 미래에 도래할 자연의 통일된 역학적 이론에 대해 상술했고 자신이 출판한 열역학 강의를 받아들여준 그래츠에게 감사했다.

마흐는 이 시기의 플랑크처럼 역학적 접근을 확신하지 못했고 확실히 그에 대한 희망도 품지 않았기에 그의 논저 『역학』*Die Mechanik*에서 이렇게 말했다. "역학을 다른 물리학 분야의 기저로 만들고 모든 자연 현상을 역학적 개념으로 설명하는 관점"은 우리가 판단하건대 편견이다. (중략) 우리는 아직 물리 현상 중에서 어느 쪽이 **가장 심오한지**, 혹시 역학적 현상이 가장 표면적인 것이 아닐는지, 또는 **깊이** 들어가지 않는 것은 모두가 **똑같은지** 알 방법이 없다." 그 "자연의 역학적 이론"은 역사적으로는 이해할 수 있지만 그럼에도 "인위적 개념"이라 조만간 대체될 운명이라는 것이다.[21] 그 이론은 물리 과학의 목표와 일치하지 않는다. 그 목표는 "사실에 대한 **가장 단순하고 가장 경제적인** 추상화된 표현"이다. 과학적 사고의 바람직한 경제성은 역학적 가설에 따라 얻어질 수 없으며 오로지 간결하고 수학적인 "묘사"나 "자연법칙"에 의해서만 얻어질 수 있다. 마흐는 역학적 개념이 물리학의 남아있는 분야인 열, 전기 등을 예시하기 위해 유용하게 적용될 수 있음을 인정했지만, 그것들이 유비의 정신으로만 적용되는 것으로 이해했다. 마흐에게 물리학은 비교로 이해되는 분야였지 역학적인 분야는 아니었다.[22]

---

[21] Ernst Mach, *Die Mechanik in ihrer Entwickelung. Historisch-kritisch dargestellt* (Leipzig, 1883), 1889년의 독일판 2판에서 영역된 *Science of Mechanics. A Critical and Historical Exposition of Its Principles,* trans. by T. J. McCormack (Chicago, 1893), 495~496.

[22] Ernst Mach, "Economical Nature of Physical Inquiry," 1882년 빈 과학 아카데미의 발표, *Popular Scientific Lectures,* trans. T. J. McCormack (Chicago, 1895),

마흐는 "대다수 현대 과학자"가 라플라스의 온전한 원자론적·역학적 결정론의 이상을 따른다고 말했다. 역학적 결정론뿐 아니라 원자론적 결정론은 마흐의 원칙적 회의론과 대립했다. 그는 원자를 단지 편의 때문에 쓰는 개념으로 간주하게 되었고 "현상 뒤의 실재"로 여기지 않았다. 원자 개념은 연구에서 유용한 한도까지 사용할 수 있지만 일단 물리 과학이 더 발전하면 폐기해야 한다. 세계를 구성하는 진정한 요소는 역학적 이론이 사용하는 원자가 아니라 "물리 연구의 진정한 대상"인 색, 음, 다른 감각 대상이라는 것이다. 마흐는 이 현상론적 이해가 물리 과학에서 원하지 않는 형이상학을 제거할 것임을 믿었다.[23]

"세계는 우리의 감각이다."라고 마흐는 말했고 그는 생리적 심리학과 자연 과학의 결합 결과가 "현대 역학적 물리학의 결과를 훨씬 능가"할 것이라고 예상했다. 순수하게 역학적으로 보이는 현상들이 역시 생리적인 것으로 인식되어야 하고, 생리적이라는 것은 또한 화학적이고 전기적이고 열적임을 의미한다. 이 인식에서 마흐의『역학』의 맺음말처럼, "역학은 세계의 기초이기는 고사하고 일부도 아니며 단지 그것의 한 **측면**일 뿐이다."라는 말이 나온다.[24]

186~213 중 193, 207; *Mechanics,* 498; "On the Principle of Comparison in Physics," 1894년 독일 과학자 협회 빈 회의 일반 회기의 초청 발표, *Popular Scientific Lectures,* 236~258 중 249~250.

[23] Mach, "Economical Nature of Physical Inquiry," 188, 206~209. 마흐는 이전에 원자론을 받아들였으나 결국 회의론에 굴복했다. 1872년에 에너지 원리의 역사에 관한 그의 발표에서 그는 원자론을 거부했다. Brush, *Motion We Call Heat* 1: 285~287. Erwin N. Hiebert, "The Genesis of Mach's Early Views on Atomism," in Ernst Mach, *Physicist and Philosopher*, vol. 6 of *Boston Studies in the Philosophy of Science*, ed. R. S. Cohen and R. J. Seeger (Dordrecht-Holland: D. Reidel, 1970), 79~106.

[24] Mach, "Economical Nature of Physical Inquiry," 209, 212; *Mechanics,* 507. 마흐의 관점에서 역학에 필요한 것은 확장이 아니라 비평이었다. 단순성과 사고의 경제성이라는 조건에 따라 마흐는『역학』과 그 밖의 다른 글에서 뉴턴의 절대 공간과

마흐는 이러한 생각을, 열 과학의 원리를 역사적·비판적으로 취급한, 1896년 출간된 그의 논저로 이어갔다. 그 책은 역학에 대한 그의 논저처럼 그의 강의에 주로 기초해 있었다. 열역학은 그에게 역학적 설명에 대한 문제 제기를 심화하는 구체적인 재료를 제공해 주었다. 이전처럼 그는, 물리학자들이 열에 대한 연구에서 역학적 유비가 유용하다는 것을 알게 될 것이지만 유비는 유비일 뿐 사물의 정체identity가 아니므로, 물리학자들이 연구 결과를 제시하는 데 유비가 차지할 자리가 없다는 것을 독자에게 상기시켰다. 특히 볼츠만이 열역학 제2법칙이 최소 작용의 원리[25]와 일치한다는 것을 증명한 것은, 그 과정이 역학적 본성을 가짐을 증명한 것이 아니라 열과 활력 사이의 유비를 한층 더 발전시킨 것일 뿐이라고 했다. 마찬가지로 엔트로피의 증가와 분자들의 무질서한 운동의 증가를 관련짓는 열역학 제2법칙의 역학적 관점도 불만족스러웠다. 마흐는 "절대적 탄성을 가진 원자로 이루어진 순수하게 역학적인 계에서 **엔트로피가 증가**하는 것에 대한 실제적인 유비가 존재하지 않는다는 것을 숙고해 볼 때, 그러한 역학적 계가 열 과정이 일어나는 **실제적인** 토대라면 제2법칙에 어긋나는 일이 [맥스웰의] 도깨비의 도움 없이도 가능해야 한다는 생각을 거부하기 어렵다."라고 말했다. 엔트로피 법칙은 더 기초적이었다. 엔트로피 법칙과 에너지 법칙[26]은 분자역학[27]의 기

시간, 운동에 대한 뉴턴의 정의와 공리, 인과론과 같은 확실한 교의들을 비판했다.

[25] [역주] 해밀턴의 원리(Hamilton's principle) 또는 해밀턴의 최소 작용의 원리란 미분 방정식을 사용한 고전 역학의 기술 방식과는 달리 변분법을 사용해 적분 방정식으로 고전 역학을 기술하는 원리이다. 이 원리는 고전 역학에서 시작된 원리이지만, 전자기학, 일반 상대성 이론, 양자역학, 양자장론 등 여러 물리학 분야를 기술하는 최소 작용의 원리로 확장되었다.

[26] [역주] 엔트로피 법칙은 엔트로피 증가 법칙인 열역학 제2법칙이고 에너지 법칙은 에너지 보존 법칙인 열역학 제1법칙을 말한다. 이 두 법칙은 열역학의 기초 원리이다.

초가 아니라 열역학의 기초였다.[28]

물리학의 에너지학적 기초

에너지 보존 원리는 마흐에게 물리 과학이 발전하는 과정에 대한 교훈적 사례를 제공했다. 운동으로서의 열 개념 같은 이론적 개념이 에너지 보존 원리의 출현에 기여했지만, 일단 그 원리가 확립되자 그 원리는 어떤 이론적 개념들을 요구하지 않고 광범한 사실들을 직접 기술했다.[29] 마흐는 에너지 보존 원리를 운동에 관한 어떤 역학적 정리보다 더 근본적인 것으로 간주했고 이런 관점에서 그는 다른 과학자들의 지지를 받았다.

1889년에 나온 『역학』의 2판에서 마흐는 그의 책 1판 뒤에 나온, 에너지 원리에 대한 헬름[30]의 논저, 『에너지학』*Die Lehre von der Energie*의 중요성을 인정했다. 헬름의 목표는 "일반 에너지학을 명확히 기술하는 것"이었는데 그것은 마흐 자신의 연구와 맥을 같이하는 것이었다. 마흐는 이

---

[27] [역주] 물질을 구성하는 미세한 입자들을 역학적으로 다루는 분야로 기체 분자 운동론이 대표적인 분야이다. 일반 역학에 비해 무수히 많은 분자의 운동을 다루기 때문에 통계적인 취급이 도입되었는데 맥스웰이나 볼츠만은 이 분야에서 선구적인 업적을 남겼다.

[28] Ernst Mach, *Die Principien der Wärmelehre. Historisch-kristische entwickelt* (Leipzig, 1896), 363~364, 인용은 364.

[29] Mach, "On the Principle of Comparison," 247~248.

[30] [역주] 헬름(Georg Ferdinand Helm, 1851~1923)은 독일의 수학자로 드레스덴 종합기술학교에서 수학과 자연 과학을 공부했고 라이프치히 대학과 베를린 대학에서도 공부했다. 드레스덴 기술학교와 왕립 작센 공업학교에서 수학과 물리학을 가르쳤다. 그는 보험 통계학까지 강의했고 수리 화학이라는 말도 만들어냈다. 그는 경제학을 물리학의 엔트로피 개념을 써서 설명하고자 시도했다.

책"만큼 내 마음에 와 닿는 글을 좀처럼 읽지 못했다"고 말했다.[31]

헬름은 그의 경력을 그때 막 시작하고 있었다. 에너지에 대한 그의 논저가 등장한 이듬해인 1888년에 그는 부교수가 되었고 4년 후에는 드레스덴 기술학교에서 정교수가 되었다. 새로운 자리에서 역학과 수리 물리학을 강의하는 동안 그는 에너지학 프로그램을 주창했다. 1890년에 그는 스스로 에너지학의 공식적 발전에 "핵심적인" 것으로 간주하는 일을 수행했다. 그것은 에너지 원리에서 역학의 미분 방정식을 유도하는 것이었다. 그 방정식은 자유롭게 또는 속박 하에서 움직이는 점의 운동 방정식과 그 운동 방정식의 라그랑주 형식을 포함했다. 헬름은 에너지 원리가 운동 방정식을 내놓은 이후에 에너지 원리는 수리 해석학적으로 역학적 원리로 간주할 수 있다고 결론지었다. 그는 또한 에너지 원리가 순수하게 역학적인 현상을 뛰어넘어 "물리적 현상"까지 확장된다는 점에서 다른 역학적 원리보다 이점이 있다고 결론지었다. 에너지 원리가 역학 밖에서 분명한 이점이 있는 것처럼 에너지 원리는 역학 안에서도, 헬름이 보여주었다고 믿은 것처럼, 일반적인 기초 원리를 역학에 제공하는 이점이 있는 것으로 보였다. 이런 식으로, 물리학의 법칙을 발전시키는 데에서, 환원이 불가능한 원리들의 원천으로서 에너지학이 역학을 대체하는 것으로 간주할 수 있었다.[32]

---

[31] 1889년에 나온 독일어 2판, Mach, *Mechanics,* 517 부록. 여기에서 인용된 말로 마흐는 게오르크 헬름의 책, *Die Lehre von der Energie* (Leipzig, 1887)을 칭찬할 뿐 아니라 요제프 포퍼(Josef Popper), *Die physikalischen Grundsätze der elektrischen Kraftübertragung. Eine Einleitung in das Studium der Elektrotechnik* (Vienna, 1884)도 칭찬했다. 마흐는 원자론과 역학론을 에너지에 근거하여 거부하는 것을 받아들였지만 에너지학 자체의 형이상학적 경향에는 비판적이었다. John T. Blackmore, *Ernst Mach. His Work, Life, and Influence* (Berkeley, Los Angeles, and London: University of California Press, 1972), 118~119.

[32] 헬름이 역학 법칙의 유도에서 불러낸 에너지 원리는 보존계로 설정된 어떤 계에서

헬름이 유도해낸 역학적 법칙은 "각각의 가능한 변화에서 에너지는 상수이다."라는 하나의 근본 원리 위에 물리학을 확립하려는 목표를 구체화했다. 과거에 운동 방정식은 역학적 원리에서 유도되었고, 그러한 원리들을 물리학의 다른 부분들로 확장함으로써 물리학 이론의 통일성이 갖추어졌다. 헬름은 물리학의 에너지학적 토대 하에 역학을 직접 복속시키거나 역학에서 확장된 분야들을 간접적으로 복속시킴으로써 새로운 통일성을 달성했다.

에너지학적 관점을 확립하려고 노력하면서, 헬름은 오스트발트가 자신의 의견을 지지할 영향력을 발휘해 주리라 생각했다. 헬름은 오스트발트에게 그의 1890년 논문을 보냈고 "에너지학적 개념들을 바탕으로 통일된 자연 과학을 건설하려면 결국 가장 안전한 지식인 역학을 에너지학적 관점으로 재구성할 수 있어야 한다"고 언급했다.[33] 이후 이어진 헬름과 오스트발트의 서신 교환은 그들이 항상 의견이 일치한 것은 아님을 보여주지만, 그들은 역학의 에너지학적 유도의 중요성과, 일반적으로 에너지적 개념이 물리학과 화학에 중심적이라는 이해를 진전시킬 필요가 있음을 동의했다.

만 유효한 통상적인 적분 법칙이 아니었다. $T=\frac{1}{2}m(x'^2+y'^2+z'^2)$에서 그는 질점의 운동 에너지의 미분을 $dT=mx''dx+my''dy+mz''dz$라고 썼고 질점에 작용하는 힘, X, Y, Z와 연관된 일의 (일반적으로 완전하지 않은) 미분을 $dA=Xdx+Ydy+Zdz$라고 썼다. 그다음에 "에너지 원리" 미분 법칙 $dT=dA$에서 그는 방정식 $(mx''-X)dx+(my''-Y)dy+(mz''-Z)dz=0$를 썼다. 그것이 모든 dx, dy, dz에 대해 유효하기 위해 헬름은 괄호 안에 있는 양이 모두 0이 되어야 한다고 추론했다. 즉, $mx''=X$, $my''=Y$, $mz''=Z$, 이것들은 자유롭게 운동하는 질점의 운동 방정식이다. Georg Helm, "Ueber die analytische Verwendung des Energieprincips in der Mechanik," *Zs. f. Math. u. Phys.* 35 (1890): 307~320.

[33] 헬름이 오스트발트에게 보낸 편지, 1891년 1월 20일 자, in *Briefwechsel... Ostwalds*, 73. Niles R. Holt, "A Note on Wilhelm Ostwald's Energism," *Isis* 61 (1970: 386~389 중 386~387.

오스트발트는 리가Riga의 기술학교에서 화학을 가르치고 단일기 산의 촉매 작용에 대해 연구를 하면서 어떤 화학 과정이 원자론적 용어보다는 에너지학적 용어로 이해될 수 있다고 확신했다. 자신의 증언으로는, 오스트발트가 열역학에 대한 깁스Gibbs의 논문들을 읽은 것이 그의 생각의 방향에 영향을 미쳤다. 1887년에 라이프치히 대학에서 취임 강연 중에 그는 에너지학 프로그램의 개요를 제시하면서 그것을 원자론 프로그램의 대안으로 제시했다. 1892년에 물리 화학 교재의 2판에서 그는 에너지적 개념들을 강조하고 원자론적 개념들은 모두 피했다. 거의 비슷한 시기에 일련의 논문에서 오스트발트는 물리학과 화학을 역학으로 환원하는 것을 반대하고 질량이나 물질의 역학적 개념을 에너지의 개념으로 환원하는 것은 찬성했다. 근본 개념을 질량에서 에너지로 대체하는 것과 연관하여 그는 엄밀 자연 과학의 기준들을 역학의 절대적 체계에서 새로운 체계로 바꾸고, 기본 개념을 에너지, 길이, 시간을 쓰는 에너지적 체계로 바꿀 것을 제안했다.[34]

1892년에 볼츠만은 에너지학의 글들을 찬찬히 따라가면서 오스트발트에게 에너지 원리에서 역학의 기본 방정식을 유도하는 자신과 헬름의 개념에 대해 물었다. 그는 그때 맥스웰의 빛의 전자기론에 대한 그의 강의의 두 번째 부분을 출판할 준비를 하고 있었고 이 이론의 근본 방정식이 유사하게 유도될 수 있다고 생각했다. 특히나 그는 "순수하게 역학적인 원리"에서 그 방정식들을 유도하는 것을 상당히 불만스러워 했기

---

[34] Holt, "A Note." Wilhelm Ostwald, Lehrbuch der allgemeinen Chemie, vol. 1, Stöchiometrie, 2d ed. (Leipzig, 1891); "Studien zur Energetik," *Verh. sächs. Ges. Wiss.* 43 (1891): 271~288, 44 (1892): 211~237. Erwin N. Hiebert, "The Energetics Controversy and the New Thermodynamics," in *Perspectives in the History of Science and Technology*, ed. D. H. D. Roller (Norman: University of Oklahoma Press, 1971), 67~86 중 75.

때문이었다.[35]

이때 볼츠만은 나중에 한 것처럼 그가 에너지학 프로그램에서 전망이 있다고 평가한 근거를 제시했다. 그러나 그와 오스트발트가 선호하는 방법은 크게 대립했다. 비록 서신에서는 그들이 상호 존경의 정신으로 그들의 방법에 대해 논의했지만 말이다. 그들이 추정하는 원리상의 차이에 관하여 볼츠만은 그의 입장을 오스트발트에게 이렇게 설명했다. "자연은 오로지 역학적으로 (원자의 운동으로) 설명될 수 있다는 교설[36]과 대립하는 주장, 즉 자연은 원자 운동으로 설명될 수 없고 설명되지 않을 것이라는 주장을 반대하고 싶지 않습니다. 이것은 내가 나의 확신에 따라 그것을 표현하는 방식입니다. 당신이 그것을 당신의 확신에 따라 표현한다면 나는 당신과 논쟁하지 않겠습니다."[37]

볼츠만은 물리 과학에서 자신의 방향과 그에 대립하는 방향, 즉 에너지학적 방향에 대한 이러한 사적인 논의에 온전히 만족하지 않았다. 볼츠만은 1894년에 그가 참석한 영국 과학 진흥 협회 회의에서 논의했듯이 기체 운동론에 대한 공적 논의를 "촉발"하기를 원했다. 그는 에너지학을 1895년에 뤼벡Lübeck에서 열릴 독일 과학자 협회의 회의에서 다룰 적절한 주제로 간주했다. 볼츠만은 오스트발트에게 에너지학의 "주요

---

[35] 볼츠만이 오스트발트에게 보낸 편지, 1892년 4월 14일 자, *Briefwechsel... Ostwalds*, 7~8.

[36] [역주] 볼츠만 자신은 원자론을 추종하고 있었기에 모든 자연 현상이 원자 운동으로 역학적으로 설명될 수 있다는 입장을 피력했다. 이에 따르면 열역학 제2법칙은 원자들의 무작위 운동을 통해 설명할 수 있었다. 그에 반하여 오스트발트는 에너지학을 추종하기에 에너지가 보존된다는 열역학 제1법칙과 엔트로피가 증가한다는 열역학 제2법칙을 근본적인 법칙으로 보고 그것에서 역학적 현상을 포함하여 다른 물리적 현상까지 설명하려는 기획을 가지고 있었다.

[37] 볼츠만이 오스트발트에게 보낸 편지, 1892년 6월 11일 자, *Briefwechsel... Ostwalds*, 10~11.

대표자"로서 참석하라고 독려했다. 오스트발트에게는 그 회의가, 많은 청중 앞에서 에너지학이 원자의 역학보다 우위에 있다는 것을 논증할 좋은 기회를 제공했다.[38]

뤼벡 회의의 일반 청중에게 한 발표에서 오스트발트는 거의 모든 과학자가 "과학적 유물론"에 찬성한다고 주장했다. 과학적 유물론은 물질과 운동이 근본적 개념이며 모든 현상이 역학적으로 원자와 그것에 작용하는 힘에 의해 만들어진다는 관점이었다. 그는 이러한 관점대로 열과 화학의 특별한 현상들이 역학적 유비를 사용하여 역학적으로 설명될 수 있음은 시인했지만, 현상의 총체성이 이런 식으로 설명될 수 있다는 것은 부인했다. 그는 운동 방정식의 가역성을 살펴보면 역학은 우리 경험상의 비가역적 사건을 설명할 수 없음이 분명하다고 말했다. 오스트발트는 역학적 세계 묘사는 과학적으로 옹호될 수 없고 형이상학에 속한다고 결론을 지었다.[39]

오스트발트가 바람직한 목표로 상정한 대로 이러한 과학적 유물론을 극복하려면, 역학적 묘사를 구축하는 것이 아니라 측정할 수 있는 양을 서로 관련짓는 것이 과학의 목표임을 인정해야 한다. 에너지, 공간, 시간이라는 양이 모두 우리가 자연 현상이라고 기술하는 방정식에 들어갈 필요가 있다. 에너지는 역학의 개념인 힘과 물질을 대신한다. 에너지는 우리가 직접 경험하는 전부이다. 에너지는 과학에 알려진 가장 일반적인 불변량이다. 에너지의 추상적 개념은 통일된 세계관을, 역학적 관점만큼 명쾌하게, 역학적 관점의 난점들 없이 제시한다.[40]

---

[38] 볼츠만이 오스트발트에게 보낸 편지, 1895년 6월 1일 자, *Briefwechsel...Ostwalds*, 21~22.

[39] Wilhelm Ostwald, "Die Ueberwindung des wissenschaftlichen Materialismus," *Verh. Ges. deutsch. Naturf. u. Ärzte*, vol. 67, pt. 1, 1st half (1895): 155~168.

뤼벡 회의의 물리 회기에서 헬름은 현재의 에너지학의 현황을 보고하도록 초청받았고 영국 협회의 본을 따 볼츠만이 헬름에게 회의 전에 그 보고서를 출판하도록 준비해 달라고 요청했다.[41] 그의 보고서에서 헬름은 에너지 원리를 "에너지학의 기본 공식"으로 확장했다.[42] 역사적으로 이 확장은 물리학의 "본질적으로 다른" 두 방향인 역학과 열역학을 통해 일어났다. 헬름이 관심을 두는 역학적 방향은 더 오래된 역학적 세계관이 아니라 영구 운동과 유비의 원리였다. 이 원리들은 "모든 자연 현상에 동역학적 방정식들을 부여하는" 데 도움을 주었다. 열역학적 방향처럼 역학적 방향은 에너지학의 목표를 공유한다. 즉, 자연 현상을 에너지 원리에 기초한 정량적 방법으로 기술하려는 것이다. 에너지학의 "실재론"은 우리가 경험하는 에너지의 다양한 등가의 형태들을 역학적 묘사에 흡수시키지 않고 직접 다루는 것이다.[43]

그 회의에서 헬름의 보고가 끝나자, 그의 말에 따르면, "심한 다툼"이 있었다. 겉보기에 그 논쟁에서 오스트발트만이 그를 지지한 유일한 사람이었던 반면에 그를 비판한 사람은 볼츠만, 괴팅겐 대학의 수학자인 클

---

[40] Ostwald, "Die Ueberwindung."

[41] 독일 과학자 협회 회의 2년 전인 1893년에 물리 회기는 매년 중대한 주제에 대한 보고를 다루기로 했었다. 1894년에 빈에서는 복사에 대한 보고가 있었고 볼츠만, 랑, 크빙케, 비데만(Eilhard Wiedemann)으로 이루어진 위원회가 이듬해 뤼벡 회의에서 다룰 주제를 결정했다. *Verh. Ges. deutsch. Naturf. u. Ärzte*, vol. 67, pt. 2, 1st half (1895): 28. *Ann.* 55 (1895): i~ii. 헬름이 오스트발트에게 보낸 편지, 1895년 4월 27일 자, *Briefwechsel...Ostwalds*, 79~80.

[42] 기본 공식은 $dE \leq \sum 1 \cdot dM$이다. 이것은 에너지 E의 총변화가 세기 1과 해당하는 용량 dM의 변화량의 곱을 모두 합친 것보다 작거나 같다는 것을 말해준다. 그 공식의 부등호는 비가역 과정을 위해 필요하다. 헬름의 보고서, "Ueber den derzeitigen Zustand der Energetik"은 짧게 *Verh. Ges. deutsch. Naturf. u. Ärzte*, vol. 67, pt. 2, 1st half (1895): 29~30에 요약되어 있다. 온전한 판본은 "Ueber den derzeitigen Zustand der Energetik," *Ann.* 55 (1895): iii~xviii이다.

[43] Helm, "Energetik," *Verh.* 29와 *Ann.* iv.

라인Felix Klein, 네른스트Nernst, 오스트발트의 라이프치히 대학 동료인 외팅겐Arthur von Oettingen, 조머펠트Sommerfeld 등이었다. 볼츠만이 비판을 이끌면서 에너지학을 분류일 뿐이며 다양한 에너지의 "자연사"일 뿐이라고 깎아내렸다. 물리학의 각 분야인 열, 전기, 자기, 빛에 대해 에너지학은 그 각각의 에너지가 고유의 법칙이 따로 있는 형태를 제안한다. 반면에 에너지학이 배격하는 원자 역학은 이 법칙들을 "통합하는 묘사"로 가는 길이다. "자연의 역학적 개념은 아직 완전하지 않다"는 사실을 들어 "에너지학을 선호해야 한다고 결론짓지 않아도 된다. 왜냐하면, 에너지학은 여전히 완성과는 거리가 멀기 때문이다."[44]

여러 사람이 참석한 에너지학 논쟁은 충분히 활발해서, 이틀간 중지되었다가 재개되었다. 두 번째 모임에서 헬름은 이전 논쟁에서 에너지학이 비우호적으로 수용된 데 실망을 표현했다. 그는 거기에 "적어도 그의 과학관의 가장 본질적인 측면을 인정받았기에" 초대되었다고 생각했었는데 볼츠만은 그의 탐구를 "오류"이며 그의 성공은 "없는 것처럼 작다"고 말했다. 헬름은 에너지학이 "의도된 처형을 뛰어넘어 살아남기"를 원했다. 그러나 그는 그것에 대해 더는 논의하고 싶지 않다고 말했다. 그가 발언한 다음으로 볼츠만이 역학에 대한 에너지론자들의 공격에 이렇게 맞섰다. "역학이라는 오래된 이론을 옹호하는 이들은 에너지학을 그 오래된 이론 물리학, 즉 역학과 더불어 계속 발전시키려는 시도에 반대하지 않았다. 언젠가 에너지학이 뭔가 비슷한 것을 성취할 수 있는

---

[44] 헬름이 그의 아내에게 보낸 편지, 1895년 9월 17일 자, *Briefwechsel...Ostwalds*, 118~119. Hiebert, "Energetics Controversy," 68~69. 헬름의 보고에 뒤이은 논쟁을 출간한 출판물에는 참가자가 헬름, 오스트발트, 볼츠만, 네른스트, 외팅겐, 에베르트, 클라인, 로렌츠(Hans Lorenz) 등이라고 나와 있다. *Verh. Ges. deutsch. Naturf. u. Ärzte*, vol. 67, pt. 2, 1st half (1895): 30~33. 출판된 논쟁 30~31에서 볼츠만의 말 인용됨.

지 보려고 했다. 반면에 에너지학은 역학을 낡은 관점이라고 불렀고 그
것에 전쟁을 선포했다. (중략) 그러므로 역학이라는 오래된 이론 물리학에
강요된 이 전쟁에서 승자가 되기를 우리가 바라는 이론은, 역학이다."[45]
이 논쟁은 헬름이 큰 박수를 받으면서 마무리되었고 그는 자신과 오스트
발트가 만족스럽게 그 날을 되돌아볼 수 있으리라 확신하며 회의장을
떠났다. 그는 에너지학 문제가 그때부터는 "문헌적 토론"에 붙여지리라
생각했다.[46]

　　1895년의 에너지학 논쟁에 참여한 진영들은 《물리학 연보》와 다른
학술지에서 그들의 논쟁을 계속했다. "이론 물리학에서 가장 많이 발전
한 분야인 역학"에 대한 에너지학적 논의와 연관하여 볼츠만은 헬름이
유도한 역학 법칙에서 수학적 오류를 지적했다.[47] 볼츠만은 "오늘날 모

---

[45] 출판된 논쟁, 32~33.

[46] 헬름이 그의 아내에게 보낸 편지, 1895년 9월 19일 자, *Briefwechsel...Ostwalds*, 119~20.

[47] 각주 32에서 우리가 보았듯이 에너지 원리에서 유도된 방정식
$(mx''-X)dx+(my''-Y)dy+(mz''-Z)dz=0$에서 헬름은 dx, dy, dx를 독립 변수로
간주했다. dy와 dz를 0과 같다고 놓고 dx는 그렇지 않다고 놓음으로써 그는 $mx''-X=0$을 얻었다. 그러나 $dy=dz=0$로 놓음으로써 그는 또한 $y'=z'=0$이라고 가정
했다. 왜냐하면, $dy=y'dt$이고 $dz=z'dt$이기 때문이다. 그래서 헬름은 질점이 x 방향
으로만 0이 아닌 속도를 가지는 특별한 경우에 방정식 $mx''-X=0$이 유효하다는
것을 증명했다. 그는 세 좌표의 방향에 대한 세 방정식이 모두 성립한다는 것을
증명하지 않았다. 요컨대 볼츠만이 지적했듯이 헬름은 미분량 dx와 변량 δx를 혼
동했다. Ludwig Boltzmann, "Ein Wort der Mathematik an die Energetik," *Ann.*
57 (1896): 39~71 중 40~41. 볼츠만의 비판이 효과적이었음이 포스(Voss)가 1890
년에 헬름의 유도를 기각한 것에서 나타난다. 포스는 헬름의 오류에 대해 역학
법칙이 에너지학에 기초를 둘 가능성이 일반적인 상황에 대해서 논박된 것은 아님
을 지적했다. 실례로 뒤엠(Pierre Duhem)의 유도는 같은 잘못을 하지 않았고 포스
는 그것이 이론 역학에 대해 앞으로 갖게 될 의미에 관해서 판단을 유보했다.
Aurel Voss, "Die Prinzipien der rationellen Mechanik," 1901. *Encykl. d. math.*
Wiss., vol. 4, *Mechanik*, ed. Felix and C. Müller, pt. 1 (Leipzig: B. G. Teubner,
1901~1908), 3~121 중 115~116.

두가 원자와 힘을 최종적 실재로 생각한다"는 오스트발트의 주장에 맞섰다. 그는 "중심력에 의해 결정되는 법칙의 지배를 받는 질점 운동에 대한 설명을 제외하고는 다른 설명이 존재할 수 없다는 관점은, 뤼벡 모임에서 "오스트발트 씨의 언급이 있기 오래전에 일반적으로 포기되었다"고 말했다. 볼츠만은 계속해서 역학은 단지 묘사를 제공했을 뿐이고 그것만이 그때까지 엄밀하게 전개된 유일한 묘사였다고 말했다. 그 묘사는 미래에는 완전해질 수 있었다. 그러나 볼츠만은 에너지학이 더 발전하면 "여전히 과학에 엄청나게 유용"할 수 있음은 인정했다.[48] 1896년의 발표에서 그는 에너지학적 관점에 대한 그의 열린 마음을 강조하면서 자신이 다양한 형태의 에너지 사이의 유비에 관심이 있기에 자신은 "열정적인 에너지론자"라고 묘사했다. 단지 그의 열정은 에너지 법칙이 헬름과 오스트발트가 믿는 것처럼 "이론 물리학의 기본 법칙"이라는 데까지 확장되지는 않았을 뿐이었다.[49] 오스트발트는 역학적 세계관이 이미 종료된 논제임을 부인하는 내용의, 볼츠만에 대한 항변을 《물리학 연보》에 게재했다. 그는 볼츠만이 그 자신의 인식을 과학자 대부분의 인식과 혼동했다고 말했다. 다른 과학자들은 역학적 가설을 옹호할 뿐 아니라 종종 그것을 자연에 대한 "분명한 진실"로 간주했다.[50]

플랑크가 기체 운동론의 방법에 비해 열역학의 방법을 더 좋아한다는 것은 잘 알려져 있었기에, 플랑크가 헬름과 오스트발트의 편을 들고 볼츠만과 맞설 것이 예상되었다.[51] 그러나 그것은 그 논제에 대한 플랑크의

---

[48] Boltzmann, "Ein Wort," 64, 71.

[49] Ludwig Boltzmann, "Ein Vortrag über die Energetik," 1896년 2월 11일 자, *Vierteljahresber. d. Wiener Ver. z. Förderung des phys. u. chem. Unterrichts* 2 (1896): 38, Boltzmann, *Wiss. Abh.* 3: 558~563 중 558에 재인쇄.

[50] Wilhelm Ostwald, "Zur Energetik," *Ann.* 58 (1896): 154~167 중 160.

[51] Max Planck, "Allgemeines zur neueren Entwicklung der Wärmetheorie," *Zs. f.*

입장이 아니었다. 플랑크는 뤼벡에서 논쟁에 참여하지 않았지만 1890년
대 초부터, 특히 오스트발트가 물리학의 근본 법칙으로 간주하지 않은
열역학 제2법칙과 연관하여 에너지학에 진지한 관심이 있었다.[52] 플랑크
는 그 주제에 관하여 오스트발트와 서신을 교환했고 1896년에는 오스트
발트에게 그때가 그의 반대를 공개할 "적기"라고 느낀다고 말했다.[53] 그
는 "새로운 에너지학"에 대한 자신의 비평을 《물리학 연보》에 게재했
다. 거기에서 그는 역학적 세계 묘사를 옹호하지 않고 그것이 깊고도
어려운 연구를 필요로 한다고 말했다. 오히려 그는 더 단순한 과제로
에너지학의 부적절성을 증명했다. 역학과 대비하여 에너지학의 가치는
그 지지자들이 믿는 것보다 훨씬 적다고 플랑크는 말했다. 그의 더 심각
한 반대는 에너지학이 자연의 가역 과정과 비가역 과정 사이의 근본적인
구분을 인식하는 데 실패했다는 것이었다. 일반적으로 플랑크는 에너지
학을 건전한 기초와 방법이 없고, 가면 쓴 정의definition와 증명을 혼동하

---

phys. Chemie 8 (1891): 647~656. *Phys. Abh.* 1: 372~381 중 372~373에 재인쇄.
Hiebert, "Energetics Controversy," 73.

[52] [역주] 에너지학 논쟁은 에너지 대 원자, 열역학 대 통계역학, 현상론 대 실재론,
방정식 대 도해, 오스트발트 대 볼츠만 등으로 다양하게 이해된다. 1895년 뤼벡에
서 볼츠만과 플랑크는 에너지학을 종결시켰다고 흔히들 생각한다. 그러나 그 추진
력만 둔화되었을 뿐 에너지학은 어떤 점에서 여전히 1904년 세인트루이스 국제
박람회의 물리학 회의에서도 지지자가 있었다. 실제로 오스트발트 자신이 1908년
에 그 이론을 포기한 후에 에른스트 마흐는 처음으로 그것을 옹호하기 시작했다.
특히 주목할 인물은 헬름이다. 그는 뤼벡에서 에너지학의 주된 발표자로 초청받았
고 오스트발트보다 먼저 에너지학의 입장을 채택했으며 그의 관점은 오스트발트
의 접근법이 내재한 오류나 약점을 피해 갔다. 실제로 볼츠만의 주된 표적은 오스
트발트였지만, 에너지학의 가장 강력한 옹호자는 헬름이라고 할 수 있다. 헬름은
그 당시에 주로 마흐주의자였고 에너지를 물질적 대상으로 보지 않았다. Robert
Deltete, "Helm and Boltzmann: Energetics at the Lübeck Naturforschuerver-
sammlung," *Synthese* 119 (1999), pp. 45~68.

[53] 플랑크가 오스트발트에게 보낸 편지, 1895년 12월 27일 자, *Briefwechsel...
Ostwalds*, 61.

고 과학이 아니라 형이상학에 몰두하는 것으로 간주했다. 그는 에너지학이 과학적으로 가치가 있는 것은 아무것도 내놓지 못했으므로 에너지학을 당시의 방향으로 더 전개하는 것에 반대했다.[54] 유일한 성공은 더 젊은 과학자들이 현재의 주요 연구들에 철저하게 흡수되는 대신에 아마추어적 사색을 독려하여 이론 물리학의 넓고 생산적인 영역을 몇 년간 방치한 것이었다."[55]

에너지학의 편에 서서 헬름은 두 번째 저작인 『에너지학, 역사적 전개』 *Die Energetik nach ihrer geschichtlichen Entwickelung*를 출간했는데 그것은 뤼벡 회의의 대논쟁이라는 "투쟁"에서 잉태된 것이었다. 이 저작에서 헬름은 에너지학을 "사고의 통일된 발전"으로 제시했다. 그는 에너지학이 그것의 반대자들이 주로 인식하듯이 단편적으로가 아니라 "전체로서 인식되어야" 한다고 생각했다. 그는 열역학이 더 완전하고 생산적인 지향이라고 주장했고 그것을 그런 식으로 보지 않는 사람은 누구든 역학적인 묘

---

[54] Max Planck, "Gegen die neuere Energetik," *Ann.* 57 (1896): 72~78. 재인쇄는 *Phys. Abh.* 1: 459~465. Hiebert, "Energetics Controversy," 76. 그 논쟁에서 다른 진영들은 자신들의 입장을 고수했다. 헬름은 볼츠만과 플랑크의 비판에 대해 1896년 《물리학 연보》에서 반응을 보였다. 볼츠만은 같은 학술지에서 세 입장 모두에 대해 응답했다. "뤼벡에서 나의 편에 있었던 모든 이들과 함께, 헬름 씨가 그러하듯 에너지와 엔트로피 원리의 근본적 중요성에 대해 확신한다." 볼츠만은 1898년에 뒤셀도르프에서 열린 독일 과학자 협회 회의에서 에너지학에 대해 발표하면서 이렇게 말했지만, 이어서 에너지론자들이 과도하게 주장한다고 여기며 다른 발표와 출판물에서 반대했듯, 여기서도 반대했고, 역학적 묘사들을 통하여 한층 더 이론 물리학이 발전할 것이라고 주장했다. Georg Helm, "Zur Energetik," *Ann.* 57 (1896): 646~659. Ludwig Boltzmann, "Zur Energetik," *Ann.* 58 (1896): 595~598; "Zur Energetik," *Verh. Ges. deutsch. Naturf. u. Ärzte* 70 (1898): 65~68, 74. 재인쇄는 *Wiss. Abh.* 3: 638~641, 인용은 638.

[55] 플랑크는 "이론 물리학의 영역에서 성공적인 연구에 필요한 수학적 비판 능력이 없는" 젊은 과학자들이 보상이 빠르고 쉬우리라 보고 에너지학을 주목하기 시작했다고 관측한 볼츠만과 마찬가지로 이런 상황을 걱정했다. Boltzmann, "Ein Wort," 64. Planck, "Gegen die neuere Energetik," 465.

사 뒤의 실제 역학적인 세계를 조용히 동경하고 있다고 가정했다. 그는 에너지학의 열역학적 및 역학적 지향들과 1895년 보고서에서 그가 채택한 다른 문제들을 주제로 논의했다. 가령, 역학적 지향에 대한 그의 설명에서 그는 유비 원리를 논의했다. 그 원리는 전자기 이론에서 라그랑주 운동 방정식을 맥스웰이 사용한 데에서 기원했고 헬름홀츠는 그것을 열역학과 다른 물리학의 분야로 확장한 바 있다. 헬름은 이 라그랑주 방식을 사용한 연구가 철저하게 에너지학적 정신을 구현하고 있다고 주장했다.[56]

에너지학 논쟁이 계속되는 동안 감정들이 격해졌고 참여자들은 비판이 개인을 겨냥한 것이 아님을 반복해서 서로 확인했다. 우리가 보았듯이 볼츠만은 주로 오스트발트의 노력으로 라이프치히 대학에서 곧 오스트발트와 합류할 예정이었다. 이러한 관계 속에서 오스트발트는 볼츠만에게 편지에서 이렇게 말했다. "당신도 알다시피 우리의 과학적 의견 차이가 생산적이고 유용한 협력에 대한 희망을 잃을 정도의 가치는 없다고 생각합니다. 대신 나 자신이, 그리고 과학이 위대한 성공을 누리길 바랍니다." 볼츠만은 답장을 이렇게 보냈다. "당신이 개인적으로 내게 화가 난 것이 아니라는 것, 오히려 당신의 우정이 변하지 않았다는 것을 알고 있으며 항상 그것을 자랑스러워하고 있습니다."[57]

라이프치히 대학 철학부가 작센 교육부에 보낸, 볼츠만의 임용을 추천하는 보고서 초고는 볼츠만과 오스트발트의 최근의 논쟁에 대한 언급을

---

[56] Georg Helm, *Die Energetik nach ihrer geschichtlichen Entwickelung* (Leipzig, 1898), "Vorwort", v~vi에서 인용. 헬름홀츠와 다른 이들의 라그랑주식 방법은 이 저술의 8부와 마지막 부분에 논의되어 있다.

[57] 오스트발트가 볼츠만에게 보낸 편지, 1898년 12월 9일 자; 볼츠만이 오스트발트에게 보낸 편지, 1898년 12월 13일 자, *Briefwechsel...Ostwalds*, 22~24.

담고 있었다. 볼츠만은 "물리학과 화학의 운동론의 담당자"였고 라이프
치히 대학 철학부는 이미 오스트발트라는 "에너지학 지향의 주요 대표
자"를 확보하고 있었다. 그것은 "양방향에서 오는 과학적으로 유용한
아이디어를 교환하는 극히 흥미로운 전망"을 열어 놓았다. 재차 논의
후에 철학부는 이 전체 단락을 삭제해서, 충돌로 여겨질 수도 있을, 사실
은 그렇지 않은 그 상황을 교육부가 신경 쓰지 않게 했다.[58]

열역학이 독일에서 에너지학으로 가는 방향을 지시했다면, 전자기학
은 적어도 에너지 고찰이 향상된 역할을 담당하는 방향을 지시했다. 이
점과 연관하여 독일 물리학자들은 1880년대 중반에 영국 물리학자들의
저작에서 출발점을 찾았다. 포인팅[59]은 맥스웰의 이론에서 전자기 에너
지가 전기적, 자기적 진동에 수직인 궤적을 따라 연속적으로 공간을 통
과한다고 결론지었다. 로지[60]는 포인팅의 결론을 전자기적 에너지에서

[58] 라이프치히 대학 철학부가 작센 문화교육부에 보낸 보고서, 1900년 3월 12일 자,
   Boltzmann Personalakte, Leipzig UA, PA 326.
[59] [역주] 포인팅(John Henry Poynting, 1852~1914)은 영국의 물리학자로 포인팅 벡
   터를 주창하여 명성을 얻었다. 오웬스 칼리지(현재의 맨체스터 대학)에서 레이놀
   즈와 스튜어트에게 배웠다. 케임브리지 대학에서 에드워드 라우스(E. Routh)에게
   수학 코치를 받고 캐번디시 연구소에서 맥스웰에게 배웠다. 포인팅 벡터는 1884년
   에 전자기 에너지 흐름의 방향과 크기를 기술하는 개념으로 제기되었다. 1893년에
   획기적 방법으로 뉴턴의 중력 상수를 측정했고 1903년에는 태양 복사가 태양을
   향하는 작은 입자들을 끌어당길 수 있다는 포인팅-로버트슨 효과를 처음으로 인
   식했다. 포인팅과 J. J. 톰슨이 함께 집필한 학부용 교재는 널리 사용되었다. 그는
   경력 기간 대부분을 메이슨 과학 칼리지(현재 버밍엄 대학)에서 교수로 있었다.
[60] [역주] 로지(Sir Oliver Joseph Lodge, 1851~1940)는 영국의 물리학자로 초기 무선
   수신기의 핵심부품이며 전파 검출기인 코히러를 완성했다. 1879년 런던 유니버시
   티 칼리지의 응용 수학 조교수가 되었고 1881년에는 리버풀의 유니버시티 칼리지
   물리학 교수가 되었다. 2년 뒤 코히러에 관한 논문들을 발표했고 1894년 이것을
   응용하여 1900년대까지 가장 널리 사용된 무선 수신 방식을 개발했다. 1894년
   그는 최초로 태양이 전파의 원천이라는 주장을 내놓았으나 이 사실은 1942년까지

일반 에너지로 확장했고 이런 식으로 에너지 보존 원리를 확장했다.[61] 독일의 물리학자들은 에너지의 흐름, 정체, 위치의 개념에 대해 첨예하게 다른 견해로 대응했다.

긍정적으로 반응을 보인 인물은 당시 베를린 대학 졸업생으로서 그곳에서 교수 자격 논문 심사를 받으려고 기다리고 있었던 빈Wilhelm Wien이었다. 빈은 1890년에 헤르츠에게 편지를 써서 에너지의 위치 문제에 대해 그가 수행한 연구에 대한 의견을 물었다. 그는 헤르츠에게 보낸 편지에서 포인팅이나 로지처럼 그가 에너지에 물질의 특성과 유사한 특성을 부여하려 한다고 썼다. 그를 인도한 생각은 에너지의 개별 부분들이 추적 가능한 운동을 한다는 것이었다. 그의 스승인 헬름홀츠는 그 생각을 좋아하지 않았고 빈은 이제 그것을 헤르츠에게 시험해보고 있었다. 헤르츠는 그가 맥스웰의 전자기 방정식에 대한 첫 논문에서 밝힌 이유 때문에 역시 그 생각을 별로 좋아하지 않았다. 빈은 우리가 에너지에 대해 알고 있는 것을 고려하면 "에너지의 위치를 정하고 그것을 점에서 점으로 추적하는 것이 말이 되는지 의문이 든다."라고 말했다.[62]

받아들여지지 않았다. 1902년에 기사 작위를 받았고 1910년부터 심령(心靈) 연구에 몰두하여 사자(死者)와의 의사 전달이 가능하다고 주장했으며, 과학과 종교를 조화시키는 것에도 관심을 두고 그 연구에 노력을 기울였다.

[61] J. H. Poynting, "On the Transfer of Energy in the Electromagnetic Field," *Phil. Trans.* 175 (1884): 343~361. Oliver Lodge, "On the Identity of Energy: In Connection with Mr. Poynting's Paper on the Transfer of Energy in an Electromagnetic Field; and on the Two Fundamental Forms of Energy," *Phil. Mag.* 19 (1885): 482~487.

[62] 빈이 헤르츠에게 보낸 편지, 1890년 3월 18일과 6월 20일 자, Ms. Coll., DM, 3059, 3061. Heinrich Hertz, "Ueber die Grundgleichungen der Elektrodynamik für ruhende Körper," *Ann.* 40 (1890): 577~624, 그의 *Ges. Werke* 2: 208~255 중 234에 재인쇄. "Nachträgliche Anmerkungen"에서 이 논문으로, *Ges. Werke* 2: 293~294. 헤르츠는 포인팅의 이론에 의하면 닫힌 에너지 흐름이 자석과 대전된 물체에 의해 만들어진 정적인 장(마당)에서 발생해야 한다는 것을 지적했다. 헤르츠에게 이것

그해인 1890년 독일 과학자 협회 회의의 물리 회기에서 빈은 에너지 이론의 현주소에 대해 보고했다. 보존 법칙을 통해 에너지는 물질에 방불한 객관적 의미를 획득했다고 말했다. 에너지는 모든 물체에 내재하며 물질과 더불어 우리의 감각에 작용하는 현상들의 원인이 된다. 더욱이 에너지는 보존 법칙을 통해서 물질과 비슷한 해석을 부여받을 수 있다. 한 장소에서 사라지는 물질은 물질의 보존 법칙에 의해 다른 곳에서 다시 나타나야 하고 연속적 운동으로 한 장소에서 다른 장소로 그렇게 옮겨간다. "물질"이라는 단어가 "에너지"라는 단어로 대체되면, 그 진술은 여전히 유효하다고 빈은 주장했다. 우리는 에너지의 "흐름"에 대해 말할 수 있고 운동 에너지가 관계되는 경우에는 에너지의 "속도"에 대해 말할 수 있다. 연속 방정식이 물질뿐 아니라 에너지에도 적용되고 일반적으로 에너지 흐름의 법칙은 유체 역학의 법칙을 따른다. 빈은 에너지에 대한 이 새로운 이해는 최근에 연속적인 장(마당)의 물리학이 원격력의 물리학을 대체하면서 가능해졌다고 설명했다. 그 보고서에서 빈은 주로 전자기 복사를 다루었다. 이 주제에서 에너지 흐름의 개념은 가치가 아주 크다. 그 개념은 역학에서도 가치가, 비록 약간은 있다. 빈은 그 개념에 대한 오해가 원리상 인식론에 관계된 것이지 과학적인 것이 아니라고 생각했다. 그는 에너지를 바라보는 이 새로운 방식은 다른 방식들처럼 모든 자연 현상의 통일된 관점을 약속한다고 결론지었다.[63]

뒤이은 논의들은 물질과 유사한 것으로, 또는 같은 지위로 에너지를

은 물리적으로 개연성이 없는 것으로 보였다. (234쪽).

[63] Wilhelm Wien, "Die gegenwärtige Lage der Energielehre," *Verh. Ges. deutsch. Naturf. u. Ärzte*, vol. 63, pt. 1 (1890): 45~49. 빈은 "Ueber den Begriff der Localisirung der Energie," *Ann.* 45(1892): 685~728에서 에너지 흐름 이론을 유체와 탄성 고체로 확장했다.

다룰 때 생기는 난점들을 도출시켰다. 가령, 에너지 "입자"나 "원자"에 대해 말하는 것은 "에너지의 물질화"의 방향으로 너무 많이 가는 것으로 보일 수 있었다. 그 주제를 다루는 저자들은 에너지 입자가 물질 입자처럼 개별화될 수 없다는 것을 주목했다. 더욱이 에너지 입자는 투과가 가능하며 자연적 부피가 없고, 아무도 아직은 에너지의 개별 원자나 움직이는 에너지의 "관성"에 대해 말할 정도로 멀리 가지는 않았다. 일반적으로 저자들은 전자기 이론을 연구할 때 에너지 흐름의 개념에서 물리적 결론을 도출하는 것에는 신중을 기했다.[64]

에너지학의 특수한 프로그램이 물리학자들 사이에서 많은 추종자를 얻지는 못했지만[65], 물리학에서 에너지 개념의 중요성은 아무에게도 논박을 받지 않았다. 20세기에 들어서자 어떤 에너지학적 개념들은 물리학 강의와 교재에 들어갔고, 에너지 개념이 보존 원리와 다른 형태로의 변

---

[64] 맥스웰 이론에 대한 교재에서 푀플은 일정량의 에너지의 정체성(identity)을 고정할 가능성을 가정했지만, 물리학자들이 극소화하고 개별화된 일정량의 에너지가 운동하는 데에서 모든 자연 현상의 본질을 찾으려는 경향이 "더 많은" 것에 대해서는 경고했다. August Föppl, *Einführung in die Maxwellsche Theorie der Elektricität* (Leipzig, 1894), 293~296. 헬름은 그의 에너지학 논문에서 에너지의 운동이라는 개념에 대해 헤르츠가 반대하는 것과 같은 그러한 반대들은 운동을 역학적인 것으로 간주하고 에너지를 진정한 물질로 간주한다면 유효하다고 말했다. 만약 에너지의 운동을 유비로만 간주한다면, 반대들은 무효가 된다. Helm, *Energetik*, 349~350. 구스타프 미(Gustav Mie)는 카를스루에 기술학교에서 수리 물리학으로 쓴 교수 자격 심사 논문에서 맥스웰의 전자기론의 영향을 받아 모든 자연 현상이 원격 작용보다는 연속적인 작용으로 생긴다는 생각의 필연적 귀결로 에너지 흐름을 발전시켰다. 에너지 흐름의 개념을 다른 물리학의 분야로 확장하면서 미(Mie)는 에너지의 극소화를 받아들였고 "에너지 입자"를 가지고 계산하는 동시에 그 입자의 "개별화"는 거부했다. Gustav Mie, *Entwurf einer allgemeinen Theorie der Energieübertragung* (Vienna, 1898).

[65] 가령, 아인슈타인은 플랑크의 에너지학 비판은 "의심의 여지 없이 그의 동료들에게 중요한 영향을 미쳤다."고 말했다. 왜냐하면, 플랑크의 비판은 에너지학이 발견을 유도하는 방법으로서 가치가 없다"는 것을 보여주었기 때문이었다.

환 가능성을 통해서 다양한 물리학 분과를 연관 지어 준다는 것을 학생들에게 명쾌하게 인식시켜 주었다. 로멜의 실험 물리학 교재는 몇 년의 간격을 두고 개정판들이 나왔는데 역학으로 시작하여 역사적인 순서를 따라 내용을 제시했다. 그렇게 한 유일한 이유는 초보자가 아직 에너지를 이해하지 못하기 때문이었다. 로멜은 이상적인 교재는 "하나의 본질의 상이한 표현"인 "에너지 형태들에 대한 경험적 표로 반드시 시작해야 한다"고 말했다. 또 하나의 성공적인 실험 물리학 교재는 리케의 것으로 그것도 에너지 원리가 아니라 역학으로 시작했다. 리케는 역사적 접근의 교육적 중요성을 믿었지만, 그는 독자들에게 에너지가 물리학에서 가장 중요한 개념임을 의심의 여지가 없게 해주었다. 왜냐하면, 어느 것도 "그 정도로 다양한 현상의 영역을 관통하고 통합하지 않았기 때문이었다." 분자와 그것의 힘에 대한 역학적 묘사들은 임의성을 포함하고 있었고 리케는 분자 현상을 에너지 형태의 토대 위에서 취급하기를 선호했다. 분자 에너지는 직접 측정할 수 있는 물체의 표면 에너지와 부피 에너지에 속박되어 있다. 그것이 리케가 오스트발트의 에너지학 연구를 나름대로 이해한 방식이었다. 실험 물리학에 대한 에베르트의 교재는 에너지 보존 법칙이 "비교적 단순하게 그리고 직접 모든 개별적인 에너지 형태"에 관련된 특수한 법칙들을 내놓는다는 입장에서 논의를 시작한다. 한 비평가가 말한 바로는, 에베르트의 교재는 "과학적으로 반대할 수 없는 에너지학의 논의를 한번은 진지하게 살펴보았다"고 주장할 수 있다는 점에서 예외적이었다.[66]

---

[66] Eugen Lommel, *Experimental Physics*, 1896년 독일어 3판을 G. W. Myers가 번역 (London, 1899), vii, 29. Eduard Riecke, *Lehrbuch der Experimental-Physik zu eigenem Studium und zum Gebrauch bei Vorlesungen*, 2 vols. (Leipzig, 1896), 1: 3, 197. Hermann Ebert, *Lehrbuch der Physik, nach Vorlesungen an der*

에너지학은 오스트발트와 헬름이 소원한 대로 물리학자들 사이에서 널리 인정을 받지는 못했지만 그들이 에너지학을 널리 알리려는 노력은 물리학의 기초에 대한 일반적인 논의가 널리 퍼지게 자극했다. 에너지학이 역학적 물리학에 대한 대안으로서 누렸던 이점들은 열역학에서 유래했고, 에너지학은 모든 물리 과학을 개혁하는 역할을 열역학에 부여했다. 에너지학은 전자기학에 대해서는 할 말이 거의 없었는데, 전자기학은 많은 물리학자에게 물리학의 이론적 기초로서 역학의 대안으로 간주되기 시작했다. 물리학의 역학적 기초에 대한 전자기적 문제 제기는 에너지학적 문제 제기보다 과학적으로 더 생산적이었다.

물리학의 전자기적 기초

맥스웰의 전자기론을 연구한 초기 독일의 저자들은 전자기론과 역학적 원리의 관계를 다양한 강조점을 가지고 제시했다. 우리가 보았듯이 볼츠만은 1891년과 1893년의 교재에서 그 이론의 방정식들을 역학적 개

Technischen Hochschule zu München, vol. 1, *Mechanik, Wärmelehre* (Leipzig and Berlin: B. G. Teubner, 1912), vi. 에베르트의 교재는 *Phys. Zs.* 15 (1914): 813에서 새퍼(Clemens Schaefer)가 논평했는데 그는 에너지학적 논의가 실험 물리학에 "전적으로 다른 얼굴"을 부여했다고 언급했다. 아우어바흐(Felix Auerbach)는 에너지학을 조심스럽게 평가하는 데에 전형적인 면모를 드러내었다. 그는 물리학을 "에너지 현상에 대한 연구, 특히 에너지가 그것의 전체 양을 변화시키지 않고 겪는 위치, 양상, 특성상의 변화에 대한 연구"라고 정의했다. 그러나 그는 에너지학적 논의에 몰두하지는 않았는데, 에너지학은 지금까지 거의 내놓은 결과가 없고 물리학자 대부분이 여전히 역학을 물리학의 기초로 본다는 것을 지적했다. Felix Auerbach, *Kanon der Physik. Die Begriffe, Principien, Sätze, Formeln, Dimensionsformeln, und Konstanten der Physik nach dem neuesten Stande der Wissenschaft systematisch dargestellt* (Leipzig, 1899), 1~2, 177.

넘에서 유도했다.[67] 이때에 코른은 볼츠만이 얼마 전에 했듯이 역학적 가설에서 맥스웰의 방정식을 유도하려고 노력하는 것이 전기를 연구하는 모든 이론 연구자들의 임무라고 썼다.[68] 에베르트는 맥스웰의 이론이 다른 전기 이론보다 눈에 띄게 이로운 점은 그 방정식이 역학적으로 유도될 수 있다는 것이라고 썼다. 헬름, 포크트, 라이프Richard Reiff, 조머펠트 등이 1890년대 초에 맥스웰의 이론에 대한 역학적 연구를 출판했다.[69]

대조적으로, 푀플은 1894년에 맥스웰의 이론을 따르는 교재에서 전자기 방정식의 근거를 실험적 사실에 두었다. 그 역시 전자기 방정식들을 역학적으로 유도했지만, 이는 그의 교재의 처음이 아니라 끝에서였다. 푀플은 볼츠만의 접근법을 가치 있게 여겼으나 그것이 따르기 가장 쉽다고 생각하지는 않았다. 드루데는 푀플처럼 같은 해에 맥스웰의 이론을 따르는 교재에서 실험적 사실로부터 전자기 방정식을 유도했고 그도 푀플처럼 그의 교재를 볼츠만의 이론을 소개하는 것으로 간주했다. 드루데

[67] Boltzmann, *Maxwells Theorie*; Ludwig Boltzmann, "Über ein Medium, dessen mechanische Eigenschaften auf die von Maxwell für den Electromagnetismus aufgestellten Gleichungen führen," *Ann.* 48 (1893): 78~99.

[68] Arthur Korn, *Eine Theorie der Gravitation und der elektrischen Erscheinungen auf Grundlage der Hydrodynamik*, 2 vols. (Berlin, 1892, 1894), 2: 1. 이 연구는 뮌헨 대학에서 코른의 교수 자격 심사 논문의 시발점이었다. 물리학 교수인 로멜은 그 논문이 "역학의 원리에서 언급된 현상들, 특히 전기적, 자기적 현상들을 유도하려는 노력이 증가하는 현재의 추세"에 속하는 것이라며 그것을 칭찬했다. 학부장이 뮌헨 대학 철학부에 보낸 편지, 1895년 7월 1일 자, Munich UA, OCI 21.

[69] Hermann Ebert, "Versuch einer Erweiterung der Maxwell'schen Theorie," *Ann.* 48 (1893): 1~24 중 4. Georg Helm, "Die Fortpflanzung der Energie durch den Aether," *Ann.* 47 (1892): 743~751. Woldemar Voigt, "Ueber Medien ohne innere Kräfte und über eine durch sie gelieferte mechanische Deutung der Maxwell-Hertz'schen Gleichungen," *Ann.* 52 (1894): 665~672. Richard Reiff, "Die Fortpflanzung des Lichtes in bewegten Medien nach der electrischen Lichttheorie," *Ann.* 50 (1893): 361~367. Arnold Sommerfeld, "Mechanische Darstellung der electromagnetischen Erscheinungen in ruhenden Körpern," *Ann.* 46 (1892): 139~151.

는 초급 학생들이 역학적 원리를 통해 에테르의 물리학을 공부할 필요가 있다고 보지 않았다. 더욱이 그는 "에테르의 방정식이 역학의 방정식으로 환원되는가?" 아니면 "그 역이 더 유용할 것인가?"를 열린 질문으로 간주했다.[70]

1890년대 초에 전자기학 전체를 역학적으로 재진술하는 것을 비난하는 물리학자들이 있었다. 실례로 빈은 1892년에 맥스웰과 그의 추종자들이 전자기적 방정식 계를 뉴턴 역학의 토대 위에 세우려고 시도하는 것을 비판했다. 빈의 사고방식으로는 이러한 시도들이 너무 복잡하거나 가설적이어서 좋은 물리학 이론의 정전canon에 해당할 수 없었다. 그는 물리학자들에게 맥스웰의 방정식 계와 개념을 닫힌 것으로 간주함으로써 헤르츠와 헤비사이드의 예를 따르라고 촉구했다. 그렇게 하면 그들은 맥스웰의 계는 순수한 역학의 계와 완전히 유비적 관계이며 그 사이의 유일한 연관은 에너지 개념을 통해서임을 알게 될 것이라고 했다.[71] 다음 몇 년에 걸쳐서 빈은 전자기에 대한 역학적 접근이 바람직하지 않다는 그의 견해를 바꾸지 않았지만, 역학과 전자기학의 연관성에 대한 그의

---

[70] Föppl, *Einführung*, v~xi, 266~273. Drude, *Physik des Aethers*, vi.

[71] Wilhelm Wien, "Ueber die Bewegung der Kraftlinien im electromagnetischen Felde," *Ann.* 47 (1892): 327~344 중 328. 이 시기에 전기 이론에서의 역학적 지향에 대해 문제를 제기한 또 하나의 예가 카를 노이만의 수리 물리학에 관한 논고(treatise)이다. 그는 물리학에서 역학적 설명을 불완전하고, 모순적이고, 과도하게 복잡한 것으로 생각했다. 특히 노이만은 헬름홀츠, 키르히호프, 볼츠만 등이 개발한 전기 동역학과 역학, 특히 유체 동역학 사이의 유비를 공부하고 그 유비들이 "심오한 기초"가 부족하다고 확신했다. 노이만은 더욱이 열 현상에 대한 설명이 **특수하게** 열적 원리를 요구하고 열이 전기에 긴밀하게 관련되어 있으므로, "**단순히** 역학적인 원리"가 전기와 관련되는 것도 기대하지 않았다. Carl Neumann, *Beiträge zu einzelnen Theilen der mathematischen Physik, insbesondere zur Elektrodynamik und Hydrodynamik, Elektrostatik und magnetischen Induction* (Leipzig, 1893), iii~iv, 205~206.

견해를 바꾸었다. 우리가 보게 될 것처럼 다른 많은 물리학자와 함께 그는 전자기학을 역학의 기초로 보게 되었다.

플랑크는 1897년에 열역학에 대한 강의록에서 열역학이 역학적 이론에서 유도되지 않는다면 종국에는 전자기 이론에서 유도될 수도 있다고 보았다. 2년 후에 플랑크는 열역학과 맥스웰의 전자기론의 관계에 주목함으로써 맥스웰의 전자기론에 대한 발표를 마무리 지었다. "아마도 언젠가 우리는 특별한 새 가설을 따르지 않고 단지 빛과 전기를 관련짓는 맥스웰의 개념을 추가로 발전시켜 열의 전자기 이론을 이어갈 수 있을 것이다." 얼마간 이러한 전망은 플랑크를 열역학 제2법칙에 대한 새로운 일련의 연구로 이끌었다.[72]

이 새로운 연구들은 열역학을 복사 과정에 적용해서 이루어졌다. 복사 과정은 플랑크가 친숙했던 연구분야로서 1860년경의 키르히호프의 연구, 더욱 최근의 볼츠만과 빈의 연구를 통해 이미 잘 확립된 분야였다. 일찍이 1894년에 프로이센 과학 아카데미의 취임 연설에서 플랑크는 복사의 열역학에 대한 그의 관심과 접근법에 대해 언급했다. "우리는 전기에 대한 역학적 설명을 통해 힘들게 우회할 필요 없이, 열 복사처럼 온도에 의해 직접 조건이 부여되는 전기 동역학적 과정에 대해 더 자세한 이해에 도달할 수 있을 것이라는 희망이 있다."[73] 이듬해인 1895년에 플랑크는 프로이센 아카데미에 그 주제에 관한 첫 번째 논문을 제출했다. 맥스웰의 이론을 사용한 헤르츠의 전기 진동 취급에 기초하여 플랑크는,

---

[72] Planck, *Thermodynamics*, ix; "Die Maxwell'sche Theorie der Elektricität von der mathematischen Seite betrachtet," *Jahresber. d. Deutsch. Math-Vereinigung* 7 (1899): 77~89. *Phys. Abh.* 1: 601~613 중 613에 재인쇄.

[73] Planck, "Antrittsrede," 3.

파장보다 규모가 작은 전기 공진자에 의한 전자기파의 흡수와 방출을 분석했다. 그는 이 과정을 열 평형을 이해하는 방식으로 간주했다. 1896년에 그는 이 첫 논문에 이어 다른 논문을 프로이센 아카데미에 보냈고 거기에서 복사를 통한 진동의 감쇠 개념을 도입했다. 이때까지 그 감쇠의 가장 중요한 특성은 그것이 보존적이라는 것이었고, 이는 플랑크에게 "보존 작용을 통해 비가역 과정의 일반적인 설명을 할 수 있다는 가능성"을 암시했다. 이것은 "매일 더욱 시급하게 이론 물리학 연구가 직면하는 문제"였다.[74]

플랑크는 그의 다음 연구에 1895년과 1896년의 결과를 통합하여 "비가역 복사 과정에 관하여"라는 제목을 붙였다. 그것은 1897년과 1901년 사이에 프로이센 과학 아카데미 회보에 일련의 논문으로 나왔다.[75] 플랑크는 처음부터 그의 목표를 분명하게 했다. 에너지 보존 원리와 엔트로피 증가의 원리는 같은 토대 위에 놓여야 하고, 보존력이 모든 자연 과정을 지배하기를 에너지 원리가 요구하므로, 이론 물리학의 "근본적 문제"

---

[74] Max Planck, "Absorption und Emssion electrischer Wellen durch Resonanz," 프로이센 아카데미 회보에 1895년에 처음 발표되고 다음에는 *Ann. 57* (1896): 1~14. *Phys. Abh.* 1: 445~458에 재인쇄; "Über elektrische Schwingungen, welche durch Resonanz erregt und durch Strahlung gedämpft werden," 처음에는 1896년에 프로이센 아카데미 회보에 발표되고 다음에는 *Ann. 60* (1897): 577~599, 재인쇄는 *Phys. Abh.* 1: 466~488 중 469~470.

[75] 이 논문 시리즈는 1895년과 1896년의 예비 논문들과 함께 클라인(Martin J. Klein)이 몇몇 출판물에서 분석해 놓았다. 거기에는 "Max Planck and the Beginnings of the Quantum Theory," *Arch. Hist. Ex. Sci.* 1 (1962): 459~479 중 460~464; "Thermodynamics and Quanta in Planck's Work," *Phys. Today* 19 (1966): 23~32 중 25~26; *Ehrenfest,* 218~224; 다른 이들이 분석한 것은 Hans Kangro, *Vorgeschichte des Planckschen Starahlungsgesetzes* (Wiesbaden: Franz Steiner, 1970), 125~148; and Kuhn, *Black-Body Theory,* 34~37, 72~91 등이 있다. 플랑크에 대한 이곳의 논의와 나중에 플랑크와 양자론에 대한 논의에서 우리는 주로 클라인, 캉그로, 쿤의 기초 연구에 의지하고 있다.

는 역시 엔트로피의 원리를 보존력으로 설명하는 것이다. 플랑크는 체르멜로의 출판물들을 인용하면서 기체 운동론이 보존력을 가정하는 것을 주목했다. 그러나 분자 운동의 가역 가능성 때문에 계의 모든 상태는 결국 회귀해야 하고 이러한 이론은 완전하게 그 문제를 풀 수 없었다. 플랑크는 기체 운동론을 대신하여 전자기파와 상호 작용하는 공진자를 분석할 것을 제안했다. 공진자는 흡수파에 의해 흥분되고 흡수한 것을 방출함으로써 감쇠되며, 들어오는 파와 나가는 파는 형태가 다르다. 특히 흡수된 평면파는 구면파로 방출되어, 비가역적 변화가 공진자의 복사 감쇠의 보존 작용 때문에 발생했다.[76] 플랑크는 파동에 미치는 이 비가역적 영향에 관해 수학적 분석을 쉽게 하려고 기하학적으로 단순한 배열을 상상했다. 전자기적 구면파가 속이 빈 반사구 안에 들어 있고 그것의 중앙에 고정된 긴 파장의 파를 받으면서 작은 감쇠를 일으키는 무한소의 선형 공진자가 있다.

볼츠만은 자신의 것과는 근본적으로 다른 열역학 제2법칙에 대한 플랑크의 새로운 접근법에 자연스럽게 관심을 두게 되었다. 그는 플랑크 접근법의 유용함이 입증될지 모른다고 생각했으나 추론 과정의 잘못에 대해서는 비판적이었다. 역학 방정식처럼 전기 동역학 방정식으로는 플랑크가 원하는 것을 할 수 없었다. 왜냐하면, 이 방정식은 흡수되고 방출되는 파의 과정이 역전되는 것을 금하지 않았으므로, 플랑크가 비가역성을 전자기파로 설명하려 한다면 그는 초기 상태를 구할 특정한 배열을 가정해야 했다.[77] 볼츠만의 비판에 반응하여 플랑크는 그 시리즈의 네

[76] Max Planck, "Über irreversible Strahlungsvorgänge. Erste Mittheilung," *Sitzungsber. preuss. Akad.*, 1897, 57~68, 재인쇄는 *Phys. Abh.* 1: 493~504 중 493~495.

[77] Ludwig Boltzmann, "Über irreversible Strahlungsvorgänge I," *Sitzungsber. preuss.*

번째 논문에서 볼츠만이 H 정리의 유도에서 불러온 분자 무질서의 개념을 전자기적으로 유비하여 사용하게 되었다. 플랑크는 "자연 복사"의 개념을 가지고 일하면서 비가역성의 특성이 없는 모든 복사 과정을 자연에서 일어나지 않는 것으로 보아 고찰에서 제외했다. 그는 전자기파의 위상 사이의 상호 연관을 제거하고 장(마당)의 진폭들을 평균값으로 잡음으로써 이렇게 했다. 플랑크는 이제 그가 복사와 공진자의 결합한 "엔트로피"라고 부른 어떤 함수가 오로지 증가만 할 수 있으므로 현재 연구하고 있는 복사 과정의 비가역성을 입증할 수 있음을 보일 수 있었다. 플랑크는 이제 자연 복사의 개념을 다른 경우들에 통합하는 그의 이론을 확장해 "마침내 엔트로피와 온도의 순수한 전자기적 정의에 도달할 것"이라고 생각했다.[78]

그 시리즈의 다섯 번째 논문에서 플랑크는 그의 접근법을 일반화했다. 반사하는 구reflecting sphere의 중심에 있는 공진자 주위의 동심 파동을 다루는 대신에 그는 임의의 수의 공진자를 포함하는, 임의의 형태 반사 공동 안에서 모든 방향으로 움직이는 전자기파를 다루었다. 열역학 제2법칙에 의해 복사열의 엔트로피가 존재해야 하므로, 만약 물체가 복사로 열을 잃으면 물체의 엔트로피는 감소한다. 이는 엔트로피의 법칙이 충족되려면 복사는 엔트로피를 확보해야 함을 의미한다. 플랑크는 "전자기 엔트로피"를 구할 식을 정의했고 그 값은 오로지 증가만 할 수 있

Akad., 1897, 660~662; "Über irreversible Strahlungsvorgänge II," Sitzungsber. preuss. Akad., 1897, 1016~1018; "Über vermeintlich irreversible Strahlungsvorgänge. Fünfte Mittheilung," Sitzungsber. preuss. Akad., 1899, 440~480, 재인쇄는 Phys. Abh. 3: 560~600 중 592~597.

[78] Max Planck, "Über irreversible Strahlungsvorgänge. Vierte Mittheilung," Sitzungsber. preuss. Akad., 1898, 449~476, 재인쇄는 Phys. Abh. 1: 532~559 중 533, 536, 556.

으며 공진자와 전자기장(마당)이 균형을 이룰 때에만 최댓값에 도달함을 입증했다. 그는 이 정의를 엔트로피 증가의 원리를 전자기 복사에 적용한, 독특하고 필연적인 귀결로 간주했다. 그는 또한 빈이 다른 추론으로 유도한 법칙도 유도해냈는데 그 법칙은 흑체 복사의 정상적인 스펙트럼에서 파장에 따른 에너지의 분포에 대한 것이었다. 플랑크는 역시 이 법칙도 제2법칙의 필연적 귀결로 간주했다. 마침내 엔트로피가 평형 온도를 결정하게 되었으므로 플랑크는 온도의 전자기적 정의를 제시했다.[79] 다섯 번째 논문을 끝마치며 플랑크는 "자연 단위계"를 도입했다. 복사 엔트로피를 구할 공식이 두 "보편" 상수, a와 b를 포함했는데 그것의 값들은 플랑크가 최근의 흑체 복사 측정으로 계산했다. 이 두 상수에 광속과 중력 상수를 연결하면서 플랑크는 오래되고, 임의적인 절대 단위계인 센티미터, 그램, 초를 대신할, 물리학에서 사용할 온전한 단위계를 유도했다.[80]

1899년 말에 플랑크는 비가역 복사 과정에 대한 또 하나의 긴 논문을, 이번에는 《물리학 연보》에 제출했다. 플랑크는 맥스웰의 방정식만으로는 열역학 제2법칙을 복사열에 적용하여 그 법칙을 설명하는 임무를 달성하기에는 불충분하다는 요지를 반복했다. 이 방정식에 자연 복사 가설

---

[79] Max Planck, "Über irreversible Strahlungsvorgänge. Fünfte Mittheilung," *Sitzungsber. preuss. Akad.*, 1899, 440~480, 재인쇄는 *Phys. Abh.* 3: 560~600 중 592~597.

[80] Max Planck, "Über irreversible Strahlungsvorgänge," 599~600. 새로운 단위계에서 a, b, 등의 네 상수 각각이 1의 값을 갖도록 자연 단위가 선택되었다. 결과적으로 나온 단위는 길이가 4.13×10^{-33}cm, 질량은 5.56×10^{-33}g, 시간은 1.38×10^{-43}초, 온도는 3.50×10^{-12}°C이다. 새 체계의 이점은 분명히 편리성은 아니고 보편성이다. 플랑크는 물리학에서 보편적인 의미를 중요시했다. 복사의 열역학에 대한 그의 연구가 지향하는 방향도 그쪽이었다. 클라인은 플랑크에게 자연 단위가 어떤 의미가 있는지 논의한다. 여러 곳이 있는데 가령, "Thermodynamics and Quanta in Planck's Work," 26~27에서 찾을 수 있다.

이 추가되어야 한다는 것이다. 그 가설은 에너지가 성분 개별 부분 진동에 대해 "완전히 **불규칙하게**" 분포되는 복사를 기술해 준다. 기체 운동론에서 분자 무질서의 가설이 순수하게 역학적으로 열역학 제2법칙을 내놓는 것처럼 이 가설은 "순수하게 전자기적으로 열역학 제2법칙과 유사한 법칙의 유효성을 필연적으로 도출한다."[81]

플랑크는 1890년대에 비가역 복사 과정의 기초에 대한 그의 연구에서 역학 방정식 대신에 전자기 방정식을 가지고 작업했다. 그는 연속 역학의 법칙에서 맥스웰의 방정식을 결국에는 유도하게 되리라는 전망을 견지하면서 이렇게 했다. 즉, 그는 물리학의 기초에 관하여 의문을 품고 있었다. 복사의 열역학에서 그의 연구 결과들은 물리학의 기초와 별로 관계가 없었다. 그러나 플랑크는 이론 연구자로서 물리학의 기초에 항상 관심이 있었고, 미래에는 그 관심이 더 커질 것이었다.[82]

1890년대에 플랑크는 이후의 연구에서처럼 그의 연구에서 아직 전자 개념을 사용하지 않았다. 그것은 전자기 이론에 결합했을 때 전자기 기초 위에 물리학을 세우기 위해 잘 정의된 프로그램을 물리학자들에게 제공할 개념이었다. 1890년대부터 독일의 물리학자들은 전자 이론을 특히 네덜란드의 이론 물리학자 로렌츠H. A. Lorentz가 그 이론에 부여한 형

---

[81] 이런 관점은 플랑크가 이미 이전에 출판한 논문들에서 제시한 적이 있었다. 《물리학 연보》의 논문은 그 논문들을 요약하려는 의도였다. 그러나 그가 증명에 추가한 언급에서 그는 최근의 실험들이 흑체 복사에 대한 빈의 법칙과 일치하지 않음을 언급했다. 그 결과로 플랑크의 이론은 중대한 의미를 함축했지만 그것을 플랑크는 현재의 논문에서 다룰 수 없었다. 비가역 복사 과정에 대한 그의 긴 연구는 결국 결론에 이르지 못하고 잠시 중단되었다. Planck, "Über irreversible Strahlungsvorgänge," *Ann.* 1 (1900): 69~122. *Phys. Abh.* 1: 614~621, 662에 재인쇄.

[82] Kuhn, *Black-Body Theory*, 31.

태로 점차 많이 연구하고 발전시키고 수정했다.

로렌츠는 주로 전자 이론 때문에 독일에서 볼츠만에 버금가는 명성을 얻었다. 우리가 주목했듯이 독일 학부들은 그들이 볼츠만에게 눈을 돌린 것처럼 이론 물리학의 정교수 자리를 채우기 위해 로렌츠에게 눈을 돌렸고 이런 일은 되풀이되었다. 로렌츠는 독일에서 온 제안들을 거절했지만, 그는 계속 독일의 물리학자들과 친밀한 연구 관계를 유지했고, 가까운 동시대 인물인 로렌츠와 볼츠만은 그들의 연구를 통해서 독일 물리학자들을 공통의 방향으로 몰아갔다. 맥스웰의 전자기 이론과 분자 역학이 그것이었다.

로렌츠는 그의 경력 초기부터 물리학의 이론적 측면에 강하게 끌렸다. 1875년에 라이덴 대학에서 쓴 그의 이론적인 학위 논문의 주제는 물리 광학이었다. 그는 그 주제를 새로운 빛의 전자기 이론의 관점에서 체계적으로 다루었는데 그것은 그 주제로 이루어진 최초의 연구였다. 그의 출발점은 헬름홀츠의 전자기 원격 작용 이론이었다. 왜냐하면, 로렌츠는 그것이 맥스웰의 연속 작용 이론보다 확증되지 않은 가설에 덜 의존한다고 간주했기 때문이었다.[83] 그의 학위 논문의 질과 전반적인 과학자로서의 가능성은 일찍부터 인정을 받았다. 1877년에 로렌츠는 라이덴 대학에 새롭게 마련된 이론 물리학 교수직에 임용되었는데 그 자리는 그 과목으로는 네덜란드에서 처음 만들어진 자리였다. 1880년대 로렌츠의 주된

---

[83] [역주] 뉴턴의 중력 개념이 원격 작용이었듯이 18세기를 거치면서 전기력과 자기력을 원격 작용으로 보려는 뉴턴주의자들의 노력이 나름대로 상당한 성과를 프랑스와 독일에서 얻었다. 이러한 맥락과 무관하게 독자적인 연구로 전기 자기의 실험 연구에 종사한 영국의 실험 연구자 패러데이는 자신이 발견한 현상들을 독특하게 연속 작용의 개념으로 해석했고 이러한 패러데이의 이론을 수학적으로 정식화한 사람이 맥스웰이었다. 그러므로 맥스웰의 연속 작용 개념은 로렌츠와 같은 대륙의 연구자들에게는 매우 생소한 개념이었다.

관심은 전자기학이나 광학이 아니라 열의 분자 운동론이었다. 가령, 그는 볼츠만이 받아들인 H 정리를 수정하여 출판했다. 1890년대에 그는 이전의 관심으로 돌아왔다. 로렌츠는 헤르츠를 따르면서 이제 전자기를 원격력보다는 연속력을 통해 접근했다.[84] 그러나 그는 헤르츠가 움직이는 물체의 전기 동역학을 취급한 방식에 대해 두 가지를 반대했다. 이를 밝히기 위해 그는 1892년에 전자 이론에 대한 첫 번째 책을 출판하려고 서둘렀다. 첫째, 로렌츠는 대립하는 광학적 증거들 때문에, 움직이는 무게 있는 물체가 그 안의 에테르를 운반한다는 헤르츠의 가정을 반대했다. 로렌츠는 프레넬처럼 에테르를 움직이지 않는 것으로 간주했다. 로렌츠에게 에테르는 정지해 있으며 그 속을 통과하는 물체에 완전히 투명했다. 둘째, 그는 순수 장(마당) 방정식에 대한 헤르츠의 가정에 반대했다. 로렌츠는 맥스웰이 전자기 방정식을 유도하기 위해 자세한 메커니즘을 가정하지 않고서 라그랑주 역학을 적용한 것을 맥스웰의 논저 『전기자기 논고』의 "가장 아름다운 장 중 하나"라고 언급했다. 로렌츠는 "우리는 항상 역학적 설명으로 돌아가려고 노력해왔다"고 언급하면서 헤르츠의 정신보다는 맥스웰의 정신으로 그 주제에 계속 접근했다. 그는 "그와 같은 근본적 생각"이 볼츠만을 이끌었음을 주목했다. 로렌츠가 자신의 논문을 완성한 후에 맥스웰 이론에 대한 볼츠만의 뮌헨 강의가 그의 손에 들어왔는데 그 강의들은 "맥스웰이 시작한 역학적 설명을 완성하는 것을 강의의 주된 목표"로 삼고 있었다.[85]

---

[84] [역주] 헤르츠는 1888년에 전자기파를 최초로 검출했는데 이는 맥스웰의 연속 작용 개념을 받아들인 결과였기에 헤르츠의 성과는 그의 스승인 헬름홀츠의 전자기학과는 거리가 있는 것이었다. 헤르츠의 성공으로 대륙의 전자기학자들이 맥스웰의 전자기학을 받아들이는 데 적극적인 모습을 띠게 된다.

[85] Tetu Hirosige, "Origins of Lorentz' Theory of Electrons and the Concept of the Electromagnetic Field," *HSPS* 1 (1969): 151~209, 특히 그 논의는 186~196에 있다.

로렌츠는 프레넬과 노이만의 변화하는 밀도와 탄성 대신에 모든 곳에 있는 에테르에 같은 특성을 부여했다. 로렌츠의 에테르는 물질과 아무런 역학적 연관성이 없었다. 둘의 상호 작용은 오로지 양이나 음의 전하를 띤, 작고 무게가 있는 강체를 통해서만 일어난다. 이때 전하는 보통 물체의 모든 분자 속에 들어 있는 것으로 가정했다. 그는 그것들을 1892년에는 "대전된 입자"라고 불렀고, 1895년에는 "이온", 1899년 이후에야 "전자"라고 불렀다. '전자'에서 그의 이론은 영구적인 이름을 얻었다.[86] 정

로렌츠가 전자 이론에 대해 처음 출간한 논문은 "La théorie électromagnétique de Maxwell et son application aux corps mouvants," *Arch. néerl.* 25 (1892): 363, 재인쇄는 *Collected Papers* 2: 164~343, 인용은 168~169에서 했다. 로렌츠의 전자 이론에 대한 연구는 Gerald Holton, "On the Origins of the Special Theory of Relativity," *Am. J. Phys.* 28 (1960): 627~636; Stanley Goldberg, "The Lorentz Theory of Electrons and Einstein's Theory of Relativity," *Am. J. Phys.* 37 (1969): 982~994; K. F. Schaffner, "The Lorentz Electron Theory [and] Relativity," *Am. J. Phys.* 37 (1969): 498~513; Arthur I. Miller, *Albert Einstein's Special Theory of Relativity* (Reading Mass.: Addison-Wesley, 1981), 25~40을 포함한다. 다른 전자 이론가들에 대한 최근의 연구 중에는 Robert Lewis Pyenson, "Physics in the Shadow of Mathematics: The Göttingen Electron-Theory Seminar of 1905," *Arch. Hist. Ex. Sci.* 21 (1979): 55~89; Stanley Goldberg, "The Abraham Theory of the Electron: The Symbiosis of Experiment and Theory" *Arch. Hist. Ex. Sci.* 7 (1970): 7~25; Arthur I. Miller, "A Study of Henri Poincaré's 'Sur la Dynamique de l'Electron," *Arch. Hist. Ex. Sci. 10* (1973): 207~328이 있다. 전자 이론에 대한 다음 논의에서 우리는 종종 Russel McCormmach, "H. A. Lorentz and the Electromagnetic View of Nature," *Isis* 61 (1970): 459~497; "Einstein, Lorentz, and the Electron Theory," *HSPS* 2 (1970): 41~87; "Lorentz, Hendrik Antoon," *DSB* 8 (1973): 487~500을 근거로 할 것이다. 우리는 *Isis*와 *Dictionary of Scientific Biography*의 출판사인 Charles Scribner's Sons에 감사한다. 저작권과 관련하여 American Council of Learned Socieities가 이 논문 중 두 곳에서 발췌를 허락해 준 것에 감사한다.

[86] [역주] 로렌츠의 "전자" 이론에서 지칭하는 전자는 현대적인 의미의 전자와는 다르다. 로렌츠의 전자는 음전기를 띠는 비교적 가벼운 물질의 구성 성분이 아니라 양전기나 음전기를 띠고 있는 물질의 구성 성분으로서 물체의 운동 속도에 따라 영향을 받는 특수한 성질을 갖는 입자들이다. J. J. 톰슨이 음극선의 실체가 음전하를 띤 입자임을 밝혔을 때 로렌츠를 비롯한 당대 물리학자들은 그것을 로렌츠의

지한 에테르와 전자에 대한 일군의 가설과 달랑베르 원리로부터 로렌츠는 역학적으로 전자기장(마당) 방정식과 그 장(마당) 속에서의 전자의 운동 방정식을 유도했다.

맥스웰이나 헤르츠와 대조적으로 로렌츠는 전하와 전류, 그리고 그것들이 전자기장(마당)과 갖는 관계에 대한 명쾌하고 단순한 해석을 제공했다. 그는 물체가 한 종류의 전자를 과도하게 가지면 전하를 띠게 되고 도체 속의 전류는 전자의 흐름이라고 설명했다. 따라서 부도체의 유전 변위는 전자가 평형 위치로부터 이탈한 변위이다. 로렌츠 이론의 전자는 전자기장(마당)을 만드는데 전자기장(마당)은 에테르에 분포한다. 그다음에 그 장(마당)은 물질 분자 속에 있는 전자를 통해 보통의 물질에 기동적으로poderomotively 작용한다.

로렌츠는 에테르와 물질을 분리했기에 한 점에서 장(마당)을 정의하기 위해 단지 한 쌍의 방향 있는 양, 즉 전기와 자기의 양만 필요했고 이것은 물질이든 아니든 그 점에 존재한다. 이런 식으로 그는 정지한 에테르를 공식적으로 반대하는 헤르츠에게 대응했다. 한 점에서 장(마당)을 정의하려면 두 쌍의 방향 있는 양이, 하나는 물질, 다른 하나는 에테르를 정의하는 데 필요하다. 로렌츠는 또한 미립자로 이루어진 전기 유체는 연속 작용 전기 동역학이 아니라 원격 작용 전기 동역학에 속한다는 헤르츠의 반대에 대응했다. 정지 에테르와 그것에 투과성이 있는 전자 개념으로 로렌츠는 일관성 있는 전기 동역학을 구축했다. 그 안에서 동시에 그는 원격 작용을 거부하면서 미립자의 전기 유체를 유지할 수 있었다.

전자 이론을 지지하는 실험 결과라고 해석했지만, 시간이 지나면서 둘 사이에 차이가 있다는 것이 서서히 밝혀졌고, 아인슈타인의 상대성 이론이 널리 받아들여지면서 로렌츠의 전자 이론과 그 이론이 강력하게 뒷받침한 전자기적 세계관 또한 힘을 잃어갔다.

이 때문에 로렌츠는 그의 이론을 대륙의 전기 동역학과 영국 또는 맥스웰의 전기 동역학의 융합이라고 불렀다. 그는 베버와 클라우지우스의 이론에서 전기에 대한 이해를 유지했고 동시에 맥스웰 이론의 핵심인 전기 작용의 광속 전파를 받아들였다.[87]

1895년에 전자 이론에 대한 중요한 발표에서 로렌츠는 더는 그 이론의 방정식들을 역학적 원리에서 유도하지 않고 대신에 그것들을 가정했다. 이번에 그는 1892년에 단지 건드리기만 한, 에테르를 통과하는 지구의 운동의 효과라는 문제를 체계적으로 탐구하기 시작했다. 전자 이론의 에테르는 그것을 통과하는 물체에 의해 끌리지 않으므로 지구는 에테르에 대해 절대 속도를 가진다. 그러자 동반하는 에테르 "표류" 또는 에테르 "바람"이라는 광학적 또는 전자기적 효과를 통해 지구의 절대 속도가 검출 가능한가 하는 의문이 일어난다. 바람 효과의 크기는 이론적으로 지구의 운동 속도 v에 대한 광속 c의 비율로 측정된다. 그 비율은 지구의 경우에 작지만, 관측의 범위를 벗어날 만큼 작지는 않다.[88]

그러나 이 바람의 효과는 관측되지 않았고 로렌츠는 그의 이론의 신빙성을 얻기 위해서 그 효과가 나타나지 않는 이유를 설명해야 했다. 그는 그 이론에 의하면 예상치 못하게 작용이 상쇄됨으로써 그 상쇄가 에테르 바람의 모든 효과를 1차 근사까지(즉, 훨씬 더 작은 v/c의 제곱과 그 이상의 거듭제곱을 포함하는 항을 무시하면) 제거한다는 것을 보여주었다. 그는 반사, 굴절(꺾임), 간섭 같은 현상에서 "해당하는 상태들에 대한 형식적인 정리"의 도움으로 에테르 바람의 1차 효과가 나타나지 않는 이유를 분석했다. 그 정리는 1차의 정확성까지 지상의 광원을 사용하

---

[87] Lorentz, "la théorie électromagnétique," 229.

[88] H. A. Lorentz, *Versuch einer Theorie der electrischen und optischen Erscheinungen in bewegten Körpern* (Leiden, 1895), *Collected Papers* 5: 1~137에 재인쇄.

는 어떤 실험도 에테르를 통과하는 지구의 운동을 드러낼 수 없음을 말해준다. 로렌츠는 장(마당)의 크기와 공간 좌표와 "국소적 시간"을 구할 변환을 도입했다. 이로써 로렌츠는 움직이는 좌표계에서 계를 기술하는 방정식은, 맥스웰의 방정식이 정확하게 성립하는, 에테르 안에 정지해 있는 좌표계 안에서 해당하는 계를 기술하는 방정식과 1차 근사까지 같다는 것을 보여주었다.

더 전문적인 용어로 기술한 로렌츠의 추론은 다음과 같다. 지구가 에테르를 통과하는 운동의 광학적 효과가 나타나지 않음을 설명하기 위해 로렌츠는 맥스웰의 방정식을 움직이는 유전체에 부착된 축에 대해 변환했다. 그가 이 목적으로 사용한 방정식은 공간 좌표의 변환을 구하려고 역학에서 가져온, 친숙한 갈릴레오의 방정식이었는데 절대 시간을 속도 v로 움직이는 유전체의 "국소적" 시간 t'으로 변환하여 이 방정식을 보완했다. v/c의 1차 식까지 그는 움직이는 유전체에서 빛의 통과를 기술하는 방정식은 전자기적 단위로 표현하면

$$\mathrm{div'}\ D' = 0,$$
$$\mathrm{div'}\ H' = 0,$$
$$\mathrm{rot'}\ H' = 4\pi \partial D' / \partial t',$$
$$\mathrm{rot'}\ E = -\partial H' / \partial t'$$

와 같다는 것을 보였다.[89] 이 네 방정식은 벡터 표시법으로 표현된 맥스

---

[89] 이 방정식에서 D'은 유전 변위, H'은 자기력이다. E는 전기력으로 유전체의 본성과 빛의 진동수에 의존하는 인수들을 비례 상수로 하여 D'에 비례한다. 약호된 용어 "div"와 "rot"은 움직이는 유전체의 공간 좌표와 국소적 시간에 대한 발산과 회전의 벡터 연산을 나타낸다. 국소적 시간에 대한 로렌츠의 정의 $t' = t - (v_x/c^2)x - (v_y/c^2)y - (v_z/c^2)z$는 수학적 도구였다. 장(마당)의 변수들에 대한 그의 변환은 움직이는 계의 물리학에 따라 인도받았다. 즉 $D' = D + 1/4\pi c^2 \cdot v \times H$

웰 방정식이고 프라임(')이 나타내듯이 유전체와 함께 움직이는 축에 대한 것이다. 그것은 정지해 있는 유전체를 설명할 맥스웰 방정식과 같은 형태를 띠며 이러한 일치는 대단한 파급 효과를 가진다. 정지해 있는 계 어딘가에 어둠이 있다면 $D=E=H=0$, 움직이는 계에서 해당하는 위치에 역시 어둠이 있다는 것이 따라 나온다. $D'=E=H'=0$. 광선은 그 경계에서 빛의 부재에 의해 결정되므로 광선의 반사와 굴절(꺾임)에 대한 같은 법칙이 정지계처럼 운동하는 계에서도 유효해야 하고, 같은 이유로 빛의 간섭으로 생기는 어둠과 빛이 교대하여 나타나는 무늬는 양쪽 계에서 같아야 한다.

로렌츠의 1차 근사는 움직이는 물체의 광학과 전기 동역학에서 거의 모든 영null 실험 효과들[90]을 설명했다. 그러나 2차second order 실험을 수행해서도 거기에서는 이론적으로 아무런 상쇄 작용이 발생하지 않아야 한다. 가장 중요한 2차 실험은 1881년에 마이컬슨A. A. Michelson의 간섭계 실험이었고 그와 몰리E. W. Morley의 더 정확한 반복 실험이 1887년에 수행되었다. 그들의 실험은 전자 이론이 가정한 정지 에테르의 토대 위에서는 2차 에테르 바람 효과가 생길 것이라는 증거를 내놓는 데 실패했다. 로렌츠가 생각할 수 있는 유일한 해결책은 피츠제럴드FitzGerald가 비슷한 시기에 독립적으로 제안한 수축 가설이었다. 로렌츠는 1892년에 그 가설

와 $H'=H-1/c^2 \cdot v \times E$이다. 로렌츠는 1895년 논문에서 약간 다른 표현법, v를 대신해서 p를, c를 대신해서 V를 사용했다.

[90] [역주] 영 실험 효과는 실험 결과로 어떤 효과가 검출되지 않는 것을 말한다. 일반적으로 실험은 어떤 효과를 검출하는 것에 목표가 맞추어져 있는데, 그런 효과가 검출되지 않는다면 그것은 실험 오차이거나 실험 설계가 잘못되었기 때문일 수 있다. 그렇지만 어떤 이론에 근거를 둔 실험 방법을 써서 그 효과가 검출되지 않는다면 그 효과를 예측하는 이론이 잘못된 것으로도 판단할 수 있다. 마이컬슨과 몰리의 실험에서 정밀한 간섭계가 지구의 공전에 의해 에테르의 바람이 검출되지 않은 것이 한 예이다.

을 근사적 형태로 출판한 적이 있었고 1895년에는 정확한 형태로 출간했다. 거기에서 간섭계의 팔들은 에테르를 통과하는 지구의 운동 방향으로 $\sqrt{1 - v^2/c^2}$ 배만큼 수축한다고 한다. 로렌츠는 그 가설을 동역학적이라고 간주하여 간섭계의 형태를 결정짓는 분자력이 전기력과 유사하게 에테르를 통해 전파되어야 한다고 했다.[91]

로렌츠는 1898년 독일 과학자 협회 뒤셀도르프 회의의 물리 분과에서 발표해 달라는 볼츠만의 초청을 받아들였을 때 처음으로 독일 물리학자들과 대면하여 사귀게 되었다. 에테르의 운동 상태라는 주제는 전자 이론의 중심이었고 일반적으로는 광학과 전기 동역학의 중심이었다. 로렌츠의 보고와 짝을 이루어 먼저 발표된 빈의 논문이 있었는데 둘 다 움직이는 에테르와 정지 에테르 사이의 판가름에 관련하여 주된 실험들을 논의했다. 로렌츠는 스토크스의 "끌리는" 에테르[92]가 광행차와 양립할 수 없다며 거부했다. 광행차는 에테르가 정지해 있다는 프레넬과 로렌츠

---

[91] 로렌츠는 전자 이론의 이후 표현들에서 해당하는 상태에 대한 그의 정리를 정교화해 갔다. 1904년의 논문에 이르러서는 그 정리가 온전한 형태로 발전하여 그는 "로렌츠 변환"을 사용함으로써 1차 효과와 2차 효과가 없음을 서로 다른 이유로 설명한 것을 대신하여 에테르를 통과하는 지구의 절대 운동은 감지 할 수 없다는 일반적인 증명을 제시했다. "Electromagnetic Phenomena in a System Moving with Any Velocity Less Than That of Light," *Proc. R. Acad. Amsterdam* 6 (1904): 809, 재인쇄는 그의 *Collected Papers* 5: 172~197에 되었다. 마이컬슨과 몰리의 간섭계 실험과 그것의 전자 이론 및 수축 가설과의 관련성은 다음에서 논의된다. Loyd S. Swenson, Jr., *The Ethereal Ether: A History of the Michelson-Morley-Miller Aether-Drift Experiments, 1880~1930* (Austin and London: University of Texas Press, 1972).

[92] [역주] 스토크스의 끌리는 에테르는 지구와 같은 물체가 에테르 속을 지나갈 때 지구 주위에 있는 에테르가 지구에 끌려서 지구 표면에서는 에테르의 '바람'이 생기지 않는다는 가설을 말한다. 마이컬슨과 몰리의 실험의 영 효과는 에테르 바람 가설을 배격했지만, 스토크스의 끌리는 에테르를 배격한 것이 아니므로 흔히 생각하듯이 그들의 실험이 에테르의 부재를 증명한 것은 아니었다.

자신의 견해를 지지하는 주된 근거가 되었다. 빈은 로렌츠가 선호하는 정지 에테르가 역학 법칙들에 갖는 함축을 논의했다. 움직이는 에테르가 그것의 특성과 보통 물질의 특성 간의 유사성을 전제하는 반면 정지 에테르는 온통 자체의 특성만을 갖고 있다. 가령, 정지 에테르는 힘을 발휘하지만 어떤 힘도 그것에 작용할 수는 없어서, 로렌츠가 1895년에 지적했듯이 뉴턴의 제3법칙인 작용과 반작용 법칙을 위배한다. 빈은 역학이 모든 에테르의 과정을 설명할 수 있음을 의심했으면서도 이 점에 대한 심화한 이론적 연구를 촉구했다. 로렌츠는 빈이 말한 "반복적으로 표출된 반대"에 반응하여 전자 이론에서 뉴턴의 제3법칙이 "하찮고 우연적인" 것으로 보이는 것은 전자 이론의 결함임을 시인했다. 그는 개념들의 명쾌화를 통해 관찰 가능한 물체 사이의 작용과 반작용이 어떻게 일어나는지를 설명할 수 있으리라 여겼다. 그는 제3법칙이 초보적 작용들에 유효한 것을 볼 때 "어떤 만족"이 있지만, 그 유효성이 절대적으로 필요한 것은 아니라고 했다. 제3법칙은 반드시 보편적 타당성을 가질 필요는 없고 뉴턴의 역학 또한 그러하다는 것이다.[93]

로렌츠와는 독립적으로 전자 이론은 다른 물리학자들에 의해 도입되고 발전되었는데, 이들 중 특히 괴팅겐 대학에서 교수 경력을 막 시작하고 있었던 비헤르트와 케임브리지 대학의 라모어[94]가 두드러졌다. 어떠

---

[93] H. A. Lorentz, "Die Fragen, welche die translatorische Bewegung des Lichtäthers betreffen"; Wilhelm Wien, "Ueber die Fragen, welche die translatorische Bewegung des Lichtäthers betreffen"; *Verh. Ges. deutsch. Naturf. u. Ärzte*, vol. 70, pt. 2, 1st half (1898): 각각 56~65 and 49~56.

[94] [역주] 라모어(Sir Joseph Larmor, 1857~1942)는 영국의 물리학자이자 수학자로 전기, 동역학, 열역학, 물질의 전자 이론에 혁신을 이루었다. 왕립 벨파스트 연구소, 벨파스트 퀸즈 대학, 케임브리지 대학 세인트존스 칼리지에서 수학했다. 1885

한 형태로든 전자 이론은 전기 입자가 실험적으로 증명된 데에서 강한 추진력을 받았다. 케임브리지 대학에서 톰슨J. J. Thomson이 실험을 한 해인 1897년에 독일 물리학자들, 특히 빈, 비헤르트, 베를린 물리학 연구소의 조수였던 발터 카우프만[95]은 스스로 만족스럽게 음극선의 미립자적 해석을 실험을 통해 확립했고 그것을 계속 발전시켰다. 이 입자는 전자 이론의 가설적 입자와 동일시되었다. 그것은 어떤 원천에서 어떤 식으로 만들어지든 같았으므로 보편적인 전기의 원자로 간주되었다.

톰슨은 전기 입자의 입증 실험 전에도 그 입자의 해석에 중요한 의미를 띤 결과를 계산했다. 맥스웰의 이론에서 그는 움직이는 대전 구의 자체 유도는 구의 속도에 비례하는 유효 질량을 유발한다는 것을 보여줬다. 1898년에 음극선에 대한 톰슨과 비헤르트의 측정을 언급하면서 괴팅겐 대학에서 데쿠드레는 흐르는 음전하 입자의 질량이 전적으로 자체 유도에서 생기므로 단지 "겉보기" 질량뿐일 가능성을 제기했다. 같은 해에 비헤르트는 모든 물질은 양이나 음으로 대전된 입자로 이루어져

년에 케임브리지 대학에서 수학 교수가 되었고 1903년에는 같은 대학의 루카스 수학 교수가 되었다. 가장 영향력 있는 연구는 1900년에 출간된 『에테르와 물질』(*Aether and Matter*)이었다. 그는 에테르가 완전한 비압축성과 탄성을 갖는 균질한 유체 매질이라고 가정했다. 라모어는 에테르가 물질과 분리되어 있다고 믿었고 켈빈의 소용돌이 모델을 이 이론과 결합했다.

[95] [역주] 카우프만(Walter Kaufmann, 1871~1947)은 독일의 물리학자로 질량의 속도 의존성을 최초로 실험을 통해 검증하여 특수 상대성을 포함한 현대 물리학에 중요한 기여를 했다. 베를린과 뮌헨 기술학교에서 기계 공학을 공부했고 1892년에 베를린 대학과 뮌헨 대학에서 물리학을 공부하고 1894년에 박사학위를 받았다. 본 대학에서 물리학 부교수가 되었고 쾨니히스베르크 대학에서 실험 물리학 정교수가 되었다. 1901년부터 1903년 사이에 그가 한 질량의 속도 의존성 실험은 로렌츠와 아브라함 이론 중에서 어느 것이 옳은지 판가름 할 만큼 정밀하지는 않았다. 더 정확한 실험을 1905년에 수행했고 이때 그는 아인슈타인의 상대성 이론을 언급했다. 그리하여 그의 실험은 로렌츠-아인슈타인 이론을 지지하고 아브라함의 이론을 배격하는 것으로 인정을 받았다.

있기에 결과적으로 음극선 입자의 질량뿐 아니라 모든 질량의 본성이 전자기적이고, 질량 자체가 물질의 원래의 특성이 아닐 수 있다는 그의 이전 주장을 반복했다.[96] 여기에는 질량의 전자기적 해석에 토대를 둔 새로운 역학의 전망뿐 아니라 그것을 뛰어넘어 모든 물리학을 전자기적 기초 위에 세울 수 있다는 전망이 있었다.

로렌츠는 이러한 전망에 대해 깊이 숙고했다. 1900년에 라이덴에서 한 연설에서 로렌츠는 물리학의 다양한 분야의 현상들을 전자 이론의 귀결로 간주할 수 있는 범위에 대해 논의했다. 그는 원자의 스펙트럼(빛 띠) 선의 자기적 분열splitting 중 단순한 것을 이론적으로 설명했다. 이 현상은 1896년에 피테르 제만[97]이 높은 분해능을 갖는 회절(에돌이) 격자(살창)의 도움으로 발견한 것이었다. 전자는 빛을 방출하면서 원자 내부에서 움직인다고 가정함으로써 로렌츠와 제만은, 그 운동과 방출되는 빛의

---

[96] Theodor Des Coudres, "Ein neuer Versuch mit Lenard'schen Strahlen," *Verh. phys. Ges.* 17 (1898): 17~20. Emil Wiechert, "Bedeutung des Weltäthers," *Physikal.-ökonom. Ges. zu Königsberg* 35 (1894): 4~11. 뒤에 전기의 원자론적 구성에 대한 헬름홀츠의 1881년의 제안이 뒤따랐다. 비헤르트는 "전기 원자"가 에테르를 국소적으로 수정한 것이며 물질의 질량은 기원상 부분적으로 또는 전적으로 전자기적이라고 생각했다. 1896년에 비헤르트는 로렌츠의 전자 이론과 독립적이지만 그와 유사한 자신의 이론을 구축했는데 거기에서 그는 물질이 대전 입자로 이루어져 있다는 가정에 따라 물질과 장(마당)의 상호 작용에 대한 온전한 전기 동역학적 이론이 제시될 수 있음을 보였다. "Über die Grundlagen der Elektrodynamik," *Ann.* 59 (1896): 283~323. 1898년에 비헤르트는 모든 관성이 전자기적일 가능성에 대해 계속해서 말했지만 보통 물질의 원자가 더 단순한 전기 원자의 집합체일 뿐이라는 주장은 여전히 시기상조라고 믿었다. "Hypothesen für eine Theorie der elektrischen und magnetischen Erscheinungen," *Gött. Nachr.*, 1898, 87~106.

[97] [역주] 제만(Pieter Zeeman, 1865~1943)은 네덜란드의 물리학자로서 1902년에 제만 효과를 발견하여 로렌츠와 함께 노벨 물리학상을 받았다. 라이덴 대학에서 로렌츠의 가르침을 받았고 1896년에 빛에 대한 자기장의 영향을 연구하여 제만 효과를 발견했다. 1900년에 암스테르담 대학의 교수가 되었고 1908년에 물리학 연구소(현재의 제만 연구소)의 소장이 되었다.

해당 진동수에 대한 자기의 효과로부터, 전자의 질량에 대한 전하의 비와 그 전하가 음의 부호를 가짐을 결정할 수 있었다. 그것은 정밀 측정과 전자 이론적 계산을 결합해 원자 내부를 탐지해낸 인상적인 성취였다. 로렌츠는 이제 원자 구조를 그 이론의 궁극적 목표로 간주했다. 그는 화학적 힘이 전자에 그 기원을 가진다고 생각했고 분자력을 전기력과 동일시하는 것이 여전히 시기상조라고 생각했지만, 마이컬슨의 실험에 대한 분석에서 이러한 힘이 에테르를 통해 마찬가지로 전파된다는 것을 입증했다고 확신했다. 자연에 있는 위대한 힘 중에서 중력만이 전자 이론의 범위 밖에 존재하는 것 같았다. 그러나 전하가 무게를 갖는 물질에서 분리되지 않으므로 로렌츠는 중력이 전자기에 무관할 수 없다고 확신했다. 난제는 천문학적 사실들이 전자기적 작용보다 훨씬 더 큰 중력 작용의 속도를 요구하는 것 같다는 점이었다. 같은 해인 1900년에 로렌츠는 전자 이론의 관점에서 속도 문제에 대한 가능한 해법을 출판하여 적어도 중력을 전자기 물리학에 관련짓는 한 가지 방법을 예시했다. 로렌츠의 접근법은 1836년 모소티F. O. Mossotti의 중력 이론에서 영감을 얻었는데 그것은 최근에 베버와 쵤러Zöllner에 의해 부활한 이론이었다. 로렌츠가 말한 바로는 무게 있는 입자는 두 가지 상반되는 전기 원자의 조성물이고 그러한 두 가지 무게 있는 입자 사이의 인력은 척력보다 크다. 전자로 이전의 전기 원자를 대신하고 에테르의 상태로 원거리력을 대신하면서 로렌츠는 두 개의 잡아당기는 물체 사이에 운동이 없을 때 뉴턴의 법칙과 같은 중력 이론을 유도했다. 그러나 운동이 있게 되면 새로운 인력 법칙은 속도에 의존하는 항도 포함하게 되고 이것들은 베버, 리만, 클라우지우스의 법칙들에서 나타나는 항들과 유사함을 로렌츠는 주목했다. 그의 법칙을 수성의 영년 운동에 적용하면서 로렌츠는 그것이 베버의 법칙만큼 잘 들어맞지 않는다는 것을 발견했다. 그러나 그는 별로 고심하지 않았는데 이는 그의 주된 목적이 중력은 광속보다 크지 않은 속력으로 에테르를 통해 전파되는 작용으로 이해될 수 있다는 것을 보이는 것이었기 때문이었다. 에테르의 특성이 전자기적 탐구에서 나타난 것처럼 모든 이론에 조건을 부여하는 것을 확신했기에 그는 에테르가 어떠한 작용 – 가령 중력, 분자력, 전자기력 – 도 광속보다 더 큰 속력으로 전달되는 것을 허용하지 않는다고 가정했다.[98]

1900년에 로렌츠는 독일 과학자 협회의 물리 분과에서 또 하나의 발표를 했고 여기서 다시 빈과 의견을 교환했다. 그 발표의 주제는 "겉보기 질량"이었고 로렌츠와 빈은 겉보기 질량 공식이 의존하는 전자의 구조에 대한 가정들을 논의했다. 이 의문과 물리학의 전자기적 기초에 대한 더 큰 의문의 관계는 빈의 발표 중 '들어가는 말'에서 명쾌하게 드러났다.

저는 역학적 현상과 전자기적 현상의 일관된 표현을 제시하는 일을 관성 질량은 빼놓고 겉보기 질량만 가지고 할 수 없는지, 전자기적으로 정의된 겉보기 질량으로 관성 질량을 대체할 수 있는지 자문했다는 점에서 로렌츠의 관점을 뛰어넘으려고 시도해왔습니다. 결국, 이제까지 자기적 현상과 역학적 현상은 에너지 원리에 의해서만 연관되었습니다. 저는 맥스웰의 이론에서 시작하여 우리가 역학도 포괄하려고 시도할 수 없느냐는 문제에 답하려고 노력했습니다. 이것은 역학을 이제 전자기학 위에 수립할 기회를 제공하여 로렌츠는 중력 법칙의 개념을 발전시켰고 그에 따라 중력은 정전기학과 긴밀하게 관련 있다고 말할 수 있을 것입니다. 우리는 그때 물질이 서로

---

[98] H. A. Lorentz, "Elektromagnetische Theorien physikalischer Erscheinungen," *Phys. Zs.* 1 (1899~1900): 498~501, 514~519; *Collected Papers* 8: 333~352에 재인쇄; "Considérations sur la pesanteur," *Versl. Kon. Akad. Wet. Amst.* 8 (1900): 603; *Collected Papers* 5: 198~215에 재인쇄.

얼마간의 거리에 떨어져 있는 매우 작은 양전하와 음전하로만 이루어져 있다고 가정해야 할 것입니다. 이러한 조건에서 무게를 일으키는 질량ponderable mass은 상수가 아니며 속도의 함수입니다. 즉, 우리는 역시 속도와 광속의 비의 짝수 차승 함수인 항들을 얻을 것입니다. 2차 항에 곱해지는 인수는 궤도의 곡률과 전하의 모양의 함수입니다. 우리가 약간 다른 형태의 전기 분자를 선택하면 우리는 다른 인수들을 얻습니다. 그 인수들은 지상의 보통 운동의 경우에는 속도가 매우 작으므로 서로 상쇄됩니다. 그러나 행성 운동의 경우에 우리는 아마도 뭔가를 가지고 가게 될 것입니다. 왜냐하면, 그럴 때는 2차 항을 고려해야 하는 속도가 나오기 때문입니다. 우리가 가장 단순한 전자기장(마당)으로 이끄는 어떤 형태의 전하를 가정한다면, 이 항들은 이런 식으로 [계산에] 들어갑니다. 중력 때문에 생기는 두 물체의 가속도는, 일정한 질량의 물체들이 베버의 법칙에 따라 서로 잡아당길 때 그렇듯이, 작은 수치의 차이를 제외하면 같을 것입니다. 전자기적으로 정의된 질량은 마치 뉴턴의 법칙이 아니라 베버의 법칙이 유효한 것처럼 계산에 들어갑니다.[99]

로렌츠는 본질적으로 빈에게 동의한다고 말했다.

로렌츠의 중력에 대한 연구에 자극을 받은 빈은 독일 과학자 협회 회의의 토론에서 개략적으로 제시한 것과 유사한 생각을 1900년에 출판했다. 이 논문에서 빈은 무게 있는 물질은 양전하와 음전하로 구성된다고 가정했는데 이것은 "오늘날 모든 물리학자가 인정"할 견해라고 빈은 믿었다. 더 나아가서 그는 이러한 전하의 질량은 기원상 전적으로 전자기

---

[99] H. A. Lorentz, "Über die scheinbare Masse der Ionen," 독일 과학자 협회 모임에서 1900년에 발표한 논문, *Phys. Zs.* 2 (1901): 78~80에 인쇄. 그와 빈의 토론은 79~80에 있다.

적이라고 가정했다. 그는 분자력이 전자기적인지 아닌지를 말하기는 시기상조라고 말했지만, 마이컬슨의 실험에 대한 로렌츠의 설명은 그것을 그럴듯하게 만들었다. 중력에 대한 설명에서 그는 로렌츠를 따랐다. 그는 맥스웰의 원리를 적용하여 두 번째 고정된 덩어리 주위에서 타원체 덩어리mass의 근사적인 운동을 유도했다. 계수의 무시할 만한 차이를 제외하면, 수성의 비정상 운동에 대한 그의 계산 결과는 베버의 결과와 같았다. 그러나 빈의 주된 관심은 중력 법칙보다 더 근본적인 데 있었다. 즉, "역학 현상과 전자기 현상이라는 현재 완전히 격리된 영역"을 합치고 "공통의 기초에서 각각의 유효한 미분 방정식을 유도하는 것"이었다. 이것은 물리학의 첫 번째 임무 중 하나였고 빈이 보기에 그것을 수행하는 자연스러운 방법은 역학 법칙들에서 전자기 법칙들을 유도하는 것이었다. 맥스웰 자신은 전자기 방정식을 역학적으로 유도하는 것이 가능하다는 것을 보인 적이 있었다. 켈빈이나 볼츠만 같은 다른 이들은 비슷한 방식으로 그 문제에 접근했고 헤르츠는 역학의 재공식화에 있어서 그의 목표는 역학적 현상뿐 아니라 전자기적 현상을 기술할 고유한 원리들을 제시하는 것임을 공개적으로 선언한 적이 있었다. 그러나 1900년 빈의 목표는 헤르츠의 목표와 정반대였다. 그는 전자기 방정식을 일반적이고 정확한 방정식으로 간주하고 거기에서 역학 방정식을 특별한 경우로서 유도하는 것이 더 전망이 있다고 생각했다. 빈은 맥스웰의 이론과 물질의 전기적 조성에 대한 가정에서 뉴턴의 운동 제1법칙을 전자기 에너지 보존 법칙에서 유도했다. 그는 뉴턴의 운동 제2법칙은 어떤 힘이 한 일을 전자기 에너지의 변화와 동일시함으로써 얻어진다는 것을 보였다. 마지막으로 그는 뉴턴의 운동 제3법칙이 에테르 속에 정지해 있는 전하들 사이에 작용하는 힘에 적용되지만 움직이는 전하에는 적용되지 않는다는 것을 보였다. 그렇게 되면 뉴턴의 중력 법칙과 함께 뉴턴의 운동

법칙은 근사적으로 옳고, 제대로 된 법칙은 전자 이론의 법칙들이다.[100]

전자 이론은 1900년이 되면 가장 큰 권위를 갖는 전기 동역학이 되었고 물리학 일반의 기초에 대해 전자 이론이 함축하는 의미는 널리 인정을 받았다. 실례로 볼츠만은 1900년 라이프치히 대학에서 행한 그의 취임 연설에서 역학적 설명은 모든 자연 과학 곳곳에 그 영향력을 확장했었는데 정작 고향인 이론 물리학에서는 미움을 받았다고 지적했다. 그는 헤르츠의 전기 연구를 따르면서 전자기학은 아주 중요해져서 어떤 물리학자들은 "이론 물리학의 역학적 헤게모니"에 도전했고 "역으로 전자기 이론에서 역학의 법칙"을 유도함으로써 그것을 전자기적 헤게모니로 대체하기를 추구했다고 말했다. 볼츠만은 2년 후에 빈 대학 취임 연설에서 전자기적 도전에 대해 상술했다. 볼츠만이 말한 바로는, 최근까지 물리학의 전문 분야들은 "점차 역학의 특별한 장으로 자신을 스스로 변환시키고 있는 것으로 보였지만" 전자기학을 역학으로 환원하는 것에 대해 의구심이 일었고 그와 더불어 역학적 세계상의 적절성에 대한 의구심도 함께 일어났다. 이전에는 물리학자들이 관성의 법칙을 자연의 첫 번째 기본 법칙으로 간주했으나 정작 그 법칙 자체는 설명되지 않은 채 모든 것을 설명해왔다. 그러나 이제 물리학자들은 맥스웰의 방정식에 설득되어 질량이 없는 전기 입자인 전자가 에테르의 작용 때문에 관성 질량을 갖게 된 것처럼 움직인다고 다르게 생각하게 되었다. 이 결과와 모든

---

[100] Wilhelm Wien, "Ueber die Möglichkeit einer elektromagnetischen Begründung der Mechanik," *Arch. néerl.* 5 (1900): 96~104. *Ann.* 5 (1901): 501~513에 재인쇄. 인용은 501, 504. 빈의 유도는 널리 주목을 받았다. 가령, 포스(Voss)는 1901년에 이성 역학(rational mechanics)에 대한 그의 개관에서 모든 현상을 에테르의 상태로 환원하려는 당시의 노력을 당시에 많은 물리학자에게 퍼진 "전기적 세계관의 경향"으로 지칭했다. 포스는 빈을 인용하면서 이 경향이 계속된다면 역학의 기초는 "전적으로 다른 성격"을 갖게 될 것이라고 언급했다. Voss, "Die Prinzipien der rationellen Mechanik," 40.

물질이 질량 없는 전자로 이루어져 있다는 가설에서 물리학자들은 모든 질량이 겉보기일 뿐이며 역학의 법칙은 전자기 법칙의 특별한 경우일 뿐이라고 믿는 경향을 띠었다. 요컨대, 물리학자들은 "더는 모든 것을 역학적으로 설명하기를 원하지 않고 대신에 모든 메커니즘을 설명할 하나의 메커니즘을 찾고 있었는데 그것이 곧 에테르였다.[101] 볼츠만은 에테르 자체가 여전히 "완전히 모호하다"고 덧붙였다.[102]

전자를 직접 탐구할 실험적 수단은 전자의 동역학 법칙들, 특히 전자의 질량이 속도에 의존하는 성질을 연구하는 것을 가능하게 해주었다. 이 의존성을 관찰할 수 있게 해주기 위해서는, 그 사용하는 식이 v/c의 2차식이므로, 물리학자들은 광속에 가까운 속력으로 운동하는 전자를 얻을 필요가 있었다. 19세기 말에 방사능이 때마침 발견되어 그들은 그 수단을 확보했다. 1901년에 카우프만은 라듐 염에서 방출되는 베크렐선을 이용한 실험 결과를 보고하기 시작했고 그해 독일 과학자 협회의 초대 강연에서 그 결과들을 전자기 물리학을 구축하려는, 당시 진행 중인 노력에 관련지었다. 그는 그러한 노력을 베버에서 시작된 30년 역사의 연속으로 간주했다. 그는 전자기 물리학에서 풀어야 할 남아있는 문

---

[101] [역주] 현대적 관점에서 보면 터무니없어 보이는 에테르라는 개념이 19세기 말과 20세기 초의 물리학에서는 정설로 널리 받아들여졌다. 그것은 역학 위에 전자기학을 포함한 모든 물리학을 구축하려 한 19세기 중반까지의 노력을 뒤바꾸어 전자기학 위에 역학을 포함하는 모든 물리학을 구축하려는 전자기적 세계관의 지배를 가져왔다. 이러한 변화의 계기를 마련한 것은 맥스웰의 전자기학이었다. 맥스웰의 전자기학 자체가 형성될 때에는 역학적 유비를 의지했지만 정작 그 방정식들이 확립된 후에는 역학적 설명이 필요 없이 자체적으로 모든 현상을 설명하게 되었고 그것은 더 나아가서 속도에 의존하는 물질의 개념을 토대로 하는 전자 이론의 대두와 함께 운동과 물질을 모두 전자기적으로 설명하는 새로운 물리학을 아인슈타인의 특수 상대성 이론이 출현하기 전까지 널리 유행시켰다.

[102] Boltzmann, "Zwei Antrittsreden," 255, 276.

제가 많다는 것을 인지했다. 모든 질량이 겉보기 질량이라는 것을 증명하면 전기 현상에 대한 "열매 없는" 역학적 설명을 벗어버릴 수 있다고 보았다. 그러면 중력의 전자 이론을 실험적으로 확증하는 것, 물질이 오로지 전자로 이루어져 있음을 증명하는 것, 전자의 집합체라는 안정한 동역학적 배열로 화학적 주기성을 설명하는 것 등이 남은 과제였다.[103] 이듬해인 1902년에 카우프만은 독일 과학자 협회 모임의 물리학 분과에서 실험 결과를 보고하면서 이렇게 결론지었다. **"베크렐 선에서 전자의 질량은 속도에 의존한다. 그 의존성은 정확하게 아브라함의 공식으로 표현된다. 따라서 전자의 질량은 순수하게 전자기적 본성을 가진다."**[104]

카우프만이 말한 '아브라함의 공식'은 당시 괴팅겐 대학의 동료인 이론 물리학 사강사 아브라함Max Abraham의 전자 이론에 대한 첫 번째 출판물을 지칭한 것이었다. 실험 결과에서 아브라함은 전자의 관성이 아마도 전적으로 전자기적일 것이라고 결론지었다. 그것은 빈이 제안했듯이 "역학의 순수한 전자기적 기초"의 선행 조건이었다. 아브라함은 카우프만의 편향deflection 실험을 제대로 분석하기 위해서 전자의 "횡적" 질량을 알 필요가 있었다. 횡적 질량은 전자의 운동 방향에 수직인 가속도에 저항하는 관성을 지칭했다. 전자의 전자기적 에너지는 그것의 "종적" 질량, 곧 운동 방향의 가속도에 저항하는 관성을 결정한다. 그러나 그것은 횡적 질량을 결정하지 않는다. 왜냐하면, 운동 방향에 수직인 가속도는 아무 일도 하지 않기 때문이다. 횡적 질량을 계산하기 위해 아브라함

---

[103] Walter Kaufmann, "Die Entwicklung des Elektronenbegriffs," 1901년 독일 과학자 협회의 두 주요 그룹의 공동 회기 중에 한 발표, *Phys. Zs.* 3 (1902): 9~15 중 14~15 에 게재.

[104] Walter Kaufmann, "Die elektromagnetische Masse des Elektrons," 독일 과학자 협회의 1902년 회의의 물리학 분과에서 발표한 논문, *Phys. Zs.* 4 (1903): 54~56, 인용은 56.

은 에테르에서의 전자기적 운동량의 개념에 의지했다. 그 개념은 푸앵카레가 로렌츠 이론의 작용과 반작용 원리를 보존하기 위해 최근에 도입한 것이었다. 아브라함이 발견한, 두 가지 질량에 해당하는 값은 다르고, 결과적으로 전자에 작용하는 힘과 전자의 가속도는, 보통의 역학에서처럼, 일반적으로 방향이 같지 않다. 마찬가지로 전자기적 운동량은 보통의 역학에서처럼 속도에 비례하지 않는다. 그러므로 적당히 높은 속도에서 전자 동역학은 여러 면에서 무게가 있는 물체의 동역학에서 벗어나 있다.[105]

1903년에 아브라함은 자신이 로렌츠의 이론이 지닌 결정적인 결함이라고 생각한 것을 수정했다. 그는 변형 가능한 전자는 평형을 유지하기 위해 비전자기적 내부 탄성 퍼텐셜 에너지를 요구한다고 계산했는데, 그것은 전자 이론을 엄격하게 전자기적 원리들 위에 구축하는 프로그램과 상충하는 것이었다. 이 전자를 대신하여 아브라함은 운동할 때 변형되지 않는 전자를 제안했다. 그 목적을 위해 그는 강체의 운동학적 기술을 그 이론의 기본 방정식으로 만들었다. 그는 헤르츠의 역학에서 논의되듯이 강체적 연결의 개념을 도입했다. 왜냐하면, 이 연결은 전자의 형태를 유지하는 데는 하는 일이 없고 전자기적 에너지를 보존하기 때문이다. 그러면 비전자기적 에너지는 요구되지 않는다. 아브라함은 헤르츠의 역학에서 빌려온 것도 있었지만, 그의 전자기적 지향이 정면으로 헤르츠의 역학적 지향과 배치됨을 지적했다.[106]

---

[105] Max Abraham, "Dynamik des Electrons," *Gött. Nachr.*, 1902, pt. 1, pp. 20~41, 인용은 21.

[106] Max Abraham, "Prinzipien der Dynamik des Elektrons," *Ann.* 10 (1903): 105~179. 아브라함처럼 부허러도 전자가 운동 방향으로 수축하게 되는 로렌츠의 가설을 다른 것으로 대체했다. 1904년에 부허러는 전자는 수축할 뿐 아니라 운동 방향에 수직인 방향으로 팽창하기도 하여 전자의 부피는 일정하게 유지된다고 제안했다.

아브라함은 1904년에 맥스웰의 전자기 이론에 대한 푀플의 1894년의 교재를 개정하면서, 푀플이 맥스웰의 유도 법칙을 라그랑주 방정식에서 유도한 것은 필연적으로 역학적 세계상에 도움이 되지는 않았다고 말했다. 1905년에 아브라함은 푀플의 교재에 안내서를 썼다. 이것은 아브라함 자신의 전자 이론을 제시한 것이었다. 전자기적 기초 위에 전자 동역학을 놓음으로써 아브라함은 "자연에 대한 역학적 관점의 토대를 흔들기"를 원했다. 전자 동역학을 완성한 후에 "전자기적 세계상"을 확립하는 다음 단계는 전자와 원자 간의 힘을 전자기적 토대 위에 올려놓는 것과 전자의 집합물로 상정된 원자에 의해 중력과 분자력을 설명하는 것이었다. 아브라함은 "전자기적 세계상은 지금까지 단지 프로그램"일 뿐이었음에 주목했다.[107]

오래된 역학의 법칙에서 광속은 전자기적 법칙들에 등장하듯이 등장하지 않는다. 그러나 우리가 보게 되겠지만, 광속은 20세기 초의 새로운 역학의 법칙들에 등장한다.[108] 움직이는 물체의 전기 동역학의 어떤 공식에 근거할 때 전자가 빛보다 빠르게 움직일 수 없다는 예상이 있었다. 함축상 보통의 물질은 전자를 포함하므로 더 빠르게 움직일 수 없어야

그는 1905년에 다시 그의 가설을 증명하기 위해 논증하면서, 수축성 전자가 요구하는 변형의 비전자기적 내부 에너지는 순수한 전자기적 이론에 반하기 때문에 자신과 아브라함과 로렌츠 자신이 로렌츠 이론에 결함이 있다는 것을 인정했다고 보았다. 부허러는 부피를 보존하는, 변형 가능한 전자는 그러한 반대를 전적으로 제거하지는 못하지만 줄여주기는 한다고 했다. Alfred Bucherer, *Mathematische Einführung in die Elektronentheorie* (Leipzig: B. G. Teubner, 1904); "Das deformierte Elektron und die Theorie des Elektromagnetismus," *Phys. Zs.* 6 (1905): 833~834.

[107] Max Abraham, *Theorie der Elektrizität*, vol. 2, *Elektromagnetische Theorie der Strahlung* (Leipzig: B. G. Teubner, 1905), 특히 143~147.

[108] Léon Rosenfeld, "The Velocity of Light and the Evolution of Electrodynamics," *Nuovo Cimento*, supplement to vol. 4 (1957): 1630~1669.

했다. 아브라함은 1902년에 한계 속도의 개념이 "흥미로운 문제"를 제기했다고 말했고 2년 전에 괴팅겐 물리학 연구소에서 실험을 통해 그 문제를 다루었던 데쿠드레를 언급했다. 전자 질량 문제와 연관하여 그 문제에 관심이 있었던 데쿠드레는 높은 퍼텐셜로 작동하는 진공관을 사용하여 전자를 광속을 초과하는 속도로 올리려고 시도했으나 실패했다. 이론적 근거에서 그러한 속도를 내려면 무한한 에너지가 필요할 것이므로 성공의 전망은 그에게 희박해 보였다.[109]

맥스웰의 이론은 광속보다 더 큰 속도에 대해 이상한 현상을 예견한다. 이 현상들은 비헤르트 등에 의해 분석되었다. 비헤르트는 1904년에 광속을 초과하는 속도로 등속 운동하는 전기 물체에 대해 전기 동역학은 전기 동역학적 기원을 갖는, 그 등속 운동을 저지하는 역학적 힘을 요구함을 지적했다. 외부의 역학적 힘이 그 물체를 등속으로 운동하게 하는 데 필요하고 그것은 뉴턴의 운동 제1법칙에 어긋난다.[110] 저항하는 힘에 대해 비헤르트는 최근에 조머펠트가 쓴 전자 이론에 대한 포괄적인 논문에서 끌어온 공식을 사용했다. 1905년에 조머펠트는 그 문제를 다시 다루었다. 그는 빛보다 빠르게 움직이는 전자와 관련하여 이론상의 강제되지 않은 운동을 찾아내지 못했기에 이것은 해결책이 없이 "이성적으로 제기된 물리 문제"의 예일 뿐이라고 결론지었고 그러한 운동은 불가능

---

[109] Abraham, "Dynamik des Electrons," 23. Theodor Des Coudres, "Zur Theorie des Kraftfeldes elektrischer Ladungen, die sich mit Ueberlichtgeschwindigkeit bewegen," *Arch. néerl.* 5 (1900): 652~664. 데쿠드레는 광속보다 더 빠른 속도에 대한 1888년 헤비사이드의 논의와 1893년 톰슨(J. J. Thomson)의 광속보다 빠른 속도의 가능성을 부인하는 이론적 논증과 1897년 설(G. F. C. Searle)의 논증을 언급했다.

[110] Emil Wiechert, "Bemerkungen zur Bewegung der Elektronen bei Ueberlichtgeschwindigkeit," *Gött. Nachr.,* 1905, 75~82.

할 것으로 생각했다.[111] 빈은 1905년에 독일 과학자 협회 회의에서 전자에 대한 초청 강연을 하면서 조머펠트의 연구를 지칭해서, 광속보다 큰 전자 속도라는 가정은 물리적 가능성이 희박하다는 자신의 유사한 결론을 지지했다.[112]

독일 과학자 협회 1903년 회의는 공동 회기를 시의적절하게 "역학의 현 상태"라는 주제에 할당했다. 그 회기는 세 편의 초청 보고를 포함했다. 하나는 괴팅겐 대학의 천문학 교수인 슈바르츠실트[113]의 천체 역학, 또 하나는 조머펠트의 기술 역학, 마지막 하나는 라이프치히 대학의 교수인 오토 피셔Otto Fischer의 생리 역학에 대한 보고였다. 뒤이은 논의는 주로 슈바르츠실트의 발표에 주로 관련되었지만, 그 논의는, 슈바르츠실트의 발표 주제가 그것이 아니었음에도 로렌츠의 전자 이론이었다.

오스트발트는 뉴턴 역학의 신빙성에 대한 그의 의심을 주제로 논의했다. 특히 중력 중심의 운동 보존 법칙을 무게 있는 물질에 대한 빛의

---

[111] Arnold Sommerfeld, "Zur Elektronentheorie. II. Grundlagen für eine allgemeine Dynamik des Elektrons," *Gött. Nachr.*, 1904, 363~439 중 384~402; "Zur Elektronentheorie. III. Ueber Lichtgeschwindigkeits- und Ueberlichtgeschwindigkeits-Elektronen," *Gött. Nachr.*, 1905, 201~235 중 201~204.

[112] 빈은 강체 전자의 가정보다 변형 가능한 전자의 가정이 더 낫다고 생각했다. 왜냐하면, 그것은 광속보다 빠른 속도를 허용하지 않기 때문이었다. Wilhelm Wien, "Über Elektronen," *Verh. Ges. deutsch. Naturf. u. Ärzte* 77 (1905): 23~38; *Über Elektronen, Vortrag gehalten auf der 77. Versammlung deutscher Naturforscher und Ärzte in Meran*, 2d rev. ed. (Leipzig and Berlin: B. G. Teubner, 1909), 27~28로 따로 출판.

[113] [역주] 슈바르츠실트(Karl Schwarzschild, 1873~1916)는 독일의 천문학자로 관측 천문학 분야에서 사진을 이용한 별의 광도 측정법을 표준화하는 데 노력했다. 이론 천문학 분야에서는 별의 흡수선 형성 이론과 항성 집단의 타원체적인 속도 분포 이론 등이 유명하다. 또한, 우주론에서도 아인슈타인의 중력 방정식에 대한 완전해로 슈바르츠실트의 해를 구했고, 별이 중력 붕괴를 일으키는 임계 반지름 이론 등 일반 상대성 이론에 대한 연구가 높은 평가를 받았다.

압력이 위반하는 것으로 보인다고 했다. 슈바르츠실트는 천문학자들이 이미 이 법칙의 위배에 대해서는 친숙하다고 반응했고 그에 대해 드루데는 물리학자들도 그렇다고 덧붙였다. 즉, 그 법칙은 단지 무게 있는 물체에 대해서만 유효하고 에테르에는 유효하지 않은데 로렌츠가 그 이유를 제시했다고 했다. 뉴턴의 운동 제3법칙의 위배는 다른 과학과 함께 초보 물리학을 가르친 라이프치히 대학의 명예 정교수인 외팅겐Oettingen을 특히 신경 쓰이게 했다. 그는 "빛의 압력이라는 현실이 중력 중심의 법칙을 위배하여 뉴턴의 운동 제3법칙이 정말로 배격된다고 하면, 청중은 매우 불편하게 느낄 것입니다."라고 말했다. 빈은 외팅겐에게 중력 중심의 법칙 문제가 전기 동역학의 기초에 관계된다고 말했다. 만약 로렌츠의 이론이 받아들여진다면 푸앵카레가 주의 깊게 연구한 대로 중력 중심의 법칙은 일반적으로 유효하지 않다. 볼츠만은 "외팅겐 선생의 마음의 평화를 위해" 이렇게 덧붙였다. "에테르가 질량이 없다고 생각한다면, 중력 중심의 법칙은 확실하게 유효하지 않다. 그렇지만 매우 작은 질량이 에테르에 부여된다면, 그 법칙은 에테르와 물질에 모두 유효하다고 가정할 수 있다." 외팅겐은 같은 의문이 중력의 경우에도 일어남을 지적했다. "나의 손의 운동이 시리우스에 의해 즉시 감지되느냐 약간의 시간 뒤에 감지되느냐에 따라 우리는 중력 중심이 보존되느냐 중력 중심이 약간 변위되느냐를 정하게 됩니다." 슈바르츠실트는 중력이 광속으로 전파된다고 가정할 수 있음을 로렌츠가 보였지만 그것을 확증하려면 실험과 관측에서 천문 관측의 정확성을 능가해야 한다고 답변했다. 빈이 로렌츠의 중력 이론의 검증 불가능성을 자세히 설명했고, 로렌츠가 말한 바로는 중력 중심의 법칙은 단지 정지해 있는 물체에 대해서만 유효하다고 했다. 물체들이 움직이고 있다면, 그 법칙은 빛의 압력에 유효하지 않듯이 중력에 대해서도 유효하지 않다. 그러나 그 법칙에서 이탈하는 항들은 광속에 대한 물체 속도 비의 제곱을 포함한다. 그 양은 "아주 작아서 실험으로 결정하기를 거의 희망할 수 없다."[114]

1903년 이전이라면 역학의 상태를 논의하는 회의가 볼츠만의 역학적 "헤게모니"를 공언하기 위한 행사였을 수 있다. 그러나 이제 더는 아니었다. 내놓고 역학을 토론하면서 전자기를 강조한 것은 새로운 중력 이론과 "순수 전자기적 역학의 기초"를 세우는 데 전자 이론이 내포한 뜻에 대한 관심이 널리 퍼져 있음을 드러내 준다.[115] 튀빙겐 대학에서 이론 물리학을 가르치는 사강사 간스Richard Gans는 독일 과학자 협회 1905년 회의에서 한 연설에서 로렌츠의 전자 이론이 전기, 자기, 광학, 복사열을 아주 만족스럽게 포괄했지만, 아직 중력은 그렇게 하지 못했다고 밝혔다. "의문의 여지 없이 우리의 세계상은 그것을 통일된 토대 위에 놓는다면 더 단순할 것"이므로 간스는 중력에 대한 전자기적 이해를 개관하면서 로렌츠와 빈의 1900년 이론들을 의지했다.[116] 중력의 전자기 이론을 통해서 두 가지 질량, 즉 관성 질량과 중력 질량이, 중력과 전자기가 분리되어 있던 옛 물리학에서처럼 우연적으로가 아니라, 필연적으로 비례

---

[114] 독일 과학자 협회 1903년 회의의 "Referate über den gegenwärtigen Stand der Mechanik"는 다음으로 이루어졌다. Karl Schwarzschild, "Über Himmelsmechanik"; Arnold Sommerfeld, "Die naturwissenschaftlichen Ergebnisse und die Ziele der modernen technischen Mechanik"; Otto Fischer, "Physiologische Mechanik"; *Phys. Zs.* 4 (1903): 765~773, 773~782, 782~789로 출판. 세 발표에 뒤이은 토론은 789~793에 있다.

[115] 다음 인용은 괴팅겐 대학의 물리학자인 파울 헤르츠(Paul Hertz)가 대략 이 시기에 한 말에서 따온 것이다. "전자 이론은 다른 상황과 더불어 역학을 순수하게 전자기적 토대 위에 두려는 경향 덕택에 중요해졌다." "Die Bewegung eines Elektrons unter dem Einflusse einer longitudinal wirkenden Kraft," *Gött. Nachr.*, 1906, 229~268 중 229.

[116] Richard Gans, "Gravitation und Elektromagnetismus," *Phys. Zs.* 6 (1905): 803~805 중 803.

한다는 것은, 빈이나 그라이프스발트 대학의 물리학자 미Gustav Mie 등에게 중요했듯이 간스에게도 중요했다.[117]

전자기를 역학적으로 해석할 가능성은 20세기에 들어와서도 계속하여 독일 물리학자들의 관심을 끌었다. 플랑크의 학생인 비테Hans Witte는 나중에 브라운슈바이크 공업학교에서 교수가 되었는데 독일 과학자 협회의 1906년 회의 물리학 분과에서 그 문제의 상태에 대해 보고를 했다. 비테는 물리학자들이 오랫동안 물리학의 모든 분과를 "통일된 개념 체계" 위에 확립하려고 노력해 왔다는 인식부터 이야기했다. 에너지 원리를 통해서 그들은 통일의 수단을 얻었기에 이제는 분리된 두 분야인 역학과 전기 동역학만 있었고 열역학은 역학과 전기 동역학의 밑에 온전하게 편입된 것으로 보였다. 바라던 통일로 가는 가능한 경로로는, 전기 동역학을 역학으로 환원하는 것, 그 역으로 역학을 전기 동역학으로 환원하는 것, 또는 공통의 토대 또는 원리Urprinzip에서 둘을 유도하는 것이 남아있었다. 플랑크의 격려를 받아 비테는 첫 번째 경로를 시험해 보면서 필요한 것은 상상할 수 있는 모든 역학 이론에 대한 체계적이고 일반적인 연구라고 판단했다. 그는 역학 이론의 아홉 유형을 찾아냈고 그에 대한 분석에서 전자기는 연속적인 에테르를 가정하면 역학적 설명이 불가능하고, 그렇다고 불연속적인 에테르를 가정하면 역학적 설명을 받아들일 수 없다고 결론지었다. 이러한 결론에 도달하면서 그는 세계 에테르world ether의 가정에 의존하지 않는 모든 역학적 설명의 유형을 고려 대상에서 배제했다. 왜냐하면, 그는 물리학이 그것 없이는 지탱될 수 없

[117] Gustav Mie, *Moleküle, Atome, Weltäther* (Leipzig: B. G. Teubner, 1904), 131~132. Wien, "Ueber die Möglichkeit," 508; "Über Elektronen," 37.

다고 확신했기 때문이었다. 역학적 환원에서 자유로운 이론 물리학을 선호한 비테의 생각은 그의 결론적 언급에 명쾌하게 표현되어 있다.

모든 물리 현상의 통일된 기술이나 통일된 설명은 결코 배제 대상이 아니다. 이 경우에 역학의 전자기적 토대에서 빈이 시작한 시도나, 역학적이라거나 전기 동역학적이라고 지정할 수 없는 공통의 토대 위에서 전기 동역학뿐 아니라 역학을 확립하려는 시도가, 모든 물리학의 역학적 토대를 대신할 것이다. 누구나 인정하듯이 종종 반대의 견해가 표명된 적도 있다. 결의에 차서 전기의 "본성"은 절대적으로 숨겨진 운동과 장력의 상태에 있어야 한다거나, 모든 물리학은 완전히 역학적으로 설명되어야 한다거나, 전 세계의 각각의 장소에는 그 단어의 진정한 의미에서 "물 자체"가 설명의 궁극적인 역학적 원리로서 존재해야 한다는 선험적 지혜를 주장하기도 했다. 아마도 그것은 사실일 것이다. 그러나 아무도 그러한 주장에 대한 확실한 선험적 증거를 제시할 수 없었다.[118]

아브라함은 그 보고를 듣고서 비테가 물리학의 역학적 토대에 대한 논쟁을 잠재웠다고 생각하지 않았다. 왜냐하면, 그는 단지 전자기장(마당)에 질량과 숨은 운동을 부여함으로써만 "로렌츠의 새로운 개념들"이 실행될 수 있다고 믿었기 때문이었다. 미는 전기 동역학이 더 발전하는 데 역학적 이론이 중요해질 가능성에 대해 아브라함만큼 "낙관적"이지 않았고 자신의 연구에서 비테가 생각하는 것 같은 역학적 이론을 의도한 적이 없었다. 미도 "자연에 대해 순수하게 전자기적인 설명"이 가능하다

---

[118] Hans Witte, "Über den gegenwärtigen Stand der Frage nach einer mechanischen Erklärung der elektrischen Erscheinungen," 독일 과학자 협회의 1906년 회의에서 발표한 논문, *Phys. Zs.* 7 (1906): 779~786에 게재. 인용은 784.

고 생각하지 않았다. 물리학의 통일된 토대가 취할 방향은 여전히 결정되지 않은 채였다.[119]

전자 이론이 수정되어 자연의 전자기적 관점으로 선포된 것은 부분적으로는 전자 이론이 보편적인 전자기 물리학이 되는 데 매우 근접했기 때문이었다. 그러나 물리학을 전자기적으로 추구하기 위해 제시된 질문들은 모두 적절한 응답을 얻을 수 없었다. 한편, 20세기 초에 실험 원자 물리학과 복사 이론이 빠르게 발전하자 현대 물리학의 법칙과 개념에 토대를 둔 포괄적인 이론의 가능성에 의문이 제기되었다. 동시에 우리가 다음 절에서 보게 되듯이 상대성 이론이 출현했는데, 이 이론은 전자기적 세계상에 핵심적인 개념인 에테르를 포기하게 했다. 더욱이 질량의 전자기적 기원을 밝힐 중심이 되는 질문은 속도가 질량에 의존한다는 또 하나의 이유를 제공한 상대성 이론이 수용되면서 점차 관심 영역에서 벗어났다. 전기 동역학에 응용된 상대성 이론은 전자의 모양, 물질, 전하 분포를 결정해야 할 필요 없이 전자 운동의 검증 가능한 법칙 모두를 내놓았다. 상대성 이론은 물리학에 다른 토대를 제공했다. 그 토대는 공간과 시간에서 물리적 사건을 측정하는 방법과 관계되어 있었다.

물리학의 상대론적 기초

1905년에 《물리학 연보》는 취리히 연방 종합기술학교를 갓 졸업하고 스위스의 특허 사무관으로 일하던 아인슈타인Albert Einstein의 전기 동역학 논문을 게재했다. 아인슈타인은 "맥스웰의 전기 동역학"에서 비대칭에

---

[119] 비테의 보고에 대한 토론, *Phys. Zs.* 7 (1906): 785~786.

주목함으로써 그의 논문을 시작했다. 아인슈타인은 맥스웰의 전기 동역학에 따라 로렌츠의 전기 동역학을 이해했다.[120] 그 비대칭은 한 현상에 대한 두 가지 서술과 관련이 있었다. 아인슈타인의 주장으로는, 한 현상에 대한 서술은 단 하나가 있어야 했다. 즉, 자석에 의해 도체 안에 유도되는 전류는 오로지 자석과 도체의 상대 운동에만 의존하는데, 이 실제로 일어나는 일은 맥스웰-로렌츠 이론에 의해 서술되면 자석이 움직이느냐 도체가 움직이느냐에 의존한다. 그 다음 아인슈타인은 에테르를 통과하는 지구의 운동을 감지하는 실험의 실패를 들고 나왔다. 아인슈타인은 이 두 가지 다른 예가 역학뿐 아니라 전기 동역학에서 절대 정지의 개념에 해당하는 현상이 없음을 암시한다고 말했다.[121] 역학의 방정식이 유효한 동일한 좌표계는 전기 동역학과 광학 방정식에 대해서도 유효하다는 것이 1차 근사까지 입증되었고 그 결과를 아인슈타인은 "상대성 원리"라는 공준postulate의 수준까지 끌어올렸다. 상대성 원리란 자연의 법칙은 관찰자들이 서로에 대해 가질 수 있는 등속 운동에도 불구하고 모든 관찰자에 대해 동일하다는 것이다. 이것에 아인슈타인은 두 번째 공준으로 광원의 운동에도 불구하고 모든 관찰자에게 광속은 일정하다

---

[120] Albert Einstein, "Zur Elektrodynamik bewegter Körper," *Ann.* 17 (1905): 891~921. 1905년의 아인슈타인의 상대성 이론에 대한 연구 중 가장 훌륭한 역사적 연구로 홀턴(Gerald Holton)의 논문 몇 편이 있다. 그것들은 그의 책, *Thematic Origin of Scientific Thought: Kepler to Einstein* (Cambridge, Mss.: Harvard University Press, 1973)에 수합되어 있다. 뒤이은 논문들로는 특히 "Einstein's Scientific Program: The Formative Years," in *Some Strangeness in the Proportion*, ed. Harry Woolf (Reading, Mass.: Addison-Wesley, 1980), 49~65; Goldberg, "Lorentz Theory"; Tetu Hirosige, "The Ether Problem, the Mechanistic Worldview, and the Origins of the Theory of Relativity," *HSPS*, 7 (1976): 3~82; Arthur I. Miller의 논문 몇 편이 있는데 그것들은 주로 그의 책 *Albert Einstein's Special Theory of Relativity*에 통합되어 있다.

[121] Einstein, "Zur Elektrodynamik," 891.

는 원리를 추가했다. 이 두 번째 공준은 상대성 이론에 전자 이론의 정지 에테르의 주된 특성들을 통합시켰다. 그러나 그것이 전부였다. 아인슈타인은 그의 목적을 달성하는 데 에테르는 "잉여적"이라고 말했다. 왜냐하면, 그는 "절대적으로 정지한 공간"이 필요하지 않았다. 그의 두 가지 공준에서 아인슈타인은 공간과 시간의 측정을 분석하여 물리적 사건의 동시성이 상대성을 가지며, 길이와 시간 간격도 상대성을 가진다는 사실에 도달했다. 그는 x축에 대해 등속으로 상대 운동하는 관찰자의 좌표와 시간의 변환 방정식을 유도했다. 그것은 로렌츠가 다른 추론으로 도달한 변환 방정식과 같았다. 그것들은 공간에서 전자기장(마당)의 "맥스웰-헤르츠" 방정식의 형태를 보존한다.

$$\tau = \frac{t - vx/V^2}{\sqrt{1-(v/V)^2}}, \quad \xi = \frac{x - vt}{\sqrt{1-(v/V)^2}}, \quad \eta = y, \zeta = z$$

여기에서 x, y, z는 하나의 기준계에서의 공간 좌표이고 t는 시간이고, ξ, η, ζ, τ는 첫 번째 좌표계에 대해 v의 속도로 움직이고 있는 두 번째 좌표계에서 해당하는 양들이다.[122] (속도 v가 빛의 속도 V에 비해 작은 경우에 로렌츠 변환은 뉴턴 역학의 운동 법칙이 불변인 소위 갈릴레이 변환에 접근한다. 즉, $\tau = t$, $\xi = x - vt$이다. 그러나 이 변환은 맥스웰-헤르츠의 전자기 방정식을 불변으로 유지하지 않는다.) 아인슈타인은 그의 새로운 "운동학"을 써서, 전기장(마당)과 자기장(마당)의 양들을 움직이는 물체에 대해 정지해 있는 좌표계로 변환시킴으로써, 움직이는 물체의 전기 동역학 문제를 푸는 방법을 제시했다. 맥스웰-헤르츠 방정식에 대

---

[122] Einstein, "Zur Elektrodynamik," 892, 902.

류를 추가함으로써 아인슈타인은 로렌츠가 제시한 전자 이론의 방정식들에 도달했고 로렌츠의 전자 이론이 상대성 원리와 양립함을 보였다. 그는 자신의 논문을 전자 운동의 검증 가능한 법칙들의 집합으로 마무리했다.

아인슈타인의 공준들은 뉴턴의 역학과 맥스웰의 전기 동역학 사이에서 물리학의 토대에 대한 근본적인 대립을 드러냈다. 그것들은 그의 논문이 표면적으로 다루었던 전기 동역학과 광학 문제들을 뛰어넘어 확장된 의미를 함축하고 있었다. 질량의 속도 의존성은 이제 전자만이 아니라 모든 무게 있는 물체에 적용되는 것으로 보였고, 자연에서 가능한 최대 속도로서 광속의 역할도 마찬가지였다.[123] 공준들에 토대를 두었다는 점에서 아인슈타인의 상대성 이론은 제1법칙과 제2법칙을 가진 열역학을 닮았는데, 그러한 유사성은 전기 동역학의 난제들에 대한 해결책을 찾을 때 아인슈타인의 인도자가 되었다. 빛 신호, 시계, 강체 자에 대한 진술로 이루어진 이론으로서 상대성 이론은 물리학의 특정한 법칙들이 로렌츠 변환에서 불변이기를 요구했고 이전에는 독립적으로 보인 특정한 법칙들을 관련지었다. 그 법칙들은 열, 전자기, 또 무엇이든 어떤 부류의 물리적 현상에도 적용될 수 있어서, 상대성 이론은 전반적인 물리학의 기초에 속하는 것으로 인식되었다.[124]

아인슈타인의 상대성 이론에 대한 독일에서의 초기 반응은 플랑크의 동조적 해석과 적극적 지지에서 뮌헨의 물리학자 코른이 조머펠트에게 그 이론은 "머지않아 전면에서 사라질 것"이라고 한 예견까지 다양했다.

---

[123] Einstein, "Zur Elektrondynamik," 919~920.

[124] Martin J. Klein, "Thermodynamics in Einstein's Thought," *Science* 157 (1967): 509~516 중 515.

처음에 조머펠트에게는 아인슈타인의 "왜곡된 시간"이 로렌츠의 "변형된 전자"처럼 불편하게 느껴졌다.[125] 다른 독일의 물리학자들은 그 이론에서 다른 난제들에 부딪혔지만 그 이론을 이해하려고 노력했고 그것이 종국에는 차이를 가져왔다. 수학자들도 그것을 진지하게 고려했고 리케가 보았듯이 때때로 "계산 규칙들의 우아함에 매료되었다."[126] 적어도 그들 중 하나인 민코프스키[127]는 물리학에 매우 중요한 일을 했으니, 1907년에 그것을 4차원 시공간의 이론으로 재정리하고 그것이 옳다고 조머펠트 같은 물리학자들을 설득했다.[128] 많은 독일의 이론 연구자와

---

[125] 코른(Korn)이 조머펠트에게 보낸 편지, 1907년 12월 31일, Sommerfeld Correspondence, Ms. Coll., DM. 조머펠트가 로렌츠에게 보낸 편지, 1906년 12월 12일 자, Lorentz Papers, AR. 아인슈타인의 이론에 대한 플랑크의 반응은 아래에서 논의한다.

[126] 괴팅겐의 수학자들이 그 이론에 보인 관심에 대한 리케의 서술, 슈타르크(Johannes Stark)에게 보낸 편지, 1911년 10월 13일 자, Stark Papers, STPK.

[127] [역주] 민코프스키(Hermann Minkowski, 1864~1909)는 러시아 태생의 독일 수학자로 수론 문제를 기하학적인 방법을 사용하여 푸는 기하학적 수론, 수리 물리학, 상대성 이론 등에서 업적을 남겼다. 베를린 대학, 쾨니히스베르크 대학에서 공부하고 1885년에 쾨니히스베르크 대학에서 박사학위를 받았다. 이후 본 대학, 쾨니히스베르크 대학, 취리히 연방 공과 대학 등에서 강의했다. 취리히 연방 공과 대학에서 아인슈타인을 가르치기도 했다. 1896년에 출판한 저서에서 수론 문제들을 기하학적인 방법과 연관시켰다. 1902년 수학의 중심지였던 괴팅겐 대학에 힐베르트의 도움으로 수학 교수 자리를 얻어 연구했다. 1907년에 특수 상대성 이론이 민코프스키 공간이라 불리는 비유클리드 공간을 이용해 쉽게 이해될 수 있다는 사실을 알아차렸고 4차원 시공간을 통해 특수 상대성 이론뿐 아니라 일반 상대성 이론의 이해에도 도움을 주었다.

[128] Sommerfeld, "Autobiographische Skizze," AHQP. 조머펠트가 로렌츠에게 보낸 편지, 1909년 또는 1910년 1월 9일 자, Lorentz Papers, AR. 빈이 힐베르트에게 보낸 편지, 1909년 4월 15일 자, Hilbert Papers, Göttingen UB, Ms. Dept. 괴팅겐의 수학자 헤르만 민코프스키는 다음에서 논의된다. Gerald Holton, "The Metaphor of Space-Time Events in Science," *Eranos Jahrbuch* 34 (1965): 33~78; Robert Lewis Pyenson, "Hermann Minkowski and Einstein's Special Theory of Relativity," *Arch. Hist. Ex. Sci.* 17 (1977): 71~95; Peter Louis Galison, "Minkowski's Space-Time: From Visual Thinking to the Absolute World," *HSPS* 10 (1979): 85~121.

다수의 실험 연구자는 상대성 이론을 명쾌하게 하거나 검증하거나 그 안의 문제를 정의하거나 물리학의 여러 분야에서 일반적으로 그것의 운동학적 관계를 확립하는 연구를 수행하여 발표했다. 1910년 또는 1911년에 이르자 그 이론은 독일에서 상당히 널리 수용되었다. 그것은 또한 초기에 흔히 "로렌츠-아인슈타인" 이론이라고 불린 것이 함축하듯이 로렌츠 전자 이론의 정교화로 인식되기보다는, 갈수록 그 자체가 보편적인 이론으로 인식되기 시작했다.[129]

플랑크는 상대성 이론이 물리학의 토대 일부가 되리라는 것을 일찍 인식한 물리학자 중 하나였는데, 상대성 이론에 대한 신뢰를 구축하는 데 영향이 컸다.[130] 그 사건 이후 얼마 되지 않아 아인슈타인은 플랑크가 상대성 이론에 대해 보인 "결단과 후의"가 "이 이론이 동료 사이에서 그렇게 빨리 주목을 받는 데 크게" 기여했다고 말했다.[131]

1905년에 《물리학 연보》의 이론 물리학 고문으로서 플랑크는 이미 아인슈타인의 연구에 친숙했다. 지난 5년 동안 아인슈타인은 이 학술지에 정기적으로 논문을 제출했고, 그중에 가장 중요한 것이 열역학과 통계역학을 다룬 논문이었는데, 그 당시에 플랑크가 특히 관심이 있었던 주제들이었다. 아인슈타인은 1905년에 이 연구들을 플랑크 연구와 관련

---

[129] Tetu Hirosige, "Theory of Relativity and the Ether," *Jap. Stud. Hist. Sci.* no. 7 (1968): 37~53 중 46~48.

[130] 상대성 이론에 대한 플랑크의 반응은 다음에서 논의된다. Stanley Goldberg, "Max Planck's Philosophy of Nature and His Elaboration of the Special Theory of Relativity," *HSPS* 7 (1976): 125~160. 플랑크와 다른 이들의 반응은 Stanley Goldberg, "Early Responses to Einstein's Theory of Relativity, 1905~1911: A Case Study in National Differences," (Ph. D. diss. Harvard University, 1969)에서 논의된다. 밀러는 플랑크와 다른 이들의 반응을 *Albert Einstein's Special Theory of Relativity*에서 논의한다. 특히 플랑크에 대해서는 360~362, 365~367을 보라.

[131] Einstein, "Planck," 1079.

된 관심사인 흑체 복사로 확장했다.[132] 같은 해 아인슈타인의 상대성 이론은 플랑크의 연구를 자극했다. 그것은 막스 보른Max Born이 말했듯이 "플랑크의 상상력을 무엇보다 더 많이 사로잡은" 주제였다.[133]

아인슈타인의 이론이 물리학의 토대와 관련하여 함축한 의미는 열역학에서 끌어온 일반적인 유효성의 원리에 자신의 연구 토대를 둔 플랑크에게 매력적이었다. 1905년 가을에 베를린 물리학 콜로키엄에 참석한 라우에Max Laue에 따르면, 플랑크는 거기에서 상대성 이론에 대해 보고했다. 1906년에 그는 독일 물리학회 모임과 독일 과학자 협회의 모임들에서 그 이론에 대한 논문을 발표했다. 이 모임 중 첫 번째 모임에서 그는 그 이론을 역학에 적용했고 두 번째 모임에서 최근의 전자 측정이 그 이론과 일치하는지 불일치하는지를 살펴보았다. 1907년에 프로이센 아카데미에서 발표한 논문에서는 그 이론을 열역학, 특히 흑체 복사에 적용했다. 1908년에는 독일 협회에서 상대론적 동역학에 대한 또 하나의 발표를 했다. 그 후에 그는 그 이론에 대해 연구를 거의 하지 않았다. 그때가 되면 다수의 독일 과학자가 그 이론에 유용한 형식론들을 전개하기 시작했고 그 이론이 제기하는 다양한 문제를 취급하기 시작했다.[134]

---

[132] 아인슈타인의 초기 열역학, 통계역학, 양자 연구는 다음에 분석되어 있다. Martin J. Klein, "Einstein's First Paper on Quanta," *The Natural Philosopher*, no. 2 (1963): 59~86; "Einstein and the Wave-Particle Duality," *The Natural Philosopher*, no. 3 (1964): 3~49; "Einstein, Specific Heats, and the Early Quantum Theory," *Science* 148 (1965): 173~180; "Thermodynamics in Einstein's Thought"; "No Firm Foundation: Einstein and the Early Quantum Theory," in Woolf, ed., *Some Strangeness*, 161~185; Thomas S. Kuhn, "Einstein's Critique of Planck," in Woolf, ed., *Some Strangeness*, 186~191, *Black-Body Theory*, 170~187.

[133] Born, "Planck," 173.

[134] Max Laue, "Mein physikalischer Werdegang. Eine Selbstdarstellung," in *Schöpfer des neuen Weltbildes. Grosse Physiker unserer Zeit*, ed. H. Hartmann (Bonn: Athenäum, 1952), 178~210 중 192.

아인슈타인은 상대성 이론에 대한 플랑크의 기여를 세 가지로 구분했다. 그가 말한 바로는 플랑크는 질점을 구할 운동 방정식을 전개했고, 최소 작용의 원리가 고전 역학에서처럼 새로운 이론에서도 똑같이 근본적 중요성이 있다는 것을 보였다. 그리고 플랑크는 에너지와 관성 질량 사이에 상대론적 관계를 발전시켰다. 이 기여 중 첫 번째 두 가지는 플랑크가 1906년 봄에 독일 물리학회에 제출한 논문에 나타났다. 플랑크는 "상대성 원리"의 변환 방정식들을 진술함으로써 그 논문을 시작했다. 그 방정식들은 로렌츠가 1904년에 도입했고 아인슈타인이 1905년에 "훨씬 더 일반적인 어법"으로 제시했다. 그 변환들은 등속 상대 운동을 하는 두 좌표계를 연결하고, 그 원리는 각 계가 "역학과 전기 동역학의 기본 방정식들"을 표현하는 데 사용될 권리가 동일하게 있다고 말해준다. 그 원리가 불합리한 결과에 도달하는지 보기 위해 플랑크는 역학에 대한 그 원리의 결과들을 살펴보았고 운동 방정식들이 뉴턴의 방정식들을 대체한다고 판단했다. 프라임이 붙은 좌표계를 뉴턴의 운동 방정식 $m\ddot{x}'=X'$ …이 성립하는 질량 m인 움직이는 물체의 중앙에 고정한 후에 플랑크는 그 방정식들을 첫 번째 계에 대해 움직이는, 프라임이 붙지 않은 계로 변환하여 다음 운동 방정식을 얻었다.

$$\frac{d}{dt}\left[\frac{mx}{\sqrt{1-q^2/c^2}}\right]=X , \ \cdots$$

여기에서 q는 프라임이 붙지 않은 계에서 질점의 속도이고 인자 $1/\sqrt{1-q^2/c^2}$는 상대성 원리의 공간 및 시간 변환의 결과이다. q가 광속 c에 비해 작다면, 운동 방정식은 뉴턴의 방정식과 구분이 되지 않아서 상대론적 방정식은 뉴턴의 방정식의 일반형으로 나타난다. 플랑크는 "운동 퍼텐셜"을 도입하고 새로운 운동 방정식이 해밀턴의 최소 작용

원리의 형태로 제시될 수 있다는 것을 보이면서 논문을 마무리 지었다.[135]

이 첫 논문에서 플랑크는 상대성 이론을 이론적 토대가 지녀야 할 단순성과 일반성 때문에 추천했다. 그는 또한 그 이론에 반하는 것처럼 보이는, 움직이는 전자에 대한 최근의 측정에 대해 언급했지만, 이 측정들이 복잡한 이론을 전제했으므로 플랑크는 추가 실험이 상대성에 우호적일 가능성이 여전히 있다고 생각했다. 독일 과학자 협회의 1906년 가을 회의에서 플랑크는 실험 증거를 논의할 기회를 일찍 얻게 되었다. 라듐에서 방출하는 베타선의 전자기적 편향에 대한 카우프만의 "미세한 측정"은 "전자 역학"의 주된 의문들에 관계되었고, 특히 두 가지 선도적인 이론인 "로렌츠-아인슈타인" 상대성 이론과 막스 아브라함의 구형 전자 이론 사이에 어느 것이 옳은지 판가름하는 데 관계되었다. "구형 전자 이론" 측에서 온, 베타선의 전기적 편향에 대한 이론값이 관찰된 값에 가장 가까웠지만, 플랑크에게는 그 이론의 "명확한 확증"과 상대성 이론의 반증을 제시한다고 볼 정도로 그 값이 아주 가깝지는 않았다. 관측된 값들이 두 이론 사이에 명확하게 판가름하기 위해서는 그 값들의 이론적 의미를 추가로 밝힐 필요가 있었다. 플랑크는 전자에 대한 추가 측정을 할 방법에 대해 조언했다. 복사 법칙에 대한 그의 연구처럼 상대성 이론에 대한 그의 연구에서도 그는 실험적 확인의 중요성을 강조했고 상대성이 확증 가능하다고 생각하는 입장이었다.[136]

---

[135] Einstein, "Planck," 1079. Max Planck, "Das Prinzip der Relativität und die Grundgleichungen der Mechanik," *Verh. phys. Ges.* 8 (1906): 136~141, *Phys. Abh.* 2: 115~120에 재인쇄.

[136] Max Planck, "Die Kaufmannschen Messungen der Ablenkbarkeit der β-Strahlen in ihrer Bedeutung für die Dynamik der Elektronen," *Verh. phys. Ges.* 8 (1906): 418~432, 재인쇄는 *Phys. Abh.* 2: 121~135 중 130~131. 플랑크는 1906년 9월 19일

플랑크가 독일 과학자 협회 모임에서 발표한 후에 긴 논의가 이어졌다. 거기에는 전자 동역학 연구자 다수가 참여했다. 그들은 주로 전자 이론에서 일어나는 문제들을 끌어왔는데 그 문제들은 상대성 이론의 주장과 장점을 평가하면서 다루어야 하는 것들이었다. 현재까지 실험에서 가시적으로 증거가 드러난다는 이점에 더해 플랑크는 "구형 전자 이론의 중요한 이점은 그것이 순수한 전기 이론"이며 만약 그것이 잘 연구될 수 있다면 "매우 아름다울 것"이라는 데 아브라함과 의견을 같이했다. 그러나 플랑크는 절대적인 병진 운동[137]이 존재한다는 것이 입증될 수 없다고 가정하는 "로렌츠-아인슈타인 이론"이 둘 중에서 "더 동조"할 만하다고 판단했다. 그는 그렇게 생각한 유일한 사람이었다. 그의 관점은 조머펠트에 의해 "비관적"이라는 평가를 받았다. 조머펠트는 상대성 이론보다 아브라함의 "순수 전자기 이론"을 더 혁신적인 것으로 간주했다. 조머펠트는 "플랑크 씨가 구성한 원리들의 문제에 관하여 나는 40세 이하의 신사들은 전기 동역학적 가정을 더 좋아하고 40세를 넘은 사람들은 역학적 상대론적 가정을 선호할 것으로 생각한다."라고 말했다. 말할 필요도 없이 조머펠트는 전기 동역학적 가정을 미래의 물리학으로 가는 길로서 선호했다. 그 대안인 상대성 가정은 더 오래되고 겉보기에 낡은 역학적 관점과 연관되어 있었다. 이러한 논의에서 상대성 가정과 동일시

에 독일 과학자 협회 슈투트가르트 회의의 물리 분과에서 그의 논문을 발표했다. 1908년까지 얼마 동안 물리학자들은 카우프만의 실험보다 더 정확한 실험을 했고 로렌츠-아인슈타인 이론을 지지했다. Miller, *Albert Einstein's Special Theory of Relativity*, 254.

[137] [역주] 아인슈타인의 상대성 이론은 절대적인 병진 운동이 존재하지 않는다고 주장한다. 모든 병진 운동은 상대적이라고 본다. 여기에서 병진 운동이란 물체의 질량 중심이 이동하는 운동으로 질량 중심이 이동하지 않고 물체가 제자리에서 회전하는 회전 운동과 구분된다.

된 로렌츠의 전자 이론은 그런 이유로 원래는 물리학의 전자기적 관점에 영감을 주는 데 큰일을 했었는데 이제는 그 관점과 대립하는 것으로 보였다. 상대성 가정을 플랑크가 이론적으로 선호한 이유는 주로 그것이 전기 동역학과 역학을 포괄하는 "일반 역학"을 통해 두 분야를 통합할 수 있게 해주기 때문이었다. 본 대학의 물리학자인 부허러[138]가 플랑크는 자신의 전자 이론에 충분한 주의를 기울이지 않았다고 불평하자, 플랑크는 부허러에게 그의 방정식을 라그랑주 함수의 형태로 제시할 수 있는지 물었다. 부허러는 그것을 검토해본 적이 없었다. 플랑크는 "그러나 그것은 매우 중요할 것이다. 왜냐하면, 라그랑주 함수 형태를 통해 전자의 운동 방정식은 일반 역학의 방정식으로 환원되기 때문이다."라고 말했다. 상대성 가정은 그 가정이 단지 등속 병진 운동에만 적용되고 더 일반적인 가속 운동에는 적용되지 않기에 그 "인식론적 가치"가 크지 않다는 카우프만의 반대에 대응하여 플랑크는 역학과 전기 동역학의 통합에 대해 관련된 논의를 전개했다. 플랑크는 그러한 제한 조건은 이러한 연관에서 중요성이 없고, 중요한 것은 "역학에서 입증할 수 없는 것은 전기 동역학에서도 입증할 수 없다"는 것이라고 했다.[139]

플랑크의 학생인 모젠가일[140]은 움직이는 흑체의 복사에 상대성 원리

---

[138] [역주] 부허러(Alfred Heinrich Bucherer, 1863~1927)는 독일 물리학자로서 상대론적 질량에 대한 실험을 수행하여 유명해졌고 상대성 이론이라는 말을 처음 쓴 사람이다. 하노버 대학, 존스 홉킨스 대학, 스트라스부르 대학, 라이프치히 대학, 본 대학에서 공부했다. 본 대학에서 교수 자격 논문을 썼고 거기에서 1923년까지 가르쳤다. 그는 상대성 이론에 따라 에테르의 불필요성을 지적했고 1906년에 공간의 기하학이 리만적(Riemannian)이라는 주장을 했다. 움직이는 전자가 종방향으로 수축하고 횡방향으로는 팽창한다는 주장을 했다.

[139] 플랑크의 발표 후의 논의는 *Phys. Zs.* 7 (1906): 759~761에 게재되었다.

[140] [역주] 모젠가일(Kurd von Mosengeil, 1884~1906)은 독일 물리학자로 아인슈타인의 특수 상대성 이론의 초기 옹호자였다. 그는 플랑크 밑에서 교수 자격 논문을 특수 상대성 이론에 관련된 주제로 썼다. 1906년 등산 중에 사고로 사망하자 플랑

를 적용한 학위 논문을 썼다. 그 논문은 1907년에 출판되었고,[141] 같은 해에 플랑크의 이전 학생이자 현재는 조수인 라우에Max Laue가 상대성에 대한 논문을 출간하기 시작했다. 플랑크 자신은 그 이론에 대해 계속하여 연구했고 그것의 전망에 대해 더욱 확신하게 되었다. 1906년 독일 과학자 협회 회의 이후에 플랑크는 빈에게 "상대성 원리에 관하여 나는 아직 정말로 문제를 못 느끼네."라고 적었다. 이듬해에는 그는 여전히 "로렌츠-아인슈타인 상대성 이론에 몰두하고" 있다고 빈에게 쓴 편지에서 말했다.[142]

1907년 여름에 플랑크는 독일 물리학회 회의에서 한 논문을 발표했다. 이 논문에서 플랑크는 상대성 원리에 따라 움직이는 계의 동역학을 취급했다. 진공으로 만든 공동에서 흑체 복사가 "모든 물리계 중에서 열역학적, 전기 동역학적, 역학적 특성을 특별한 이론들 사이의 충돌과는 무관하게 절대적 정확성을 가지고 설명할 수 있는 유일한 계이기 때문에" 플랑크는 그의 연구를 그러한 복사의 상대론적 동역학에서 시작했다. 거기에서 그는 최소 작용 원리로 나아갔고 그 원리 하에 헬름홀츠가 역학, 전기 동역학, 그리고 가역 과정에 적용된 열역학의 두 주요 법칙을 종속시킨 것에 주목했다. 플랑크는 흑체 복사의 법칙을 최소 작용의 원리에 종속시킴으로써 그 원리의 유효성의 범위를 헬름홀츠가 설정한 범

크와 빈은 그의 학위 논문을 줄여서 1907년에 《물리학 연보》에 게재했다. 그의 논문은 이후에 관련된 이론의 전개에 영향을 미쳤다.

[141] Kurd von Mosengeil, "Theorie der stationären Strahlung in einem gleichförmig bewegten Hohlraum," *Ann.* 22 (1907): 867~904. 모젠가일은 1906년 말에 사망했고 플랑크는 그 논문을 출판된 형태로 보았다. 그것은 Planck, *Phys. Abh.* 2: 138~175에 포함되어 있다.

[142] 플랑크가 빈에게 보낸 편지, 1906년 10월 15일 자, 1907년 5월 24일 자, Wien Papers, STPK, 1973.110.

위 밖까지 확장했다.[143]

플랑크는 상대성 원리와 최소 작용 원리를 결합해서, 상대성 원리의 실험적 검증을 마무리 짓게 해줄 것이라고 예상되는 결과들을 유도했다. 그는 아인슈타인이 이전에 다른 방식으로 했던 것처럼, 정지해 있는 물체의 질량이 물체의 에너지 함유량과 같다는 법칙을 자신의 방식으로 유도했고, 물체의 에너지가 변화될 때 질량의 변화를 검증할 가능성에 대해 논의했다. 그 질량은 예측되지만 극히 작아서, 검증할 가능성은 겉보기에 요원했다. "단지 $(v/c)^2$이 그렇게 황당하게 작지 않다면 좋았을 텐데. 그것은 정말 안타깝습니다."라고 플랑크는 로렌츠에게 불만을 토로했다.[144]

상대성 원리와 최소 작용 원리의 양립 가능성을 주장한 것을 비판받은 플랑크는, 아인슈타인이 그에게 보낸 편지에서 그 비판을 받아들이지 않는다고 말하자 다시 자신감을 얻었다. 플랑크는 아인슈타인에게 "상대성 원리의 대표자들이 여전히 지금처럼 그렇게 작은 그룹을 이루고 있는 한, 그 안에서 의견의 일치를 보는 것이 훨씬 중요하다."라고 대답했다.[145] 플랑크는 상대성 원리 하에서 최소 작용 원리가 불변한다는 점을 주요한 결론으로 간주했다. 왜냐하면, 최소 작용 원리는 역학뿐 아니

---

[143] Max Planck, "Zur Dynamik bewegter Systeme," *Sitzungsber. preuss. Akad.*, 1907, 542~570. 재인쇄는 *Phys. Abh.* 2: 176~209.

[144] Planck, "Zur Dynamik bewegter Systeme," 202, 205. 플랑크가 로렌츠에게 보낸 편지, 1907년 10월 19일 자, Lorentz Papers, AR. 플랑크가 흑체 복사의 세기에 지구의 운동이 미치는 영향에 대한 실험 측정 문제와 연관하여 이렇게 말했다. 어떤 관찰된 물체 속도의 제곱 v^2과 비교하여 광속의 제곱 c^2의 엄청난 값은 이제까지 제안된 모든 실험 검증에 어려움을 초래했다. 이 어려움은 Swenson, *Ethereal Ether*, 66에서 에테르 표류 문제와 관련하여 지적된다.

[145] 플랑크가 아인슈타인에게 보낸 편지, 1907년 7월 6일 자, EA. 부허러가 언급된 비판자였다.

라 전기 동역학과 열역학을 포함하는 "일반 동역학"의 토대이기 때문이 었다. 1908년 독일 과학자 협회 회의의 발표에서 플랑크는 이 일반 동역학을 한층 발전시켰다. 그는 로렌츠의 전자 이론에서 운동량 보존 법칙을 포함하는 작용과 반작용의 원리인 뉴턴의 제3법칙을 부정해 야기된 "소동"을 회상했다. 그는 또한 그 어려움이 그때까지 알려진 유일한 운동량인 역학적 운동량에 추가로 전자기적 운동량을 도입함으로써, 특히 아브라함 덕택에, 부분적으로 극복되었다고 회상했다. 그는 이제 아인슈타인의 상대성 이론이 역학적, 전자기적 형태를 모두 포함하는 운동량의 정의를 허용한다는 것을 보여주었다. 플랑크는 해당하는 작용과 반작용의 일반화된 법칙을 "에너지의 관성 법칙"이라고 불렀다.[146]

플랑크가 독일 물리학에서 이전에 헬름홀츠와 비슷한 공적인 자리를 차지하게 되었을 때 그는, 자신의 연구가 지향하던, 물리적 세계상의 통일성이 증가하는 것을 주목했다. 1908년에 라이덴 대학에서 발표할 때, 그는 물리적 현상들을 "가능하다면 단일한 공식 안에서 통일된 체계" 하에 정돈하는 것을 자연 연구의 지고의 목표로 제시하면서 발표를 시작했다. 그는 이 목표를 달성하려면 두 가지 방법이 있다고 했다. 하나는 오스트발트의 에너지학이나 헤르츠의 역학이 하는 것처럼 세계상의 중심에 단일한 개념이나 원리를 놓는 것이다. 다른 하나는 키르히호프가 역학을 정의하면서 요구한 것처럼 직접적인 경험을 통해서 확증되는 것으로 보이는 것만을 세계상에 받아들이는 것이다. 두 방법 모두 필수

---

[146] Max Planck, "Bemerkungen zum Prinzip der Aktion und Reaktion in der allgemeinen Dynamik," *Verh. phys. Ges.* 10 (1908): 728~732 재인쇄는 *Phys. Abh.* 2: 215~219. 플랑크는 이것을 1908년 9월 23일에 쾰른에서 열린 독일 과학자 협회 물리 분과에서 발표했다.

불가결하다. 실재가 인간의 감각 지각과 동일시되는 물리학을 위한 마흐의 처방이나 금지는 세계에 대한 통일된 묘사로 가는 유용한 접근법을 제시하지 않는다. 플랑크는 물리적 세계 묘사의 역사가 물리적 개념들이 시간, 장소, 개인적인 지성의 변덕에서 점진적으로 해방되는 것을 보여준다고 말했다. 마흐가 옳다면, 다른 지성의 수만큼이나 다른 물리적 세계 묘사의 수도 많아야 할 것이다. 그러나 그것은 사실이 아니므로 물리적 세계 묘사는 상당한 통일성을 달성했다. 이런 점에서 플랑크는 물리학을 역학과 전기 동역학으로 나누거나 물질의 물리학과 에테르의 물리학으로 나누는 것은 십중팔구 최종적인 것이 아니며 전기 동역학을 "일반 동역학" 안에 포함할, 적절하게 "일반화된 역학의 관점"이 가능하다고 믿었다.[147]

플랑크는 이듬해인 1909년에 컬럼비아 대학에서 행한, 이론 물리학에 대한 일련의 강의의 첫 회에서 라이덴에서 발표한 주제들을 발전시켰다. 물리적 세계 묘사의 발전과 더불어 "개성의 진정한 소멸"이 일어났다고 플랑크는 미국의 청중에게 말했다. 그것은 "물리학이 독일과 마찬가지로 미국에서도 똑같이 만들어지고 있기" 때문이었다. 그는 스스로 연구해온 물리학의 분야들, 즉 열역학에서 시작하여 복사 이론으로 나아가 최소 작용 원리와 상대성 원리를 통합하는 일반 동역학에서 마무리 짓는 과정에 대해 강의했다. 일반 동역학을 다루는 부분에서 그는 최소 작용의 원리가 헬름홀츠가 그것에 부여한 해석으로 보아 역학에서 기원한

---

[147] Max Planck, "Die Einheit des physikalischen Weltbildes," *Phys. Zs.* 10 (1909): 62~75, 재인쇄는 *Phys. Abh.* 3: 6~29, 인용은 6, 10에서 함. 플랑크는 이것을 1908년 12월 9일에 라이덴에서 발표했다. 플랑크는 또한 여기에서 미래에 물리학이 역학과 전기 동역학으로 나뉘기보다는 가역 과정과 비가역 과정으로 나뉘게 될 것으로 추정했다.

다른 모든 원리보다 나은 점이 있다고 주장했다. 왜냐하면, 그 원리는 "역학적 과정과는 다른 과정들"에도 적용되기 때문이다. 플랑크에게 자연 속의 모든 비가역 과정은 기본적인 가역 과정으로 여겨질 수 있고 모든 기본적 가역 과정은 최소 작용 원리의 결과로 여겨질 수 있으므로, 최소 작용 원리는 플랑크 강의의 가장 중요한 목표인 "통일된 이론 물리학 체계를 표현"하기 위한 토대이다.[148]

일반 청중에게 플랑크는 이전의 "역학적 세계 묘사"가 현재 발전하고 있는 "물리적 세계 묘사"에 의해 대체된다는 주제를 반복하여 말했다. 플랑크는 그의 컬럼비아 강의에서 그가 맥스웰-헤르츠 전자기 방정식을 최소 작용의 원리에서 유도한 것은 역학적 설명을 함축하지 않는다고 주의를 주었다. 그 원리는 이제 보통 역학만이 아니라 일반 동역학에도 속하기 때문이었다. 같은 강의에서 그는 무게를 갖는 물체의 속도를 로렌츠의 정지 에테르에 대해 정의하는 것을 상대성 이론이 배제한다는 것을 언급했다. 그리하여 아인슈타인이 지적했듯이 "에테르는 그 이론에서 배제되고 그와 더불어 전기 동역학적 과정에 대한 역학적 설명의 가능성, 즉 전자기 과정을 운동에 관련시키는 설명도 배제된다." 그는 자신의 제자인 비테가 이미 연속적인 에테르를 역학적으로 설명할 수 없음을 입증했기 때문에 이 결론이 더는 특별히 흥미롭지 않다고 덧붙였다.[149] 플랑크가 독일 과학자 협회의 1910년 회의 일반 회기에서 연설했을 때 그의 주제는 "자연의 역학적 관점에 대한 최근 물리학의 입장"이었고 여기에서 다시 그는 상대성 원리가 에테르에 대한 어떠한 역학적

---

[148] Max Planck, *Eight Lectures on Theoretical Physics Delivered at Columbia University in 1909*, trans. A. P. Wills (New York: Columbia University Press, 1915), 인용은 6~7, 97~99에서 함.

[149] Planck, *Eight Lectures*, 111, 118~119.

관점과도 양립할 수 없다는 것을 강조했다. 19세기는 역학적 관점의 황금기였고 그것은 모든 물리 현상을 물질과 운동으로 표현하려는 헤르츠의 시도에서 최고조를 이루었다. 그러나 1910년이 되자 플랑크에게 한때 아주 유용했던 역학적 세계 묘사는 물리학에서 단지 역사적 중요성만을 갖는 것이었다. 물리학은 다른 통일적 기초를 확보하게 된 것이다.[150]

---

[150] Max Planck, "Die Stellung der neueren Physik zur mechanischen Naturanschauung," *Phys. Zs.* 11 (1910): 922~932, 재인쇄는 *Phys. Abh.* 3: 30~46. 플랑크는 이것을 1910년 9월 23일에 독일 과학자 협회 쾨니히스베르크 회의에서 발표했다.

25 세기 전환기 이후 이론 물리학의 제도적 발전, 연구, 교육

20세기 초에 대부분의 독일 대학에서는 여전히 이론 물리학을 부교수가 가르쳤다. 정교수가 이끄는 분리된 이론 물리학 연구소가 있는 소수의 대학 중에서 쾨니히스베르크와 라이프치히 대학은 이 시기에 그 분야의 발전에 크게 기여하지 못했다. 그러나 베를린의 연구소는 계속하여 괴팅겐의 연구소처럼 중요했고 1906년에 뮌헨의 새 연구소가 이론 물리학의 새로운 중심지 중 하나로 빠르게 편입되었다. 이론 물리학은 외국에서 일하는 몇 명의 뛰어난 젊은 이론 물리학자가 독일의 자리로 옮겨 왔을 때 강화되었다. 제1차 세계대전 직전에 독일의 이론 물리학은 번성하는 전문 분야였다.

베를린과 괴팅겐의 이론 물리학

1889년 플랑크가 베를린 대학에 새로운 이론 물리학 연구소를 이끌러 올 때까지 이론 물리학은 키르히호프와 헬름홀츠의 노력으로 잘 확립되어 있었다. 부교수로 3년을 보낸 후 플랑크는 정교수로 승진하여 그의 전임자인 키르히호프와 같은 직급에 올랐고, 그것은 연구소 소장에게 통상적인 직급이었다. 베를린 대학에서 플랑크는 탁월한 물리학자들과 긴밀하게 접촉했는데 거기에 무엇보다도 헬름홀츠가 있었다. 과학적으로나 개인적으로나 헬름홀츠는 플랑크에게 깊은 인상을 남겼다. 플랑크는 헬름홀츠의 칭찬 한마디가 세상의 어떤 성공보다 더 그를 행복하게 하곤 했다고 회고했다.[1]

그러나 1894년에 헬름홀츠는 사망했고, 쿤트가 처음 베를린으로 와서 기술한 것처럼 플랑크는 이제 "헬름홀츠의 옆"에 있는 이론 물리학자가 아니었다.[2] 같은 시기에 그는 헬름홀츠를 대신하여 《물리학 연보》의 이론 부문 지명 고문이 되어 독일의 모든 이론 물리학을 공식적으로 책임지게 되었다.[3] 1894년에 쿤트도 사망했고 그의 자리에는 또 한 명의 실험 물리학자인 바르부르크가 부임했다. 그것은 그 대학의 첫째가는 이론가로서 플랑크의 자리가 불변임을 의미했다.

플랑크의 이론 물리학 연구소는 작아서 그곳의 예산은 물리학 연구소 예산의 아주 작은 부분에 불과했다.[4] 그의 연구소의 주된 활동은 가르치는 일이었는데 그것은 강의하고, 필답 연습 문제를 부과하고 수정해 주고, 몇몇 고급 연구를 지도하는 일이었다. 플랑크의 일반 강의 과목의 등록생 수는 1896~1897학년도에 평균 55명에서 1903~1904학년도에 평균 135명으로 점진적인 증가세를 보였다. 실습이나 독립적인 연구의 참

---

[1] Planck, *Wiss. Selbstbiog.*, 재인쇄는 *Phys. Abh.* 3: 382.
[2] 쿤트가 그래츠에게 보낸 편지, 날짜 미상[1888년 12월], Ms. Coll., DM, 1933 9/18.
[3] 1895년에 나온 《물리학 연보》의 54권부터, 판권란에 적힌 편집 협력자가 헬름홀츠 대신 플랑크가 되었다. 이 시기에 편집자는 구스타프 비데만(Gustav Wiedemann)과 아일하르트 비데만(Eilhard Wiedemann)이었다.
[4] 1909년에 플랑크의 연구소는 700마르크를 받았지만, 물리학 연구소는 26,174마르크를 받았다. Lenz, *Berlin* 3: 446.

가자 수는 상당한 증가세를 보여 1890년에 18명에서 1900년에 89명, 1909년에 143명으로 늘었다. 연구소의 활동에 대한 플랑크의 의무적인 연례 보고서는 간단했다. 등록생 수 외에 보고서는 연구소의 하모늄[5]의 수리와 조율과 같은 추가 지출과 때때로 조수의 교체에 대해 진술했다. 조수는 체르멜로Ernst Zermelo에서 아브라함Max Abraham으로, 아브라함에서 디셀후어스트Hermann Diesselhurst로 교체되었다. 그것이 전부였다. 대조적으로 바르부르크가 이끄는 베를린 물리학 연구소의 보고서는 전형적으로 인상적인 출석 숫자뿐 아니라 출판된 학위 논문과 논문들로 두 쪽을 가득 메웠다. 바르부르크는 300명의 청중에게 강의했고 때때로 강당이 수용할 수 있는 인원보다 더 많은 사람이 강의를 들으려 했다. 여러 명의 강의 보조자와 조수들이 실험실에서 실습하는 큰 그룹의 학생들을 도왔다.[6]

바르부르크의 연구소에서 연구 학생들은 바르부르크와 더불어 거대한 한 "가족"처럼 살았지만[7], 플랑크의 연구소에서는 이렇다 할 연구소 생활이 별로 없었다. 그것은 플랑크에게 걸맞았다. 그는 혼자 일하고 학생들이 똑같이 하기를 기대했다. 그는 그들이 그의 지도를 받으며 그와 가까이에서 일하도록 격려하지 않았다.[8] 세기 전환기에 수년간 그의 보

---

[5] [역주] 하모늄은 건반 악기의 일종으로 바람을 불어 넣어 소리를 낸다. 하모늄은 일반적으로 음향학 연구를 할 때 기준음을 정하거나 원하는 높이의 음을 낼 때 사용하는 실험 기구였다.

[6] Lenz, *Berlin* 3: 446. 이 논의는 주로 일련의 *Chronik der Königlichen Friedrich-Wilhelms-Universität zu Berlin*의 플랑크 자신의 연구소에 대한 연례 보고서들에 토대를 둔 것이다. 여기에서 고려된 연도는 1896~1897학년도부터 1903~1904학년도까지이다.

[7] James Franck, "Emil Warburg zum Gedächtnis," *Naturwiss.* 19 (1931): 993~997 중 995~996.

[8] 라믈라(E. Lamla)의 회고, Alfred Bertholet, et al., "Erinnerungen an Max Planck," *Phys. Bl.* 4 (1948): 161~174 중 173.

고서에는 출판된 학위 논문에 대한 언급이 없었고 1910년까지 그의 연구소에서 내놓은 것은 단지 15편의 학위 논문뿐이었다.[9] 플랑크는 학위 논물을 쓰는 학생들을 자신의 소유로 여기지 않았기에, 보고서에는 그가 베풀었으리라 예상되는 도움에 대한 언급이 없었고 자신이 출간한 논문에 대한 언급도 없었다. 그렇지만 이 시기에 플랑크가 출간한 논문에는 원자 물리학의 지도급 이론이 될 것의 기초 작업인 흑체 복사 이론이 있었다.

플랑크에게는 연구소 밖에서 다른 임무가 있었는데 그것은 그에게 새로운 업무가 생길 때마다 그것을 피할 변명 거리가 되었다. 그가 새로운 물리학 학술지에 대한 제안을 받아들이기를 거부했을 때, 그는 이미 남은 시간을 물리학회를 주재하고 《물리학 연보》를 편집하는 데 들이고 있었다.[10] 한 백과사전의 항목을 집필해 달라는 요청을 거절하면서 그는 베를린 대학에서 그가 보낸 세월을 통해 강의와 "끊이지 않는 회의, 시험, 필답 보고서"에 시간을 쓴 후에 남는 시간은 연구하는 데 써야한다는 것을 알게 되었다고 설명했다.[11]

세기 전환기 플랑크의 연구는 당시의 연구 중 가장 영향력이 큰 것이었음이 나중에 드러났다. 열역학에서 그의 전자기 연구 일부로서 그는 물리학에 복사 법칙과 새로운 두 보편 상수인 "볼츠만" 상수 k와 "플랑크" 상수 h를 포함하는 동반 이론을 도입했는데 그것들은 원자 물리학에서 어디에서나 나타나게 된다. 플랑크는 복사 법칙으로 진행하다 보니

---

[9] Planck, "Das Institut für theoretische Physik," 277.

[10] 플랑크가 오토 루머에게 보낸 편지, 1898년 1월 8일 자, Wrokław UB, Lummer Nr. 219.

[11] 플랑크가 조머펠트에게 보낸 편지, 1899년 9월 11일 자, Sommerfeld Papers, Ms. Coll., DM. 해당 백과사전은 *Ecyklopädie der mathemaischen Wissenschaften*이다.

실험 연구자들과 반복해서 접촉하게 되었고, 이러한 연관 속에서 베를린에서 그가 얻은 새 자리가 장점이 있음이 드러났다. 1890년대부터 독일의 많은 실험 연구자가 흑체 복사 법칙을 탐구했는데, 쿤트의 이전 학생들이 두각을 나타냈고 이 실험 연구자들이 주로 베를린에 모여들었다. 그들이 모이는 또 하나의 장소는 하노버였는데 플랑크는 그곳과 서신을 통해 접촉했다.

베를린에서 흑체 복사 연구자들은 몇 개의 연구소, 베를린 대학, 베를린 공업학교, 제국 물리학 연구소에 소속되었다. 제국 물리 기술 연구소는 과학부의 광학 그룹이 유용한 1차 광표준과 복사 효과 연구를 뒷받침할 과학적 토대를 찾고 있었기에 여기에 포함되었다. 복사 연구는 이 기관의 전반적 연구 중 작은 부분만을 차지했지만, 광학 그룹은 1890년대에 거기에 상당한 노력을 쏟아부었고, 1898년부터는 모든 자원을 쏟아부었다.[12]

빈이 이 광학 그룹에 고용된 동안 그는 복사에 대한 근본적인 연구를 수행했고, 그중에 가장 중요한 연구는 비공식적으로 수행되었으며 이론적 성격을 띠었다.[13] 1893년에 그는 나중에 "변위 법칙"이라고 불리게

---

[12] Cahan, "Physikalisch-Technische Reichsanstalt," 292~311.

[13] 그러나 빈은 또한 그 문제의 실험적 측면에도 관심이 있었다. 1895년에 그와 루머는 흑체 복사 법칙을 탐구할 실험 방법을 출판했다. 불완전하게 "검은" 물체로 작업한 이전의 기술을 개선하기 위해 그들은 속이 빈 물체를 일정한 온도로 가열한 후 작은 구멍을 통해 그 복사를 관찰하기를 제안했다. 그들의 제안을 시험해 보기 위해 그들은 이론적 흑체 복사를 "근사"적으로 재현할 수 있는 속이 빈 자기나 금속 구를 얻었다. 그들의 "흑체"는 키르히호프가 원래 기술한 것처럼 복사하는 물체를 둘러싸고 있는 공동이 아니었다. 여기에서는 속이 텅 빈 물체 자체가 복사를 만들어냈다. Wilhelm Wien, "Temperatur und Entropie der Strahlung," *Ann.* 52 (1894): 132~165; Wilhelm Wien and Otto Lummer, "Methode zur Prüfung des Strahlungsgesetzes absolut schwarzer Körper," *Ann.* 56 (1895): 451~456 중 453; Kangro, "Vorgeschichte," 106.

될 것의 한 형태를 유도했다. 그것은 흑체 복사와 열역학 제2법칙의 새로운 관계였다. 빈의 표현을 빌리면 그 법칙은 이렇다. "온도가 변하면 흑체의 정상적인 방출 스펙트럼에서 각 파장은 온도와 파장의 곱이 일정하게 유지되면서 변위된다." 빈이 유도를 시작한 출발점은 볼츠만이 열역학 제2법칙을 써서 복사압의 존재를 증명한 것과 맥스웰의 전자기 이론을 써서 흑체의 전체 복사에 대한 슈테판의 법칙을 증명한 것이었다.[14] 빈은 그의 열역학 연구를 흑체의 방출 스펙트럼에서 에너지 분포를 기술하는 법칙으로 마무리 지었다. 빈은 그 법칙을 열 평형에서 분자 운동에 대한 맥스웰의 분포 법칙의 도움을 받아 유도했다. 각 분자가 분자의 속도에 의존하는 하나의 파장과 세기를 갖는 전자기파를 방출할 수 있는 전하를 포함한다는 가정에서, 그리고 1893년과 1894년의 그의 실험 결과와 슈테판-볼츠만 법칙에서 빈은 다음 분포 법칙을 유도했다. 간격 λ와 $\lambda + d\lambda$에서 복사의 세기 ϕ_λ는

$$\phi_\lambda = \frac{C}{\lambda^5} e^{-c/\lambda\theta}$$

이고 여기에서 C와 c는 상수이고 θ는 온도이다. 빈이 이 법칙을 포함하는 논문을 출간하기 전에, 하노버의 실험 물리학자인 파셴[15]이 빈의 유

---

[14] Wilhelm Wien, "Eine neue Beziehung der Strahlung schwarzer Körper zum zweiten Hauptsatz der Wärmetheorie," *Sitzungsber. preuss. Akad.*, 1893, 55~62 중 62. 이것과 빈의 다른 복사 연구를 Kangro, *Vorgeschichte*, 45~48, 93~113에서 분석했다. 그는 47쪽에서 "변위 법칙"이라는 이름은 1899년에 도입되었고 나중에 그 법칙은 다른 온도에서 흑체 복사의 최대 에너지에 해당하는 파장에 제한되었다.

[15] [역주] 파셴(Friedrich Paschen, 1865~1947)은 독일의 물리학자로 적외선 등의 스펙트럼(빛띠)을 연구하여 수소 스펙트럼(빛띠)의 "파셴 계열"을 발견하는 등 분광학에 크게 이바지했다. 1889년 가스 속의 불꽃 방전에 관한 연구를 발표했으며, 1893년 감도가 높은 전류계를 발명했다. 본 대학과 베를린 대학의 교수를 지냈다.

도를 지지했다. 파셴은 독립적으로 그의 경험적 결과에서 빈의 법칙과
동등한 법칙을 추론했다.[16] 자신의 분포 법칙을 발표한 같은 해에 빈은
아헨 공업학교의 부교수직을 수락했다. 그리하여 그는 더는 자신의 법칙
을 실험으로 검증할 수 없게 되었다. 다른 이들이 검증을 하겠지만 그것
은 개선된 절대 측정 방법과 더 완벽한 흑체 등이 요구되므로 새로운
측정이 이루어지려면 약간의 시간이 필요했다.[17]

새로운 측정으로 검증을 할 수 있게 되자 그들은 빈의 법칙의 정확성
에 의문을 제기했다. 플랑크가 특히 관심이 많았다. 비록 빈이 의심스러
운 분자 가정에서 그 법칙을 유도했지만, 플랑크는 자신이 열역학 제2법
칙의 권위로써 그것을 재유도했다고 믿었다. 그가 자신의 유도에 부여한
확신은 비가역 복사 과정에 대한 그의 일련의 논문 중 다섯 번째 논문에
서 그에 대해 이렇게 언급한 것에서 분명하게 드러난다. "이 법칙이 갖는
유효성의 한계는, 그런 한계가 있다면, 열 이론의 제2 근본 법칙의 한계
와 일치한다." 그 법칙에 대한 실험 검증을 추가로 한다는 것이 "더욱더
근본적인 관심"을 유발한 이유는, 그 검증은 동시에 제2법칙의 검증이
었기 때문이었다. 플랑크는 그런 실험 검증들이 시도되어야 한다고 촉구
했다.[18]

빈처럼 플랑크는 스스로 실험 검증을 수행하지는 않았다. 그는 항상
이론적 측면에서 작업했기에 실험은 전적으로 다른 이들에게 남겨두었
다. 그러한 노동의 분화는 흑체 복사를 이해하는 진보에 대한 장벽이

---

[16] Wilhelm Wien, "Ueber die Energievertheilung im Emissionspectrum eines schwartzen Körpers," *Ann.* 58 (1896): 662~669.

[17] Hans Kangro, "Das Paschen-Wiensche Strahlungsgesetz und siene Abänderung durch Max Planck," *Phys. Bl.* 25 (1969): 216~220; *Vorgeschichte,* 149~179.

[18] Planck, "Über irreversible Strahlungsvorgänge. Fünfte Mittheilung," 597.

아니라 오히려 도움이 되는 것이었다. 플랑크는 순수하게 이론적인 물리학자이므로 실험 분야에 정확한 복사 법칙을 제공함으로써 그 분야가 빠르게 발전하는 데 기여했다. 반대로 플랑크는 일부 새로운 실험 결과에 영향을 받아 그 법칙을 완성해갔다.[19]

빈이 해낸 흑체 복사 법칙의 유도와 플랑크가 같은 법칙을 유도한 일을 통해서 1899년 말에 실험 연구자 파셴은 그 법칙이 "엄격하게 유효한 자연의 법칙으로 보인다"며 그 법칙의 "상수들은 보편적인 의미가 있다"고 했다. 파셴이 파악했듯이 실험 연구자들에게 남은 문제는 정해진 상수들을 정확하게 측정하고 "그 법칙과 플랑크의 가정이 유효하다는 것을 발견하는 것"이었다.[20] 그해 일찍이 실험 연구자 루머Otto Lummer와 프링스하임Ernst Pringsheim은 측정 결과가 빈의 (그리고 파셴의) 법칙에서 체계적으로 이탈한 것에 대해 보고하기 시작했다(그림 37을 보라).[21] 1900년

---

[19] 흑체 연구가 양자 이론으로 이어지는 역사에 대해서는 주의 깊고 상세한 연구가 다수 존재한다. 오래된 연구 중에는 Léon Rosenfeld, "La première phase de l'évolution de la Théorie des Quanta," *Osiris* 2 (1936): 149~196이 있고 최근 연구 중에는 Klein, "Max Planck and the Beginnings of the Quantum Theory,"; "Thermodynamics and Quanta in Planck's Work,"; *Ehrenfest*, 217~230; "Planck, Entropy, and Quanta, 1901~1906," *The Natural Philosopher*, no. 1 (1963): 83~108; Armin Hermann, *The Genesis of the Quantum Theory (1899~1913)*, trans. C. W. Nash (Cambridge, Mass.' MIT Press, 1971), 5~28; Kuhn, *Black-Body Theory*, 92~113; Kangro, *Vorgeschichte*, 149~223이 있다. 여기에서 우리의 목적은 흑체 연구가 양자 이론으로 가는 또 하나의 그 자체로 충분한 역사를 제시하는 것이 아니라 세기 전환기에 이론 물리학 실행의 특색을 예시할 발전의 윤곽을 제시하는 것이다. 여기에서 우리는 플랑크의 흑체 복사 법칙으로 가는 과정이 현대 물리학에서 실험과 이론이 상호 작용하는 모습을 보여주는 탁월한 예라는 캉그로의 관점에 인도를 받았다. 여기에서 우리의 논의는 이 모든 출처에 크게 의존하고 있다.

[20] Friedrich Pschen, "Über die Vorteheilunen der Energie im Spectrum des schwarzen Körpers bei höheren Temperatuten," *Sitzungsber. preuss. Akad.*, 1899, 959~976 중 959. 논문은 1899년 12월 7일에 프로이센 과학 아카데미에서 플랑크가 발표했다.

[21] Otto Lummer and Ernst Pringsheim, "Die Vertheilung der Energie im Spectrum des schwarzen Körpers," *Verh. phys. Ges.* 1 (1899): 23~41 중 34. 1899년 2월 3일

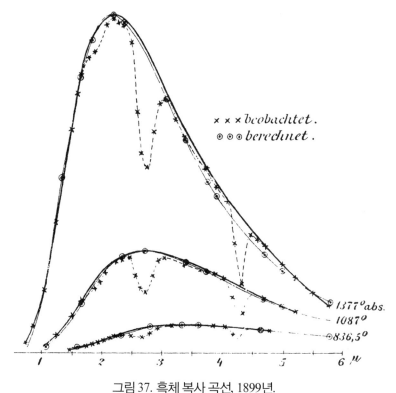

그림 37. 흑체 복사 곡선, 1899년.
오토 루머와 에른스트 프링스하임,
"Die Vertheilung der Energie im Spectrum des schwarzen Körpers,"
Verh. phys. Ges. 1 (1899): 23~41 중 34에서 재인쇄.

초에 루머와 프링스하임은 빈의 법칙의 유도를 플랑크가 개선한 결과로
이러한 이탈들이 생겼으므로 "이론적 흥미가 생긴다"고 말했다.[22] "빈-

에 독일 물리학회의 한 모임에서 발표된 논문. 그림 37의 곡선들은 세 가지 절대
온도에 대해 그려진 빈과 파센의 흑체 분포 곡선으로 실험 측정 결과들과 비교되
어 있다. 여기에서 이탈들이 분명하게 보인다. 그래프의 세로축은 복사 에너지를
나타내고 가로축은 파장을 나타낸다.

[22] Otto Lummer and Ernst Pringsheim, "Ueber die Strahlung des schwarzen Körpers

플랑크" 법칙이 측정 결과에서 벗어나는 것은 흑체의 온도가 올라갈수록, 그리고 관찰되는 복사선의 파장이 길어질수록 커지는 것으로 보였다. 특별한 프리즘과 개선된 저항 온도계[23]와 새로운 형태의 흑체, 절대 측정 방법, 다양한 배열을 사용하여 실험 연구자들은 그들의 측정 결과를 더 긴 파장과 더 높은 온도로 확장할 수 있었다.[24] 추가로 그들은 이론과 실험이 더 잘 들어맞도록 이 "흑체 복사"의 확장된 스펙트럼을 기술하기 위한 다양한 법칙을 제안했다.[25] 모임과 전문적인 출판물에서 실험 연구자들은 에너지 분포 법칙의 토대가 되는 이론적 가정을 비판적으로 논의했고, 반대로 이론 연구자들은 측정 결과들을 비판적으로 논의했다. 실험 연구자들은 서로의 연구를 비평했고 이론 연구자들도 그렇게 했다.[26] 측정치가 이론적인 곡선에서 벗어나는 것을 설명하기 위해 외부적

---

für lange Wellen," *Verh. phys. Ges.* 2 (1900): 163~180 중 166. 1900년 2월 2일에 독일 물리학회의 한 모임에서 프링스하임이 발표한 논문.

[23] [역주] 저항 온도계는 도체나 반도체의 전기 저항이 온도에 따라 변하는 성질을 이용하여 온도를 측정하는 장치이다. 측정 범위와 온도에 따라 다양한 소재를 이용하여 만들어지며, 대표적인 저항 온도계로는 백금 저항 온도계가 있다. 저항 온도계는 넓은 온도 범위에서 높은 정밀도를 나타내므로, 열전쌍 온도계처럼 정밀한 온도 측정이 필요한 분야에서 널리 이용되고 있다.

[24] Kangro, "Das Paschen-Wiensche Strahlungsgesetz und seine Abänderung durch Max Planck."

[25] "흑체 복사"라는 표현은 이때에 흔히 사용되었다. 흑체 실험 연구자 중 하나인 티젠(Max Thiesen)은 그것을 이렇게 정당화했다. "(완전한) 흑체 개념은 1862년에 키르히호프가 사용했다. 같은 시기에 그는 어떻게 그러한 물체에서 나오는 복사선이 실제 흑체와는 독립적으로 실현될 수 있는지를 보여 주었다. 그 이후 우리는 복사하는 물체와 복사선을 독립적으로 보는 데 익숙해졌고 나도 흑체가 방출하는 특성을 갖는 복사선을 특별한 이름, 즉 가장 단순하게 **흑체 복사**라고 부를 것을 추천한다. 그 표현의 역설은 더 면밀하게 고려해보면 사라진다. 왜냐하면, 검다는 통상적인 개념과 과학적 개념이 같은 범위를 갖는 것이 아니기 때문이다." "Über das Gesetz der schwarzen Strahlung," *Verh. phys. Ges.* 2 (1900): 65~70 중 65. 1900년 2월 2일에 독일 물리학회의 한 모임에서 발표한 논문.

[26] 이러한 맥락에서 비판적인 "이론 연구자들"은 플랑크와 빈이었다. 플랑크는 1900

원인에 의지하는 것은 점점 설득력이 없어졌다. 1900년 말 독일 과학자 협회 회의에서 빈이 흑체 복사에 대한 최근의 실험이 대기의 장파 흡수로 오차가 생길 수 있다고 제안했을 때 그는 프링스하임에게 "이런 원인으로 생기는 오차는 현재의 실험 유형에서는 완전히 배제된다고 생각합니다."라는 말을 들었다. 유사한 맥락에서 비너가 "가장 긴 파장에서도 저항 온도계의 흡수가 정확하게 고려되는 것이 정말 확실합니까?"라고 물었다. 프링스하임은 "우리는 그것을 매우 정확하게 알고 있습니다. 우리는 그것을 매우 정확하게 확인해 왔습니다. 장파에 대해 흑체[27]를 만들기는 훨씬 쉽습니다. 검댕은 이미 92% 흑체이고 자기磁器는 90% 흑체입니다."라고 대답했다. 비너가 "그러나 아주 긴 장파에 대해 검댕은 투명해집니다."라고 저항하자 프링스하임은 "그럴지 모르지만, 그것이 여기에서 문제 되지는 않습니다."라고 답했다. 그것이 그 문제에 대한 마지막 발언이었다.[28] 흑체 실험 연구자들은 그들의 측정치의 정확성에 확신

년 3월 22일에 "관찰자들 사이에 제기되는 질문들은 나에게는 복사 엔트로피에 대한 식으로 이끄는 이론적 가정들을 명쾌하게 진술하고 날카롭게 비판할 유인이 된다."라고 편지에 적었다. "Entropie und Temperatur strahlender Wärme," *Ann.* 1 (1900): 719~737 중 720. 이 논문에서 플랑크는 빈의 법칙이 열역학 제2법칙을 충족하는 유일한 법칙이라는 이전의 결론을 철회했다. 그러나 그는 여전히 빈의 법칙이 옳다고 생각했다. 일반적인 유효성에 반하는 실험 증거는 아직 그에게 결정적으로 보이지 않았다. 빈은 1900년 10월 12일에 "흑체 복사의 이론적, 실험적 탐구는 많은 논의의 주제가 되었다."면서 그는 "이 문제를 훨씬 더 자세하게 비판적으로 논의하고 싶다."고 편지에 적었다. "Zur Theorie der Strahlung schwarzer Körper. Kritisches," *Ann.* 3 (1900): 530~539 중 530. 이 논문에서 빈은 플랑크가 빈의 복사 법칙을 유도한 것에 대해 최근에 비판한 것을 다시 실었다. 역으로 빈의 유도는 다음 논문에서 비판받았다. Eugen Jahnke, Otto Lummer, and Ernst Pringsheim, "Kritisches zur Herleitung der Wien'schen Spectralgleichung," *Ann.* 4 (1901): 235~230; 1900년 12월 12일에 제출.

[27] [역주] 흑체는 빛을 100% 흡수하고 100% 방출하는 물체이다. 100% 흡수하므로 반사되는 빛이 없어서 온전히 검게 보이는 것이다. 일반적으로 흡수와 방출의 정도는 파장에 따라 달라진다.

을 할 수 있었다.

1900년 10월에 독일 물리학회 한 모임에서 플랑크는 또 하나의 "개선안"을 제안했다. 이번에는 빈의 법칙의 유도에 대한 것이 아니라 그 법칙 자체의 형식에 대한 것이었다. 그는 실험 연구자인 쿠를바움Ferdinand Kurlbaum과 루벤스Heinrich Rubens의 장파에 대한 측정치를 언급했는데 이 결과는 같은 모임에서 보고되었지만, 그 모임 이전에 사적으로 그에 대해 플랑크는 언질을 받은 상태였다. 그 측정치들은 루머와 프링스하임이 이전에 한 주장대로 빈의 법칙이 "보편적인 의미"가 없이 단파나 저온에 대해서만 유효한 "경계 법칙"일 뿐임을 확인해 주었다. 다른 한계인 장파와 고온에서 쿠를바움과 루벤스는 에너지와 온도 사이의 거의 선형인 관계를 발견했다. 이 경험적 발견을 토대로 하여 플랑크는 양쪽 한계와 들어맞는 내삽 공식을 제안했다. 빈의 법칙에 대한 이 개선안은 복사장과 평형을 이루는 선형 공진자의 엔트로피에 대한 새로운 식에 의존했다. 왜냐하면, 일단 엔트로피가 공진자의 진동 에너지의 함수로 표현되면 플랑크의 전자기 이론에 의해 에너지 분포 법칙이 결정되기 때문이다. 이 개선된 법칙을 얻기 위해 플랑크는 "엔트로피에 대해 완전히 임의적인 식을 구성했는데, 빈의 식보다 더 복잡하지만, 여전히 그 식처럼 완전히 열역학적, 전자기적 이론의 요구를 모두 충족하는 것 같았다." 이 식 중에서 그것의 단순성 때문에 "하나가 특별히 그의 마음에 들었

---

28 1900년 9월에 독일 과학자 협회 아헨 회의에서 비너의 보고 "Die Temperatur und Entropie der Strahlung"에 뒤이어 벌어진 토론. 1900년 10월 20일에 제출하여 Phys. Zs. 2 (1900): 111에 게재. 같은 모임에서 프링스하임의 발표 "Über die Gesetze der schwarzen Strahlung nach gemeinschaftlich mit O. Lummer ausgefürten Versuchen"이 여기 제시된 토론 후에 있었다. 1900년 11월 14일에 제출하여 Phys. Zs. 2 (1900): 154~155에 게재. 인용은 155에서 함.

다." 그것을 열역학 제2법칙과 빈의 변위 법칙과 함께 사용하여 플랑크
는 에너지 분포 법칙

$$E = \frac{C\lambda^{-5}}{e^{c/\lambda i} - 1}$$

을 유도했다. 여기에서 c와 C는 상수이다. 그것은 그때까지 만들어진
다른 법칙 중 가장 잘 관찰값과 들어맞았고 플랑크는 실험 연구자들에게
그 식의 검증을 요청했다.[29] 이 검증이 이루어졌다. 그 모임이 열렸던
날 밤에 루벤스는 그의 측정치를 플랑크의 공식과 비교했고 다음 날 아
침 플랑크를 방문하여 그가 만족스러운 일치를 발견했다고 말했다.[30] 플
랑크가 중요해 보이는 무언가를 발견한 것이다.

그것은 개선된 에너지 분포식의 상대적 단순성을 이론적 이해와 같은
것으로 간주하지 않는 플랑크에게 단지 시작일 뿐이었다. 그는 자신의
노벨상 강연에서 그것은 "매우 제한된 가치"만 있다고 말했다. 왜냐하
면, 그것이 정확하다 해도 기껏해야 "운 좋게 추정된" 것에 불과했기
때문이다. "그러므로 그것을 구성한 날부터 저는 그 식의 진정한 물리적
의미를 얻는 문제에 몰두했습니다."[31] 플랑크는 그가 물리학회에 그의

---

[29] Max Planck, "Ueber eine Verbesserung der Wien'schen Spectralgleichung," *Verh. phys. Ges.* 2 (1900): 202~204; 1900년 10월 19일 독일 물리학회 모임에서 발표한 논문. 플랑크가 빈의 법칙을 유도할 때 사용한 엔트로피 S와 에너지 U 사이의 이전 연결 $d^2S/dU^2 = const./U$를 대신하여 그는 이제 $d^2S/dU^2 = \alpha/U(\beta+U)$를 적었다. 그것은 빈의 법칙을 대신하는 개선된 분포 곡선을 내놓았다. 1900년 10월 7일 플랑크가 그의 새 복사 공식을 제시하고 쿠를바움과 루벤스가 새로운 측정치를 제시한 모임이 있기 12일 전에 플랑크는 당시 진행 중인 루벤스와 쿠를바움의 실험에 대해 루벤스에게 말했다. Max Laue, "Rubens, Heinrich," *Deutsches biographisches Jahrbuch,* vol. 4, *Das Jahre 1922* (1929): 228~230 중 230. Kangro, *Vorgeschichte,* 200.

[30] Planck, *Wiss. Selbstbiog.,* 재인쇄는 *Phys. Abh.* 3: 394.

법칙을 제시한 며칠 후에 그가 루머에게서 흑체 복사의 에너지 분포에 대한, 루머와 프링스하임의 새 법칙을 담은 편지를 받았을 때, 그것의 "진정한 물리적 의미"를 찾는 도중이었다. 플랑크는 루머에게 "나는 즉시 당신의 새로운 공식의 이론적 의미를 해독하는 작업을 시작했습니다. 그러나 불행하게도 무엇을 해야 할지 전혀 모르겠습니다."라고 답했다. 루머와 프링스하임의 공식에서 플랑크는 해당 엔트로피를 자신의 이론적 출발점으로 결정했고 그것이 "엄청나게 복잡해서 십중팔구 가장 능숙한 수학자조차 그것을 유용한 형태로 나타내는 데 성공하지 못할 것" 이라고 판단했다.

내가 자연스럽게 가정하는 복사 법칙의 이론적 유도가 가능하다면, 내 의견으로는 복사 상태의 확률에 대한 식을 유도하는 것이 가능하고 이것이 엔트로피로 주어진다면, 이 식은 사실일 수 있습니다. 확률은 무질서를 전제하고 내가 전개한 이론에서 이 무질서가 불규칙하게 발생합니다. 진동의 위상은 가장 균질한 빛에서도 불규칙하게 변합니다. 공명 진동에서 단조 복사에 해당하는 공진자는 마찬가지로 불규칙한 위상 변화를 보여줄 것이고, 이 점에 그 개념과 그것의 엔트로피의 값이 토대를 두고 있습니다. 나의 공식에 따르면 공진자의 엔트로피는

$$S = \alpha \log \frac{(\beta + U)^{\beta + U}}{U^u}$$

이 될 것이고 이 형태는 확률 미적분학에서 등장하는 식들과 상당히

[31] Max Planck, *Die Entstehung und bisherige Entwicklung der Quantentheorie* (Leipzig: J. A. Barth, 1920). 이것은 1920년 6월 2일에 스톡홀름에서 발표했고 *Phys. Abh.* 3: 121~134에 재인쇄되었고 인용은 125에서 함.

유사합니다. 결국, 기체의 열역학에서도 엔트로피 S는 확률값의 로그이고 볼츠만은 이미 조합 이론에 등장하는 함수 X^s와 열역학적 엔트로피의 긴밀한 관계를 강조했습니다. 그러므로 나는 이론적 경로를 통해 나의 식에 도달할 전망은 확실히 존재할 것이라고 믿습니다. 그러면 그 이론적 경로는 우리에게 상수 C와 c의 물리적 의미도 제공할 것입니다.[32]

그가 말했듯이 플랑크는 그의 새로운 복사 법칙을 이론적으로 유도할 수 있음을 "자연스럽게" 가정했고 더욱이 그것으로 가는 길은 어쨌든 볼츠만의 "조합론"을 통과한다고 가정했다. 흑체 문제에 대한 그의 연구를 보고한 물리학회 회의가 있은 지 1주일 후에 플랑크가 루머에게 쓴 편지의 내용은 노벨상 강연의 회상과 일치한다. 즉, 그 법칙의 이론적 유도 문제가 "저로 하여금 엔트로피와 확률 사이의 연관을 고려하게 했고 그 생각은 볼츠만의 생각의 흐름으로 이어졌습니다. 나의 삶에서 가장 열정적인 노력을 한 지 몇 주가 지나자 어둠이 걷혔고 기대하지 않았던 새로운 전망이 떠오르기 시작했습니다."[33]

이때가 되면 빈과 파셴은 그들의 원래의 법칙이 루머와 다른 실험 연구자들이 이전에 보고한 대로 장파를 설명하는 데 실패했다는 것을 시인했다. 단지 빈만이 여전히 그의 원래 유도의 일부를 고수했고 이론적 가설이 두 개 있어야 할지 모른다고 믿었다. 하나는 자신의 이론을 세우기 위한 가설로 단파를 입증하는 것이고, 다른 하나는 장파를 설명하는 또 하나의 법칙이었다.[34] 플랑크는 이것에 관심이 없었고 단일한 법칙을

[32] 플랑크가 루머에게 보낸 편지, 1900년 10월 26일 자, Wrocław UB, Lummer Nr. 222.
[33] Planck, *Die Entstehung und bisherige Entwicklung der Quantentheorie*, 125.

끌어내는 단일한 가설에 관심이 있었는데 그것을 곧 발견했으며, 빈에게 보낸 편지에서 그것을 이렇게 언급했다. "이제 나도 나의 새 공식을 위한 이론을 갖게 되었고 그것에 대해 4주 후에 물리학회에서 강의할 것이네."[35]

1900년 12월 14일에 물리학회의 이 모임에서 플랑크는 이제 유명해진 그의 논문을 공개했다. "여러분, 몇 주 전에 저는 정상 스펙트럼의 전 영역에 걸친 복사 에너지 분포의 공식을 표현하기에 적절해 보이는 새로운 방정식을 소개하는 영예를 누렸습니다."[36] 그는 계속하여 그가 루머에게 보낸 편지에 포함한 엔트로피 공식을 위한 이론을 그가 의도한 방향으로 볼츠만의 조합론을 이용하여 제시했다.[37] 단일한 공진자를 위한 엔트로피 공식을 확률과 연결하기 위해 플랑크는 다수의 공진자를 분석했다. 그는 단일한 공진자의 시간 평균 에너지, 즉 엔트로피 공식에 등장하는 양을 다수의 독립적인 동등한 공진자들이 동시에 갖는 에너지의 평균으로 간주했다. 그 덕택에 그는 "동시적 에너지 분포"를 계산하기 위해 볼츠만의 확률론적 방법을 채용할 수 있었다. 그 계산을 수행하기

---

[34] Wien, "Zur Theorie der Strahlung schwarzen Körper. Kritisches."

[35] 플랑크가 빈에게 보낸 편지, 1900년 11월 13일 자, Wien Papers, STPK, 1973.110.

[36] Planck, "Zur Theorie des Gesetzes der Energieverteilung im Normalspectrum," *Verh. phys. Ges.* 2 (1900): 237~245 중 237. 1900년 12월 14일에 독일 물리학회 모임에서 발표한 논문.

[37] 로젠펠트(Rosenfeld)는 이론적 유도식을 찾으면서 일찍이 루머에게 보낸 편지에서 인용한 것과 유사한 엔트로피 공식이 존재할 것이라고 추론했다. 플랑크는 그 유도식에서 역으로 조합론 공식으로 들어갔다. Rosenfeld, "La première phase de l'évolution de la Théorie des Quanta," 165~166. 클라인(Klein)은 이것을 플랑크의 출발점으로 인식했다. "Max Planck and the Beginnings of the Quantum Theory," 469~470. 엔트로피 공식과 확률 미적분학 공식의 유사성이 플랑크를 볼츠만의 조합론의 방향으로 이끌어 엔트로피의 확률론적 정의에서 복잡성을 계수하게 한 것은 플랑크가 루머에게 보낸 편지의 언급을 보건대 확실하다. 쿤(Kuhn)은 이것을 *Black-Body Theory*, 100~101에서 주장했다.

위해 플랑크는 진동수 v로 진동하는 공진자들이 가질 수 있는 전체 에너지가 "거의 일정한 수로 한정되어 있는 동등한 부분 즉 에너지 요소 hv로 구성된 것"으로 생각해야 했다. 여기에서 h는 "자연 상수"로 등장했고 그것의 값은 흑체 복사 측정으로부터 계산되었는데 $6.55{\times}10^{-27}$erg sec였다. 평균 공진자 에너지로부터 플랑크는 공진자의 엔트로피를 계산했고, 그 계산과 그의 전자기 이론과 열역학 제2법칙에서, 진동수 v에서 흑체 복사 에너지 분포를 구할 공식을 유도했다. 그것을 그는 u_v라고 불렀다.

$$u_v = \frac{8\pi h v^3}{c^3}\frac{1}{e^{hv/k\theta}-1}$$

이 공식이 플랑크가 이전에 "운 좋게 추정"한 것과 정확하게 일치한다는 것을 알아보기는 쉽다. 이제 다만 상수 c와 C가 그가 큰 의미를 부여한 보편 상수들인 h와 k로 대치되어 있다.[38]

---

[38] Planck, "Zur Theorie des Gesetzes der Energieverteilung in Normalspectrum," 238~240, 242. 등식 안의 상수 c는 빛의 속도이다. 그 법칙의 첫 인자는 맥스웰의 이론에서 유래하고 플랑크가 쓴 빈의 법칙의 이전의 판본에 등장했다. 공진자 에너지 U_v는 $u_v = 8\pi v^2/c^3 \cdot U_v$의 관계에 의해 장(마당) 에너지 u_v로 대체되었다. 두 번째 인자 속의 상수 k는 엔트로피를 볼츠만이 세운 제2법칙의 공식에서 확률의 로그에 연관시킨다. 볼츠만은 실제로 이 상수를 도입하지 않았고 플랑크가 그 상수를 이 논문에서 그의 복사 법칙으로부터 처음 계산했다. k의 값을 가지고 플랑크는 아보가드로 상수와 "볼츠만-드루데 상수" 즉 단위 절대 온도에서 원자의 평균 운동 에너지를 계산했다. 아보가드로 상수를 가지고 플랑크는 로슈미트 상수와 전자의 전하를 계산했다. 이 계산된 상수들의 정확성은 k의 값에 의존했는데 그것은 플랑크가 그의 값들이 "이 양들의 이전 결정값들보다 훨씬" 정확하다고 결론짓기에 충분했다. 그는 이 값들의 실험적 검증을 "이후의 연구에" 중요하고도 필요한 문제로 간주했다. (p. 245) Klein, *Ehrenfest*, 226, 229.

플랑크의 이론에 대한 우리의 간단한 논의는 플랑크의 이론적 목표와 그 목표를 실현하기 위해 그가 **의존한** 근거들을 설명하려는 것이다. 어떻게 그가 그 근거들을 결합했고 어떻게 그의 결과들을 해석했는지 알려면 그의 추론에 대한 면밀하고 기술적인 분석이 요구된다. 이것은 각주 19에 인용된 출판물에서 클라인과 쿤이 제시했다. 그들은 플랑크의 생각에 대해 다른 결론에 도달했고 물리학자들이

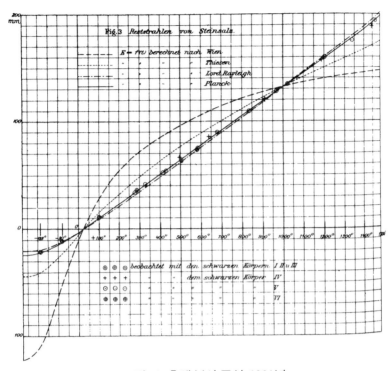

그림 38. 흑체 복사 곡선, 1901년.

Heinrich Rubens and Ferdinand Kurlbaum, "Anwendung der Methode der Reststrahlen zur Prüfung des Strahlungsgesetze," *Ann.* 4 (1901) : 649~666 중 660에서 재인쇄.

같은 달인 1900년 12월에 플랑크의 공식은 측정 결과를 "가능한 한 넓은 온도 범위"로 확장한 루벤스와 쿠를바움에게 추가로 확증 받았다. 그들은 올바르게 "단파와 저온에 대해 플랑크의 등식은 빈의 식에 근접하고 장파와 고온에 대하여는 레일리의 등식에 근접하여 둘을 극한의

"현대" 물리학과 "고전" 물리학을 구분 짓게 된 개념인 에너지 불연속의 도입을 다르게 자리매김했다. 클라인은 그것을 1900년 플랑크의 연구라고 보고 쿤은 그 보다 뒤인 1906년에 아인슈타인과 에른페스트(Paul Ehrenfest)가 플랑크의 법칙에서 불연속이 요구된다고 인식했을 때로 본다.

경우로 포괄한다."라고 언급했다.[39] (그림 38을 보라) 이듬해 독일 과학자 협회 회의에서 프링스하임은 "플랑크가 빈의 등식에 대한 그의 이론적 유도를 다른 사고 과정으로 대체했다. 그 사고 과정은 그의 새로운 스펙트럼 등식이 이론적으로 개연성이 있어 보이게 해준다."라고 언급했다. 그리고 비록 실험적 측면에서 플랑크의 법칙이 "흑체 복사의 완전한 식"인지 아닌지는 아직 결론 나지 않았다 해도 그것은 "지금까지 확립된 모든 다른 스펙트럼 등식보다 선호될 자격이 있으며 어떤 경우에는 진실에

---

[39] Heinrich Rubens and Ferdinand Kurlbaum, "Über die Emission langwelliger Wärmestrahlen durch den schwarzen Körper bei verschiedenen Temperaturen," *Sitzungsber. preuss. Akad.*, 1900, 929~941 중 931, 933. 1900년 12월 25일에 프로이센 과학 아카데미에 콜라우시가 제시한 논문. 여기에서 빈과 플랑크의 식에 비교된 레일리의 등식은 $E = C \cdot 1/\lambda^5 \cdot \lambda T \cdot e^{-c/\lambda t}$이다. 몇 달 전에 레일리는 《철학 잡지》(*Philosophical Magazine*)에서 빈의 법칙을 논의했다. 엄청나게 높은 온도에서의 빈의 법칙의 행동 때문에 빈의 법칙은 개연성이 적다고 판단하고서 레일리는 그 자리에 위의 법칙을 제안했다. 잔류선(Reststrahlen)의 측정은 어떤 결정(crystal)이 어떤 파장의 광파를 다른 파장의 광파보다 훨씬 더 강하게 선택적으로 반사하는 행동에 토대를 두었다. 암염(Steinsalz)에 대한 선택적 파장은 약 51.2μm이다. 여기 곡선들은 몇몇 흑체에서 취해진 암염의 파장에 대해 온도의 함수로서 복사 세기의 측정값들을 드러내 준다. 즉, 복사 법칙에서 독립 변수 중 하나인 파장은 잔류선의 측정값들에서 상수로 유지되는 반면 다른 독립 변수인 온도는 변하는 것이 허용된다. 관측치들은 몇몇 중요한 이론적 곡선(가장 훌륭한 플랑크의 곡선을 포함)과 비교된다. 여기에서 비교되는 나머지 법칙은 티젠(Max Thiesen)의 법칙 $E = C \cdot 1/\lambda^5 \cdot \sqrt{\lambda T} \cdot e^{-c/\lambda t}$이다. 루벤스와 쿠를바움은 위의 프로이센 아카데미 논문에서 가져온 결과들을 《물리학 연보》에 1901년 초에 나온 논문에 포함했다. 그림 38은 거기에서 따온 것이다. 이 그림에서 플랑크의 법칙은 프로이센 아카데미의 논문 "Anwendung der Methode der Methode der Reststrahlen zur Prüfung des Strahlungsgesetzes," *Ann.* 4 (1901): 649~666 (그림은 660에 있음)의 해당 그림에서 루머와 양케의 법칙의 자리를 대신한다.
[역주] 잔류선은 적외선에 대해서 선택 반사를 하는 결정체(용융 결정을 포함)의 면에서 적외선의 반사를 여러 번 반복할 때 얻어지는 선이며, 잔존선이라고도 한다. 이 경우 결정에 고유한 특정 파장의 성분 비율이 점차 증가하여 나중에는 이 파장만 남는다. 파장을 μm 단위로 나타내며 각 결정에 해당하는 파장값은 다음과 같다. 수정 8.50, 9.02, 20.75, 운모 9.20, 18.40, 21.25, 형석 24.0, 31.6 등이다.

매우 근접해 있다."라고 말했다.[40] 이후 실행된 실험적 검증들이 플랑크의 법칙을 더 완벽하게 입증했다.[41]

우리가 흑체 문제의 논의를 중단한 단계에서 흑체 문제의 해결은 이론적 연구와 실험적 연구의 긴밀한 상호 작용을 통해 신속하게 성취되었다. 그것은 원자 물리학에서 점차 친숙해질 연구 패턴의 초기 예를 보여준다. 우리가 여기에서 개괄해서 다룬 연구는 세기 전환기에 독일 이론 물리학에 대해 설명하면서 다룰 주요한 발전 중 몇 가지 사례를 포함했다. 그 발전에는 열역학, 통계역학, 복사의 전자기 이론 등, 19세기 후반의 기초적인 이론들을 결합하는 것이 포함된다. 또한 물리학 분야를 각각 분리해 전문화한 자리들을 설치하는 것도 포함된다. 전적으로 이론 연구자 자리를 선호한 최초의 독일 이론 물리학자였던 플랑크는 흑체 복사에서 실험 전문가들의 능력 밖에 있거나 적어도 관심 밖에 있는 복사에 대한 확장된 수학적·이론적 연구를 수행했다. 그 연구는 물리 법칙과 상수의 더 정확한 정밀 측정을 포함한다. 흑체 문제에 대한 연구는 이론 전문가와 실험 전문가들이 모여서 그들의 연구에 대해 보고하고 모임이나 서신이나 대화를 통해 서로의 작업에서 배우고 서로의 일을 비판하는 방식을 지향한다. 그것은 또한 다양한 기관에서 일하는 전문가들의 협동 연구를 지향하는데 그 기관 중 하나인 제국 물리 기술 연구소

---

[40] Otto Lummer and Ernst Pringsheim, "Temperaturbestimmung mit Hilfe der Strahlungsgesetze," 1901년 10월 9일에 제출. *Phys. Zs.* 3 (1902): 97~100 중 97~98. 1901년 9월에 독일 과학자 협회의 함부르크 회의에서 프링스하임이 발표한 논문.

[41] [역주] 플랑크의 양자 개념의 도입 과정에 대한 상세한 논의는, 흑체 복사의 실험 결과를 수식으로 표현하기 위한 식을 플랑크가 "운 좋게 추정"하고 나서 그러한 식이 나오기 위해서 어떠한 가정이 필요한가를 탐구하여 결국 공진자들이 일정한 최솟값의 에너지를 갖는 방식으로 복사선을 방출한다는 조건이 필요한 것을 밝혀 내는 과정을 보여준다. 이는 기본적으로 클라인의 설명 방식을 따른 것이다.

는 우리가 논의하는 것과 연관된 구체적인 발전을 이룩했다. 연구소들에서 물리학자들을 고용한 것은 산업 기술을 진작시키려는 의도가 있었다. 그 발전들은, 우리가 뒤에서 보여줄 것처럼, 이론 물리학의 교육과 관련되니 마지막으로 우리는 플랑크의 베를린 이론 물리학 연구소에서의 활동을 살펴보겠다.

1901년에 플랑크는 《물리학 연보》에 새로운 흑체 복사 법칙의 두 번째 이론적 유도를 발표했고, 흑체 이론에 관련이 있는 몇 편의 논문을 게재했다. 그 후에 그는 그 주제에 대해 1906년까지 아무것도 출판하지 않았다. 그해가 되어서야 그는 열 이론에 대한 새로운 교재를 내놓았다. 그 책은 그의 이론 물리학 강의 중에서 열 이론을 모두 다루는 1905~1906학년도 겨울 학기 강의에 토대를 두었다. 그 책은 1897년에 그가 베를린에서 출간한 첫 번째 강의의 후속편이라 할 수 있었다. 두 책은 모두 열역학에 대한 플랑크 자신의 연구를 많이 포함했다. 1900년에 그의 목적은 "열역학의 통일된 기초 위에서 복사열의 전체 이론"을 제시하는 것이었다.[42] 이것을 달성하기 위해 플랑크는 그의 『열 복사 이론 강의』*Vorlesungen über die Theorie der Wärmestrahlung*에서 19세기 물리학의 대표적인 이론적 발전을 다수 모아놓았다. 여기에는 열의 역학적 이론과 그것을 키르히호프가 그의 복사 이론에서 복사 현상으로 확장한 것, 복사 전체 에너지에 대한 슈테판-볼츠만 법칙, 최대 복사의 진동수와 온도를 연결하는 빈의 변위 법칙, 볼츠만의 기체 이론에서 다룬 엔트로피와 확률 사이의 관계, 복사 이론이 합치되어야 하는 맥스웰의 전자기 법칙

---

[42] Max Planck, *Vorlesungen über die Theorie der Wärmestrahlung* (Leipzig: J. A. Barth, 1906). 이 교재는 Kuhn, *Black-Body Theory*, 114~134에서 논의된다.

이 포함되었다. 플랑크는 청중에게 자신과 키르히호프와 볼츠만과 헬름홀츠뿐 아니라 다른 이들의 이론적 저작들을 언급했고, 복사의 열역학적 특성들에 대한 많은 실험 연구를 마찬가지로 언급했다.

강의를 거듭하면서 플랑크는 이러한 발전을 통합하여 점차 복사열 이론을 구성했다. 그는 강의를 광학에서 시작했는데 특별히 맥스웰의 광학을 다루었다. 그다음에는 필요에 따라 열역학적 고찰을 도입했고 그다음에는 기체 이론에서 열역학 제2법칙의 확률 해석을 소개했다. 이 이론적 토대에서 그는 흑체 복사에서 진동수에 따른 에너지의 분포를 기술하는 자신의 법칙을 유도했고, 전자기적으로 H 정리를 유도함으로써 마무리 지었다. 그는 자연에서의 가역 과정과 비가역 과정의 구분에 대해 논의했고 그 이론이 복잡한 토대 위에 있는 이유를 주제로 논의했다. 복사열에 대한 플랑크의 강의는 이론 물리학 모든 분야에 대한 강의에 속했고 그는 그 이론을 구축하기 위해 모든 분야가 필요했다. 그는 주의 깊게 역학, 전기 동역학, 열역학이 복사열 이론에 기여한 점에 대해 설명하면서 가역성과 비가역성의 차이를 이런 분야의 지식으로 설명하는 것이 충분하지 않음을 지적했다. 그는 확률 미적분을 기본적 무질서 가설과 결합하여 역학과 전기 동역학의 정확한 미시적 기술을 열역학의 평균적인 거시적 기술과 관련짓는 방법을 보여주었다.

플랑크는 그의 학생들에게 그 이론의 토대에 확률을 도입할 필요성을 명쾌하게 설명해주려고 노력했다. 맥스웰의 방정식이 선명하게 전기 동역학적 과정의 향후 진행을 결정하기 때문에 그는 일견 확률은 전기 동역학과 양립 불가능한 것으로 보일 것이라고 했다. 그러한 반대 의견의 결점은 공진자에 의해 흡수된 복사의 세기는 명확하게 공진자의 진동을 결정하지 않는다는 것이다. 물리학자가 전기 동역학으로 열역학적 과정을 설명하는 목표를 포기하지 않으려 한다면, 그들은 전기 동역학을 보완해야 한다. 그것은 역학이 열운동의 분자적 무질서의 가설로 보완되어야 하는 기체 이론에서도 똑같다. 복사 이론에서는 전자기적 파동에서 기본적인 무질서에 대한 가설, 즉 자연 복사의 가설이, 공진자의 엔트로피의 유도에서 확률이라는 "외래적 요소"의 도입과, 그와 더불어 이루어지는 완전한 형태의 흑체 복사 법칙의 도입을 정당화해 준다. 확률 계산에 등장하는 에너지 요소 $h\nu$는 기체의 엔트로피 유도 과정에 등장하는 유사한 에너지 요소처럼 공진자의 엔트로피에 대한 마지막 결과에서 사라지지 않는다. "새로운 보편 상수" h는 기체와 공진자의 "진짜 차이"를 드러내 준다.[43]

플랑크는 에너지 요소를 빈의 변위 법칙을 써서 유도한 후에, 공진자의 전자기 상태의 위상 공간을, h가 동일 확률의 영역을 정의하도록 나눔으로써 에너지 요소를 다시 유도했다. 그 상수는 이제 확률 분석에서 경우의 수를 계산하기 위한 또 하나의 기저를 제공하고서 또 하나의 물리적 의미를 얻는다. 그 의미는 플랑크가 원래의 에너지 요소의 크기를 결정하는 것보다 더 근본적인 것으로 간주한 것이었다. 그 상수의 차원이 "최소 작용의 원리라는 이름에 나오는" 작용과 같으므로, 플랑크는 h를 "작용 양자" 또는 "작용 요소"라고 부르기를 제안했다.[44]

복사열의 이론에 대한 이 강의로 플랑크는 베를린에 있는 그의 학생들과 베를린 이외에 다른 곳의 독자들에게 이론 물리학 일반에 대한 그의 접근법을 드러내었다. 그가 상세하게 분석한 공진자는 흑체 안의 물질과 복사를 열 평형으로 이끄는 매개자이다. 흑체처럼 공진자는 이상화된 것으로 그 목적을 위해 가장 단순하게 생각할 수 있는 계이다. 반대

---

[43] Planck, *Theorie der Wärmestrahlung*, 129~140, 153.
[44] Planck, *Theorie der Wärmestrahlung*, 155.

부호의 두 전하가 두 전하를 연결하는 선상에서 진동할 수 있는 형태이다. 그러한 계system가 자연에 정말로 존재한다고 생각할 이유가 없었고 플랑크가 그것이 존재하지 않는지를 걱정할 이유가 없었다. 그에게는 실재성이 아니라 물리 법칙에 대한 일치도만을 해당하는 계에 요구하는, "보편" 함수로 표현되는 키르히호프의 법칙이 있었다. 플랑크는 재료들 사이의 차이에 무관하여 보편적이라 할 수 있는 함수, 상수, 법칙으로부터, 그리고 그것들에 맞도록 그의 복사 이론을 구축했다. 그의 출발점은 열역학의 주요 두 법칙이 "보편적으로 타당하다는" 가정이었는데 그 가정이 그 법칙들을 물질에서 복사로 확장하는 것을 정당화해 주었다. 확률 법칙들은 역시 "보편적"이었기에 플랑크는 그 법칙들이 열역학과 긴밀한 관련이 있어야 한다고 추론했다. 흑체의 자연 스펙트럼의 법칙은 "보편적" 법칙이다. 엔트로피와 확률은 "지상의" 계와 "우주의" 계에 똑같이 적용되는 "적분의 보편 상수" k를 통해 연관되고 그것에 "새로운 보편 상수" h가 결합한다. k와 h를 포함하는 공식들은 "절대적 타당성"이 있으므로 이 두 상수는 광속과 중력 상수와 함께 길이, 시간, 질량, 온도의 "보편적" "자연 단위" 계를 위한 기저를 제공한다.[45]

복사열 이론에 대한 플랑크의 강의는 전체 강의 계획에서 볼 때 잘 어울리는 결정판이었다. 이 강의 이전 학기에 플랑크는 학생들에게 광학을 소개했고, 그 이전 학기에는 전기와 자기를, 2학기 전에는 역학을 소개했었다. 그 순서는 우리가 보았듯이 열 이론이 학생들이 배운 주요 이론 전부를 요구했기에 적절했다. 물리학의 주요 분과에 대한 일련의 강의의 끝에 등장하는 복사열 이론은 이론 물리학이 통일성을 가지며, 능숙하게 연결되면 이론 물리학의 다양한 분과가 보편적으로 타당한 결

---

[45] Planck, *Theorie der Wärmestrahlung*, 60, 135, 137, 153, 163~165.

과를 내놓게 할 수 있다는 근본적인 주장을 입증해 주었다.

플랑크는 그의 학생들로 하여금 복사 이론이 닫힌 책이라는 생각을 하도록 내버려 두지 않았다. 복사 이론은 상수 h의 의미가 여전히 미결정이므로 "온전히 만족스러운 결론"에 아직 이르지 못했다. 플랑크는 이 상수가 십중팔구 기본 전기 양자인 전자 전하만큼 중요하다는 것을 인식했다. 그는 "자연스럽게" h는 "직접적인 전기 동역학적 중요성"을 부여받아야 한다고 말했다. 여기에서 말한 중요성이란 전자 이론을 염두에 둔 것이었다. 플랑크는 1906년에 h의 의미를 추구함으로써 이론 물리학의 기초가 광범하게 변화하리라는 것을 예상할 수는 없었지만, 무엇이 자신의 복사 이론에 대한 흥미의 중심이 될 것인지는 정확하게 예상했다.[46] 물론 플랑크의 복사열에 대한 강의를 들은 젊은 물리학자인 프랑크[47], 폴[48], 마이스너[49], 베스트팔[50] 중 누구도 뒤이은 변화 즉, 양자 이론

---

[46] Planck, *Theorie der Wärmestrahlung*, 153, 179, 221. 플랑크는 그 당시에 쓴 편지에서 그가 h에 대해 예상한 전기 동역학적 의미에 대해 상술했다. "진동의 **유한한** 양자 $\varepsilon = h\nu$의 도입은 공진 이론에 낯선 새로운 가설을 의미하므로 어떤 경우에도 논리적으로 추론될 수 없는 새로운 요소가 그 이론에 등장한다." 공진이 전자의 운동에서 일어난다고 가정함으로써 진보가 이루어질 수도 있다. "전기의 기본 양자 즉 전자 전하의 존재는 특히 h가 e^2/c와 차원이 같고 차수가 같으므로 에너지 기본 양자의 존재와 관련"된다. 플랑크가 에른페스트에게 보낸 편지, 1905년 7월 6일 자. 이 편지는 Kuhn, *Black-Body Theory*, 132, 288~289에서 1906년 플랑크의 강의와 연관하여 전체가 인용된다. 로렌츠와의 오랜 서신 교환에서 플랑크는 h의 물리적 의미와 그와 관련하여 "전자 이론이 새로운 가설에 따라 확장될" 필요성에 대해 논의했다. 플랑크가 로렌츠에게 보낸 편지, 1908년 4월 1일 자, Lorentz Papers, AR.

[47] [역주] 프랑크(James Franck, 1882~1964)는 독일 태생의 미국 실험 물리학자로 원자 내부의 에너지 준위를 밝히는 프랑크-헤르츠 실험으로 1925년에 노벨 물리학상을 받았다. 독일 함부르크에서 출생하여 제1차 세계대전 후 카이저 빌헬름 연구소의 물리학부 주임을 거쳐서 괴팅겐 대학의 교수가 되었다. 그러나 히틀러 정부에 반대하여 미국으로 건너가 존스 홉킨스 대학 교수로 있었다. 그는 구스타프 헤르츠와 함께 처음으로 전자 충돌을 실험했고, 이어서 '프랑크-헤르츠 실험'을 하여 원자 내부의 에너지 준위를 실증하여 양자역학에 기여했다.

의 발전에 경력이 영향을 받지 않은 사람이 없었다.[51] 직전 해《물리학
연보》의『보충권』에 논평을 게재하도록 채용된 논평자로서 아인슈타인
은 1906년『보충권』에 실린 플랑크의 강의가 키르히호프, 빈, 플랑크
자신의 연구를 모아 "놀랍게 명쾌하고 통일된 일체"를 만든 점을 칭찬했
다.[52] 그것은 정확하게 플랑크가 의도한 것이었다.

복사열에 대한 강의가 출판된 직후에 한 출판사가 플랑크에게 접근해
와서 "전체 이론 물리학"을 다루는 짧은 교재를 써보라고 제안했다. 플
랑크는 조머펠트에게 함께 써 보자고 하면서 조머펠트에게 자신은 교재
를 쓰는 사람이 아니라고 했다. 그는 개별 연구를 하는 데 더 기울어
있었기에 교재를 쓰기 위해 오래된 자료를 모으는 회고적인 작업을 하기
보다는 앞으로 나아가는 사람이었다. 조머펠트는 거절하면서 그러한 작
업에 필수적인 통일성은 한 명의 물리학자가 그것을 쓸 때 실현될 수

---

[48] [역주] 폴(Robert Pohl, 1884~1976)은 독일 물리학자로서 1938년에 루돌프 힐쉬
(Rudolf Hilsch)와 함께 괴팅겐 대학에서 반도체로 염을 사용하는 최초의 고체 증
폭기를 만들었다.

[49] [역주] 마이스너(Walter Meissner, 1882~1974)는 독일의 기술 물리학자로 베를린
에서 태어나 베를린 공업학교에서 기계공학과 물리학을 공부했고 막스 플랑크에
게 박사 논문을 지도받았다. 1922년부터 1925년 사이에 세계에서 세 번째로 큰
헬륨 액화 장치를 만들었고 1933년에 초전도 물질이 나타내는 고유한 현상인 마
이스너 효과를 발견했다. 1년 후에 뮌헨 공과 대학에 기술 물리학 교수가 되었다.
2차 대전 후에 바이에른 과학 인문학 아카데미 총장이 되었다.

[50] [역주] 베스트팔(Wilhelm Westphal, 1882~1978)은 독일 물리학자로 1908년에 베
를린 대학에서 베넬트(Arthur Wehnelt)의 지도로 베넬트 원통에서 퍼텐셜의 측정
에 대한 논문을 써서 박사학위를 받았다. 루벤스의 조수가 되어 기체 방전과 열
복사를 연구했다. 1928년에 쿠를바움의 뒤를 이어 베를린 고등 공업학교의 교수
가 되었다. 성공적인 연구자이면서 교재의 집필자로도 명성을 얻었다.

[51] 베스트팔의 회고, Bertholet, et al., "Erinnerungen," 167.

[52] 1905~1907년『보충권』에서 아인슈타인이 한 논평에 대해 Martin J. Klein and
Allan Needell, "Some Unnoticed Publications by Einstein," *Isis* 68 (1977): 601~604
이 논의했다.

괴팅겐 물리학자들과 관련된 전문가들, 1907년 봄. 맨 앞줄 왼쪽에서 오른쪽으로, 응용 수학 및 역학 연구소 소장인 프란틀과 룽에, 주요 물리학 연구소 소장인 포크트와 리케, 응용 전기 연구소 소장인 지몬, 이론 물리학 사강사인 아브라함. 훈트 박사와 포크트 부인 제공.

있다고 했다.[53] 한참이 지난 제1차 세계대전 이후에 플랑크는 이론 물리학의 모든 분야에 대한 강의록을 출판했는데 그것은 이제 이론 물리학 교수 자리를 맡은 사람에게 전통적으로 기대되는 일이었다.

괴팅겐 대학은 1905년에 오래 기다리던 새로운 물리학 건물을 확보했고 그와 더불어 포크트는 자신의 연구소로 쓸 밝고 튼튼한 방을 다수 확보했다. 그와 리케의 연구소는 예상되는 방식으로 어떤 수평 또는 수직의 구획으로 분리되어 있지 않았다. 오히려 그와 리케는 각자 준비실과 기구실을 갖춘 강의홀이 있으면서 도서관과 기계실 같은 어떤 방은 공유했고 나머지 공간은 대충 반으로 나누어 리케는 큰 방들을, 포크트는 더 많은 방을 배당받았다. 두 연구소의 두드러진 차이점은 소장 중 하나인 리케가 실험 물리학 강의 과정을 개설했고 다른 소장인 포크트가

---

[53] 플랑크가 조머펠트에게 보낸 편지, 1909년 2월 24일 자, Sommerfeld Correspondence, Ms. Coll. DM.

괴팅겐 물리학 연구소와 응용 전기 연구소, 1906년. 새롭게 지어진 오른쪽의 주된 물리학 연구소에는 실험 물리학과 이론 물리학의 두 부서가 있었다. 상대적으로 작지만, 왼쪽의 새 응용 전기 연구소는 점점 중요해지는 물리학의 제3분야인 기술물리학을 대표했다. 그에 따라 이 페이지의 위쪽 사진에서 볼 수 있듯이 동료의 수가 증가했다. *Die physikalischen Institut der Universität Göttingen*, 49에서 재인쇄.

이론 물리학 강의 과정을 개설했다는 점이다. 리케의 연구소에서 더 많은 실험 연구가 이루어졌지만 포크트의 말대로 "두 연구소의 목적과 수단은 근본적으로 같았다."[54]

포크트는 그의 흥미에 따라 연구소를 꾸몄다. 그에게는 그가 경력 내내 연구한, 서로 연관된 분야이자 그의 학생들의 학위 논문에서 주로 다룬 광학과 결정 물리학 장치가 많았다. 실례로 새 건물의 최하층 지하실에는 일정한 온도에서 결정의 점진적인 변형을 연구할 장치를 두었다. 그리고 그는 제만 효과[55]에 관심이 있었으므로 분광 장치와 그 장치에

---

[54] Woldemar Voigt, "Rede," in *Die physikalischen Institute …Göttingen*, 37~43 중.
[55] [역주] 제만 효과는 광원이 자기장에 놓였을 때 스펙트럼(빛띠) 선이 여러 개로 나누어지는 현상으로 1896년 네덜란드의 물리학자 피테르 제만이 불꽃 내에 있는 나트륨의 황색 D선이 강한 자기장 내에서 넓어지는 것을 최초로 관찰했다. 이 넓어지는 현상은 후에 스펙트럼(빛띠) 선이 15개나 되는 선으로 갈라지는 것으로 밝혀졌다. 제만은 이 발견으로 1902년에 그의 선생이었던 네덜란드의 H. A. 로렌

올려놓고 연구를 수행할 강력한 전자석을 강력히 요청하여 빌려왔다. 프리드리히 크루프 사[56]는 그 연구소에 오목 격자concave grating[57]의 육중한 기단을 세울 철골을 제공했고 새 건물의 낙성식에서는 또 한 명의 산업가가 분광기를 약속했다. 이것들은 산업가들이 괴팅겐 응용 물리학 연구소들에 준 것에 비하면 작은 선물들이었다. 그렇지만 그것들은 중요했다. 이렇게 사적으로 기증한 기구가 없었다면 포크트가 예상했듯이 그 연구소는 제 기능을 발휘하지 못했을 것이기 때문이다. 프로이센 정

츠와 함께 노벨 물리학상을 받았다. 자기장이 빛에 미치는 영향에 대한 이론을 만들며 초기 연구를 한 로렌츠는 원자 내의 전자의 진동으로 빛이 생겨나며 방출되는 빛의 주파수에 자기장에 의한 전자의 진동이 영향을 주리라는 가정을 했다. 이와 같은 이론은 제만의 연구로 확인되었고 후에 양자역학에 따라서 수정되었는데, 이에 따르면 빛의 스펙트럼(빛띠) 선은 어느 에너지 상태에서 다른 에너지 상태로 전이할 때 방출된다. 각 운동량(질량과 스핀에 관련되어 있는 양)을 특성으로 갖는 각 에너지 준위는 자기장 내에서 부준위로 갈라지게 된다. 이와 같은 부에너지 준위는 스펙트럼(빛띠)의 선 성분 형식으로 나타난다. 제만 효과에 의해서 물리학자들은 원자의 에너지 준위를 결정하고 원자의 종류를 각 운동량을 이용하여 확인할 수 있었으며, 원자핵을 연구하는 효과적인 방법을 얻었다. 천문학에서 제만 효과는 태양과 같은 항성의 자기장을 측정하는 수단으로 이용된다.

[56] [역주] 프리드리히 크루프 사는 독일의 대표적인 군수기업으로 성장한 회사이다. 1811년 프리드리히 크루프(Friedrich Krupp)에 의해 설립되었고 설립자의 아들인 알프레트 크루프(Alfred Krupp)에 의해 비약적인 발전을 이루었다. 1800년대 중반까지 대포의 포신은 백금이나 동 등으로 제조하여 높은 가격이 요구되었는데, 알프레트는 강철을 사용해 일명 '크루프 대포'를 개발, 독일 정부에서 인정을 받았다. 이후 알프레트는 이음새 없는 기관차 바퀴를 발명하여 독일의 근대화를 이끌었다. 이처럼 신기술에 관심이 많았던 그는 베세머의 전로법이나 지멘스와 마르탱의 평로법을 처음으로 도입하여 독일 철강 산업의 기술혁신을 이끌었다.

[57] 오목 격자(살창)는 오목 회절발이라고도 한다. 회절격자(살창) 중에서 격자면(格子面)이 오목면의 반사면으로 되어 있는 것으로 요면격자(凹面格子)라고도 한다. 금속제 오목거울에 여러 개의 평행선을 새겨 넣어서 만든다. 회절 작용과 초점 작용의 두 성질을 지닌다. 오목 격자(살창)의 곡률 반지름을 지름으로 하는 원, 즉, 롤런드 원(Rawland Circle) 위의 1점에서 롤런드 원 가까이에 놓은 오목 격자(살창)에 빛을 조사(照射)하면 회절광은 이 원주상의 1점에 초점을 맺어 보통의 격자(살창)를 사용했을 때보다 밝은 간섭무늬가 생긴다. 이 원리를 이용해서 여러 가지 분광계가 만들어진다.

부와 포크트는 포크트의 연구소의 존재 목적인 연구를 수행하기 위한 지원에 대해 의견이 일치하지 않았다.[58]

채용 전망이 밝지 않으므로 독일 학생들은 시험에 덜 몰두하고 실험에 더 많은 시간을 쏟게 되었다고 포크트는 괴팅겐 대학 감독관에게 말했다. 새 건물에서 확장된 포크트의 구역은 학생들에게 좋은 기회를 제공했다. 처음부터 30명 이상의 학생들이 실험실에 나왔고 상급 학생의 수는 꾸준하게 증가했다. 이전 연구소에서 포크트는 동시에 일하는 상급 학생을 5명 이상은 좀처럼 받지 않았지만 새 연구소의 첫해인 1906년에는 13명을 받았고 1910년에는 22명을 받았다.[59] 학생 수의 증가와 함께 연구소를 운영하는 비용도 자연스럽게 증가하여 공식적인 연구소 예산의 2배 또는 2.5배에 도달했다. 지출을 충당하기 위해 포크트는 실험실에서 연구하는 학생들이 낸 수업료를 연구소의 소장이 챙기는 관행을 따르지 않고 그 수업료를 예산을 보충하는 데 사용했다. 예산을 올리려고 노력했으나 성과가 없었기에 포크트는 때때로 그렇게 추가 수당을 확보했다.[60]

괴팅겐 대학 감독관은 왜 포크트가 매년 그렇게 많은 돈을 쓰는지, 왜 그가 항상 받기로 되어 있는 예산 이내에서 살지 않고 더 많이 요구하는지 이해하지 못했다. 포크트는 다음과 같이 설명했다. 그는 자신의 연구소가 "물리 **연구**를 위해 엄청난 규모"로 일하게 되기를 애초에 의도했

---

[58] Voigt, "Rede," 41~42.

[59] 포크트가 괴팅겐 대학 감독관 오스터라트(Osterrath)에게 보낸 편지, 1907년 3월 18일 자, Göttingen UA, XVI, IV. C. v. 포크트가 프로이센 문화부 장관 트로트 (Trott zu Solz)에게 보낸 편지, 1910년 10월 30일 자, Göttingen UA, 4/V h/35.

[60] 포크트가 오스터라트에게 보낸 편지, 1907년 3월 18일과 1908년 3월 20일, 1910년 1월 11일, 1912년 3월 21일 자; Göttingen UA, XVI, IV. C. v. 포크트가 프로이센 문화부 장관 트로트에게 보낸 편지, 1911년 3월 11일 자, Göttingen UA, 4/V h/35.

고 비용이 얼마가 들든 공간이 허용하는 한 많은 학생을 받아들이는 것을 그의 "첫 번째 의무"로 간주했다. 공식 예산은 "기본적" 교육을 하는 데는 충분했지만, 과학 연구를 의미하는 "고등" 교육을 하는 데는 충분하지 않았다. 포크트는 감독관에게 연구는 "엄청나게 중요한 교육적 힘"이 있으며 학생들이 나중에 전문가로 사는 삶을 살아가는 데 도움을 주게 되어 있다는 것을 상기시켰다.[61]

늘 나오는 운영비용, 재료비, 모든 학생을 위한 세탁비, 연구를 수행하는 방의 조명비에 더해 항상 추가 경비가 들곤 했다. 한 해는 기계공과 다른 숙련 노동자들, 배관공, 열쇠공, 가구 제작자에게 치를 비용이 들었고 다음 해에는 연구 과목을 듣는 학생들에게 필요한 소소한 보조 장치 같은 기구들을 사들이는 데 비용이 들었다. 보통 기계공은 작은 장치를 만들 수 있었기에 장치를 살 연구소 돈을 절약해 주었지만, 그는 리케의 연구소와 포크트의 연구소에서 모두 일해야 했기에 시간이 모자랐다. 큰 장치가 필요했을 때 포크트는 외부의 기부자에게 눈을 돌리거나 프로이센 과학 아카데미나 다른 곳에서 빌렸다. 때때로 그는 요구 사항을 들고 직접 정부 부처에 접근했다. 실례로, 그가 분광학 연구를 하려고 전기 장비를 들여올 돈을 얻을 때 그렇게 했다. 포크트는 그 요구를 정당화하기 위해 학생들이 물리학 학술지에서 접한 최신 장비와 그들의 낡은 분광학 장비를 비교할 때 낙담하지 않게 하려면 그 돈이 필요하다고 설명했다. 그는 정부 부처에게 지방의 연구소가 "**하나의** 영역"에서 탁월하게 장비를 갖추는 것이 "권리이자 의무"임을 상기시켰고 이처럼 괴팅겐 대학 연구소에서는 분광학 장비를 탁월하게 갖추어야 한다고 했다.[62]

---

[61] 포크트가 오스터라트에게 보낸 편지, 1908년 3월 18일, 20일 자, 1911년 1월 31일 자. 오스터라트가 포크트에게 보낸 편지, 1908년 3월 19일 자, Göttingen UA, XVI. IV. C. v.

새로운 연구소의 확장된 활동으로 포크트 자신은 과중한 부담을 느꼈다. 그는 과학 연구에 종사하는 20여 명의 학생을 보통 온종일 감독하는 것이 "상당히 큰 지적 노동"이라고 불평했다. 조수 한 명으로는 충분하지 않아 학생 수를 줄이기보다는 1909년에 포크트는 자신의 경비를 들여 두 번째 조수를 고용했다. 이듬해에 새로운 조수의 월급이 예산에 포함되기를 요청했을 때 그는 자신의 임무에 압박을 받는다고 해명했다. 그는 결국 60세를 넘겼고 "연구소에서 일하며 그의 활력의 상당 부분을 소진했다."[63] 1911년에 그가 다시 그 대학의 총장 대리prorector로 선출되자 그는 감독관에게 "그 연구소를 감독하는 거의 산더미 같은 업무 부담"의 일부를 덜 수 있다면 그가 그 자리를 받아들일 수 있겠다고 했다. 그는 자신이 경비를 대고 두 명의 조수를 고용해도 되는지 물었고 그래도 좋다는 응답을 받았다.[64] 너무 많은 일 때문에 그는 종종 공개 강의를 하지 못하는 것에 대해 양해를 구해야 했다. 1912년에는 그의 광학 실험실 수강생이 너무 많아서 그는 통상적으로 1주일에 두 번 오후 강의를 하던 것을 네 번 오후 강의를 하는 것으로 바꾸었고 그것은 그와 그의 조수들에게는 업무를 "매우 현저하게" 증가시켰다.[65]

포크트는 50학기 동안 괴팅겐 이론 물리학 연구소를 운영했고 그것이 활동 면에서나 중요성에서나 만족스럽게 성장하는 것을 보았다고 회상

---

[62] 포크트가 오스터라트에게 보낸 편지, 1908년 3월 20일 자, 1912년 3월 21일 자. 포크트가 프로이센 문화부 장관 트로트에게 보낸 편지, 1912년 11월 26일 자, Göttingen UA, XVI. IV. C. v.

[63] 포크트가 트로트에게 보낸 편지, 1910년 10월 30일 자, 1911년 3월 11일 자.

[64] 포크트가 괴팅겐 대학 감독관에게 보낸 편지, 1911년 7월 25일 자, Voigt Personalakte, Göttingen UA, 4/V b/267c.

[65] 포크트가 괴팅겐 대학 감독관에게 보낸 편지, 1912년 4월 17일 자, Voigt Personalakte, Göttingen UA, 4/V b/267c.

했다. 그러나 그 세월 동안 정부는 지원 확대에 대한 그의 요청을 계속 거부했고 그는 그것을 연구에 대한 무관심이자 비우호성으로 해석하게 되었다. 그 요청은 심지어 포크트 자신의 연구를 지원하는 문제도 아니었다. 자신의 연구에 쓸 경비는 포크트 자신이 괴팅겐 과학회의 도움을 받아 자신의 주머니에서 충당했기 때문이었다. 연구소를 위한 적절한 지원이 문제였는데 그것이 그의 후임자에게는 수월하게 돌아갈 것이라고 추측했다. 반면에 포크트는 헌신적인 봉사의 세월에도 불구하고 지원을 거부당했다. 그는 감독관에게 이러한 사정은 "거의 존중을 받지 못했고" 해마다 그러한 여건에서 일해야 하는 것은 "힘들고 악감정을 품게 하는" 일이었다고 말했다.[66]

포크트가 겪은 욕구불만은 물리학 연구소의 소장들에게는 친숙한 것이었지만, 그에게는 욕구불만의 원인이 더 있었다. 그는 이론 연구자이자 선생으로서 플랑크나 로렌츠 같은 다른 이론 물리학자들이, 그의 표현대로 "가장 일반적인 문제들이라는 순수한 에테르" 속에서 활개치는 동안 그냥 관망만 했다. 그는 여건 때문에 "땅속의 두더지처럼 작은 특수 주제를 좇아서" 땅을 파는 것밖에 할 수 없었다. 괴팅겐 대학에서 "열등한" 그의 업무는 "초보적인" 질문을 가지고 학생들과 함께 일하는 것에 그를 제한했다.[67] 실험 연구 장비를 갖춘 큰 연구소의 소장으로서 그의 임무는 그에게 숙고할 시간을 허락하지 않았다. 이론 물리학 교수의 바람직한 활동에 대한 포크트의 관점은 사장되고 있었고, 그것이, 적어도 부분적으로는, 포크트의 문제들과 되풀이되는 불평의 근원이었다.

1895~1896년에 출간된 『대요』Kompendium 이후에는 포크트는 이론 물

---

[66] 포크트가 오스터라트에게 보낸 편지, 1910년 1월 11일 자, 1911년 1월 31일 자.
[67] 포크트가 로렌츠에게 보낸 편지, 1911년 5월 19일 자, Lorentz Papers, AR.

리학을 모두 망라하는 교재를 쓰지 않았다. 대신에 그는 자신의 과학 분과들에 대한 교재를 쓰는 데로 돌아갔다. 예를 들면 1903년과 1904년에 그는 열역학에 대한 교재를 내놓았고 그것이 좋은 결과를 내놓기를 원했다. 왜냐하면 "포괄적인 독일의 열역학"은 없었고 그 주제에 대한 플랑크의 강의록은 열화학에 너무 많은 비중을 두었기 때문이었다.[68] 그는 또 열화학 변환 및 열전기 변환을 특별히 다루면서 이 교재를 보완했다. 플랑크와 폴크만과 물리학 교과서의 다른 저자들처럼, 어느 강의를 출판할지는 포크트의 연구 관심에 따라 달라졌다. 1890년대 말과 1900년대 초에 포크트는 자연적인 힘 사이의 상호 작용에 대해 많은 연구를 수행했고 그것은 더 표준적인 주제가 다루지 못하는 빈틈에 해당하는 경향이 있었다. 그 연구들은 대부분이 결정 물리학에 속했고, 예를 들면, 압전, 압자기, 열자기, 자기 광학, 전기 광학에 관련되었다. 1908년에 포크트는 전기 광학에 대한 그의 강의에 토대를 둔 교재를 내놓았다. 전기 광학 연구에 동기를 부여하는 제만 효과가 발견되어 그것을 교재에 반영했고, 그 연구에 적절한 이론으로는 로렌츠의 전자 이론을 택했다. 포크트에 따르면, 물리학 전체에서 "가장 뛰어난" 성과 중 하나가, 음극선 실험에서 연구된 자유 전자와 제만 효과에서처럼 빛의 방출과 흡수를 일으키는 속박 전자가 같은 것임을 확인하는 것이었다. 포크트에게 자기 광학과 전기 광학의 "주된 매력"은 "이론과 관찰 간의 활발한 상호 작용"이었다. 여기에서 실험은 최초의 자극을 주었고 이론은 거기에 의미를 만들어 주고 그것을 재처리해 실험에 새로운 자극을 주었다. 그것은 반복되는 순환이었다.[69]

---

[68] Woldemar Voigt, *Thermodynamik*, 2 vols. (Leipzig: G. J. Göschen, 1903~1904). 포크트가 조머펠트에게 보낸 편지, 1902년 10월 18일 자, Sommerfeld Correspondence, Ms. Coll. DM.

1910년에 포크트는 그의 마지막 교재를 출간했다. 그것은 거의 1,000쪽 분량이었고 그것은 다시 그가 괴팅겐에서 한 강의에 토대를 두었다. 주제는 결정 물리학이었는데 포크트는 그의 스승 프란츠 노이만에게 그 교재를 헌정함으로써 포크트의 36년 경력 동안 수행한 연구를 주목하게 했다. 이 교재는 이제 그의 연구가 "끝나가는 시점에서" 그가 이 "크고 놀라운" 주제에 대해 행한, 흩어져 있고 겉보기에 관련 없는 탐구들이 사실은 통일성을 찾으려는 노력에 의해 인도받았다는 것을 보여주는 방식을 택했다. 그는 결정 물리학을 "엄밀하게 닫혀있는 통일된 일체"로 제시했다.[70]

그의 교재를 시작하는 대목에서 포크트는 결정에서 분자의 특성들이 가장 순수하고 가장 완벽한 형태로 나타난다고 말했다. 그는 결정 물리학이 물리학의 궁극적인 질문, 즉 분자 과정에 관한 질문들의 해법으로 가는 길이 되리라 기대했다.[71] 그는 분자력을 가정하고 그 위에 세운 결정 이론들을 가치 있게 여겼다. 그는 분자력이 전기적 속성을 가진다고 생각했는데 그것은 이미 물질에 대해 널리 퍼져있는 전기적 관점과 일치했다. 그렇지만 그는 결정이 분자로 조성되어 있다는 가정으로 시작하는 "구조 이론들"을 배격했는데, 이는 그가 구조 이론은 성과가 없는 것으로 이미 과거에 판명되었다고 믿었기 때문이었다. 어쨌든 포크트의 제시에 통일성을 부여한 것은 분자 개념이 아니라 열역학적 퍼텐셜이었다.[72]

포크트는 결정을 다룰 때 물리학의 다양한 분과를 자연스럽게 모았는

[69] Woldemar Voigt, *Magento- und Elektrooptik* (Leipzig: B. G. Teubner, 1908), iv, 3, 73.

[70] Woldemar Voigt, *Lehrbuch der Kristallphysik* (mit *Ausschluss der Kristalloptik*) (Leipzig and Berlin: B. G. Teubner, 1910), viii, 13.

[71] Voigt, *Kristallphysik*, 5.

[72] Voigt, *Kristallphysik*, 110~111, 120~121.

데 이는 현상에 대해 포크트가 수리 기하학적 질서를 부여한 결과였다. 예를 들면, 그는 먼저 결정의 역학적 현상 전부를 취급한 후에 열 현상 전부를 취급하는 순서로 진행하지 않았다. 오히려 현상을 재현하는 데 필요한 방향 있는 양들의 종류에 따라 현상들을 묶어서, 힘과 흐름을 표현하는 두 벡터 사이의 상호 작용과 두 텐서[73] 사이의 더 복잡한 상호 작용을 다루었다. 포크트에게는 물리 세계의 대칭성을 표현하고 결정 물리학의 재료를 조직하는 데, 수학적 양들의 특성이 물리학의 전통적인 분할 방식보다 더 유용했다. 그의 교재의 목적은 결정 물리학에서 문제들을 올바르게 제기하도록 연구자들을 도울 뿐 아니라 물리 선생들에게는 대칭 사고의 가치를 보여주려는 것이었다. 대칭에 대한 강의가 모든 "이론 물리학 과목"에 들어가야 한다고 포크트는 주장했다.[74]

자연은 무질서가 아니라 질서 때문에 포크트에게 매력적이었다. 결정들은 모서리의 반복되는 각 때문에 고도의 질서를 드러낸다. 포크트는 결정의 매력을 주장하기 위해, 그가 지적으로 대단히 사랑하는 또 다른 대상인 음악에서 끌어온 이미지를 사용했다. 오케스트라의 모든 연주자가 같은 곡을 연주하는데 조화를 이루어 연주하지 않는다면 그 결과는 미적 호소력이 없을 것이다. 기체, 액체, 비정형의 고체는 그런 "음악"만

---

[73] [역주] 텐서(tensor)는 벡터의 개념을 확장한 기하학적인 양으로 그 어원은 탄성변형(彈性變形)의 변형력(應力)의 일종인 장력(張力)의 영어명 'tension'이다. 밀도가 균일한 구상탄성체(球狀彈性體)에 한 방향의 장력을 작용시키면 변형하여 타원체 $\sum a_{ij}x_ix_j = c(x_i$ 등은 3차원 공간 좌표, c는 상수)가 되고 9개의 계수 a_{ij}가 하나의 텐서의 성분이 되는데, 이는 변형력 그 자체가 텐서량이기 때문이다. 미분 기하학이나 상대성 이론 등에서의 법칙은 모두 이 텐서를 사용하여 표현된다. 예를 들면, 전자기장의 기초 방정식(맥스웰 방정식)은 로렌츠 변환에 대해서 불변인 형식으로서는 텐서 방정식으로 나타내며, 아인슈타인의 중력장(重力場)의 법칙은 리치의 텐서=0이라는 형식으로 표현된다.

[74] Voigt, *Kristallphysik*, vii, 133, 226, 305~306. 포크트는 결정의 "물리적 대칭"에 의해 결정의 물리적으로 동등한 방향들의 수와 분포를 이해했다(p. 17).

내놓을 것이다. 그러나 연주자들이 화음을 이루어 연주한다면 그 결과는 결정의 "음악"과 같을 것이다. 결정 속에서 "놀라운 다양성과 우아함"으로 발생하는 어떤 현상들이 다른 물체들에서는 단지 "단조로운 슬픈 평균값"으로 발생하는 이유가 바로 그것이었다. 포크트는 "내 느낌에 따르면 물리적 규칙성이라는 음악은 어떤 다른 분야에서도 결정 물리학만큼 충만하고 풍부한 화음으로 연주되지 않는다"고 말했다.[75]

포크트는 수년 전인 1905년에 괴팅겐 대학 새 물리학 건물 낙성식에서 음악과 결정 물리학을 마찬가지로 비교한 적이 있었다. 그는 이런 음악적인 물리학, 즉 결정 물리학에 대해서 "가장 엄밀한 의미에서 구식 물리학"이라고 말했다. 이 말은 결정 물리학이 어떤 가능한 기술상의 응용과 무관하게 순수한 이해를 위해 추구되었다는 의미였다. 그는 동료인 응용 역학 분야의 프란틀[76]의 기계들, 즉 쇠막대를 구부리고 그것에

---

[75] Voigt, *Kristallphysik*, 4.

[76] [역주] 프란틀(Ludwig Prandtl, 1875~1953)은 독일의 물리학자로서 공기 역학의 아버지로 불린다. 1901년 하노버 대학의 역학 교수가 되었으며, 이곳에서 유체역학에 견고한 이론적 기반을 제공하려고 노력했다. 1904~1953년 괴팅겐 대학에서 응용 역학 교수로 재직했고 그곳에서 세계적인 명성을 얻은 공기역학과 수력학의 학파를 창설했다. 1925년 카이저 빌헬름 유체역학 연구소(후에 막스 플랑크 연구소로 개칭됨)의 소장이 되었다. 그는 공기나 물 속을 움직이는 물체의 표면에 붙어 있는 경계층을 발견(1904)함으로써 표면 마찰 항력과 유선형(流線形) 형태가 비행기 날개와 움직이는 다른 물체의 끌림항력을 감소시키는 방식을 이해할 수 있게 되었다. 날개 이론에 대한 그의 연구는 일정한 너비의 비행기 날개 위로 공기가 흐르는 과정을 밝혔는데, 이는 영국의 물리학자 F. W. 랜체스터의 비슷한 연구에 뒤이어 행해진 것이었으나 독자적으로 수행되었다. 이 연구는 랜체스터-프란틀 날개 이론으로 알려졌다. 그는 유선형 비행선의 초기 개척자였고 그가 단엽기를 옹호함으로써 비행기가 크게 발전했다. 그는 빠른 속도로 움직이는 공기의 압축 효과를 기술하는 아음속 흐름에 대한 프란틀-글라우베르트의 법칙에 기여했다. 초음속 흐름과 난류(亂流) 이론에서 중요한 진보를 이루었을 뿐만 아니라 풍동과 다른 공기역학 기구의 제작에 주요한 혁신을 이루었다. 또한, 비원형 단면 구조의

구멍을 뚫거나 잘라내는 기계들과 자신이 결정의 탄성을 측정하기 위해 사용하는 민감한 장치들을 비교했다.[77] 이제는 "막을 내린" 분과인 결정 광학을 제외하면 결정 물리학에는 소수, 아주 소수 물리학자가 들어왔기에 포크트는 그의 동료들에게 때때로 그의 연구에 대해 애처롭게 말하곤 했다. 그는 조머펠트에게 "흥미를 일으키지 않는 분야에서 **은자**처럼 연구"를 한다고 했다.[78] 그가 카이저Kayser에게 결정 물리학에 대한 교재 한 부를 보내주겠다고 말했을 때, 그는 그것이 "이상한 세계에서 온 손님처럼" 보일 것이라고 말했다.[79]

1915년에 상대성 이론의 10주년을 기념하여 《물리학 잡지》*Physikalische Zeitschrift*의 편집자들은 1887년에 포크트가 쓴 도플러의 원리에 대한 한 편의 논문을 재게재했다. 이 상대성 이론의 "매우 이른 전구前驅 이론"은 로렌츠 변환이라고 알려지게 될 것을 담고 있었다. 포크트는 그것을 탄성 빛 에테르[80]의 연구에서 유도해냈다. 물리학자들은 이 독자적인 발견을 "현대" 물리학과 동일시되는 여러 발전에서 포크트가 얼마나 멀리 떨어져 있는지 보여주는 흥미로운 사건으로 회상하고 싶어 했다.[81]

비틀림 힘을 분석하기 위해 비눗물막 모형을 고안했다.

[77] Voigt, "Rede," 39~40.

[78] 포크트가 조머펠트에게 보낸 편지, 1909년 11월 25일 자, Sommerfeld Collection, Ms. Coll., DM.

[79] 포크트가 카이저에게 보낸 편지, 1910년 7월 20일 자, STPK, Darmst. Coll. 1924.22.

[80] [역주] 탄성을 갖는 빛을 매개하는 에테르를 의미한다. 빛의 파동 이론에서 빛은 횡파이므로 고체에서 전달되어야 하고 에테르는 고체여야 한다. 고체 매질이 어떤 횡파를 전달하기 위해서는 기계적으로 변형되었다가 다시 원래대로 돌아오려는 탄성이 있어야 한다는 생각에서 탄성 빛 에테르 개념이 도출되게 되었다. 맥스웰이 자신의 방정식을 유도하기 위해서 사용한 역학적 모형에서도 이러한 탄성은 중요한 역할을 하게 되어 있었다.

[81] Woldemar Voigt, "Über das Dopplersche Prinzip," *Gött. Nachr.*, 1887을 편집자의

포크트는 아인슈타인의 상대성 원리를 아직 자연법칙으로 보지는 않았고 양자 이론을 상대성 이론보다 "훨씬 더 실제적인 의미"를 갖는 것으로 생각했지만 역시 그것에 직접 기여하지는 않았다.[82] 그는 로렌츠의 전자 이론을 환영했고 그것을 원리상, 문제상, 방법상 "혁명"이라고 말했으며 그것을 물리학의 분자적 관점의 승리로 평가했다. 사실상 그와 그의 제자들의 자기 광학에 대한 연구는 원자 물리학의 발전에 가치 있음이 입증되었으나, 그는 물리 현상의 원자론적 취급을 결코 물리를 연구하는 일반적인 방법으로 인정하지 않았고 그런 취급은 아직 관찰된 사실로써 정당화되지 않았다고 생각했다.[83] 그는 원자론적 가설과 다른 임시적인 가설들의 발견적 가치를 인정할 수 있었지만, 경험에서 원리들을 끌어내고 그 원리들로부터 일체의 수학적 결과들을 구축하는 현상론[84]의 신중한 방법을 더 선호했다.[85]

"밤이나 낮이나" 포크트의 연구는 그를 홀로 내버려 두지 않았다. 포크트는 한 동료에게 "내가 연구에 그렇게 열정적인 것은 나의 불운"이라고 말했다.[86] 그가 몇몇 동료의 실험 결과에 대한 이론을 전개하지 않았

논평과 함께 *Phys. Zs.* 16 (1915): 381~386에 재인쇄. Arnold Sommerfeld, "Woldemar Voigt," *Jahrbuch bay. Akad.*, 1919 (1920): 83~84 중 84. Försterling, "Voigt," 221.

[82] Woldemar Voigt, "Phänomenologische und atomistische Betrachtungsweise," in Warburg, ed., *Physik,* 714~731 중 730. Försterling, "Voigt," 221.

[83] Voigt, "Betrachtungsweise," 722~723, 729. Sommerfeld, "Voigt," 83~84.

[84] [역주] 여기에서 말하는 현상론은 어떤 관찰된 현상의 근본적 의미를 자세히 들여다보지 않고 그러한 현상의 관찰 결과들을 수학적으로 표현하는 데에만 관심을 집중하는 방식을 말한다. 다시 말해서 현상론이라는 용어는 현상의 경험적 관찰을 서로 관련짓되, 그러한 현상들을 일으키는 근본적인 원인에 대해 궁구하려고 하지 않는 것을 말한다.

[85] Woldemar Voigt, "Ueber Arbeitshypothesen," *Gött. Nachr.*, 1905, 102.

[86] 포크트가 룽에(Runge)에게 보낸 편지, 1902년 3월 1일 자, Ms. Coll., DM,

다 하더라도 그는 위대한 "계산자calculator"였고 "정밀 실험 기술의 대가"였다. 그리고 그는 당대 독일 이론 연구자 누구보다도 더 많은 논문을 출간했다.[87]

포크트는 이론 물리학 문제를 푸는 방법에 대한 최고의 선생이자 실행자였다. 그가 강조한 대칭 사고와 변환 성질들은 점차 이론 물리학 연구방법에서 중심으로 인식되었다. 그가 연구한 분야인 광학, 탄성 이론, 결정 물리학 등에서 단일한 방향성을 갖는 벡터는 부적절하며 두 방향성을 갖는 텐서가 필수적임이 드러났다. 그는 이론 물리학의 교육과 실행에 텐서를 도입하는 데 많은 일을 했고, 이 양들에 붙이려 한 이름인 "텐서"에 거듭하여 주의를 환기했다.[88] 그가 결과를 제시할 때 수학보다는 물리를 강조한다는 것을 그의 교재 독자들에게 계속 환기했음에도, 프로이센 아카데미의 서신 회원 자리에 그를 추천한 이들이 주목했듯이, 그는 연구를 진척시키는 데 "물리 가시적" 방법보다는 "수리 형식적" 방법을 더 많이 채용했다.[89] 그러나 이것 역시 많은 현대 이론 물리학자

1948~1953.

[87] 포크트는 그가 괴팅겐 대학에 초빙을 받을 시점에 독일에서 그 어느 연구자보다도 더 많은 이론 물리학 연구를 출간했다. 초빙받은 후 2년 동안 그는 모든 독일 이론 물리학 출판물 중 4분의 1을 써냈다. 그는 꾸준했고, 《물리학 연보》에만 100편 이상의 논문을 게재했다. Försterling, "Voigt," 217.

[88] 많은 글에서 포크트는 이전에 물리 과학에서 제한적으로만 사용된 텐서를 사용할 것을 주장했다. 예를 들면, 다음과 같은 저작들이 있다. 결정 물리학에 대한 그의 최초의 책인 *Die fundamentalen physikalischen Eigenschaften der Krystalle* (Leipzig, 1898), 그가 1901년에 개정한 책 *Elementare Mechanik*, 10 ff., "Der gegenwärtige Stand unserer Kenntnisse der Krystallelasticität," *Gött. Nachr.*, 1900, 117~176; "Ueber die Parameter der Krystallphysik und über gerichtete Grössen höherer Ordnung," *Ann.* 5 (1901): 241~275; "Etwas über Tensoranalysis," *Gött. Nachr.*, 1904, 495~513.

[89] Max Planck, "Wahlvorschlag für Woldemar Voigt (1850~1919) zum KM," in *Physiker über Physiker*, 154~155.

가 취하게 될 방향이었다.

뮌헨의 새 이론 물리학 연구소

우리가 보았듯이 베를린과 괴팅겐의 이론 물리학 연구소는 시설에서
나 소장과 학생들이 하는 연구의 종류에서나 서로 크게 달랐다. 새로운
이론 물리학 연구소로서 라이프치히에 이어 독일에서 설립될 뮌헨 이론
물리학 연구소는 제도나 과학 인력에서 적잖이 독특했다. 뮌헨 이론 물
리학 연구소가 설립되고 조머펠트[90]를 첫 소장으로 임명하게 된 일은
뮌헨 물리학 연구소의 소장으로 갓 임명된 뢴트겐W. C. Röntgen의 훈련이
배경이 되었다. 뢴트겐은 주요한 대학에 있어야 할 적절한 물리학 제도
에 대한 명쾌한 생각을 가지고 뮌헨에 왔다. 그 계획에는 이론 물리학을
담당할 특별한 자리도 포함되었다. 물리학에서 그의 위상이 아직 낮았기
에 뢴트겐은 시간이 걸렸지만, 그의 생각을 실현할 수 있었다.

뢴트겐이 뮌헨으로 오기 전에 실험 물리학 교수로 있었던 뷔르츠부르
크 대학은 19세기 말에 따로 이론 물리학을 담당할 교수가 여전히 없었

---

[90] [역주] 조머펠트(Arnold Sommerfeld, 1868~1951)는 독일의 물리학자로서 원자 모
형으로 미세 구조 스펙트럼(빛띠) 선을 설명했다. 쾨니히스베르크 대학에서 과학
과 수학을 공부한 후, 괴팅겐 대학의 조수가 되었고 클라우스탈(1897)과 아헨
(1900)에서 수학을 가르쳤다. 그는 뮌헨에서 이론 물리학 교수로 있을 때(1906~
1931) 가장 중요한 업적을 세웠다. 원자 스펙트럼(빛띠)에 대한 연구 결과로서 보
어의 원자 모형에서 전자들이 원 궤도뿐만 아니라 타원 궤도로도 운동한다고 제안
했다. 이러한 생각을 근거로 그는 방위 양자 수를 가정했으며, 나중에 자기 양자
수도 소개했다. 파동역학에 대해서도 자세히 연구했으며 그의 금속의 전자 이론은
열전기와 금속의 전도 연구에서 가치 있는 것으로 밝혀졌다.

던 몇몇 독일 대학 중 하나였다. 뢴트겐이 1895년에 프라이부르크 대학에 초빙되었을 때 뷔르츠부르크 대학 철학부는 그를 뷔르츠부르크에 머무르게 할 조건에 대한 긴 보고서를 작성했다. 주요 조건은 이론 물리학 부교수 자리의 설치였다. 정부 부처는 그 요청에 대해 단지 모호한 전망만 보여주었을망정 긍정적으로 반응했다. 프라이부르크 대학의 실험 시설이나 수입이 뷔르츠부르크 대학의 수준에 도달하지 못했을 것이므로 뢴트겐은 뷔르츠부르크에 머무는 데 동의했다. 이에 대해 그는 훈장을 받았지만, 그가 한 요청은 재정적 이유에서 수락되지 않았다. 1898년에 뢴트겐은 라이프치히 대학의 초빙을 받았고 다시 뷔르츠부르크 대학의 이론 물리학 부교수 자리를 얻으려고 협상을 벌였다. 그는 자신의 요청이 수락되지 않으면 떠나겠다고 으름장을 놓았다. 뷔르츠부르크 대학 평의회는 뢴트겐의 요구를 지지하면서 그가 부교수 자리를 반복하여 요청했음에 주목했고 바이에른 정부는 기꺼이 "이론 물리학 부교수 자리를 개설하기 위해 재원을 다음 국가 예산에 산정하겠다"고 선언했다. 이제 내무부는 바이에른 섭정 루이트폴트 왕자에게 호소하면서 "뢴트겐 박사가 떠나는 것은 뷔르츠부르크 대학에 더욱 고통스러운 손실일 것이며, 현재 뛰어난 소장 물리학자가 없기에 그와 같은 능력이 있는 대체 인력을 얻으려면 매우 어려울 것"이라고 했다. 이러한 호소에도 불구하고 뢴트겐은 그의 목표를 이루지 못했다. 뷔르츠부르크 이론 물리학 부교수 자리는 1901년에야 설치되었는데 이때는 이미 뢴트겐이 떠난 뒤였다.[91]

---

[91] 뷔르츠부르크 대학 총장이 바이에른 내무부에 보낸 편지, 1895년 2월 15일 자; 뷔르츠부르크 대학 협의회가 내무부에 보낸 편지, 1895년 2월 25일 자; 프라이부르크 대학의 초빙 제안에 대한 뢴트겐의 거절 기록, 1895년 3월 1일; 평의회가 내무부에 보낸 편지, 1898년 11월 27일 자; 내무부의 답장, 1898년 11월 30일 자; 내무부가 루이트폴트(Luitpold) 공에게 보낸 편지, 1898년 12월 12일 자, Röntgen Personalakte, Bay. HSTA, MK 17921. 뢴트겐은 "여러 해 동안" 그가 설치하려고

뢴트겐은 뷔르츠부르크 이론 물리학 교수 자리가 생기면 데려올 사람으로 실험 물리학자를 또 원하지 않았다. 왜냐하면, 자신이 거의 배타적으로 실험 연구를 하려 했기 때문이었다. 오히려 그는 "새로운 이론적 제시 방법에 탁월"한 연구자가 오기를 바랐고, 그 연구자가 "생산적인" 연구자이기를 바랐다.[92] 뢴트겐은 1899년에 그가 실험 물리학 정교수로 임명된 뮌헨 대학에서 자기 곁에서 일할 같은 자질의 물리학자를 원했다.

1904년 여름에 바이에른 내무부는 뢴트겐에게 제국 내무부가 제국 물리 기술 연구소의 소장 자리에 콜라우시의 후임으로 그가 오기를 원한다는 것을 통보했다. 뢴트겐은 생각할 시간이 필요했다. 제국 물리 기술 연구소는 과학계에서 명성이 높았고 뢴트겐에게 연구를 위한 최고의 자원을 제시했지만, 뢴트겐은 그와 같은 대학 밖의 일자리가 그에게 얼마나 어울릴지 확신할 수 없었다. 그는 바이에른의 장관에게 청하여 베를린의 제의를 거절할 좋은 이유를 달라고 했다. 그것은 뮌헨 대학에 "물리학의 상태와 중요성"에 걸맞은 교육과 연구를 할 환경을 제공해 달라는

노력해왔던 뷔르츠부르크 대학 이론 물리학 유급 부교수 자리에 적임자로 마음에 두었던 첸더(Zehnder)에게, 그는 방금 그 교수 자리를 알아보려고 뮌헨에 갔고 거기에는 교수를 고용할 돈이 없다는 것도 알게 되었다고 편지에 썼다. 이것은 더 길게는 아니라 해도 다음 2개 회계연도 동안에는 그 요청이 무시될 것임을 의미했다. 뢴트겐이 첸더에게 보낸 편지, 1895년 7월 10일 자, *Röntgen, Briefe an L. Zehnder*, 36~37.

[92] 1898년에 뢴트겐은 첸더에게 이제 그는 뷔르츠부르크 대학 이론 물리학 부교수 자리가 승인되기를 기대한다고 알렸다. 비록 이전에 그가 첸더에게 그를 그 자리에 데려오기를 원한다고 말했을지라도 이제는 그렇지 않다고 말했다. 뢴트겐의 조수가 되기 위해 뷔르츠부르크 대학으로 돌아올 예정인 첸더는 실험 연구자였다. 뢴트겐은 그 사람이 "이론 물리학"을 담당하는 교수 자리에 임용되는 것을 보는 것을 그의 "임무"로 간주했다. 뢴트겐이 첸더에게 보낸 편지, 1898년 12월 8일 자, *Röntgen, Briefe an L. Zehnder*, 71.

의도였다. 뢴트겐이 보기에 물리학에 들이는 자원 면에서 뮌헨은 다른 독일 대학에 비해 뒤처져 있었다.[93]

뢴트겐은 개선이 필요한 사항을 지적했다. 기구를 사들이고 유지하는 데 비용이 많이 들었으므로 연구소를 운영하려면 더 많은 돈이 필요했다. 약학 교수가 새로운 실험실 과정을 개설하기를 요청했기에 그 과정을 꾸리는 일을 도울 세 번째 조수도 필요했다. 응용 물리학 부교수 자리가 만들어지는 것도 보기를 원했다. 그가 지적한 것 중 가장 중요한 것은 이론 물리학 정교수 자리였다. 물리 교육은 "이론 물리학 정교수가 채워지지 않는 이상 절반밖에 제공되지 않는다"고 그는 계속 주장했다. 뮌헨 대학 철학부는 그의 "주된 소망"이 비록 "매우 높은 봉급"을 지급하더라도 "1급" 이론 물리학자를 얻는 것임을 이해했다. 뢴트겐은 내무부에 뮌헨 대학의 두 번째 물리학 정교수는 "이론 물리학"에서 성공한 사람이어야 함은 거의 말할 나위도 없다고 말했다. 이 기준에 따라 뢴트겐은 그래츠[94]를 그 지역의 이론 물리학자라는 이유로 특별히 고려하지는 않을 생각이었다.[95]

장관은 뢴트겐에게 그 빈자리를 그래츠에게 줄 생각은 없다는 무언의 확신을 심어 주었지만, 임용이 국왕의 배타적 권한이므로 확실한 약속은 해줄 수 없었다. 그는 돈이 어디에서 올지 알지 못했지만, 뮌헨 대학에

---

[93] 바이에른 내무부가 뢴트겐에게 보낸 편지, 1904년 8월 3일 자; 뢴트겐이 바이에른 국무부 장관 베너(Wehner)에게 보낸 편지, 1904년 8월 15일 자, Röntgen Personalakte, Bay, HSTA, MK, 17921.

[94] [역주] 그래츠(Leo Graetz, 1856~1941)는 독일의 물리학자로 전자기 에너지 전파를 연구한 선구자였다. 열 흐름을 나타내는 차원 없는 수인 그래츠 수(Gz)는 그의 이름을 딴 것이다. 1880년에 슈테판-볼츠만 법칙을 확증했다.

[95] 뢴트겐이 베너에게 보낸 편지, 1904년 8월 15일 자. 뮌헨 대학 평의회가 철학부 2부에 보낸 편지, 1904년 11월 5일 자; 철학부가 대학 평의회에 보낸 보고서 초고, 1904년 11월 17일 자, Munich UA, OCI 31.

이론 물리학 정교수가 필요하다는 주요 논지에서는 뢴트겐에게 동의했다. 장관은 뮌헨에서 뢴트겐의 수입이 베를린에서 받을 것보다 월등하게 더 높았으므로 뢴트겐을 잃을 것을 걱정하지는 않았다. 게다가 뢴트겐 스스로 자신이 베를린의 "자리의 적임자"라고 생각하지 않았다. 그래서 그와 장관은 뮌헨 대학에서 물리학 교육을 개선할 협상에 들어갔다.[96]

볼츠만이 뮌헨을 떠난 이후로 10년 동안 뮌헨 대학 학부는 반복해서 "고등 이론 물리학"을 전문 분야로 회복하려는 희망을 표명했지만 "이 분야에서 탁월한 1급 연구자"가 거의 없다는 것을 인식했다. 뢴트겐은 정부 부처가 필요한 돈을 모으기 위해 할 수 있는 일을 다 하겠다는 확신을 자신에게 주기를 요구했다. 그러나 정부 부처가 그 문제를 주의회에 상정하겠다고 한 약속은 성과가 없었고 대학에 봉급을 끊어서라도 돈을 확보하라는 정부 부처의 호소도 마찬가지였다. 그러나 뢴트겐이 이전처럼 이번에도 결실이 없다고 생각했을 때, 재정적 문제가 일시에 해결되었다. 뮌헨으로 뛰어난 이론 물리학자를 데려오는 데 필요한 기금을 모으기 위해 섭정 왕자 자신이 주도적으로 "상당한 액수"를 마련했다. 뢴트겐은 원하는 사람이 있었다. "전자에 대한 타오르는 의문들"에 끌려 그는 전자 이론의 주창자인 로렌츠H. A. Lorentz를 원했다. 그는 로렌츠가 "뮌헨의 탁월한 기초 위에" 물리학을 확립하고, 이미 이론 물리학 연구소가 있고 "모든 면에서 가장 좋은 여건이 갖추어져 있는" 베를린, 괴팅겐, 라이프치히의 물리학과 비견되게 만들 수 있다고 생각했다.[97]

---

[96] 바이에른 내무부 장관이 뢴트겐에게 보낸 편지, 1904년 8월 3일과 29일 자; 분명히 뮌헨 대학 감독관이 장관에게 보낸 편지, 1904년 9월 25일 자, Röntgen Personalakte, Bay. HSTA, MK 17921. 뢴트겐이 첸더에게 보낸 편지, 1904년 10월 11일 자, Röntgen, *Briefe an L. Zehnder*, 91~92.

로렌츠가 온다면, 유럽에서 가장 유명한 이론 연구자가 유럽에서 가장 유명한 실험 연구자와 합류하여 뮌헨을 물리학의 중심지로 만들 것이다.[98] 로렌츠는 강하게 끌렸지만 결국 라이덴 대학이 그의 위치를 개선해주자 뮌헨 대학의 초빙을 거절했다. 로렌츠를 데려오는 데 실패하자 뢴트겐은 "다음으로 가장 위대한 물리학자"를 원했다. 그는 로렌츠에게 독일에서 강의할 수 있고 다음의 자질을 갖춘 이론 연구자에 대한 자문을 구했다. "우리는, 수학자의 도움을 받지 않고, 모든 수학적 무기로 무장하고 있으며 수학에 친숙하지만, 물리학이 정확히 무엇이 필요한지 알고 물리학에 유익하지 않은 사색에 빠지지 않는 물리학자가 필요합니다. 더욱이 다른 이들이 이룩한 이론 물리학을 가르칠 뿐 아니라 그 자신의 연구 분야인 이론 물리학에서 핵심적인 발전으로 간주할 수 있는 뛰어난 무엇인가를 성취하리라 기대할 수 있는 사람이라는 것이 이전의 성취를 근거로 뒷받침되어야 합니다."[99]

---

[97] 뮌헨 대학 감독관이 바이에른 내무부 장관에게 보낸 편지, 1904년 9월 25일 자. 뢴트겐이 보바리(T. Bovari)에게 보낸 편지, 1905년 3월 31일 자, W. Robert Nitske, *The Life of Wilhelm Röntgen: Discoverer of the X-Ray* (Tucson: University of Arizona Press, 1971), 216에서 인용. 뢴트겐이 첸더에게 보낸 편지, 1905년 1월 6일 자, Röntgen, *Briefe an L. Zehnder*, 93~94. Ulrich Benz, *Arnold Sommerfeld. Lehrer und Forscher, an der Schwelle zum Atomzeitalter, 1868~1951* (Stuttgart: Wissenschaftliche Verlagsgesellschaft, 1975), 47. "전자에 대한 타오르는 의문들"에 대한 뢴트겐의 언급은 조머펠트가 로렌츠에게 보낸 편지에 언급되었다. 1906년 12월 12일 자, Lorentz Papers, AR.

[98] [역주] 전자 이론으로 전 유럽의 명성을 얻은 로렌츠와 1895년에 엑스선, 또는 뢴트겐선을 발견하여 무명의 물리학자에서 일약 세계적인 명성을 얻은 실험 물리학자 뢴트겐을 지칭한다. 뢴트겐은 엑스선이 가진 의학적 가치가 빠르게 인식되면서 급속도로 유명해졌고 1901년에 첫 번째 노벨 물리학상을 받게 된다.

[99] G. L. de Haas-Lorentz, ed. *H. A. Lorentz, Impressions of His Life and Work* (Amsterdam: North-Holland, 1957), 97. 뮌헨 대학 철학부 회의록, 1905년 3월 6일 자, Munich UA, OCI 31. 뢴트겐이 로렌츠에게 보낸 편지, 1905년 3월 14일 자, Lorentz Papers, AR.

이러한 이론 연구자를 찾기 위해 뮌헨 대학 학부는 뢴트겐과 3인으로 구성된 위원회를 임명했다. 그들이 논의한 결과 20명이 후보에 들었다. 네덜란드의 빈트C. H. Wind, 오스트리아의 하제뇔Hasenörl과 볼츠만을 제외하면 모두 독일인이었다. 명단에는 이 지역 후보자도 세 명 있었다. 그들은 응용 물리학자 푀플과, 여러 해 동안 뮌헨에서 이론 물리학 강의를 했지만, 뢴트겐이 기준 미달이라고 생각한 두 사람인 그래츠와 코른이었다. 이미 정교수로 승진을 요청한 적이 있었던 그래츠에게 위원회는 특별히 주목했다. 그들은 8명의 외부 물리학자에게 그래츠에 대한 견해를 물었고 그들의 "객관적이고 권위적인 판단"은 만장일치였는데, 그가 지도급 후보자들과 같은 급에 들지 않는다는 위원회의 판단을 지지하는 것이었다. 위원회는 "그렇게 철저한 방식으로" 임용에 대해 고려한 적은 없었다고 말했다. 위원회는 학부에 자신이 추천하는 사람을 제시했고 학부는 그들을 대학 평의회에 추천했다.[100]

위원회가 추천한 세 후보는 1위에 콘Cohn, 비헤르트[101], 2위에 조머펠트였다. 셋 중 최연소자였던 조머펠트에 대해서는 위원회의 의견이 엇갈렸지만, 로렌츠, 볼츠만 등은 그를 강력하게 추천했다. 위원회의 보고서는 세 후보자의 이론 물리학 연구를 강조했고 이론 물리학 강의의 경험

---

[100] 바이에른 내무부가 뮌헨 대학 평의회에 보낸 편지, 1905년 7월 6일 자, Munich UA, OCI 31. 뮌헨 대학 철학부 2부에 보낸 위원회의 보고서, 1905년 7월 20일 자, Munich UA, E II-N Sommerfeld.

[101] [역주] 비헤르트(Emil Wiechert, 1861~1928)는 지구의 확인 가능한 층상 구조 모형을 제시한 지구 물리학자이다. 프로이센 틸시트 태생으로 쾨니히스베르크 대학에서 공부했으며 1889년에 물리학으로 박사학위를 받았고 이어서 쾨니히스베르크 대학에서 폴크만의 조수가 되었다. 1897년에 괴팅겐 대학에 초빙을 받아 포크트의 조수로 일하다가 이듬해 지구 물리학 부교수와 지구 물리학 연구소의 소장이 되었다. 1905년에 이르러서 정교수가 되었고 경력을 마칠 때까지 같은 곳에서 일했다. 음극선을 연구하여 전자 발견에 기여했고 지진파를 연구하여 지구 내부 모형을 만들었다.

과 능력은 단지 언급만 했다. 로렌츠처럼 비헤르트와 조머펠트는 전자 이론에서 가장 중요한 연구를 했었고 콘은 비록 "전자 이론을 무조건 추종하는 사람"은 아니었지만 연관 분야인 전자기장 이론에서 가장 중요한 연구를 수행한 적이 있었다.[102]

위원회가 조사를 하게 된 애초의 이유가 실증되는 것 같았다. 넉넉한 봉급과 전망 있는 환경을 갖추어 준다 해도 1급이면서 뮌헨에 올 것 같은 이론 연구자는 많지 않았다. 비헤르트와 조머펠트는 물리학 교수 자리를 차지하고 있지도 않았다. 비헤르트의 자리는 지구 물리학이었고 조머펠트의 자리는, 그가 비록 최근에 "이론 물리학의 관심 영역"에서 연구했다 하더라도, 역학이었다.[103] 콘은 여전히 이론 물리학 부교수 자리에 20년 이상 있었고 출판한 논문이 훌륭하기는 해도 많지는 않았다. 지혜를 짜내서 정부 부처는 그 자리를 방금 괴팅겐 대학에서 지구 물리학 정교수로 승진한 비헤르트에게 제시했다. 괴팅겐 대학이 그를 잡아두기 위해 그의 입지를 더 개선하자 정부 부처는 조머펠트에게 눈길을 돌렸다. 마침내 뢴트겐은 동료에게 정부 부처가 뮌헨 대학의 물리학을 "온전하게 하려고" "필요한 노력(?!)"을 하고 있고 온갖 분투 끝에 "수리 물리학 정교수 자리가 당신이 알다시피 조머펠트로 채워졌다"고 알릴 수 있었다. 조머펠트는 임용 용어로 "이론 물리학 정교수"와 "국가 수학 물리학 컬렉션 관리자"였다.[104]

---

[102] 뮌헨 대학 철학부 2부의 회의록, 1905년 6월 2일과 7월 20일 자, Munich UA, OCI 31. 위원회 보고서, 1905년 7월 20일 자.

[103] [역주] 조머펠트는 1906년에 뮌헨 이론 물리학 정교수가 되기 전에 아헨 고등공업 학교에 응용 역학 부교수로 있었다. 그는 1894년에 괴팅겐 대학의 수학자인 펠릭스 클라인의 조수로 발탁된 후 그와의 공동 연구를 통해 이론 물리학자로서 입지를 다졌고 클라인의 추천으로 아헨의 자리도 얻었다.

[104] 위원회 보고서, 1905년 7월 20일 자. 조머펠트의 봉급은 대학 기금에서 받는 5,400

뢴트겐은 뮌헨 대학에서 연구할 이론 물리학자를 찾기 시작했을 때 "우리는 수학자가 필요 없다."라고 말했었다. 이 기준은 겨우 몇 년 전에 라이프치히 대학에서 조머펠트를 후보로 추천할 때 부정적으로 작용했었다. 그러나 이 몇 년이 지나는 동안 조머펠트는 전자 이론에 대해 연구했고 뢴트겐이 우선으로 뮌헨으로 모셔오려고 한 중진 이론 연구자들에게 존경을 받게 되었다. 조머펠트는 뢴트겐이 원하던 증명된 1급 이론 연구자는 아니었지만, 뢴트겐은 맥스웰의 이론과 전자 이론에 대한 조머펠트의 최근 발표에 뮌헨 대학이 보인 반응에 격려를 얻었다. 뢴트겐은 그를 "좋은 동료와 동역자"로 여겼으며, 물리적인 문제에 대해 자극을 받으며 이야기를 할 수 있는 누군가를 얻은 것에 만족했다.[105]

조머펠트와의 협상 중에 뢴트겐은 다른 곳에서 또 초빙을 받았다. 이번에는 드루데의 예상치 못한 사망으로 베를린 대학이 초빙하는 것이었다. 뢴트겐은 섭정 왕자가 뮌헨 이론 물리학자의 문제에 개인적인 관심을 갖고 있다는 이유로 거절했다.[106] 섭정 왕자는 조머펠트를 임용할 수

마르크와 국가 과학 컬렉션 일반 보관소를 위한 기금에서 받는 2,000마르크로 구성되었다. 1906년 다양한 기록에서 나온 정보, Sommerfeld Personalakte, Munich UA, E II-N, Sommerfeld. 조머펠트의 봉급은 뢴트겐이 뮌헨으로 1급 이론 연구자를 데려올 때 필요할 것으로 생각한 12,000마르크에는 턱없이 부족했다. 그러나 그것은 뮌헨의 다른 자연 과학자들의 봉급과 같은 선상에 있었고 다수의 자연 과학자들보다 많았다. 그 상당한 봉급에 대한 정당성은 부분적으로 뮌헨의 이론 물리학 교수가 강의 사례비를 적게 받으리라는 데서 이유를 찾을 수 있었다. 십중 팔구 뮌헨 대학 감독관이 정부 부처에 보낸 편지, 1904년 9월 25일 자; "Übersicht über die Gehaltsverhältinsse von ordentlichen Professoren der K. Universität München," Bay. HSTA, MK 17921. 콘은 슈어(Friedrich Schur)가 빈에게 보낸 편지에 따르면 결코 초빙을 받지 못했다. 1910년 5월 15일 자, Wien Papers, Ms. Coll., DM. 뢴트겐이 첸더에게 보낸 편지, 1905년 12월 30일 자, 1906년 12월 25일 자, Röntgen, *Briefe an L. Zehnder*, 109~111.

[105] 뢴트겐이 첸더에게 보낸 편지, 1906년 12월 27일 자, *Briefe an L. Zehnder*, 112. 조머펠트가 로렌츠에게 보낸 편지, 1906년 12월 12일 자.

있게 해주는 이였기 때문이었다. 그를 임용하려면 많은 시간과 노력이 필요했고 여기 도움이 되게 하려고 베를린에서 온 최고의 제안을 이용해야 할 정도였다. 그러나 종국에 그는 원하던 이론 물리학자를 얻었다. 뢴트겐은 이제 이론 물리학을 그의 마음에서 떠나보낼 수 있었고 그의 관심을 오롯이 자신의 연구소에 쏟을 수 있을 것 같았다. 바로 그때만큼 그렇게 많은 독립적인 실험실 종사자가 그 연구소에 있었던 적이 없었다. 그러나 이것은 오래가지 않았다.[107]

뮌헨 대학에서 뢴트겐이 시행한 물리 교육 재조직화는 순조롭게 이루어지지 않았고 그럴 수도 없었다. 조머펠트가 임용될 때까지 그래츠가 20여 년 동안, 코른이 10여 년 동안, 뮌헨 대학에서 이론 물리학을 가르쳤고 둘 다 부교수였다. (코른은 직함과 직급에서만 그러했고 실제로는 사강사였다.) 이론 물리학의 주강사로서 그들은 새로운 자리에 대한 우선권이 있었지만, 그 권한은 간과됐다고 느꼈다.

코른과 그래츠는 둘 다 브레슬라우에 있는 커다란 유대 공동체 출신의 유대인이었다. 뮌헨 대학의 자리를 얻으려는 경쟁에서 그러한 핸디캡을 극복하려면 그들은 그들에게 없는 과학적 명성이 필요했을 것이다. 그들은 둘 다 논문 출판 실적이 좋았고 조머펠트와 다른 지도급 후보자들과 같은 주제에 관심이 있었다. 그러나 그들의 연구는 탁월한 것으로 간주되지 않았고 그들의 접근법은 이론 물리학에서 거의 지나간 단계에 속한 것으로 보였다. 가령, 그래츠는 로렌츠의 이론에 불만이 있었는데,

---

[106] 바이에른 내무부 장관의 편지, 1906년 7월 18일 자; 뢴트겐이 섭정 왕자의 "Generaladjutant"에게 보낸 편지, 1906년 8월 3일 자, Röntgen Personalakte, Bay. HSTA, MK 17921.

[107] 뢴트겐이 첸더에게 보낸 편지, 1905년 12월 30일 자.

왜냐하면 그 이론은 전자가 가져야 하는 특성들을, "역학적으로 이해할 수 있게" 설명하지 않고 전자에게 부여했기 때문이었다. 1901년에 그는 전기와 자기 현상을 설명하기 위해 세계 에테르의 역학적 재현을 담은 논문을 출판했다. 그는 이 접근법을 뮌헨이 이론 연구자를 찾고 있던, 1904~1905학년도 겨울 학기에 그가 개설한 전자 이론에 대한 강의 과정에서 확실히 사용했다. 코른도 1901년에 조머펠트의 조롱을 받은, 역학적으로 설명 가능한 세계 에테르를 주장했다. 이전에는 조머펠트도 스스로 역학 방향으로 연구했었지만 더는 그렇게 하지 않았고, 우리가 주목했듯이, 전자 이론에 대한 그의 연구는 이전의 역학적 관점보다는 오히려 더 최신의 전자기적 관점에서 출발했다.[108]

일단 조머펠트가 이론 물리학을 가르치기 위해 들어오자 코른과 그래츠는 그들이 조머펠트로 대체되었으며 그들의 강의가 손해를 입었음을 인식했다. 그들은 대학 내에서 가르치는 기능을 유지하려고 노력했고 그 과정에서 뢴트겐과 불평등한 갈등을 빚게 되었고 그것이 그들의 해임의 원인이었다.

조머펠트가 뮌헨에서 첫 학기를 보내는 동안 코른은 조머펠트가 그의 학생들을 데려갔으므로 강의 임무에서 벗어나게 해달라고 요청했다. 보상으로 그는 해석수학과 응용수학 강의 할당과 국가시험관의 자리를 요청했다. 뮌헨에서는 그 대신 봉급이 없는 수학 과목을 할당하려 했지만 코른은 거절했다. 그는 뮌헨에 머물기 위해서 유급 정교수 자리를 요구했다. 처음부터 뢴트겐은 코른의 곤경에 대해 동정적이지 않았고 코른의 사직에 대한 논의를 승진을 얻어내려는 책략으로 간주했다. 그는 수학

---

[108] Leo Graetz, "Ueber eine mechanische Darstellung der electrischen und magnetischen Erscheinungen in ruhenden Körpern," *Ann.* 5 (1901): 375~393. 조머펠트가 로렌츠에게 보낸 편지, 1901년 3월 21일 자, Lorentz Papers, AR.

정교수 자리를 얻으려는 코른의 요청에 반대했다. 뢴트겐은 코른이 충분히 자격을 갖추지 않았기 때문이라고 했다. 결국, 1908년에 코른은 뮌헨을 떠났지만, 뢴트겐에 대한 악감정이 없지 않았고 그런 사실이 신문에도 흘러들어 갔다.[109]

뢴트겐은 그래츠에게서는 이런 종류의 악감정을 피했지만, 물리학 연구소 안에서의 권리를 놓고 그와 의견 대립이 길어지는 것을 피하지는 못했다. 조머펠트의 임용은 거의 뢴트겐이 뮌헨에 오던 때부터 있었던 둘 사이의 긴장을 악화시켰다. 뢴트겐의 선임자인 로멜이 앓는 동안 그래츠는 연구소 소장의 임무를 수행했고 이런 식으로 의도하지 않은 독립을 거기에서 얻었는데, 일단 뢴트겐이 그 일을 넘겨받자 뢴트겐과 갈등하게 되었다. 그들의 의견 대립은 학부와 평의회의 집중적인 관심을 끌었고, 마침내 그래츠가 뢴트겐이 관리하는 연구소에 설치된 학생 실험실의 관리자로 물러서게 되자 이것은 그래츠가 강의 할당의 절반을 포기했음을 의미했다. 그가 할당받은 나머지 절반은 이론 물리학 정규 강의였는데 그것은 조머펠트가 일단 임명되자 "필요 없는 강의"가 되었다. 뢴트겐은 "아무리 달리 생각해보려고 해도" 특히 50세인 그래츠가 그 나이에 밀려나는 것은 "불유쾌한 경험"임을 인정했다.[110]

몇 년 전인 1903년에 학부는 일단 이론 물리학 정교수 자리가 다시 채워지면 그래츠의 위치가 난감해짐을 예상했었다. 그들은 시간이 되면 그래츠가 명예교수 자리를 받을 것을 추천했었다. 이제 조머펠트가 고용

---

[109] 1906년 12월 19일 자 항목, Korn's Personalakte, Munich UA, E II-N, Korn. 뢴트겐이 첸더에게 보낸 편지, 1906년 12월 27일 자. 조머펠트가 슈타르크에게 보낸 편지, 1908년 3월 6일 자, Stark Papers, STPK.
[110] 뮌헨 대학 철학부 2부가 대학 평의회에 보낸 편지, 1906년 12월 6일 자, Munich UA, OCN 14. 뢴트겐이 첸더에게 보낸 편지, 1906년 12월 27일 자.

되자 학부는 뮌헨에서 그래츠가 오래 봉직한 것을 평가해주기를 원했고 심지어 추천을 다시 하는 인간적 동정을 드러내는 조치를 하기를 원했다. 그래츠에게 정식으로 정교수의 권리를 부여하는 것은 뢴트겐이나 조머펠트와 그들의 연구소에서 동등해지는 것이었기에 불가능하지만 그를 명예 정교수로 만드는 것은 합리적이었다. 그래서 두 번째 이론 물리학 강사를 두어 조머펠트에게 짐을 지우기보다는 그래츠의 분야를 "이론 물리학"에서 단지 "물리학"으로 변경하기를 원했다. 그가 정교수로 진급하는 것은 그가 뢴트겐 연구소에서 학생 실험실을 지도할 수 없다는 것을 의미했다. 왜냐하면, 그것은 조수의 임무일 뿐이었고 게다가 그래츠는 오래전에 그 실험실을 포기했기 때문이었다. 학부의 결정은 효력을 발휘하여 그래츠의 위치를 정착시킨 것 같다. 그러나 그 결정에 딸린 문제는 그것이 두 물리학 연구소 중 어느 쪽에도 그래츠의 자리를 남겨놓지 않았고 그가 가르칠 것을 특별히 남겨 놓지 않았다는 것이었다. 이것은 다시 한 번 뢴트겐과의 갈등을 일으켰다.[111] 이제 "물리학" 정교수로서 그래츠는 뮌헨 물리학 시설의 공유를, 이제는 뢴트겐의 연구소에서, 주장하는 것이 어느 때보다 더 정당하다고 느꼈다.[112] 그래츠의 강의에 몰려든 많은 수의 학생을 무시하면서 뢴트겐은 그래츠의 모든 요청을 거부하고, 또 학부가 그것을 거부하도록 촉구했다.[113]

비록 그래츠는 뮌헨 대학에 연구소가 없었지만, 그는 그에게 주어진 자원 안에서는 성공적인 선생이었다.[114] 그는 대학 물리학에 완전한 프로

---

[111] 뢴트겐이 베너 장관에게 보낸 편지, 1904년 8월 15일 자. 철학부 2부가 대학 평의회에 보낸 편지, 1906년 12월 6일 자. 1908년 4월 16일 자 항목, Munich UA, E II-N, Graetz.

[112] 그래츠가 뢴트겐에게 보낸 편지, 1908년 5월 6일과 24일 자; 뢴트겐이 그래츠에게 보낸 편지, 1908년 5월 20일, 6월 5일 자, Munich UA, OCN 14.

[113] 뢴트겐이 뮌헨 철학부 2부에 보낸 편지, 1909년 1월 20일 자, Munich UA, OCN 14.

그램을 제시했다. 조머펠트의 과정에 병행하여 그는 이론 물리학의 모든 분야에 관한 연속 강의를 개설했다. 1908~1909학년도 겨울 학기부터 그는 2개 학기용 실험 물리학 과정을 개설했고 뢴트겐도 그것을 개설했다. 그래츠의 과정은 뢴트겐의 과정과 주기가 같도록 겨울에 1부, 여름에 2부를 개설했다. 그래츠는 또한 정기적으로 "독립 연구 개론"을 개설했는데 그 과목은 뢴트겐과 조머펠트도 개설한 것이었다.

그래츠는 뢴트겐보다 더 오래 강의를 지속했다. 뢴트겐은 1912년에 가르치는 일을 그만두었고 1920년에는 은퇴했지만[115], 그래츠는 조머펠트가 은퇴를 계획하기 시작할 시점인, 제3제국이 출현할 때까지 뮌헨에서 가르쳤다. 그래츠의 20년간의 연구는, 플랑크가 공손하게 말했듯이, 항상 "최고"에 속하는 것은 아니었다. 1905년 이후 그는 더는 연구를 출간하지 않았다. 그의 가장 가치 있는 저술은 빙켈만Adolph Winkelmann의 『물리학 개요』 안의 항목들과 1905년 이후에도 쓰고 개정하기를 계속한 교재들이었다. 여러 세대의 학생들이 그의 교재 『전기와 응용』으로 배웠고 그들은 그 책을 '위대한 그래츠'라고 불렀다. 그 교재는 1903년에 제10판이 나왔고 1922년에 21판이 나왔다.

코른과 그래츠의 일이 미해결인 상태에서 신임 교수인 조머펠트는 그가 고용된 목적대로 이론 물리학 분야를 체계적으로 강의했다. 시작부터 학부는 신임 교수가 연구소를 원할 것이라고 예상했다. 학부가 대학의

---

[114] K. Kuhn, "Erinnerungen an die Vorlesungen von W. C. Röntgen und L. Graetz," *Phys. Bl.* 18 (1962): 314~316. 뮌헨 대학 철학부 2부가 대학 평의회에 보낸 편지, 1906년 12월 6일 자.

[115] 바이에른 내무부가 프로이센 문화부에 보낸 편지, 1912년 1월 14일 자; 바이에른 내무부가 뢴트겐에게 보낸 편지, 1912년 1월 27일 자와 관련된 문서들; Röntgen Personalakte, Bay. HSTA, MK 17921.

새 건물에 계획된 방 네 개를 그가 충분하다고 여길지 의문을 느꼈을 때, 뢴트겐은 이 방들이 완전한 연구소가 아니라 단지 작업실로만 고려된 것이라고 설명했다. 그들은 새 이론 물리학자를 위해 더 많은 공간을 마련할 필요가 있을 것이라고 했다. 그러나 조머펠트는 뮌헨에서 처음 몇 년 동안 바이에른 과학 아카데미가 모이던 옛 건물에서 방 몇 개를 가지고 지내야 했다. 그의 첫 학생 중 하나인 에발트P. P. Ewald는 그곳의 조머펠트를 처음 방문했을 때를 이렇게 기술했다. 그가 벨을 울리자, 열쇠 딸랑거리는 소리가 한참 들린 후에 기계공이 영접하러 나와, 그를 진열장이 양쪽에 늘어선, 길고 어두운 복도를 따라 인도했다. 마침내 그는 햇빛이 들어오는 공간에 도달했다. 거기에 네 개의 방이 딸려 있었다. 그중 하나는 작은 강당으로 벤치, 강대상, 큰 칠판이 갖추어져 있었다. 조머펠트는 또 하나의 방에 앉아 있었고 또 다른 방에는 조수가 있었고 마지막 방에는 한 학생이 조머펠트가 가장 좋아하는 주제인 난류의 동역학에 대해 실험을 하고 있었다.[116]

그 연구소의 조수는 디바이[117]였다. 그는 아헨에서 조머펠트와 함께

---

[116] 뮌헨 대학 철학부 2부의 학부장인 헤르트비히(Richard Hertwig)가 2부의 구성원들에게 보낸 편지, 1904년 11월 25일 자, Munich UA, OCI 31. P. P. Ewald, "Erinnerungen an die Anfänge des Münchner Physikalischen Kolloquiums," *Phys. Bl.* 24 (1968): 538~542 중 539.

[117] [역주] 디바이(Peter Joseph William Debye, 1884~1966)는 네덜란드 태생의 미국 물리학자로 저온에서의 비열 이론으로 아인슈타인의 비열식을 개량한 '디바이의 비열식'으로 양자론 진보에 공헌했다. 또 X선 회절 연구에서 디바이-셰러법을 고안해 작은 결정으로 된 물질의 결정 구조 해석에 유력한 수단을 제공했다. 뮌헨 대학에서 공부하고 위트레흐트(1912), 괴팅겐(1914), 취리히(1920), 라이프치히(1927) 대학 교수를 역임한 후 베를린의 카이저 빌헬름 연구소 물리학 주임이 되었고(1935), 1940년에 도미하여 코넬 대학 교수로 있다가 미국에 귀화했다. 쌍극자 모멘트, X선 전자 회절에 의한 분자 구조 연구의 업적으로, 1936년에 노벨 화학상을 받았다.

볼츠만이 개설한 조수 자리를 맡기 위해 옮겨왔다. 조수 자리를 존속시켜 달라는 조머펠트의 요청은 확실히 학부와 정부 부처를 놀라게 했다. 왜냐하면, 그들은 이론 물리학자가 단지 책상과 종이, 연필, 책만 필요로 한다고 생각했기 때문이었다. 그가 이론 물리학 정교수일 뿐 아니라 "국가 수학 물리학 컬렉션 관리자"라는 것이 그의 요청을 수락하게 하는 데 도움이 되었다. 관리자로서 그의 직위 안에서 그는 마음대로 할 수 있는 연구 기구를 얻었고 기구를 늘릴 기금도 얻었다. 1910년에 그 컬렉션은 아카데미의 건물에서 대학 건물로 옮겨졌다. 그해에 준비된 이론 물리학 연구소는 장비가 더 잘 갖추어져 있었고 더 넓어서 1층에 약 60명의 학생이 들어갈 강의실, 근처에 조머펠트와 동역자가 쓸 방이 넷, 물리 모형들을 둘 또 하나의 장소가 있었다. 지하실은 실험실로 쓸 방이 넷이 더 있었고 공방과 암실도 있었다. 학술지와 교재를 보관할 작은 도서관이 있었는데 그곳은 수학 물리학 세미나의 참가자들에게 개방되었다. 1911년에 조머펠트는 두 번째 조수를 얻었다. 이론 물리학 연구소로서 조머펠트의 연구소는 인상적이었고 물리학 연구소의 일반적인 규모보다 다소 작았지만, 보통의 물리학 연구소와 유사했다.[118]

---

[118] Sommerfeld, "Das Institut für Theoretische Physik," 291. Benz, *Sommerfeld*, 50. Paul Forman and Armin Hermann, "Sommerfeld, Arnold (Johannes Wilhelm)," *DSB* 12 (1975): 525~532 중 527. 2년 후 조머펠트의 편지에서 우리는 조머펠트가 이론 물리학을 가르치는 데 유용하다고 생각한 실험 장치가 모자란다는 언급을 통해 그의 기구에 대한 생각을 알 수 있다. 그 편지는 뮌스터 대학에서 이론 물리학을 가르치는 부교수인 코넨(Heinrich Konen)의 자문에 대한 답장이었다. 1912년에 프로이센 문화부는 뮌스터 대학 물리학 예산에 내부 장비를 갖출 일회성 지원금과 함께 이론 물리학 교육에 쓸 수백 마르크를 포함했다. 후자의 정확한 액수는 코넨의 요구에 따라 정할 예정이었고 그가 조머펠트에게 호소한 내용에 따라 이것을 결정하게 되어 있었다. 코넨은 여섯 종류의 교수 지원을 요청할 것을 고려했다. (1) 모형. 수학이 아니라 물리학에 속하는 것. (2) 도판. 120장. 이 지역 역학 학교의 제도사들이 준비한 것으로 중요한 수학 함수, 그래프, 역선 다이어그램, 평면, 곡

뮌헨에 이론 물리학을 구축하기 위해 조머펠트는 강의, 세미나, 콜로키엄이라는 친숙한 조합을 사용했다. 그의 포괄적인 강의에서 수학적 사고와 물리적 현상 사이의 조화를 끌어내는 그의 능력은 탁월하여, 적어도 한 명의 추상 수학자를 설득하여 이론 물리학자가 되게 했다. 그의 다른 고급 강의들은 연구 분야에서 최근에 이루어진 발전들을 제시했다. 상대성 이론으로 처음에 전향한 사람 중 하나로서 조머펠트는 1908년 겨울에 그의 연구소에서 상대성 이론에 대한 특별 강의를 했다. 그는 나중에 이 강의를 그 주제로 주어진 최초의 강의였다고 믿으며 만족스럽게 회고했다. 같은 해에 그는 강의에 포함할 양자 이론에 대한 자료를 준비했다. 그는 자신의 주요 업적이 될 주제인, 원자에 대한 닐스 보어의 양자 이론을 발전시킨 최초의 인물 중 하나였다. 1914년 겨울에도 그는 그것에 대해 강의하고 있었다. 수학 물리학 세미나의 물리반 주임으로서

선, 회절 무늬, 다른 계산할 수 있는 예를 포함할 예정. (3) 투명 용지, 전체 컬렉션을 만들 기초로 우선 문헌에서 뽑은 200장으로 시작한다. 가령, 표, 이론적으로 중요한 비교용 실험 배열, 회절 무늬, 제만 효과, 유체역학 실험, 다른 중요한 연구의 그림들. 일반적으로 칠판이나 도판이나 시범으로 보여주기 부적절한 물리 재료. (4) 계산을 하는 데 쓸 도구. 계산자, 면적계, 중요한 함수의 표, 가능하면 조화 분석기, 학생 누구나 가지고 있어야 하는 계산자 등이 있다. (5) 조수, (6) 장관이 전에는 종종 거절한 순환 도서관. 코넨은 도판과 투명 용지는 그가 이미 길게 목록을 작성했으므로, 모형과 계산 도구 중 어느 형을 갖춰야 할지 조머펠트가 더 자세히 말해주기를 바랐다. 코넨의 편지 변두리에 조머펠트는 자신이 기억하려고, 아마도 답장에 대한 초안으로 메모를 해놓았다. 그의 메모에는 (몇몇 약호와 함께) (1)과 (2)와 더불어 "베셀 함수, 파동면, 복사면, 깁스 면, 물에 대한 열역학 면 (리터(Ritter)), 엔트로피 면. 세미나 목적으로."라고 적혀 있다. 코넨의 편지 다음 쪽의 꼭대기에 조머펠트는 "아우어바흐, 맥스웰,"이라고 적었다. 그것은 아마도 그해 출판된 물리학의 그래프 표현에 대한 아우어바흐의 책과 그에 버금가는 맥스웰의 저작들을 지칭할 것이다. (3) 옆에 조머펠트는 적었다. "유체역학, 슈타르크, 카우프만, 윌슨 사진 장치," (4)-(6) 옆에는 "얀케 엠데(Jahnke Emde)"라고 적었는데 아마도 얀케와 엠데의 수학 개요서를 가리키는 것 같다. 조머펠트가 취리히에 있는 그루너(Gruner)의 두 번째 조수를 위해 써준 추천서, 그리고 "가격이 120마르크로 싸다"라는 메모 아래에 제작자의 주소가 적혀 있다.

그는 1911년에 세미나에 상대성 이론을 도입했다. 강의보다 세미나에서는 더 많은 의견 교환이 허용되었다. 가령, 구스타프 헤르츠[119]가 "물리학이 진정으로 무엇인지에 대한 느낌을 획득한" 것은 여기에서였다. 1908년에 한 학생의 제안으로 조직된 조머펠트의 콜로키엄은 원래 상급 학생들이 그들의 연구를 자신보다 하급의 학생들에게 제시하는 토론장으로 의도되었다. 조머펠트는 그것을 축복하고 처음에는 뒤로 물러나 디바이가 주재하도록 했다. 나중에는 조머펠트도 참여했고 뢴트겐의 연구소에서 온 물리학자들과 다른 과학 분야의 동료들도 그 콜로키엄에 오곤 했다. 그 콜로키엄은 조머펠트의 연구소가 새로운 대학 건물로 옮긴 때부터 거기에서 열렸다. 조머펠트의 강의와 세미나 교육에서처럼 콜로키엄에서 통계 이론, 상대성 이론, 양자 이론과 고전 이론 물리학의 구조 관계는 반복해서 논의되었다. 뮌헨에서 그의 강의를 시작할 때부터 조머펠트는 20세기 물리학의 기초에 가장 큰 변화를 초래할 문제의 논의를 장려했다. 조머펠트 주위에는 이론 물리학의 "학파"가 생겨나 인지할 만한 "연구와 결과 제시의 스타일"이 수립되었다.[120]

뮌헨 이론 물리학 연구소 내의 업무 관계는 그 당시로서는 유별났다. 조머펠트는 그의 동료들과 달리 교수와 딸린 사람들 사이의 사회적 거리

---

[119] [역주] 구스타프 헤르츠(Gustav Ludwig Hertz, 1887~1975)는 독일의 물리학자로서 J. 프랑크와 전자의 충돌 실험을 수행하여 보어의 원자 모형의 기초 가정인 정상 상태의 존재를 보여줌으로써 양자론의 진보에 큰 영향을 주었고 그 공로로 1925년에 노벨 물리학상을 받았다. 괴팅겐 대학을 거쳐 뮌헨 대학, 베를린 대학에서 공부했다. 1913년 베를린 대학 연구 조수가 되어 J. 프랑크와 공동으로 전자의 충돌 실험을 수행했다. 이것은 많은 기체에 대한 이온화 퍼텐셜의 측정을 시도한 후에 전자 에너지 손실과 원자 스펙트럼(빛띠) 항(項)과의 관련을 살핀 것으로, 원자 구조론, 따라서 양자론(量子論)의 진보에 큰 영향을 주었다.

[120] Sommerfeld, "Autographische Skizze," Ewald, "Erinnerungen," 541~542. 구스타프 헤르츠가 조머펠트에게 보낸 편지, 1927년 1월 16일 자, Sommerfeld Papers, Ms. Coll. DM. Benz, Sommerfeld, 71~72, 76~77.

를 주장하지 않았다. 그의 학생 중 하나가 회상하듯이 그는 "어떤 형식이나 제한 없이 생각을 자유롭게 교환"하는 것을 장려했다. 그는 학생과 조수를 공동 연구에 초대했고 그들은 종종 물리학에 대한 조머펠트의 견해에 영향을 미쳤다. 그는 그들을 자신의 집으로 데려갔고 콜로키엄 전후에 카페에서 그들을 만났다. 그는 연구소의 기계공과 공동으로 소유한 알파인 스키 오두막에 그들을 데려갔다. 거기에서는 운동만큼이나 물리 토론도 강도 높게 이루어졌다. 그는 모든 임무와 과학 연구에도 불구하고 "그의 학생들을 위해 시간을 마련해 두는 드문 능력"이 있었다고 보른은 지적했다. 그의 생애 마지막 즈음에 조머펠트는 선생으로서 그의 접근법을 이렇게 요약했다. "가장 높은 의미의 개인 교습은 긴밀한 개인적 친밀성에 기초해 있다."[121]

조머펠트의 선생으로서 연구자로서의 효율성의 핵심은 새로운 사고의 흐름에 대한 개방성이었다. 그는 자신이 훈련을 받은 고전 물리학과 결별했고 현대 이론 물리학의 지도자가 되었다. 그는 강력한 수학적 방법들을 그보다 더 확실하게 고전 물리학과 결별할 사람들에게 가르쳤다. 그는 보른의 말대로, "고전과 현대 이론 물리학 사이 전이기에 가장 두드러진 대표자 중 하나"였다. 그의 재능은 "새로운 근본 원리의 신격화나 다른 두 분야의 현상들을 하나의 고등한 단일체로 대담하게 조합"하는 데 있기보다는 개념적 명확성, "기존의, 또는 문제가 되는, 이론들의 논리적 및 수학적 통찰, 그리고 그런 이론들을 확증하거나 거부할 결과

---

[121] Max Born, "Arnold Johannes Wilhelm Sommerfeld, 1868~1951," *Obituary Notices of Fellows of the Royal Society* 8 (1952): 275~296 중 286. 재인쇄는 *Ausgewählte Abhandlungen* 2: 647~659; "Sommerfeld als Begründer einer Schule," *Naturwiss.* 16 (1928): 1035~1036. Benz, *Sommerfeld,* 51~52, 66~68. Forman and Hermann, "Sommerfeld," 530. Arnold Sommerfeld, "Some Reminiscences of My Teaching Career," *Am. J. Phys.* 17 (1949): 315~316 중 315.

의 유도"에 있었다.[122]

1898년에 빈이 조머펠트에게 독일인들이 이론 물리학에 무관심하다고 불평했을 때, 빈은 특히 뮌헨 대학에서 그 분야를 정교수가 담당하지 못하는 점에 대해 불만을 드러냈다. 그의 특별한 불평의 근거는 조머펠트 자신이 이론 물리학 교수가 되자 제거되었다. 놀라우리만큼 짧은 요청으로 그는 뮌헨에 "이론 물리학 연구 센터"를 창설했고 더 나아가 다음 25년 동안 어떤 다른 이론 연구자들보다 더 많은 박사학위자를 배출했다. 보른은 조머펠트가 "재능의 발견과 개발"에 능력이 있다고 생각했다. 아인슈타인은 조머펠트에게 "특별히 내가 당신을 존경하는 점은 젊은 인재를 흙 속에서 그렇게나 많이 캐냈다는 점입니다."라고 말했다.[123]

1912년에 결정에 의한 뢴트겐선의 회절(에돌이)이 처음으로 실현되었다. 그것은 20세기의 위대한 발견 중 하나였고 조머펠트는 그것을 가장 위대한 발견이라고 생각했다. 그는 그것이 그의 연구소에서 발견된 것을 자랑스러워했다. 그 발견이 일어나게 한 요소들은, 뮌헨 대학의 물리 자원 내에서 형성될 수 있었던 이론과 실험의 관계를 예시해준다. 뢴트겐은 그 관계를 확립하는 데 많은 기여를 했다. 뢴트겐선을 원래 발견했던 그는 이제 오히려 젊은 물리학자들에게 접근할 수 없었다. 뢴트겐은 자신의 연구에서 과도하게 조심하느라 연구를 끝내지도 못했고, 콜로키엄에서 멀어져 거기에서 논의되는 새 이론들에 대해 회의적이 되었다. 그

---

[122] Born, "Sommerfeld," 647, 654.

[123] Max Planck, "Arnold Sommerfeld zum siebzigsten Geburstag," *Naturwiss.* 26 (1938): 777~779, 재인쇄는 *Phys. Abh.* 3: 368~371 중 370. Forman and Hermann, "Sommerfeld," 529~530. 아인슈타인이 조머펠트에게 보낸 편지, 1922년 1월 [14? 일자], *Albert Einstein/Sommerfeld Briefwechsel*, ed. Armin Hermann (Basel and Stuttgart: Schwabe, 1968), 97~98 중 98. Born, "Sommerfeld als Begründer," 1035.

러나 그의 연구소에서는 젊은 사람들이 많은 실험 연구를 수행하고 있었다. 그중 하나인 프리드리히[124]는 뢴트겐 밑에서 뢴트겐선에 대한 박사 논문을 끝마쳤고, 조머펠트는 프리드리히를 마침 새로 마련한 자리인 자신의 연구소의 두 번째 조수로 고용했다. 프리드리히는 **실험** 조수였는데 이론적 추측을 빠르게 실험으로 확증하려는 조머펠트의 관심에 보조를 맞추었다. 프리드리히를 그의 연구소로 데려올 때 조머펠트는 양자의 중요성에 대한 그의 최근의 인식을 통합하는 자신의 제동 복사 Bremsstrahlung[125] 이론과 연관하여 프리드리히가 뢴트겐선에 대해 실험 연구하기를 원했다. 조머펠트의 연구소에는 프리드리히 외에 몇 명의 젊은 이론 연구자들이 있었는데 그중에는 1909년에 플랑크의 연구소에서 조머펠트의 연구소로 온 라우에[126]가 있었다. 뮌헨에서 라우에는 사람들이

---

[124] [역주] 프리드리히(Walter Friedrich, 1883~1968)는 독일의 물리학자로서 동독의 유명 인사가 되었다. 1905년부터 1911년까지 제네바와 뮌헨 대학에서 공부했고 1912년과 1914년에는 뮌헨 대학에서 일했으며 1914년부터 1922년까지는 프라이부르크 대학에서 가르쳤고 1921년부터 교수로 일했으며 1923년부터는 베를린 대학의 교수가 되었다. 베를린 훔볼트 대학 복사 연구소 소장으로 일했고 베를린에 있는 독일 과학 아카데미의 의학 생물학 연구센터 소장이 되었다. 1912년에 폰 라우에의 제안으로 크니핑과 함께 결정에서 엑스선의 회절을 검출하는 실험을 수행했고 최초의 라우에 무늬를 얻었다. 다양한 복사선의 물리적 특성과 생물학적 작용을 탐구했는데 특히 엑스선을 악성 종양 치료에 활용하는 법을 발전시켰다.

[125] [역주] 제동복사 또는 브렘슈트랄룽(Bremsstrahlung)은 대전 입자가 다른 대전 입자에 의해 휘어질 때 대전 입자의 감속으로 만들어지는 전자기 복사를 지칭한다. 보통은 원자핵에 의해 전자가 운동 에너지를 잃으면서 복사선을 방출하게 되는데 연속 스펙트럼(빛띠)의 형태로 방출하고 가속된 입자의 에너지 변화가 증가할 때 더 높은 진동수 쪽으로 전이한다. 엄밀히 말해서 브렘슈트랄룽은 대전된 입자의 가속에서 기인하는 복사를 총칭하므로 싱크로트론 복사와 사이클로트론 복사를 포함한다. 그렇지만 보통은 물질 속에서 전자가 멈출 때 일어나는 복사를 더 좁게 지칭하는 데 쓰인다.

[126] [역주] 라우에(Max Theodore Felix von Laue, 1879~1960)는 독일의 이론 물리학자로 1912년에 결정체에 의한 엑스선 회절을 이론적으로 다루어 엑스선의 이용 및 결정체의 연구에 새로운 장을 개척하여 1914년에 노벨 물리학상을 받았다. 스

뢴트겐선에 관심이 많음을 발견했다. 그는 또한 사람들이 결정에 관심이 있음도 알아냈다. 조머펠트의 학생인 에발트가 라우에에게 결정 원자에 의해 만들어진 공간 격자(살창)에 대해 물었을 때 라우에는 뢴트겐선과 결정을 포함하는 실험을 해보자는 생각을 했다. 뢴트겐선을 결정에 통과시켜 간섭 현상을 찾아보려는 것이었다. 보통의 격자(살창)가 뢴트겐선에 대해서는 작동하지 않지만, 결정을 구성하는 규칙적인 간격으로 배열된 원자들이 뢴트겐선에 대해 일종의 회절(에돌이) 격자(살창)로 작용할지도 모를 일이었다. 그의 제안은 연구소와 근처의 카페에서 논의되었고 많은 이론적 회의주의에 직면했다. 조머펠트 자신도 처음에는 회의적이었고 그의 조수 프리드리히가 귀한 시간을 그것에 허비하기를 원하지 않았다. 라우에는 완강했다. 그는 프리드리히에게 한가한 시간에 실험을 수행해 보기를 제안했다. 그를 돕기 위해 라우에는 뢴트겐의 연구소에서 뢴트겐선 실험을 준비하던 박사 과정생인 크니핑Paul Knipping을 동원했다. 조머펠트는 그 실험의 성공적인 결과에 대해 들었을 때 열광하면서 연구소의 자원을 프리드리히와 크니핑이 마음대로 쓰게 허락했다. 결과로 나온 첫 논문은 협력적 형태를 띠어, 앞부분은 라우에의 "이론적 부분", 뒷부분은 프리드리히와 크니핑의 "실험적 부분"으로 이루어졌다. 그 논문을 그 연구가 수행된 연구소의 소장인 조머펠트가 바이에른 과학 아카데미에 제출했다.[127]

트라스부르, 괴팅겐, 베를린 대학에서 공부했으며 뮌헨·취리히·프랑크푸르트 대학 등 여러 대학의 교수를 역임했다. 그는 광학, 결정학, 양자 이론, 초전도 이론, 상대론 등에 기여했으며, 40년 동안 독일 과학 발전의 입안자로도 활동했다. 그는 나치 반대자였으며 제2차 세계대전 이후 독일 물리학계 부활에 앞장섰다.

[127] Benz, *Sommerfeld,* 58~62. Laue, "Mein physikalischer Wendegang," 193~196. Paul Forman, "The Discovery of the Diffraction of X-Rays by Crystals: A Critique of the Myths," *Arch. Hist. Ex. Sci.* 6 (1969): 38~71. Walter Friedrich, Paul Knipping,

뢴트겐선 회절(에돌이)에 대한 연구는 뮌헨 대학의 두 물리학 연구소 소속 물리학자들의 협동 연구를 포함했다. 이론 물리학 연구소는 그 자체가 라우에의 이론적 제안을 신속하게 검증하는 실험 시설과 인력을 갖춘 물리학의 소우주였다. 그 실험을 준비하는 데는 조머펠트의 관심과 어떤 식으로든 관련 있는 문제를 연구하는 물리학자들의 생생하고 비판적인(거의 너무 비판적인) 논의가 필요했다. 결정 뒤에 놓은 사진 건판 위의 어두운 점의 집합을 라우에가 조사했을 때 예견된 질서를 발견한 것은 라우에에게 이론적 기대의 가치를 입증했다. 결국, 이전에도 뢴트겐선은 결정을 통과시켜 조사된 적이 있었지만, 그 과정은 간섭 효과에 대한 기대가 없이 이루어진 것이었다. 라우에는 그 발견을 물리학의 "위대한 일반 원리들", 그러니까 여기에서는 뢴트겐선의 파동성과 결정의 일반적인 격자(살창) 구조의 원리를 통한 이론적 접근을 확증하는 것으로 간주했다. 그는 또한 그 발견이 다른 곳에서는 거의 볼 수 없는, 조머펠트 연구소에서 얻을 수 있는 과학적 자극을 확증한 것이라고 믿었다. 그가 조머펠트의 집단에 개인적으로 잘 편입되어 있지 않았는데도 그런 일이 일어났다. 디바이에게 그 발견은 조머펠트가 라우에의 능력을 제대로 평가했다는 것을 입증했고 연구소를 자유롭게 이끄는 조머펠트의 지도력의 효과를 보여주었다. 뢴트겐은 처음에 뢴트겐선 간섭의 증명으로 그 실험을 해석하는 데에 대해 미심쩍어했으나 곧 그것이 옳다고 확신했다. 전반적으로 뢴트겐은 뮌헨에서 이론 물리학을 재수립하려는 노력의 결과에 기쁨을 느낄 이유가 있었다. 이 노력 10년 후에 그는 조머펠트에게 "뮌헨 수리 물리학 학파는 정말로 세계 최고 중 하나가 되었다"고

and Max Laue, "Interferenz-Erscheinungen bei Röntgenstrahlen," *Sitzungsber. bay. Akad.*, 1912, 303~322.

말했다.[128]

이 절에서 우리는 다른 절에서와 마찬가지로 반유대주의를 찾아낼 수 있다. 그것이 많은 이론 물리학자의 경력에 영향을 미쳤기에 우리는 그 것에 대해서 좀 더 이야기해야겠다. 독일 대학에서 교수 자리 후보자나 승진 후보자가 유대인이라면 그가 기독교로 개종했다 하더라도 학부와 정부 부처는 그것을 진지한 고려 사항으로 여기기 일쑤였다. 학부 회의 보고서, 학부 구성원의 편지, 정부 부처 관리의 쪽지는, 때로는 조심스럽 다 하더라도, 이 점에 대해서 명확하게 말했다. 실례로, 1890년대 말에 라이프치히 대학 물리학 교수로 세 후보자를 비교하는 보고서는 뢴트겐 과 브라운Braun의 종교에 대해서는 언급하지 않았지만 비너의 종교에 대 해서는 언급했는데 그가 "오래된 기센 복음주의 가정" 출신이라고 했 다.[129] 비너는 유대계가 아니었지만, 그의 이름만 보아서는 그럴 수도 있 어 보였다. 겨우 몇 년 전에 베를린 대학에서 쿤트의 후임과 연관하여 프로이센 문화부는 비너의 조상이 유대계인지를 판단하기 위해 자세히 추적한 적이 있었다. 비너의 태생에 대한 정부 부처의 문의를 받자 그의 동료들은 그 요청을 적절하게 받아들였고 그의 후보 자격에 우호적으로 답변했다. 그렇지만 비너는 베를린의 자리를 얻지 못했다. 그 자리는 학 부의 첫 번째 선택지였던 바르부르크에게 돌아갔는데 그는 유대인이었 고 담당자인 프로이센 문화부 관리가 피하려는 선택지였다.

---

[128] Laue, "Mein physikalischer Werdegang," 197. 라우에가 조머펠트에게 보낸 편지, 1920년 8월 3일 자; 디바이가 조머펠트에게 보낸 편지, 1912년 5월 13일 자; 뢴트 겐이 조머펠트에게 보낸 편지, 1915년 1월 6일 자; Sommerfeld Correspondence, Ms. Coll., DM. Otto Glasser, *Dr. W. C. Röntgen* (Springfield, III.; Charles C. Thomas, 1945), 126.

[129] 라이프치히 대학 철학부가 작센 문화 공교육부에 보낸 편지 초고, 1898년 12월 17일 자, Wiener Personalakte, Leipzig UA, PA 1064.

물리학자가 탁월하다면 그의 유대 기원에 대한 문의는 일축될 수도 있었다. 리케는 1913년에 아헨에서 자리를 잡기 위해 그리로 갈 예정인 카르만[130]에 대해 "그는 유대인이며 그 민족의 특성을 소유하고 있지만, 의심 없이 대단한 인재이다."라고 말했다.[131] 뢴트겐은 바르부르크가 베를린 대학에서 반유대주의를 극복하기를 원했고 바르부르크가 거기에 고용되었을 때 기뻐했다.[132] 그러나 뢴트겐이 별로 물리학자라고 생각하지 않은 코른이 뮌헨의 그의 자리를 사퇴하겠다고 으름장을 놓았을 때 뢴트겐은 고정 관념을 들고 나왔다. "결국, 매우 부유한 사람만이 돈에서 자유로울 수 있다. 피할 수 없는 유대인의 뻔뻔함을 가진 자들은 그런 돈을 사용한다."[133] 에른페스트가 조머펠트에게 뮌헨의 이론 물리학 연구소에서 사강사가 되고 싶다고 말했을 때, 조머펠트는 형식적으로 뢴트

---

[130] [역주] 카르만(Theodor von Kármán, 1881~1963)은 헝가리 태생의 유대계 미국인이다. 수학자, 항공 공학자, 물리학자로서 공기역학에서 중요한 기여를 많이 했는데 특히 항공술과 우주비행술에서 주된 기여를 했다. 공기역학을 연구하는 20세기 이론 연구자 중 탁월한 연구자로 간주된다. 부다페스트 기술 대학에서 공학을 공부하고 1902년에 졸업한 후에 독일로 옮겨와 괴팅겐 대학에서 프란틀에게 수학하여 1908년에 박사학위를 받았다. 괴팅겐에서 4년을 가르치고 1912년에 아헨 고등 공업학교의 항공학 연구소 소장이 되었다. 1922년에 이론 및 응용 역학 국제 연맹(International Union of Theoretical and Applied Mechanics)을 조직했다. 같은 해에 캘리포니아 공과 대학에 있는 구겐하임 항공 연구소의 소장이 되었고 미국에 이민했다. 초음속 비행에서 전문가가 되었고 제트 추진 연구소를 설립하여 미국 공군이 적용할 항공 기술을 연구했다.

[131] 리케가 요하네스 슈타르크에게 보낸 편지, 1913년 2월 1일 자, Stark Papers, STPK.

[132] 바르부르크가 유대인이기에 베를린에서 제기된 반대에 대해 첸더가 뢴트겐에게 보낸 보고서와 뢴트겐이 첸더에게 보낸 답장, 1894년 12월 19일 자, Röntgen, *Briefe an L. Zehnder*, 29~30. 바르부르크는 19, 20세기에 유대계 독일 물리학자로서 연구소의 소장이 된 몇 사람 중 하나일 뿐이었다. 유대계 소장으로는 베를린의 마그누스와 루벤스, 본의 헤르츠도 있다.

[133] 뢴트겐이 첸더에게 보낸 편지, 1906년 12월 27일 자.

겐의 의견을 물어보았다. 조머펠트가 한 "고백 질문[134]"에 대해 뢴트겐은 그가 들은 바로는 에른페스트는 "불같고, 비판적이고, 논쟁적이니" 한 마디로 "유대인 유형"이라고 답했다. 뢴트겐은 "주의"를 권고하면서 조머펠트가 에른페스트를 **"물리학자"**가 되도록 훈련할 수 있을지 의심했다.[135] 조머펠트는 그의 이전의 조수인 디바이에게서 더 결정적인 충고를 얻었다. 디바이는 에른페스트를 어떤 신선한 생각을 억누르고 "극히 해로운 영향"을 조머펠트의 연구소에 끼칠 "고위 사제 유형"의 유대인으로 기술했다.[136] 다음에는 로렌츠가 라이덴 대학에서 그의 후임자가 되어 달라고 에른페스트에게 청했을 때, 디바이는 에른페스트가 거둔 예외적인 성공은 "인종 문제"를 조머펠트가 생각한 만큼 가볍게 생각하지 않은 아인슈타인 덕택이라고 설명했다.[137]

학부들은 그들이 유대인과 관련지은 불쾌한 특질들, "뻔뻔스러움, 건방짐, 비열함Krämerhaftingkeit"을 보인 물리학자들을 경멸했다. 유대인이 아인슈타인이라면 학부는 "개인적 특성"에 대해 재확인했을지 모른다. 그러나 그가 콘이나 아우어바흐거나 아브라함이었다면, 그들의 재능이 보장하는 만큼 그렇게 빨리 또는 그렇게 많이 승진하지 못했을 것이다. 독일의 학문 분야 중에서 이론 물리학은 유달리 유대인의 비율이 높았고 유대인들은 사람들이 더 선호하는 분야인 실험 물리학보다 이 분야에서

---

[134] [역주] 솔직한 대답을 기대하는 질문을 지칭한다. 뢴트겐은 솔직하게 조머펠트에게 유대인에 대한 자기 생각을 말한 것이다.

[135] 뢴트겐이 조머펠트에게 보낸 편지, 1912년 4월 12일 자, Sommerfeld Correspondence, Ms. Coll., DM.

[136] 디바이가 조메펠트에게 보낸 편지, 1912년 3월 29일 자, Sommerfeld Correspondence, Ms. Coll., DM.

[137] 디바이가 조머펠트에게 보낸 편지, 1912년 11월 3일 자, Sommerfeld Correspondence, MS. Coll., DM.

더 많은 기회를 찾아냈다.

이론 물리학 부교수 자리

20세기 초에 대부분의 부교수 자리와 가끔 나오는 개인 정교수[138] 자리는 이전처럼 이론 물리학 교수 자리였다. 이전처럼 이 자리들을 차지한 사람은 대부분 실험 연구자가 우선이었다. 그들은 잘 나가면 보통 실험 물리학 연구소의 소장이 되었다.[139] 그중 실험만큼 이론에 관심이 있는 사람은 소수였다. 실례로, 그라이프스발트 대학의 미Mie, 로스토크 대학의 루돌프 베버Rudolph Weber가 그들이다. 그리고 하이델베르크 대학의 포켈스, 베를린 대학의 보른 같은 소수만이 실험보다 이론에 관심이 있었다.

대부분 대학이 분리된 이론 물리학 연구소를 여전히 갖추고 있지 않았으므로 이전처럼 그 분야의 부교수는 실험 물리학 교수가 이끄는 연구소 안에서 일해야 했다. 그러나 이제 이 제도가 이론 연구자와 실험 연구

---

[138] [역주] 개인 정교수란 특수한 경우에 개인에게만 부여되는 정교수 자리를 의미한다. 이것은 그 자리를 맡은 사람이 그만두게 되면 그 자리는 사라지고 후임자를 뽑지 않는다는 의미로 임시로 설치한 특수한 자리임을 의미한다. 이론 물리학자 중에는 이렇게 개인 정교수로 이론 물리학 또는 두 번째 물리학 정교수 자리를 차지한 사람들이 있었다. 이렇게 맡았던 이론 물리학 개인 정교수 자리가 공석이 되면 대학은 이론 물리학 부교수를 뽑아서 그 역할을 대신하게 하는 것이 일반적이었다.

[139] 뷔르츠부르크 대학에는 데쿠드레(Theodor Des Coudres)와 칸토어(Mathias Cator), 본 대학에는 카우프만(Walter Kaufmann), 프라이부르크 대학에는 쾨니히스베르거(Johann Koenigsberger), 뮌스터 대학에는 코넨(Heinrich Konen), 에를랑엔 대학에는 슈미트(Gerhardt Schmidt), 베넬트(Arthur Wehnelt), 라이거(Rudolph Reiger), 하이델베르크 대학에는 베커(August Becker), 튀빙엔 대학에는 마이어(Edgar Meyer), 브레슬라우 대학에는 프링스하임(Ernst Pringsheim) 등이 있었다.

자 사이에 문제를 일으키면, 이론 연구자들은 비록 정교수 급보다 아래에 있어도 그의 분야가 대학 내에서 고유한 전문 분야로 취급되기를 원했다. 프라이부르크, 하이델베르크, 할레가 그러한 실례에 해당한다.

1903년에 프라이부르크 대학에서 수리 물리학 부교수 자리가 같은 전공의 연구소와 함께 설치되었는데, 그 자리는 제한된 독립을 누렸다. 이 자리에 임용된 사람은 요한 쾨니히스베르거Johann Koenigsberger였는데 그는 이론 연구자로 알려지지 않은 물리학자였다. 그에 대해 물었을 때 포크트는 쾨니히스베르거의 "이론적 능력"을 어떻게 판단해야 할지 알지 못한다고 말했지만, 그는 쾨니히스베르거를 "좋은 관찰자"로 간주했다.[140] 수학자 레오 쾨니히스베르거의 아들인 요한은 처음에 그의 아버지가 있었던 대학인 하이델베르크 대학에서 수학과 자연 과학을 공부하고 그다음에는 프라이부르크 대학에서, 그리고 마지막에는 베를린 대학에서 공부했고, 거기에서 1897년 바르부르크의 지도로 결정 물리학에 대한 논문으로 졸업했다. 그다음에 그는 프라이부르크로 돌아갔다. 거기에서 그는 힘스테트[141]의 조수와 사강사가 되었고 실험 물리학 특히 광물학에서 명성을 수립하기 시작했다.[142]

---

[140] 본 대학 이론 물리학 교수 자리 후보자에 대한 문의에 포크트가 한 답변. 카이저에게 보낸 편지, 1902년 10월 24일 자, STPK, Darmst. Coll. 1924~22.

[141] [역주] 힘스테트(Franz Himstedt, 1852~1933)는 독일의 물리학자로 괴팅겐 대학에서 에두아르트 리케에게 물리학을 배웠으며 같은 대학에서 교수 자격 논문을 쓰고 1878년에 사강사가 되었다. 프라이부르크 대학에서 교수가 되었으며 기센 대학에서 뢴트겐의 뒤를 이었고 1895년에 프라이부르크 대학으로 돌아왔다. 전기 동역학과 전기 역학이 주된 연구 분야였으며 1922년부터 1924년까지 독일 물리학회의 회장이었다.

[142] Schroeter, "Koenigsberger," 236~237. *Aus der Geschichte der Naturwissenschaften an der Universität Freiburg i. Br.,* ed. E. Zentgraf (Freiburg i. Br.: Albert, 1957), 22.

쾨니히스베르거의 "수리 물리학 연구소"에 교육에 사용할 공간을 제공하기 위해 바덴 정부 부처는 적은 액수의 돈을 마련했다. 그곳의 강당은 주된 물리학 연구소에서 분리된 공간으로, 작은 방 둘 사이의 벽을 제거하여 마련되었다. 일하는 급사에게 봉급을 주었는데 이 급사는 주된 물리학 연구소에서 요청이 있으면 거기 가서도 일했다.[143] 충분한 테이블과 의자, 진열장 같은 기본적인 시설이 없었으므로 쾨니히스베르거는 그 연구소를 유지하기 위한 적은 예산 외에 부가 경비를 정부 부처에 요청해야 했다. 1907년에 그는 스스로 장비를 사들이리라 기대할 수 없는 세 명의 박사 과정생을 맡고 있었다. 그는 연구소에서 쓸 분광기를 사고 그 비용을 예산에서 조금씩 돌려받기를 제안했다. 정부 부처는 정부에 추가 비용이 들지 않았으므로 이러한 계획에 반대하지 않았다.[144] 쾨니히스베르거는 정식 조수에게 봉급을 줄 전망이 없었기에 조수를 확보하기 위해 자원자를 받았다. 그의 연구소에서 교육이 개시되자 그는 비용을 충당하기 위해 정기적으로 자신의 호주머니를 털었다.[145]

쾨니히스베르거의 연구소의 가난한 형편 때문에 주된 물리학 연구소의 소장인 힘스테트와 쾨니히스베르거 사이에 갈등이 생겼다. 쾨니히스베르거는 힘스테트가 호의를 베풀리라 여겼는데 그 반대로 자신을 불공정하게 취급한다고 생각했고, 그의 불만을 문서화하기 위해 1913년에 독일 전역의 물리학자들에게 그들의 제도에 대한 설문 조사지를 발송했

---

[143] 바덴 법무문화교육부 관리인 두쉬(Alexander von Dusch)와 뵘(Franz Böhm)의 "이론 물리학 부교수 자리"에 관한 기록, 1904년 11월 25일 자, Bad. GLA, 235/7769.

[144] 쾨니히스베르거가 프라이부르크 대학 철학부에 보낸 편지, 1907년 12월 16일 자, 바덴 법무문화교육부에 보낸 편지, 1908년 6월 22일 자, Bad. GLA, 235/7769.

[145] 쾨니히스베르거가 바덴 법무문화교육부에 보낸 편지, 1912년 6월 7일, 1914년 2월 18일 자; 정부 부처가 쾨니히스베르거에게 보낸 편지, 1914년 2월 24일 자, Bad. GLA, 235/7769.

다. 그는 설문지 수령자에게, 힘스테트가 쾨니히스베르거의 박사 과정생이 몇 년 동안 사용하던 방 둘을 가져가서 쾨니히스베르거의 연구소는 방 하나만 갖게 되어 그 방을 동시에 작업실, 소장실, 연구와 교육 장비를 위한 공간으로 쓰게 되었다고 설명했다. 그리하여 쾨니히스베르거와 그의 학생들은 실험으로 "이론적 고찰"을 검증하는 것이 거의 불가능해졌다. 그는 프라이부르크 대학의 자연 과학 및 수학 학부에 청원할 계획이었다.[146]

그 갈등은 쾨니히스베르거의 연구소에서 박사 과정 학생들의 연구를 통제하는 것과 주로 관련되었다. 쾨니히스베르거는 한 연구소의 소장으로서 완전한 통제권을 가져야 한다고 주장했지만 힘스테트는 쾨니히스베르거를 단지 손님으로만 간주했고 쾨니히스베르거의 학생들이 쾨니히스베르거에게 빌려준 공간에서 연구를 시작하기 전에 그에게 오기를 요구했다. 힘스테트는 쾨니히스베르거에게 관대하게도 자신에게 꼭 필요한 방 둘을 쓰게 해주었다고 주장했다. 그리하여 물리학 연구소가 비좁아져서 힘스테트는 자신의 박사 과정생의 수를 제한해야 했고 교사 지망생이 쓸 실험실이 강당의 강단 아래에 창문이 없는 공간에 마련되어야 했다. 여러 해 동안 그 갈등은 해결되지 않고 지속되었고, 1919년에 쾨니히스베르거는 정부 부처에 호소했다. 정부 부처는 프라이부르크 대학 학부의 구성원 둘에게 그 문제를 조사하고 해결해 달라고 요청했다. 그들의 결론은 쾨니히스베르거의 불평 목록이 설득력이 없다는 것이었지만 그들은 그 다툼이 물리학 연구소와 수리 물리학 연구소 모두의 공간이 부적절하다는 "새로운 증거"라고 제대로 짚었다.[147]

---

[146] 쾨니히스베르거가 아우어바흐에게 보낸 편지, 1913년 1월 8일 자, Auerbach Correspondence, STPK.

[147] 쾨니히스베르거가 바덴 문화교육부에 보낸 편지, 1919년 2월 15일, 28일, 10월

바덴의 다른 대학인 하이델베르크 대학에서 쾨니히스베르거의 위치에 있는 사람은 포켈스[148]였다. 그의 스승 포크트처럼 포켈스는 "포괄적인 이론적 전개"로 가장 잘 알려진 능숙한 관찰자였고 쾨니히스베르거는 그를 "본질적으로 이론 연구자"라고 묘사했다.[149] 포켈스는 물리학의 수학적 방법에 관한 교재를 출간했는데 이 교재는 단일한 편미분 방정식에 대해 300쪽 이상을 할애한 저작이었다. 그는 또 하나의 책을 출판했는데 이는 그의 전공인 결정 광학에 관한 것이었고 그 주제에 관한 가장 엄밀한 수학적 제시로 알려졌다.[150] 1900년이 되면 포켈스는 독일에서 전도양양한 젊은 이론 물리학자 중 하나로 인정받았다.[151]

그해 포켈스는 레나르트[152]를 대신해 하이델베르크 대학 이론 물리학

18일 자; 힘스테트가 프라이부르크 대학 과학 수학 학부에 보낸 편지, 1919년 7월 21일 자; 프라이부르크 생리학자 데커(Deecke)의 편지, 1919년 7월 29일 자, Bad. GLA, 235/7769.

[148] [역주] 포켈스(Friedrich Pockels, 1865~1913)는 독일의 물리학자로 브라운슈바이크 고등종합기술학교에서 공부하고 프라이부르크와 괴팅겐 대학에서도 물리학을 공부했다. 1888년에 괴팅겐 대학 물리학 및 광물학 연구소에서 조수가 되었으며 1892년에 교수 자격 논문을 쓰고 1896년에 드레스덴 고등공업학교에서 물리학 부교수가 되었으며 1900년부터 1913년까지 하이델베르크 대학에서 이론 물리학 부교수로 가르쳤다.

[149] 도른(Ernst Dorn)이 [빌헬름 빈?]에게 보낸 편지, 1903년 1월 25일 자, Ms. Coll., DM. Koenigsberger, "Pockels," 19.

[150] Friedrich Pockels, *Über die partielle Differentialgleichung, $\Delta u + k^2 = 0$ und deren Auftreten in der mathematischen Physik* (Leipzig, 1891); *Lehrbuch der Kristalloptik* (Leipzig and Berlin: B. G. Teubner, 1906). Koenigsberger, "Pockels," 19.

[151] 포크트와 볼츠만 등은 그렇게 생각했다. 볼츠만은 그를 "순수 수학자에 더 가깝다고" 생각했다. 포크트가 쾨니히스베르거에게 보낸 편지, 1899년 6월 6일 자, STPK, Darmst. Coll. 1923.54. 볼츠만이 레오 쾨니히스베르거에게 보낸 편지, 1899년 6월 3일 자, STPK, Darmst. Coll. 1922.93.

[152] [역주] 레나르트(Philipp Lenard, 1862~1947)는 독일의 물리학자로 1905년에 음극선(전자)에 관한 연구와 그에 관련된 많은 성질을 발견한 공로로 노벨 물리학상을 받았다. 그의 연구는 전자공학과 핵물리학 발전에 크게 기여했다. 1893년 본 대학

부교수로 와달라고 요청받았다. 그 자리를 받아들임으로써 포켈스는 쾨니히스베르거가 프라이부르크 대학에서 벌였던 이론 물리학 분야의 독립을 위한 투쟁에 원하지 않게 합류하게 되었다. 새로운 하이델베르크 대학의 자리는 물리학 연구소의 소장인 크빙케의 "지도로" 이론 교육과 실험 교육의 "부분"을 떠맡을 유급 물리학 부교수 자리를 확보하기 위한 과학학부의 요청에 따라 1896년에 만들어졌다. 그 자리가 레나르트에게 제안되었을 때 그는 자신을 임용하는 조건이 실험실 과목에서 실험 교수를 지원하면서 그 "지원"이 교육에만 제한되어야 하며 "이론(또는 수리) 물리학을 (독립적으로) 담당"하게 하려는 것이어야 한다고 주장했다. 그는 이론 강의의 선택에서 "완전한 독립"을 주장했고 실험실 과정에서는 "어떤 종류의 의무도 조수에게 부여하지 않아야 한다"고 주장했다. 바덴 정부는 그를 부교수 자리에만 임용했고 실험실 교육에 대해서는 어떤 언급도 하지 않았지만, 학부와 레나르트 자신은 그의 직무 할당이 정의한 대로라고 이해했다.[153] 발터 쾨니히Walter König는 나중에 부교수

에서 강사이자 하인리히 헤르츠의 조교로 일한 후 브레슬라우(1894)·아헨(1895) 고등공업학교와 하이델베르크(1896)·킬(1898) 대학에서 물리학 교수를 지냈다. 1907년 하이델베르크 대학으로 되돌아와 그곳에서 1931년 퇴임할 때까지 물리학 교수로 재직했다. 음극선이 얇은 금속막을 통과하는 성질을 발견하고 이것을 적용하여 음극선이 진공에서 공기로 빠져나갈 수 있도록 알루미늄 창(窓)이 달린 음극선 관을 만들었다(1898). 또 인광막(燐光膜)을 이용하여, 막을 관에서 멀리할수록 선의 수가 줄어들고, 어떤 거리 이상이 되면 선이 사라지는 것을 확인했다. 이 실험은 물질의 음극선 흡수력이 화학적 성질이 아니라 밀도에 좌우되며, 선의 속도가 증가할수록 오히려 흡수는 감소한다는 사실을 보여주었다. 1899년 빛이 금속 표면에 부딪힐 때 음극선이 생기는 것을 밝혀냈는데, 이 현상은 후에 광전 효과로 알려졌다. 레나르트는 이외에도 자외선, 불꽃의 전기 전도성, 인광성에 관해서도 연구했다. 열렬한 나치즘 지지자로서, 아인슈타인의 상대성 이론을 포함한 '유대인' 과학을 공공연히 비난했다.

[153] 하이델베르크 대학 과학 수학 학부 슈텡겔(Adolph Stengel) 학부장이 바덴 법무문화교육부에 보낸 편지, 1894년 4월 30일 자; 과학 수학 학부가 바덴 법무문화교육

자리를 실험실 교육의 지원과 분리하는 경우는 없다고 지적했다. 왜냐하면, 부교수의 적은 봉급보다 많은, 수입의 큰 부분이 실험실 학생들의 수강료에서 나왔기 때문이었다. 레나르트가 다른 곳에서 실험 연구소를 지도해 달라는 제안을 받았을 때, 하이델베르크 대학 평의회는 정부 부처에 레나르트를 붙들어 두라고 촉구했고 하이델베르크 대학에서 그가 재직하는 동안 그의 이론 물리학 부교수 자리를 정교수 자리로 바꾸어주자고 제안했다. 하지만 정부 부처는 어찌 되었든 두 번째 물리학 교수 자리를 상향 조정하는 것은 좋지 않은 권고라고 생각했다.[154]

레나르트가 가버리자 하이델베르크 대학은 먼저 드루데를 데려오려고 애를 썼고 다음에는 쾨니히를 데려오려고 애를 썼다. 두 사람 모두 레나르트의 일과 유사한 일에 대해 어느 정도 알고 있었다. 그들은 작은 연구소에 해당하는 시설을 갖춘 독립적인 자리를 상상했다. 처음부터 레나르트는 자신의 연구를 위해 물리학 연구소의 예산으로는 들여놓을 수 없는 기구들을 사달라고 자금을 요청했었다. 그는 4,000마르크를 "과학적 도구(장치, 기구, 기타 기물)를 확보"할 돈으로 받았다. 이 기구 컬렉션은 이제 그의 후임자에게 갈 것이었다. 그 외에 드루데는 자신의 대학인 라이프치히 대학이 이미 그에게 약속한 것을 하이델베르크 대학

부에 보낸 편지, 1896년 6월 15일 자; 바덴 법무문화교육부가 과학 수학 학부에 보낸 편지, 1896년 6월 3일 자; 과학 수학 학부 회의록, 1896년 6월 10일 자; 레나르트의 하이델베르크 자리 수락서, 1896년 10월 4일 자; 하이델베르크 대학 평의회가 하이델베르크 대학 학부에 보낸 편지, 1896년 11월 2일 자; Bad. GLA, 235/3135. Riese, *Hochschule*, 146~147.

[154] 하이델베르크 대학 평의회가 바덴 법무문화교육부에 보낸 편지, 1898년 3월 2일 자; 쾨니히(Walter König)가 "Geheimrat"에게 보낸 편지, 1899년 2월 12일 자; 바덴 문화교육부가 하이델베르크 대학 과학 수학 학부에 보낸 편지, 1913년 1월 11일 자; Bad. GLA, 235/3135.

에서도 받을 수 있으리라 기대할 수 있었다. 즉, 이론 물리학 정교수 자리, 실험실에서 물리학 교수를 도울 의무 없음, 레나르트가 받은 것보다 상당히 많은 봉급, 많은 수의 학생이 그것이었다. 포켈스는 하이델베르크로 직접 가서 연구소의 시설과 제도를 확인하고서 연구 학생을 갖는 기회를 포함하여 그가 라이프치히 대학의 자리에서 현재 "더 큰 독립"을 누린다는 "단 한 가지" 이유로 추가 협상 없이 하이델베르크 자리를 거절했다.[155] 쾨니히는 하이델베르크 이론 물리학 부교수 자리 제안을 받아들였고 그도 즉시 그 자리가 "거의 독립적이지 않은 성격"을 가지는 것에 대해 걱정을 표명했다. 그러나 그때에는 그가 대학에 자리가 없었으므로 그 자리를 그가 받아들일 수 있는 자리로 바꾸려고 노력했다. 그러나 결국 쓸데없는 노력임이 드러났다. 이론 물리학 부교수로서 그는 자신의 연구를 할 수 있으리라 기대했을 뿐 아니라 연구 학생과 박사 과정생을 가질 수 있을 것으로 기대했다. 자신의 연구만 위해서라면 크빙케가 그에게 제안할 수 있었던 방 하나로 충분했을 것이다. 학생들과 자신의 연구를 위해 그는 전적으로 마음대로 쓸 수 있는 3, 4개의 방, 거기를 가구와 기구로 채울 수 있는 재원, 2,000~3,000마르크의 예산, 급사나 기계공, 나중에는 조수가 필요했다. 이론 물리학 강의와 관련하여 그는 그 강의가 "완전히 추상적인 수학 형태"로 주어진다면 그 과목의 "특성"과 맞아 떨어지지 않을 것이라고 말했다. 때때로 그 이론들의 실험적 토대를 보여주어야 할 것이기에 작고 적절하게 장비가 갖추어진 강당도

---

[155] 바덴 법무문화교육부가 하이델베르크 대학 평의회에 보낸 편지, 1898년 5월 3일 자; 기구들을 사들이는 데 쓸 자금을 레나르트가 요청한, 1896년 9월 6일 자; 드루데가 "Geheimrath"에게 보낸 편지, 1898년 7월 16일, 29일 자; Bad. GLA, 235/3135. 1897년 레나르트에게 가는 지원금, Heidelberg UA, IV 3e Nr. 53, 1875~1929.

필요했다. 쾨니히는 이론 물리학 강의와 하이델베르크 대학의 주된 물리학자가 시간을 낼 수 없는 물리학의 특별한 주제에 대한 강의 외에도 응용 물리학, 특히 전기 기술에 관한 과정을 교사들을 위해 맡겠다고 제안했다. 이것은 그의 수입을 높일 것으로 예상되었고, 또한 그가 설명한 대로 "하이델베르크 대학의 두 번째 물리학 연구소"의 유용성을 증진할 것이었다.[156]

거의 2년의 협상 후에, 이론 물리학 교수 자리가 드루데와 쾨니히에 이어 세 번째 후보자에게도 거절당할지 모른다고 걱정하여, 하이델베르크 대학 과학학부는 실험실 과목을 크빙케와 함께 가르치는 의무를 면하게 해주고 새로운 부교수가 사용할 강당을 보장해 줌으로써 그 자리가더 매력을 갖게 하려고 했다. 정부 부처는 그들의 제안에 대해 "물리학 연구소에서 분리된 특수 연구소는 창설될 수 없고" 새 교수는 모든 방면에서 기존의 물리학 연구소에서 일해야 한다는 의견으로 대응했다. 당시 드레스덴 공업학교에서 수리 물리학을 가르치고 있었던 포켈스가 새 교수가 되어, 이론 물리학 강의를 할당받고 "이론 물리학 장치, 즉 레나르트의 기구 컬렉션의 관리자"가 되었다.[157]

---

[156] 하이델베르크 대학 과학 수학 학부가 바덴 법무문화교육부에 보낸 편지, 1898년 12월 28일 자, 쾨니히가 "Geheimrat"에게 보낸 편지, 1899년 2월 12일 자, Bad. GLA, 235/3135.

[157] 하이델베르크 대학 과학 수학 학부의 슈텡겔 학부장이 바덴 법무문화교육부에 보낸 편지, 1899년 11월 16일과 1900년 1월 23일 자; 교육부가 하이델베르크 대학 평의회에 보낸 편지, 1899년 12월 8일 자; Bad. GLA, 235/3135. *Ruperto-Carola, Sonderband. Aus der Geschichte der Universität Heidelberg und ihrer Fakultäten,* ed. G. Hinz (Heidelberg: Braunsdruck, 1961), 440. 레오 쾨니히스베르거가 제안한, 이론 물리학자에게 더 큰 독립을 주자는 제안, 즉 크빙케를 실험실에서 도와주는 의무에서 포켈스를 해방하는 것에 대한 학부 논쟁에서, 크빙케는 연구소에서 소장의 권한은 무제한이어야 한다고 주장했다. 그러나 이 사례에서 그의 관점은 받아들여지지 않았다. Riese, *Hochschule,* 147.

그의 시설이 물리학자들이 이론 물리학 부교수 자리에 당연히 따라오리라 생각하게 된 것에 훨씬 미달했지만, 포켈스는 하이델베르크 대학에서 이론 물리학자의 자리에 있는 물리학자가 항상 얻지 못하는 장점도 누렸다. 그에게는 물리학 연구소와 독립적으로 운영할 수 있는 조촐한 액수의 연례 예산과 자신의 기구 컬렉션, 그리고 여러 학기에 걸쳐 일련의 강의를 이어가는 강의 순환과 가끔 있는 세미나 실습을 제안하기에 충분한 수의 학생들이 있었다. 포켈스는 여전히 물리학 연구소에서 일하고 있었고 적어도 그가 보기에 연구소 소장에 대한 자신의 위치가 공식적으로 명쾌하게 제시된 적은 없지만, 자신이 교육에서 특별한 전문가라고 느꼈다.[158] 그와 크빙케의 관계는 우호적이었다. 그러나 레나르트가 크빙케를 대신하기 위해 하이델베르크로 돌아왔을 때 이론 물리학의 자율권을 놓고 그와 포켈스 사이에 난감한 일들이 발생했다. 포켈스는 레나르트가 우호적이지 않은 동료라고 생각했고 하이델베르크를 떠나고 싶다는 생각을 사람들에게 드러냈다.[159] 1911년에 바덴 교육부는, 대학 교수진은 정상적으로는 정교수로만 구성되지만, "특수한 분야"를 대표하는 부교수도 그 분야와 관련된 문제에서, 투표권을 가진 구성원이 된다는 명령을 발표했다. 레나르트는 이 명령에 강력하게 반발했다. 그는 자신이 물리 이론으로 박사학위를 받으려는 박사 과정생을 지도하고 시험하기에 충분한 이론 물리학자라고 생각했고 원칙상 순수하게 이론적인 박사 논문은 배제하기를 원했다. 이 문제를 두고 1년간의 갈등 후에

---

[158] 하이델베르크 대학 과학 수학 학부의 슈텡겔 학부장이 바덴 법무문화교육부에 보낸 편지, 1900년 1월 23일 자; 포켈스가 빌헬름 빈에게 보낸 편지, 1903년 3월 14일 자, Wien Papers, Ms. Coll., DM. 포켈스가 라웁(Jakob Laub)에게 보낸 편지, 1912년 3월 12일 자, Ms. Coll., DM, 1961/22.

[159] 포크트가 카이저에게 보낸 편지, 1908년 3월 8일 자, STPK, Darmst. Coll. 1924.22. Riese, *Hochschule*, 147.

포켈스는 학부에 이론 물리학이 교육부의 명령이 의미하는바 "특수한 분야"로 인식되어야 한다고 요청했다. 총 학부 회의에서 레나르트는 상세하게 포켈스의 요청을 공격했지만, 학부의 다른 구성원들은 그것에 찬성표를 던졌고 결국 레나르트도 그렇게 했다. 실제로 포켈스의 "승리" 는 문제를 별로 개선하지 못했다. 왜냐하면, 그는 여전히 물리학 연구소에서 공간을 확보하려면 레나르트의 호의에 의존해야 했기 때문이었다. 레나르트는 마지못해 1912년에 건립된 새 물리학 연구소에서 방 셋을 그에게 내주었지만, 포켈스가 그 방들을 "연구소"나 "이론 물리학과"로 명명하지 못하게 했다. 이론 물리학 박사학위에 대해서는 레나르트가 여전히 학위 수여를 거절할 다른 이유를 발견할 수 있었다. 그 부분에 대해 바덴 문화부는 부교수의 위치가 강화되지 않아야 물리학 연구소에서 갈등을 피할 수 있다는 견해를 밝혔다. 문화부는 그 자리를 평생을 보낼 자리가 아니라 젊은이를 채용할 임시적인 자리라고 보았다.[160]

그럼에도 제한된 의미에서 포켈스는 그 사례를 이론 물리학을 독립적인 분야로 간주하라는 주장을 피력하는 기회로 사용한 것이다. 포켈스의 이른 죽음 이후에 레나르트가 하이델베르크 대학에서 이론 물리학 정교수 자리를 설치하려 고려할 만큼 포켈스의 성과를 보여 주었지만, 그것도 아인슈타인처럼 정말로 좋은 사람을 얻을 수 있을 때로만 한정되었다. 그가 포켈스를 대신하기를 원했던 이론 물리학자가 어떤 학자여야 할지 조머펠트, 플랑크, 빈에게 보낸 설명은 포켈스에 대한 설명과 상당히 비슷하게 들렸다. 레나르트는 훌륭하고 철저한 교육을 모든 물리 분야에서 받고 훌륭한 수학적 재능을 소유한 물리학자를 원했다.[161]

---

[160] 포켈스가 라웁에게 보낸 편지, 1912년 3월 12일 자. 바덴 문화교육부가 하이델베르크 대학 과학 수학 학부에 보낸 편지, 1913년 1월 11일 자. Riese, *Hochschule*, 147.

하이델베르크에서 포켈스의 불행은 드루데나 쾨니히가 그 자리를 맡았더라도 겪었어야 할 불행이었다. 관련된 인물들은 차치하고 그 불행은 이론 물리학 교수들이 독립적인 강의 분야를 얻으려는 욕망을 가질 때 부딪히는 일반적인 문제들에서 기원했다. 하이델베르크 과학학부는 이론가의 목표는 박사 과정생을 훈련하는 것이어야 함을 이해했다. 이론 물리학 부교수에게 이론 또는 이론과 관련이 있는 실험에서 박사 과정생을 지도하는 기회는 적어도 두 가지 이유에서 중요했다. 박사 과정생을 지도하면 자신의 교육에서 더 많은 만족을 얻었고 보통 실험 물리학에서 가장 많이 주어지는, 정교수로 진급하기 더 좋은 위치에 서게 되었다. 뒤의 이유에서, 여전히 이론 연구자들도 일반적으로는 이론 연구와 관련하여 실험 연구를 수행하리라 기대를 받았고 그러려면 그들은 실험실이 필요했다. 학부는 그들의 물리학 연구소가 공간이 부족하여 이론 물리학 부교수가 마음대로 쓸 수 있는 다수의 실험실을 갖는 것이 불가능하게 된 것을 유감스러워했다.[162]

이론 물리학자의 활동이 실험 물리학 교수가 통제하는 물리학 연구소의 공간으로 제한되는 한, 이론 물리학자의 완전한 독립은 있을 수 없었다. 독립의 정도는 실험 연구자와의 개인적 관계에 의존했는데 그들의 관계는 종종 만족스러웠다. 그러나 각 물리학 연구소에서 제도의 성격은, 할레의 예가 보여줄 것처럼, 그들에게 불리하게 작용했다.

1895년에 할레 대학 이론 물리학 개인 정교수인 도른[163]은 할레 대학

[161] 레나르트가 조머펠트에게 보낸 편지, 1913년 9월 4일 자, Sommerfeld Correspondence, Ms. Coll., DM.
[162] 슈텡겔 학부장이 바덴 법무문화교육부에 보낸 편지, 1900년 1월 23일 자.
[163] [역주] 도른(Friedrich Ernst Dorn, 1848~1916)은 독일의 물리학자로 나중에 라돈으로 명명될 방사능 물질을 최초로 발견했다. 쾨니히스베르크 대학과 할레 대학에서 교육을 받고 헤르만 크노블라우흐의 뒤를 이어 할레 대학에서 실험 물리학

실험 물리학 정교수이자 물리학 연구소의 소장으로서 콜라우시의 후임 자가 되었다.[164] 동시에 그와 학부와 감독관은 그의 이전 임무를 담당할 이론 물리학 부교수를 요청했다. 포켈스의 이름이 올라왔지만, 그 자리 는 1889년 이후로 이론 문제를 선호했던 "물리학" 사강사 슈미트Karl Schmidt에게 돌아갔다. 장관은 1895년 슈미트의 분야를 도른과 "일치"하 도록 이론 물리학이라고 기술했다. 그 "일치"는 실제로는 절대로 달성되 지 않았으니, 다음 몇 년에 걸쳐 도른에 대한 슈미트의 독립 정도, 이론 물리학과 실험 물리학의 관계, 연구소에서의 공간 분배가 반복적으로 논란이 되었다. 도른 자신도 한때 정교수로서 부교수인 슈미트가 맡은 특수한 분야를 맡은 적이 있었다. 그러므로 도른은 슈미트가 품은 욕망 이 무엇인지 잘 알았기에, 슈미트를 단념시키려고 정교수라는 자신의 더 높은 직위를 사용하기가 쉽지 않았다. 그래서 그는 물리학 연구소의 소장으로서의 권위와 단독 책임을 통해 이론 물리학보다 실험 물리학이 우월함을 주장했다. 이렇게 가려진 형태로 도른은 할레 대학에서 이론 물리학에 대한 어떤 독립성도 대부분 부인했다. 도른의 관점에서 보면, 슈미트는 연구소 내의 올바른 관계를 인식하지 못했다. 슈미트는 효력상 공동 소장에 해당하는 권리를 주장하려고 했다. 슈미트는 이론 물리학에 대한 강의와 더불어 응용 물리학에 대한 강의도 개설했고 그것 역시 또 다른 방향에서 도른을 위협했다. 실례로 슈미트는 1896~1897학년도에 전기 기술에 대해 철도 공무원들에게 강의했고 그것을 정규 강의로 만들 기를 원했다. 도른은 그것을, 자신의 물리학 연구소를 희생시키면서 아

정교수와 물리학 연구소장이 되었다. 1900년에 러더퍼드의 토륨 방사능에 대한 연구를 확증했고 라듐을 연구하여 방사능을 가진 방출물의 존재를 발견했으나 그 것이 방사능을 가진 기체(라돈)인 것은 알지 못했다.
[164] 할레 대학 기록보관소의 소장인 슈바베(H. Schwabe) 박사의 전언.

직 배아 상태인 전기 기술 연구소를 키우려는 것으로 보았다. 1912년에 슈미트는 개인 정교수가 되었지만, 그가 할레 대학에서 실질적인 독립성을 획득한 것은 1915년이 되어 순수 물리학뿐 아니라 응용 물리학을 연구할 임시 실험실이 설립되었을 때였다.[165]

박사 과정 학생을 제어하겠다고 주장하면서 이론 물리학의 담당자가 독립을 주장하는 일이 일어날 시기에, 두 분야의 물리학이 제도적인 분리가 심화한다는 표지가 되는 일들도 일어났다. 그중 하나의 표지는 이론 물리학 부교수가 이제는 종종 그들의 자리에 영구적으로 머물러야만 했고 다른 신진 이론 물리학자들은 전혀 진급하지 못하게 된 것이었다. 그들은 실험 정교수 자리로 초빙되지 않았고 그들이 진급할 수 있을 이론 물리학 교수 자리는 별로 없었다. 스트라스부르 대학에서 콘은 35년간 부교수로 있다가 1918년에 정교수 직위를 얻었지만, 그것은 그가 교육에서 은퇴하기 직전이었다. 예나 대학에서 아우어바흐는 35년간 부교수로 머물렀다. 다른 이들, 가령 쾨니히스베르거, 포켈스, 칸토어Mathias Cantor는 1900년 이후에 그들의 자리를 얻었는데 부교수 자리가 그들의 마지막 자리였다.[166] 앞의 표지가 이론 연구자들에게 용기를 잃게 하는

---

[165] 앞날을 미리 이야기하자면, 카를 슈미트가 1927년에 은퇴했을 때 그의 자리는 개인 정교수이자 새로운 이론 물리학 연구소의 소장인 슈메칼(A. G. S. Smekal)이 대신했다. 그의 자리가 정식 정교수 자리로 전환된 것은 1934년이었고 이로써 마침내 할레 대학에서 이론 물리학의 발전은 완전한 독립을 이루었다. H. 슈바베 박사의 전언.

[166] 유능한 이론 물리학 부교수들은 이론 물리학 분야 분리에 수반하는 난관에 더해 승진의 난관에도 봉착했다. 가령, 그들이 영향력 있는 권위자를 비판하는 일을 하거나, 다수가 그러했듯이, 그들이 유대인이라면, 우리가 이미 논의했듯이, 승진하기 어려웠다. 같은 난관이 사강사에서 이론 물리학 부교수로 진급하는 데 있을 수 있었다. 가령, 막스 아브라함의 경우가 그러했다. 아인슈타인이 클라이너에게 보낸 편지, 1912년 4월 3일 자, ETHB. 취리히 대학 철학부의 수학 자연 과학부의 위원회, 1912년 4월 6일 자, STA K Zurich, U. 110b. 2, Laue. Arnold Sommerfeld,

만큼 또 하나의 분리의 표지는 격려가 되는 것이었다. 그 표지는 이론 물리학 안에서 전체적으로 성공적인 경력이 점점 늘어나고 있었다는 점이다. 그중 몇 개가 우리의 마지막 예인 취리히 대학에서 시작되었다.

취리히 대학에서는 이론 물리학이 아주 탁월한 재능을 갖춘 이론 연구자들에 의해 부교수 수준에서 연속하여 교육되었다. 아인슈타인, 라우에, 디바이가 그들인데 그들은 모두 독일에 있는 이론 물리학으로 유명한 자리들로 옮겨갔다. 그들의 후임자는 슈뢰딩거였는데 그 분야로 취리히에서 첫 번째 정교수가 되었다. 이론 물리학에서 취리히 대학의 명성은 당연하게 기대되는 것은 아니었다. 왜냐하면, 그 대학은 물리학에서 확립된 연구 중심지가 아니었기 때문이다. 취리히 대학 물리학 연구소의 소장인 클라이너[167]는 "위대한 물리학자"가 아니었다고 아인슈타인은 말했다. (그렇지만 그것이 아인슈타인에게는 큰 차이가 없었다. 그는 "과학적 명성과 위대한 인성은 항상 함께 가는 것이 아니다"라고 믿었기 때문이다. 클라이너는 후자였다.)[168] 클라이너는 물리 교육의 필요성을 이해하고 있었고 아인슈타인을 초기에 지지한 것에서 보여주듯이, 연구에 대한 재능을 잘 판단했다.

"Abraham, Max," *Neue deutsche Biographie* 1: 23~24. Max Born and Max Laue, "Max Abraham," *Phys. Zs.* 24 (1923): 49~53 중 53.

[167] [역주] 클라이너(Alfred Kleiner, 1849~1916)는 스위스의 물리학자로 취리히 대학에서 아인슈타인의 논문 지도 교수였다. 1874년에 취리히 대학에서 박사학위를 받았고 1890년대 초에 중력의 변화가 차폐로 야기될 수 있는지를 결정하는 실험을 수행했으나 실험 오차 이상의 효과를 관측하지 못했다. 그는 아인슈타인과 일찍이 움직이는 물체의 전기 동역학에 대해 논의했고 그의 생각을 발전시키는 토대를 제공했다. 1905년에 아인슈타인이 박사학위를 받기까지 그의 논문을 지도했다.

[168] Carl Seelig, *Albert Einstein: Eine dokumentarische Biographie* (Zurich: Europa-Verlag, 1952), 98. 영역본, M. Savill 역, *Einstein: A Documentary Biography* (London: Staples, 1956). 우리가 영역본을 쓸 때에는 이 판본을 지칭했다.

20세기 초에 취리히 대학은 시대에 뒤처져 있었다. 바젤, 베른, 제네바, 로잔에 있는 다른 스위스 대학들에는 독일 대학들처럼 적어도 두 명의 물리학 교수가 있었으니 하나는 실험 물리학, 다른 하나는 이론 물리학을 담당했다. 그러나 취리히 대학에는 단 한 명의 물리학 교수만 있었다. 클라이너가 두 번째 교수 자리를 만들기 위해 그 사정을 피력했다. 클라이너의 주장으로는, 19세기에 물리학 교육은 두 방향으로 발전했다. 두 방향 모두 "매우 확장된 전문 분야"가 되었다. 이전에는 한 사람이 두 방향으로 가르치는 것이 관습적이었지만 교육 실험실이 생기면서 그것이 불가능해졌고, 한 사람이 인기 있는 기초 과목을 가르치고 또 한 사람이 물리학의 "특히 빼어난 과학 부문" 즉 작은 과목들을 가르치는 것이, 당시 모든 곳에서 채택한 답이었다. 클라이너 자신은 취리히 대학에서 실험 강의와 이론 강의를 모두 개설해 왔지만 이제 1909년에 그는 더는 그 짐을 혼자서 지기를 원하지 않았다. 취리히는 바로 직전에 물리학 실험실을 얻었는데 이 실험실에 두 번째 물리학 교수를 초빙해야 정당하다고 클라이너는 주장했고 학부는 동의했다. 남아있는 유일한 질문은 누구를 고용할 것인가였다.[169]

취리히 대학 학부는 그들이 부교수로 받아들여야 할 전문가의 새로운 유형에 대한 정보를 받아야 했다. 그들은 두 종류의 이론 물리학자가 있다고 들었다. 첫째, "순수수학자"가 있다. 그들은 실험에서 떨어져 이론에만 관심을 둔다. 그들은 강의하고 그 외에 다른 임무가 없다. 그들은 19세기의 클라우지우스, 키르히호프, 20세기의 플랑크, 조머펠트 같은 이들이다. 다른 유형의 이론 물리학자는 실험 연구를 한다. "이론 물리학

[169] 취리히 대학 철학부 2부의 슈톨(C. Stoll) 학부장이 취리히 주 교육부 장관에게 보낸 편지, 1909년 3월 4일 자, STA K Zurich, U. 110h. 2, Einstein.

자는 더는 지우개와 분필만 필요한 사람이 아니다." 이 유형은 포크트와 데쿠드레로 대표된다. 그들에게는 이 목적을 달성할 장비가 갖추어진 연구소가 있다. 그 상황에서 취리히는 두 유형의 이론 연구자를 모두 시도해 보았다. 후자 중에 디바이, 전자 중에 아인슈타인, 라우에, 슈뢰딩거가 있었다. 물론 그들 중 적어도 라우에는 취리히에 있는 동안 몇몇 실험을 했다.[170]

연속적인 임용을 거치면서 취리히 대학의 자리는 그 자리를 잡은 개인 물리학자들의 흥미와 대학의 교육적 필요와 그 자리에 대한 대학의 경험, 그리고 교육 분야로서 이론 물리학의 발전 때문에, 자율성과 중요성이 더 커지는 방향으로 발전했다. 아인슈타인은 아마도, 그리고 디바이는 분명히 이론 물리학에 대해 강의할 뿐 아니라 클라이너를 실험실에서 돕도록 임무 할당을 받았다. 그러나 라우에가 임용될 때가 되면 취리히는 이론 물리학이 큰 교육 분야이고 이론 연구자들은 그것에 집중해야 하며, 디바이가 그랬던 것처럼, 실험 임무를 공유하지 말아야 한다는 인식을 하게 되었다.[171]

아인슈타인과 라우에는 2년간 취리히 대학에 머물렀고, 디바이는 1년간 머물렀는데 셋 모두 그들의 임용 기간인 6년보다 훨씬 짧게 머물렀다. 디바이의 임용을 반대한 근거는 그의 재능이었고 또한 그것은 그의 임용을 찬성하는 주된 근거이기도 했다. 재능은 오래 숨겨져 있지 않을 것이

---

[170] 취리히 대학 철학부 학부장이 취리히 주 교육부 장관에게 보낸 편지, 1911년 3월 22일 자, STA K Zurich, U. 110b. 2, Debye.

[171] 취리히 주 교육부 장관이 "Regierungsrat"에게 보낸 편지, 1909년 5월 6일 자, STA K Zurich, U. 110b. 2, Einstein. 교육부 장관이 "Regierungsrat"에게 보낸 편지, 1911년 4월 6일 자, STA K Zurich, U. 110b. Debye. 교육부 장관이 "Regierungsrat"에게 보낸 편지, 1912년 7월 16일 자, STA K Zurich, U. 110b. Laue.

라고 학부는 말했고 학부는 디바이가, 실제 그랬듯이, 곧 다른 곳으로 초빙받을 것이라고 예상했다. 외국의 일자리로 갈 협상을 시작하기 전에 정부에 알릴 것을 디바이에게 요구한 것은 취리히 대학에 도움이 되지 않았다. 그는 초청을 받자 적기에 그들에게 보고했고 봉급 인상과 취리히 대학 정교수 자리의 전망에도 불구하고 단순히 그가 원하는 자리를 받아들였다. 취리히에서 그들의 첫 임지를 찾은 디바이와 다른 젊은 이론가들은 외국에서는 쉽게 국경을 넘어 데려올 수 있는 재원들로 여겨졌다. 아인슈타인은 스위스에서 오스트리아로 옮겼고, 라우에는 미국으로 초청받았으나 독일로 옮겼다. 디바이는 독일로 초청받았지만, 네덜란드로 옮겼다. 취리히 대학은 이론 물리학의 재능 있는 연구자들을 부교수자리 같은 부수적인 자리로 데려온다면, 지속적인 이직이 있을 것이고 물리학 교수인 클라이너와 학부는 그 자리를 계속 채우고 그 임용자를 행복하게 해주는 데 큰 어려움에 봉착하게 될 것이었다. 때때로 그것은 클라이너와 여러 조수가 함께 이론 강의를 지속하기 위해 분투해야 함을 의미했다.[172]

라우에가 1914년에 취리히 대학을 떠난 후 그 자리는 제1차 세계대전과 이후 몇 년 동안 비어 있었다. 자질을 갖춘 쓸만한 이론 연구자들이 드물었고 아무도 취리히로 오려고 하지 않았다. 이론 물리학이 최근에 "높은 과학적 중요성"을 획득했고 "확장된 교육 분야"가 되었기에 그 자리는 어찌 되었든 재정의되어야 했다. 정교수 자리만이 제대로 그것을

---

[172] 취리히 대학 철학부 학부장이 취리히 주 교육부 장관에게 보낸 편지, 1911년 3월 22일 자; 취리히 대학에 디바이를 임용하는 건에 대한 편지들, 1911년 4월; 디바이가 "Regierungsrat"에게 보낸 편지, 1911년 12월 16일 자와 1912년 1월 4일 자; 장관이 "Regierungsrat"에게 보낸 편지, 1912년 1월 10일; STA K Zurich, U. 110b. 2, Debye.

감당할 수 있었고 그 자리만이 기성 물리학자들을 데려올 만했다.[173] 새로운 이론 물리학 정교수 자리는 슈투트가르트와 브레슬라우에서 잠깐 이론 물리학을 가르쳤던 슈뢰딩거에게 돌아갔고, 그는 계속하여 그 분야의 전망에 대한 취리히 대학의 확신을 정당화해 주었다. 아인슈타인, 디바이, 라우에는 취리히 대학에서 가르치는 동안 모두 연구를 수행했지만, 취리히에 정착하고 거기에서 가장 중요한 연구를 수행한 사람은 슈뢰딩거였다. 그의 성취인 파동역학은 20세기 이론 물리학에서 가장 중요한 연구에 속했다.

취리히 대학의 이론 연구자들은 선생으로서의 그들의 명성 때문에 고용된 것이 아니었다. 아인슈타인은 아직 그런 명성이 없었으며, 다만 사강사로서 한 학기를 가르쳤으나 두 번째 학기에는 학생이 단 한 명밖에 없었기에 그 강의를 취소했다. 클라이너는 아인슈타인의 교육 능력을 판단하기는 시기상조라고 말했다. 그가 할 수 있는 일이라고는, 실제 그랬듯이, 그의 교육 능력이 만족스럽다고 입증될 것을 예측하는 것뿐이었다. 아인슈타인은 취리히에 도착하자 강의로 **"매우 바빴고"** 베른의 특허국에서 일했을 때보다 더 시간이 모자랐다. 곧 그는 "이제 학교에서 일하는 것이 나에게 더 잘 맞고 나에게 즐거움을 준다"고 보고했다. 그는 이 시기를 이렇게 회상했다. "나는 명석하게 강의하지는 못했다. 한편으로는 내가 잘 준비되어 있지 못했고 한편으로는 '미래에 발견할 것'의 요건이 오히려 내 신경을 사로잡았기 때문이었다."[174] 그것이 학생들을

---

[173] "이론 물리학 교수 자리"에 대한 "Regierungsrat"의 회의록의 발췌, 1921년 7월 28일 자, STA K Zurich, U. 110b. 3, Schrödinger. Armin Hermann, "Schrödinger, Erwin," *DSB* 12: 217~223.

[174] 학부장 슈톨이 취리히 주 교육부 장관에게 보낸 편지, 1909년 3월 4일 자. 아인슈타인이 베소(Besso)에게 보낸 편지, 1909년 11월 17일 자와 1909년 12월 31일 자, *Albert Einstein-Michele Besso Correspondence 1903~1955*, ed. P. Speziali

방해한 것 같지는 않았다. 그들은 아인슈타인의 재능과 다가가기 쉬운 성격을 높이 평가했다. 심지어 이웃하는 취리히 공과 대학[175]에서 학생들이 그의 강의를 들으러 왔다. 아인슈타인이 프라하로 오라는 초빙을 받았을 때 많은 학생과 조수는 정부에 그를 잡으라는 요청을 하면서 그의 강의가 "큰 즐거움"이며 그가 "새롭게 만들어진 우리 대학의 분야"에 큰 명성을 얻게 할 것이 확실하다고 언급했다.[176] 아인슈타인과 달리 라우에는 취리히에 왔을 때 이미 강사로 알려졌었다. 사실상 그는 나쁜 강사로 알려졌었다. 아인슈타인은 그 때문에 라우에가 전에 임용되지 못했다고 생각했다. 취리히 학부는 라우에의 부드럽고 빠르고 불분명한 어조에서 결함을 발견했지만, 그것이 라우에의 "신기원을 이루는 탐구들", 특히 최근의 엑스선 회절(에돌이)의 발견에 비하면 별문제가 되지 못한다고 여겼다.[177] 아인슈타인, 라우에, 디바이, 슈뢰딩거 모두 상대성 이론이나 양자 이론, 또는 둘 다를 연구했고, 취리히 학부와 관리들에게 인상적이었던 것은 이 이론들과 다른 현대적인 문제들에 대한 그들의 연구였다.

20세기 초 취리히 대학의 자리에 대한 초기 역사가 보여주듯이 이론

(Paris: Hermann, 1972), 16~18 중 16~17. 아인슈타인이 라우프에게 보낸 편지, 날짜 미상, in Seelig, *Einstein,* English trans., p. 90.

[175] [역주] 취리히 연방 공과 대학은 1855년에 취리히 연방 종합기술학교(Eidgenössische Polytechnische Schule Zurich)로 개교했고 1911년에 취리히 연방 공과 대학(Eidgenössische Polytechnische Schule Zurich)으로 명칭이 바뀌었다. 취리히 대학이 칸톤이 세운 학교이지만 이 학교는 스위스 연방 정부가 세운 학교이다.

[176] 15명의 학생과 조수가 서명하여 취리히 주 교육부 장관에게 보낸 편지, 1910년 6월 23일 자, 교육부 장관이 "Regierungsrat"에게 보낸 편지, 1910년 7월 12일 자, STA K Zurich, U. 110b, 2. Einstein.

[177] 아인슈타인이 클라이너에게 보낸 편지, 1912년 4월 3일 자, ETHB. 취리히 주 교육부 장관이 "Regierungsrat"에게 보낸 편지, 1912년 7월 16일 자.

물리학은 대학 선생이 전임으로 가르쳐야 하는 것으로 이해되었고 이 분야의 강의를 할당 받은 다수의 젊고 유능한 이론 연구자들이 있었다. 상대성 이론과 주요한 이론 연구의 저자로서 아인슈타인은 그의 연구를 알고 몇 년 동안 그의 연구를 따라왔던 클라이너의 지원을 받아 취리히로 왔다. 아인슈타인은 일반 대학에서 공부한 적이 없었고 이론이든 다른 것이든 지도급 물리학자 아래에서 연구한 적도 없었다. 그는 물리학에서 자신의 길을 개척했다. 대학을 졸업했고 잘 알려진 이론 물리학 교수 밑에서 학위 논문을 쓴 디바이, 라우에, 슈뢰딩거와는 달랐다. 슈뢰딩거가 취리히에 임용될 즈음에 그의 이론 선생이었던 하제뇔은 이미 사망했지만, 각각 디바이와 라우에의 이론 선생이었던 조머펠트와 플랑크는 자신들의 제자들을 이 자리와 다른 자리에 강력하게 추천했다. 플랑크의 학생인 라우에는 조머펠트에게도 추천을 받았는데 라우에가 지난 몇 년간 조머펠트의 연구소에서 보낸 적이 있었기 때문이었다. 취리히 대학에서 라우에의 선임자였던 아인슈타인과 디바이도 역시 라우에를 그곳에 임용하는 것에 대해 의견을 제시했다.[178]

취리히의 자리가 빌 때마다 자격을 갖춘 다수의 후보자가 고려되었고 그 대부분은 스위스인이 아니라 독일인이었다. 그 자리를 라우에가 제안 받았을 때, 아인슈타인은 그 자리에 추천된 사람 중에서 취리히는 "**이론 연구자**를 선택"할 것이라고 제대로 결론지었다.[179] 그때가 되면 "이론 연구자"라고 인식된 많은 젊은 독일인 또는 독일어를 하는 물리학자가 있

---

[178] 학부장 슈톨이 취리히 주 교육부 장관에게 보낸 편지, 1909년 3월 4일 자. 취리히 대학 철학부 학부장이 "Regierungsrat"에게 보낸 편지, 1911년 3월 30일 자, STA K Zurich, U. 110b. 2, Debye. 철학부 수학 과학부 위원회의 보고서, 1912년 4월 6일 자, STA K Zurich, U. 110b. 2, Laue.

[179] 아인슈타인이 클라이너에게 보낸 편지, 1912년 4월 3일 자.

었고 디바이와 라우에처럼 그들 중 다수가 다른 이론 연구자에게 훈련받은 이들이었다.

새 이론 물리학 정교수 자리

아인슈타인은 취리히 대학에서 옮겨, 정교수로 은퇴하는 리피히Lippich의 후임으로 프라하에 있는 독일 대학으로 갔다. 그 교수직에 후보자를 추천하는 프라하의 학부 위원회는 오늘날과 앞으로 오랫동안 "이론 물리학의 중심 문제"는 역학과 전기 이론의 관계가 될 것이라고 보았다. 그들은 이전에 역학은 근본적인 원리로서 전기의 기초라고 간주했지만 이제는 전기 이론을 둘의 기초로 간주한다고 했다. 학부는 움직이는 물체의 전기 역학에 대한 "신기원을 이루는" 연구, 즉 이 문제를 다룬 그의 상대성 이론 때문에 1위에 아인슈타인을 추천했다. 정부 부처는 스스로 가진 특권을 실행하여 위원회의 추천을 따르지 않고 그 일자리를 두 번째 후보자인 오스트리아인에게 제안했는데 그가 그것을 거절했다. 그 제안은 아인슈타인에게 돌아갔고 아인슈타인은 1911년 1월에 임용되었다. 동시에 그의 교수직과 그와 관련된 연구소에는 현대적인 이름이 부여되었다. 그 교수직은 이제 "수리" 물리학이 아니라 "이론" 물리학 교수 자리가 되었고 "수리 물리학 기구실"이 "이론 물리학 연구소"가 되었다. 수학 물리학 세미나는 나뉘어 물리학 세미나는 새로운 교수직에 "이론 물리학 세미나"로 부가되었다.[180]

---

[180] 체코슬로바키아 사회주의 공화국 국립 중앙 기록보관소의 아인슈타인 개인 서류철(Personalakte)에 있는 아인슈타인의 임용에 대한 정보가 다음에 주어져 있다. Jan Havránek," Die Ernennung Albert Einsteins zum Professor in Prag," *Acta*

아인슈타인은 프라하에 도착하자 "여기 나의 자리와 나의 연구소가 많은 기쁨을 준다"고 편지에 썼다. "근사한 도서관이 딸린 훌륭한 연구소"에서 모든 것이 그를 만족하게 한 것은 아니었다. 프라하의 학생들은 스위스 학생보다 덜 부지런하고 덜 유능했고 수가 많지도 않았다. 그의 강의에는 많아야 13명이, 세미나에는 여섯 명이 들어왔다. 그는 학생들이 그의 분야에 무관심한 것에 실망했다. 그는 프라하에서 외로움을 느꼈고 취리히로 돌아가기를 열망했다.[181]

프라하에서 가르치는 동안 아인슈타인은 빈, 위트레흐트, 라이덴에서 자리를 제안받았다. 라이덴에서는 로렌츠가 그의 후임으로 아인슈타인이 오기를 바랐다. 아인슈타인은 로렌츠에게 "당신의 교수직을 얻는 것은 저에게 엄청나게 부담이 되는 일입니다."라고 말하면서 이런 맥락에서 그의 동료 하제널을 언급했다. 아인슈타인은 항상 하제널이 "볼츠만의 교수직에 앉아야 할" 사람이기에 그에 대해 동정심을 느꼈다. 프라하로 옮기기 전에 아인슈타인은 그의 모교인 취리히 공과 대학에 약속하기를, 앞으로 자리를 제안받으면 취리히 공과 대학에도 말해서 그들도 아인슈타인에게 자리를 마련할 수 있게 하겠다고 했다. 그 후 취리히 공과 대학이 그를 위해 오랫동안 비워둔 교수직을 맡으라고 요청하자 아인슈타인은 수락했다.[182]

Universitatis Carolinae—Historia Universitatis Carolinae Pragensis 17, pt. 2 (1977): 114~130 중 120, 125, 128. József Illy, "Albert Einstein in Prague," *Isis* 70 (1979): 76~84 중 76~78.

[181] 아인슈타인이 베소에게 보낸 편지, 1911년 5월 13일 자, 1912년 2월 4일 자, *Einstein-Besso Correspondence,* 19~20, 45~47 중 19, 45. 아인슈타인이 샤방(Lucien Chavan)에게 보낸 편지, 1911년 7월 5일 자, 인용은 Seelig, *Einstein*과 Ronald Clark, *Einstein: The Life and Times* (New York: World, 1971), 137.

[182] 아인슈타인이 로렌츠에게 보낸 편지, 1912년 2월 18일 자, Lorentz Papers, AR. Illy, "Einstein," 83~84.

헤르만 민코프스키가 떠난 1902년 이래로 "고등 수학"을 담당할 취리히 공과 대학의 교수직은 채워지지 않은 채 남아있었는데, 이는 수학과 물리학의 중등 교사를 훈련할 책임이 있는 그 학과의 걱정거리가 되었다. 아인슈타인은 그의 논문 출판과 "1급 권위자들"의 추천으로 그 자리에 합당하다고 평가받았다. 추천 중에서 플랑크의 추천이 가장 결정적이었다. 그 추천은 1909년 플랑크의 이론 물리학에 대한 컬럼비아 대학 강의에서 이루어졌고 아인슈타인에 대한 스위스 공식 보고서에 문자 그대로 인용되었다. 플랑크는 이 강의에서 아인슈타인의 새로운 시간 개념은 물리학자들에게 추상화할 능력과 상상력을 최고로 발휘할 것을 요구했고 사색적 철학과 인식론에서 행해진 모든 "대담함"을 능가했으며 비유클리드 기하학을 "아이의 장난"처럼 보이게 만들었다. 플랑크는 상대성 원리가 초래한 물리적 세계관에서의 "혁명"을 코페르니쿠스 세계 체제의 도입에 비유했다. 스위스의 보고서는 아인슈타인이 매력적인 선생은 아님을 시인했지만 정말 중요한 것은 그의 비범한 성공을 지속하게 할 것이 확실한 그의 "창의적 사고"의 풍부함이었다.[183]

취리히 공과 대학에서 아인슈타인은 많은 청중에게 일반 강의를 하거나 학생 실험실을 지도하도록 요구받지 않았다. 그에게 주어진 임무 할당은 적었는데, 교사 지망생들에게 그들의 마지막 학기에 "이론 물리학"을 제시하는 것이었다. 프라하에서처럼 취리히에서 그는 추상 과학을 가르치는 어떤 다른 선생보다 더 넉넉한 봉급을 받았다. 그는 학생이 적으면 그에 따라 학생 수강료의 몫도 적게 받게 될 것이었으므로 이 봉급을 요청했다.[184] 아인슈타인은 스위스에서 오스트리아로 갈 때 독일

---

[183] 스위스 교육 위원회의 의장 그넴(R. Gnehm)이 스위스 내무부에 보낸 편지, 1912년 1월 23일 자, A Schweiz, Sch., Zurich, 1~442, 1912.
[184] 그넴 의장이 내무부에 보낸 편지, 1912년 1월 23일 자.

을 가로질렀고, 다시 스위스로 돌아왔고 네덜란드에 갈 것도 고려했다. 그러나 독일 물리학자들과 가까운 관계에 있었으면서도 정작 독일에서는 아직 일한 적이 없었다. 그는 정기적으로 독일 학술지, 특히 《물리학연보》에 논문을 냈고 라우에, 조머펠트, 그리고 다른 독일 물리학자들이 그가 스위스에 있을 때 그를 방문했다. 그는 독일 과학자 협회의 회의에 참석하기 시작했다. 먼저 1909년에 잘츠부르크 회의를 시작으로 가깝게는 1911년에 카를스루에 회의도 참석했다. 그는 독일 물리학자들과 1911년 브뤼셀에서 열린 솔베이 회의[185]에서 며칠간 토론한 적도 있었다. 아인슈타인을 독일로 데려오는 것이 바람직함은 분명했고 유일한 문제는 어떻게 데려오느냐였다.

대학가에서 아인슈타인의 진급은 다른 젊은 이론 물리학자들보다 조금 빨랐지만, 전형적이었다. 1908년과 1912년 사이에 그는 사강사에서 이론 물리학 부교수와 정교수의 직급을 거쳤다. 정교수 자리는 두 곳에서 맡았다. 이 몇 년 동안 이론 물리학 정교수 자리가 독일에서는 비지 않았다. 그러나 1913년에 프로이센 과학 아카데미에 공석이 생겼고 플랑크와 네른스트는 그 문제를 논의하러 프라하에서 돌아온 지 얼마 되지

---

[185] [역주] 솔베이 회의(Conseils Solvay)는 물리학과 화학의 중요한 미해결 문제를 풀기 위해 1911년 개최되었다. 첫 번째 회의는 1911년 가을 브뤼셀에서 처음 열렸고 로렌츠가 의장을 맡았다. 첫 번째 주제는 "방사능과 양자(Radiation and the Quanta)"였다. 이 회의는 고전 물리학과 양자역학의 두 가지 문제를 다루었다. 아인슈타인은 초청받은 이들 중에서 가장 어린 물리학자였다. 이 회에는 3년마다 열렸는데 다섯 번째 회의는 1927년 8월 브뤼셀에서 열려 전자와 광자에 대해 토론했고 이 회의에서 양자역학에 대한 토대를 명확히 했으며, 이 토론에서 주축이 된 인물은 아인슈타인과 보어였다. 아인슈타인은 하이젠베르크의 "불확정성의 원리(Uncertainty Principle)"에 반대했고, "신은 주사위를 던지지 않는다"는 말을 남겼다. 이에 대해 보어는 "아인슈타인, 신에게 명령하지 말게나"라는 말로 답했다. 다섯 번째 솔베이 회의 참석자 29명 중의 17명은 노벨상을 받았으며, 퀴리 부인은 이들 중 유일하게 물리학과 화학 두 분야에서 수상했다.

않은 취리히에 있는 아인슈타인을 찾아갔다. 플랑크는 프로이센 문화부에 보낼 제안서의 초고를 작성했고 거기에 네른스트, 루벤스, 바르부르크와 함께 서명했다. 플랑크를 제외한 다른 이들은, 다른 곳에서 아인슈타인을 만난 적이 없다면, 솔베이 회의부터 아인슈타인을 알게 된 이들이었다. 아인슈타인의 "이론 물리학"에 대한 기여를 기술하면서 그들은 각 경우에 그것이 이론 물리학에 가져다준 자극을 주목했다. 그들은 물질의 운동 이론을 통하여 그가 "고전 물리학"을 심화시킨 것에 대해 말했다. 그들은 새로운 "운동 원자론"의 기초를 제공한, 그의 비열에 대한 양자 이론과 상대성 이론, 그리고 아직 확증되지는 않았지만, 그의 새로운 중력 이론을 칭송했다. 그리고 그들은 추천서를 온전하게 하려고 그동안 정당한 인정을 받지 못했다고 생각한 아인슈타인의 광양자light quantum(빛양자) 가설에 대해 언급했다. 1913년 11월에 아인슈타인은 가장 높은 봉급을 받는 대학 물리학 연구소 소장만큼 봉급을 받는, 그 아카데미 수학 물리학과의 정회원으로 정식 임명을 받았다. 물론 대형 강의로 학생 수강료를 많이 받을 전망은 없었다. 베를린에서 그의 주된 임무는 자신의 연구에 있었지만, 또 다른 임무로 카이저 빌헬름 물리학 연구소의 소장으로서 가벼운 행정적인 임무를 맡게 되어 있었다. 그러나 그 일은 여전히 계획 단계에 있었다. 그는 또한 베를린 대학에서 정교수로서 강의하도록 허락을 받았다.[186]

아인슈타인은 친구에게 "불안이 없지는 않지만 베를린의 모험이 나에

[186] 프로이센 과학 아카데미 정회원으로 아인슈타인을 세우자는 제안서, 1913년 6월 12일 자, 플랑크, 네른스트, 루벤스, 바르부르크가 서명함. 서기인 뢰테(Roethe)가 아인슈타인에게 보낸 임명장, 1913년 11월 22일 자, 아인슈타인의 수락서, 1913년 12월 17일 자, *Albert Einstein in Berlin 1913~1933*, pt. 1, *Darstellung und Dokumente*, ed. Christa Kirsten and Hans-Günther Treder (Berlin: Akademie-Verlag, 1979), 각각 95~96, 101.

게 다가오는 것이 보인다"고 편지에 적었다.[187] 겨우 1년 전에는 그가 취리히를 라이덴보다 선호하는 한 가지 이유가 "몇 개의 과학적 달걀을 덜 노출되고 빛이 적게 드는 곳에서 좀 더 앉아서 품는 것"이 가능하기 때문이라고 말했었다. 베를린은 라이덴보다 훨씬 더 노출된 곳이었지만 그는 결국 그리로 가기로 했다. 그는 로렌츠에게 "저는 모든 임무에서 벗어나 오로지 알을 품는 데 헌신할 수 있는 자리를 수락하는 유혹에 저항할 수 없었습니다."라고 말했다.[188] 그는 에른페스트에게 "강의를 하는 것이 기묘하게 신경을 거스르기에 이 특별한 한직을 수락했습니다. 저는 거기에서 강의할 필요가 없습니다."라고 설명했다.[189] 1914년 4월 35세의 나이로 그는 취리히를 떠나 베를린으로 갔고 같은 자리에 20년 간 머물렀다. 플랑크는 아인슈타인을 프로이센 과학 아카데미에 임용하고 라우에를 베를린 대학에 임용할 기대를 품고 "여기에서 이론 물리학을 키운다."라고 말했다.[190] 아인슈타인은 그의 독일 후원자들이 그가 부화시킬 수 있다고 확신한 "과학적 달걀들"을 부화시키곤 했고 그가 베를린으로 온 것으로 독일 이론 물리학은 말할 수 없을 정도로 성장했다.

물리학의 세계에서 아인슈타인의 가치는 점점 많이 인정을 받았고 그것은 그가 받은 봉급과 그가 할당받은 임무에 반영되었다. 취리히 공과 대학에서 그의 자리는, 스위스 학교 관리가 말했듯이, "아인슈타인의 개

---

[187] 아인슈타인이 베소에게 보낸 편지, 날짜 미상 [1913년 말], *Einstein-Besso Correspondence*, 50.

[188] 아인슈타인이 로렌츠에게 보낸 편지, 1912년 2월 18일, 1913년 8월 14일 자, Lorentz Papers, AR.

[189] 아인슈타인이 에른페스트에게 보낸 편지, 날짜 미상 [1913~1914년 겨울], 인용은 Klein, *Ehrenfest*, 296에서 함.

[190] 플랑크가 빌헬름 빈에게 보낸 편지, 1913년 7월 31일 자, Wien Papers, STPK, 1973.110.

인적 특성에 특별하게" 들어맞도록 만들어졌다.[191] 베를린에서의 그의 자리도 역시 아인슈타인의 개인적 특성에 들어맞았다. 아인슈타인은 40년 전 그의 전임자인 키르히호프가 이론 물리학으로 거기에 왔을 때처럼 프로이센 아카데미의 특별한 제도를 통해 베를린에 왔다. 그러나 베를린 대학으로 올 때, 키르히호프는 물리학의 전형적인 경력 끝 무렵에 왔지만 아인슈타인은 이론 물리학을 담당하는 확실한 직책을 떠나 그 자리로 온 것이었다.

거의 아인슈타인과 동시대 인물로 5세 연하인 디바이는 아인슈타인에 버금가는 초기 기회를 얻었고 똑같이 수월하게 진급했다. 네덜란드에서 태어나고 아헨에 있는 기술학교를 졸업한 엔지니어인 디바이는 공부를 지속하기 위해 조머펠트와 함께 아헨에서 뮌헨으로 갔다. 그는 1908년에 뮌헨 대학을 졸업하고, 우리가 보았듯이, 1911년에 취리히 대학에 이론 물리학 부교수로 갈 때까지 뮌헨에 머물렀다. 1912년에 그는 위트레흐트 대학으로 옮겼다.[192]

디바이의 스승이었던 조머펠트는 위트레흐트 대학을 탐탁지 않게 여겼고 디바이에게 라이덴에서 로렌츠의 후임으로 부를 때를 기다리고 했다. 디바이는 그에게 라이덴의 자리가 "메달 같았을" 것이지만 위트레흐트 만한 튼튼한 전망을 제시하지는 않는다고 말했다. 그는 기다리고 싶지 않았다. 위트레흐트에서 디바이는 순수하게 이론을 담당하는 일자리를 얻었다. 그것이 그 자리의 매력 중 하나였다. 그가 취리히에 머물렀다면 실험실을 정비하느라 시간을 보냈을 것이고 그 과정에서 자신의 연구

---

[191] 그넴 의장이 내무부에 보낸 편지, 1912년 1월 23일 자.
[192] Friedrich Hund, "Peter Debye," *Jahrbuch der Akademie der Wissenschaften in Göttingen*, 1966, 59~64.

는 무시했을 것이었다. 게다가 위트레흐트의 이론 연구자로서 디바이는 그가 조머펠트에게 배운 것을 적용해 볼 기회가 있음을 알아차렸다. 그는 네덜란드인의 사려 깊음과 독일인의 대담함을 결합해 새로운 종류의 물리학자들을 길러내려 했다.[193]

곧 디바이가 채워지리라 오랫동안 고대되던 빈자리를 채우기 위해 독일에 돌아갈 기회가 생겼다. 몇 년 동안 리케는 괴팅겐 실험 연구소에서 그의 활동의 하향 "곡선"에 대해 말해 왔다.[194] 1915년에 그는 70세의 나이로 사망했고, 리케보다 겨우 5세 연하인 포크트가 거의 비슷한 시기에 퇴임할 계획이었다. 그것은 괴팅겐 대학 감독관과 "수리 물리학 진영"의 다른 이들에게 두 개의 물리학 연구소 소장직을 하나로 합칠 적기임을 암시했다. 그들은 리케와 포크트처럼 연구소를 공유하고 "평화롭게" 함께 연구할 수 있는 두 명의 물리학자를 찾을 수 있으리라 여기지 않았다.[195] 디바이는 괴팅겐에서 물리학을 위한 새로운 계획에 돌입할 예정이었다.

1913년 디바이가 괴팅겐에서 일련의 초청 강의를 했을 때 지역 수학자인 힐베르트David Hilbert는 디바이가 괴팅겐에 부임해야 한다고 판단했다.[196] 디바이는 연구소가 있어야 할 것이므로 포크트는 그가 의도한 것

---

[193] 디바이가 조머펠트에게 보낸 편지, 1912년 3월 23일, 29일, 11월 3일 자. Sommerfeld Correspondence, Ms. Coll., DM.

[194] 리케가 슈타르크에게 보낸 편지, 1907년 1월 6일 자, Stark Papers, STPK. 그의 강의에서 리케는 여전히 활기 있었지만, 그의 동료 포크트에게 그의 강의는 그때 중등학교에서 오는 학생들에게는 너무 초보적이어서 고리타분하게 보였다. 포크트는 리케의 후임자가 "진짜 **실험** 연구자"여서 완전히 실험 강의를 개혁하고 확장하며 이론 시간으로 보충하고 낡은 시범 실험들을 현대적인 것으로 바꾸기를 원했다. 포크트가 슈타르크에게 보낸 편지, 1914년 6월 23일, 27일 자, Stark Papers, STPK.

[195] 괴팅겐 대학 감독관이 프로이센 문화부 장관에게 보낸 편지, 1914년 4월 18일 자. Riecke Personalakte, Göttingen UA, 4/V b/173.

보다 더 빨리 그의 자리를 기꺼이 넘겨주겠다고 선언했다. 그는 여전히 연구소와 이론 물리학 교육을 공유할 것이지만 연구소는 오로지 디바이가 인도하게 할 것이었다. 포크트는 괴팅겐 대학 감독관에게, 그가 연구소에 쏟아부은 "위대한 사랑과 희생"에도 불구하고, 디바이를 부르는 것이 그의 감정이 개입하게 내버려두기에는 너무 중요하다고 생각한다고 말했다. 1914년 9월에 디바이는 개인 정교수로 임용되었는데 여기에서 "개인"은 두 소장직을 하나로 만드는 과정에서 사라지게 될 것이라는 양해 하에서였다.[197]

디바이가 실험 연구와 이론 연구 둘 다로 유명했으므로 그는 정상적으로 실험 물리학 교수 자리와 이론 물리학 교수 자리에 고려되었다.[198] 비록 두 분야에서 연구했지만 그는 실제적인 문제로서 교육에서 실험과 이론의 책임 분할을 가치 있게 여겼다. 그는 1915년에 취리히 대학이 그에게 제안한 교수 자리를 거절했다. 취리히 대학은 디바이에게 괴팅겐의 자리와 비슷한 봉급을 줄 테니 그들의 실험 교수가 되어달라는 요청을 했다. 그는 실험 물리학을 강의하고 실험실 연구를 지도하는 것에 추가로 이론 물리학을 강의하는 조건을 제안받았다. 그는 스위스 당국자에게 이론 물리학 강의를 추가하는 것은 그의 연구 시간을 깎아 먹을

---

[196] Walther Gerlach, "Peter Debye," *Jahrbuch bay. Akad.*, 1966, 218~230 중 224.

[197] 포크트가 괴팅겐 대학 감독관에게 보낸 편지, 1915년 3월 29일 자, Voigt Personalakte, Göttingen UA, 4/V b/267c. 포크트는 1917년에 "학과장"과 철학부 학부장이라는 자리를 맡았고 1918년에는 물리학 연구소 "소장 대리"를 맡았다. 그는 1919년에 사망했다. 프로이센 문화부 장관이 디바이에게 보낸 편지, 1914년 9월 19일 자, Göttingen UA, 4/V b/278.

[198] 두 분야에 모두 능했지만 디바이는 종종 실험 물리학자보다는 이론 물리학자로 여겨졌다. 실례로, 본 대학 학부에 디바이는 "이론 연구자"였고 "프로이센에서 가장 큰 물리학 연구소" 중 하나를 인도하기에 필요한 "수많은 실험 과정과 기구에 대한 정통한 지식"이 없었다. 본 대학 철학부가 문화부에 보낸 편지, 1919년 8월, Kayser Personalakte, Bonn UA.

것이고, 더욱이 취리히 대학의 이론 물리학의 입지를 약화하고 그와 더불어 물리학 전반의 입지를 약화할 것이라고 설명했다.[199] 그가 정교수 자리를 받은 1916년부터 괴팅겐에서 할당받은 임무는 충분히 부담스러운 것이었다. 전체 물리학 연구소 소장이자 연구소 안의 수학 물리학부의 주임으로서 그는 이론 강의와 적어도 격년으로 고등 실험 과정을 개설하기를 요구받았다.[200]

복잡한 일련의 행정적인 자리 이동 후에 1916년에 이르면 괴팅겐 대학의 물리학은, 베버와 리스팅 때부터 그랬듯이, 두 명의 정교수가 아니라 한 명의 정교수 디바이와 한 명의 부교수가 지도했다. 부교수는 이전에 사강사였던 폴Robert Pohl이었는데 그는 이전에 리케에게 할당된 연구소의 방들을 받았고 실험부를 지도했고 큰 실험 강의를 개설했다.[201] 업무는 이전처럼 부담이 컸다.[202] 1920년에 폴은 정교수로 승진하게 된다.[203]

---

[199] 디바이가 취리히 주 교육부 장관에게 보낸 편지, 1915년 3월 30일 자, STA K Zurich, U. 110b. 3, Edgar Meyer.

[200] 프로이센 문화부가 디바이에게 보낸 편지, 1916년 2월 28일 자, Debye Personalakte, Göttingen UA, 4/V b/278.

[201] 로베르트 폴은 의사들의 시험을 담당하는 위원회에 속해 있었고 디바이는 교사들의 시험을 담당하는 위원회에 속해 있었다. 그것은 그들이 맡은 강의 분야와도 일치했다. 디바이뿐 아니라 폴도 박사 시험 문제를 낼 권리가 있었다. 문화부 장관이 디바이에게 보낸 편지, 1914년 9월 19일 자와 1916년 2월 26일 자.

[202] 이러한 재배치는 겉으로 보기에는 소규모였지만 이를 위해 필요한 협상과 서류 작업은 그것을 실시하는 데 요구되는 조치들로 평가될 수 있다. 리케는 1914년 4월에 그의 임무에서 풀려났고 그의 교수 자리는 1915년 그의 사망 후에 폐지되었다. 1915년 여름에 포크트는 수리 물리학부의 주임직에서 공식적으로 사퇴했고 그 자리를 이미 수리 물리학 세미나의 공동 관리자였던 디바이가 대신했다. 이 단계에서 부교수 자리가 디바이를 위해 개설되었는데 그것은 포크트가 교육을 그만둔 후에 폐지될 예정이었다. 이 자리는 디바이가 정교수가 된 시점인 1916년 4월에 폴에게 주어졌다. 전체 사건이 너무 복잡해서 포크트가 사퇴하기 전 어떤 시점에 한 관리는 그것을 정돈하려고 노력했다. 포크트의 개인 파일 앞표지에 적힌 표시들에서 이를 알 수 있다. Göttingen UA, 4/V b/203.

1914년에 라우에는 취리히를 떠나 독일의 프랑크푸르트 암 마인으로 돌아갔다. 그곳에서는 오래된 사설 학회인 물리학회가 물리학과 다른 자연 과학을 연구하는 한 무리의 연구소들을 유지하고 있었다. 각각 소장과 직원을 따로 둔 연구소들은 학급과 콜로키엄을 열었고 상급 학생들은 실험실에서 독립적인 연구를 수행했다. 그것은 대학에서 하는 것과 비슷했고 그 학회는 이 연구소들을 제1차 세계대전 직전에 대학으로 바꾸었다. 라우에는 첫 번째 이론 물리학 정교수로 프랑크푸르트 대학으로 초빙되어 여러 해 동안 그 학회의 물리학 연구소 소장으로 있었던 박스무트Richard Wachsmuth와 합류했다.[204]

그리하여 우리가 보았듯이 제1차 세계대전 직전에 독일은 탁월한 이론 물리학자 세 명을 정교수로 얻었다. 디바이와 라우에는 이론 물리학 정교수 자리를 맡기 위해 독일로 왔고 아인슈타인은 베를린 대학에서 교수로 강의할 권리를 얻고(실제로 그 권리를 사용했다) 프로이센 과학 아카데미의 자리를 맡으러 왔다. 이론 물리학 전문 분야에 대해 두드러진 것은 세 사람 모두가 이전에 이론 물리학 교수 자리에서 그들의 경력을 쌓아 왔다는 것이다. 중앙 유럽을 가로질러 취리히에서 프라하까지, 독일어를 말하는 이론 물리학자들을 채용할 자리들이 있었고, "이론 물리학자"는 전문가로 인정받게 되었고, 때로는 채용하러 찾아 헤매는 대상이 되었다.

---

[203] 룽에가 괴팅겐 대학 감독관에게 보낸 편지, 1920년 10월 20일 자, Pohl Personalakte, Göttingen UA.

[204] 박스무트는 로렌츠에게 그가 그 물리학회의 명예 회원으로 선출되었음을 알리는 편지에서 그 학회에 관해 기술했다. 1912년 2월 11일 자, Lorentz Papers, AR. Ludwigh Heilbrunn, *Die Gründung der Universität Frankfurt a. M.* (Frankfurt a. M.: Joseph Baer, 1915), 54~55, 232. *Jahresbericht des Physikalischen Vereins zu Frankfurt am Main, 1907~1908* (Frankfurt a. M., 1909), 74~75.

26 이론 물리학의 전성기:
양자론, 상대론, 원자 이론, 우주론

20세기 초에 독일 물리학자들은 최근의 실험적 발견에 연관된 넓은 범위의 이론적 문제들을 다루었고 19세기 말처럼 물리학의 기초를 계속하여 탐색했다. 그들은 편지와 방문, 학술지 논문, 전문가 모임에서 발표와 토론이라는 통상적인 방법으로 서로의 연구를 알리고 자극하고 비판했다. 그들은 양자 이론에서 이루어진 최근의 발전이 갖는 중요성 때문에 특별한 국제회의인 솔베이 회의를 1911년에 개최했다. 이 장에서는 이론적 문제에 대한 독일 물리학자들의 개별적 연구와 협력적 연구의 몇 가지 사례를 살펴보고자 한다. 우리의 사례 선택 범위는 좁게 한정되었고 전통적 기준을 따랐다. 즉, 그 사례들은 그 당시의 물리학자들이 특별히 중요하다고 간주한 이론적 문제들에 속하지만 모든 문제를 포괄하지는 않는다. 이에 대해서는 역사가들이 이미 면밀하게 살핀 바 있기 때문이다. 우리의 연구가 마지막으로 다루는 시기에 이론 물리학자들의 연구 특징들을 기술하기 위해 우리는 다시 특수 상대성 이론과 뒤이은 일반 상대성 이론, 그리고 초기 양자 이론을 다룬다. 이 시기에 이론 물리학에서 가장 큰 진보가 이루어졌고 독일 이론 물리학자들은 그 안에서 중요하고도 종종 선도적인 역할을 담당했다.

독일 과학자 협회의 잘츠부르크 회의에서의 양자 이론

아인슈타인은 1905년에 전기 동역학을 통해 상대성 이론을 도입했고 그의 상대론적 전기 동역학에서 그가 끌어낸 함축 중 하나는 복사 에너지의 극소화였다. 그는 자신의 이론이 폐기 처분한 에테르가 없다면 공간상에 연속적으로 분포된 에너지는 "불합리"하다고 추론했다. 이러한 결론은 그의 1905년에 발표된 또 하나의 연구와 일치했는데, 이 논문은 이러한 요지를 본격적으로 다룬 것이었다. 열역학 제2법칙을 통계적으로 이해하는 방식에 근거하여, 아인슈타인은 흑체 복사의 높은 진동수 한계에 대한 빈의 법칙이 실험적으로 확증된 것을 들어 전자기장(마당)이 입자적 구조를 가짐을 알 수 있다고 주장했다. 그는 고에너지 복사는 이상기체의 입자와 비슷하게 공간상의 점들에 극소화된, "유한한 수의 독립적인 에너지 양자로 구성되어, 나누어지지 않고 움직이며, 온전한 단위로만 생산되거나 흡수될 수 있다"고 제안했다.[1]

입자적 추론은 빛에 대한 최근의 연구가 아니라 복사 현상에 대한 어떤 연구와 연관되었다. 1905년에 아인슈타인이 광양자(빛양자)를 제안할 때 그 제안의 바탕에 있었던 추론은 당시 그의 동료들에게 확신을 주지 못했다. 플랑크, 라우에, 빈, 조머펠트, 그리고 그밖에 아인슈타인의 상대성 이론의 초기 지지자 모두 그의 광양자(빛양자) 가설을 거부했다.[2] 그

---

[1] Einstein, "Antwort auf Plancks Manuskript," [1908?] 다음에 인용, Seelig, *Einstein*, 122; "Über einen die Erzeugung und Verwandlung des Lichtes betreffenden heuristischen Gesichtspunkt," *Ann.* 17 (1905): 132~148; 영역본은 A. B. Arons and M. B. Peppard 역, "Einstein's Proposal of the Photon Concept─a Translation of the *Annalen der Physik* paper of 1905," *Am. J. Phys.* 33 (1965): 367~374.

[2] 라우에가 아인슈타인에게 보낸 편지, 1906년 6월 2일 자, Ms. Coll., DM, 1973 ~1976; 빈이 슈타르크에게 보낸 편지, 1909년 10월 4일 자, Sommerfeld

들의 우선적인 근거는 간섭 현상과 더불어 회절(에돌이), 굴절(꺾임), 물리 광학에 관련된 다른 현상들이 빛의 파동 해석을 요구한다는 것이었다. 가령, 플랑크는 에테르에서 일어나는 과정이 "**정확하게** 맥스웰의 방정식으로 재현된다"고 추정했다. 이 파동 이론의 방정식은 "에테르와 물질의 명쾌한 대립"을 유지한다.[3] 플랑크는 역시 광양자(빛양자) 가설에 설득되지 않은 로렌츠와 더불어 공진자와 에테르의 상호 작용 문제에 대해 전문적인 편지를 교환했다. 플랑크는 로렌츠에게 "새로운 가설"을 전자 이론에 추가할 필요가 있다고 말했다. 그 가설은 상수 h를 에테르의 성질이 아니라 공진자의 성질로 만들 것이다. 이런 식으로 이 오래된 이론이 적용되지 않는 범위는, 공진자에 적용되는 해밀턴의 운동 방정식에 국한될 것이고 순수한 에테르에 대한 이론 전체로 확장되지 않을 것이다.[4] 즉, 편리하게도 난점들은 물질 분자에 집중될 것이다.[5] 독일 물리학자들은 광양자(빛양자)라는, 플랑크의 표현대로라면, "급진적인" 개념의 필요성에 공감하지 않았지만, 아인슈타인의 이론적 논거들이 정밀함을 수긍했다. 그에 따라 그들은 그 논거들에 답하려고 지속적으로 노력했다.

Correspondence, Ms. Coll., DM. 조머펠트가 로렌츠에게 보낸 편지, [1909년 또는 1910년] 1월 9일 자, Lorentz Papers, AR. 아인슈타인의 광양자(빛양자) 가설과 그에 대한 응답은 다른 곳과 함께 Klein, "Einstein's First Paper on Quanta" and "Einstein and Wave-Particle Duality," *The Natural Philosopher*, no 3 (1964): 3~49; Russel McCormmach "J. J. Thomson and the Structure of Light," *Brit. Journ. Hist. Sci.* 3 (1967): 362~387 중 370~372; Hermann, *Genesis of the Quantum Theory*, 50~71.; Kuhn, *Black-Body Theory*, 176~182에서 찾을 수 있다.

[3] 플랑크가 아인슈타인에게 보낸 편지, 1907년 7월 6일 자, EA.

[4] 에테르와 물질 사이의 관계에 관하여 서신을 주고받을 당시에 플랑크와 로렌츠 사이의 주된 의견 차이는, 로렌츠가 에테르는 hv의 양으로 에너지를 흡수할 수 있다고 생각했지만 플랑크는 전자가 이러한 양으로 에너지를 내놓을 수 있을 뿐이라고 생각한 것이었다. 플랑크가 로렌츠에게 보낸 편지, 1908년 4월 1일과 10월 7일, 1909년 4월 24일, 6월 16일, 7월 10일 자, Lorentz Papers, AR.

[5] 플랑크가 빈에게 보낸 편지, 1909년 2월 27일 자, Wien Papers, STPK, 1973.110.

이 시기에 광양자(빛양자)를 지지한 사람은 또 한 명의 지도급 독일 물리학자인 실험 연구자 슈타르크[6]였다. 1909년에 아인슈타인의 가설을 지지하고 나왔을 때 슈타르크는 이미 에너지와 hv 사이의 기본 양자 관계를 띠 스펙트럼(빛띠)에서 파장을 결정할 때나 실험 연구자들에게 관심 있는 다른 현상들에 적용한 적이 있었다. 그가 이 가설을 지지하자 곧 그와 조머펠트 사이에 공개적인 대립이 일어났고, 슈타르크는 플랑크와 빈과 같은 이론가들에게서, 때때로는 뒤에서, 비난받았다. 플랑크의 에너지 요소가 맥스웰 이론에 대해 갖는 함축에 관하여 빈과 최근에 서신을 교환한 조머펠트는, 슈타르크의 광양자(빛양자) 가설에 대한 안티 테제로서 자신이 "에테르-파동 가설"이라고 부르는 것과 관련하여 슈타르크가 "완전히 잘못되었다"고 비난했다. 그는 슈타르크가 이론적 지향을 이렇게 하면서 "매우 위태로운" 지경으로 들어갔다고 경고했다. 조머펠트는 슈타르크가 자신보다 실험 물리학을 더 잘 안다는 것을 시인했다. 그렇지만 그는 자신이 훨씬 더 우수한 이론 연구자임을 상기시키고 슈타르크에게 표준적인 전자기 교재의 어떤 장들을 읽어보라고 권고했다. 조머펠트의 "학교 선생" 같은 말하기 방식에 화가 난 슈타르크는 실험 연구자로서 그의 명성이 위협받는다고 느꼈다. 그 이론 자체는 실제로 중심 문제가 아니었다. 왜냐하면, 그 이론과 관련하여 슈타르크가 좋아한 것은 실험적 목적을 달성하려고 그 이론이 제시한 "시각적 개념화"였

---

[6] [역주] 슈타르크(Johannes Stark, 1874~1957)는 독일의 물리학자로 전기장이 발광체에 의해 방출되는 빛의 스펙트럼(빛띠)을 여러 개의 선으로 갈라지게 한다는 슈타르크 효과를 발견(1913)해 1919년 노벨 물리학상을 받았다. 1900년 괴팅겐 대학 강사가 되었고, 1917~1922년 은퇴할 때까지 그라이프스발트 대학, 그 뒤에는 뷔르츠부르크 대학 물리학 교수였다. 히틀러를 지지하는 반유대인 인종 이론가였던 슈타르크는 1933~1939년 제국 물리 기술 연구소 소장이었다. 1947년 반나치 법정은 그에게 강제노동수용소에서 4년간 복역하라고 판결했다.

기 때문이다.[7] 슈타르크는 "빛의 조성은 무엇보다도 실험 문제"이므로 그는 광양자(빛양자) 이론을 "오로지 발견을 이끌어 내는 가치"만 갖는 것으로 간주한다고 말했고 오래지 않아 그 이론을 폐기했다.[8]

아인슈타인은 1909년 잘츠부르크에서 열린 독일 과학자 협회 모임에서 슈타르크를 만나기를 고대하면서 그에게 편지를 썼다. "제가 얼마나 열심히 양자 이론의 만족스러운 수학적 구성을 생각해 내려고 노력해 왔는지 당신은 거의 상상하기 힘들 것입니다. 하지만 지금까지 그 노력은 성공하지 못했습니다."[9] 잘츠부르크에서 아인슈타인은 복사 문제를 주제로 발표했는데 그것은 그에게 상대성 이론과 광양자(빛양자) 가설 둘 다를 논의할 기회였다. 일반적인 양자 문제처럼 광양자 가설은 여전히 널리 알려지지 않았기에 아인슈타인의 발표는 독일 물리학에 상당히 중요했다. 잘츠부르크 회의는 베른으로 아인슈타인을 만나러 갔던 소수를 제외하고는 독일 물리학자들이 그를 대면하는 첫 번째 기회였다.

아인슈타인은 복사에 관한 새로운 이해의 필요성에 대해 청중을 설득하기 시작했다. 그는 청중에게 오래전에 뉴턴이 제기한 빛의 입자 이론,

---

[7] 빈이 조머펠트에게 보낸 편지, 1908년 5월 14일과 6월 15일 자, 빈이 슈타르크에게 보낸 편지, 1909년 10월 4일 자, Sommerfeld Correspondence, Ms. Coll., DM. 가령, 빈은 "에너지 요소"에 대한 슈타르크의 최신 견해를 간섭 사실과 양립가능하지 않다고 비판했다. 조머펠트가 슈타르크에게 보낸 편지, 1909년 12월 4일, 10일, 16일 자; 슈타르크가 조머펠트에게 보낸 편지, 1909년 6월, [12 또는 13일?], 1910년 4월 24일 자, Stark Pspers, STPK. 슈타르크의 광양자(빛양자) 개념은 Hermann, *Genesis of the Quantum Theory*, 72~86, Kuhn, *Black-Body Theory*, 222~225에 논의되어 있다.

[8] 슈타르크가 로렌츠에게 보낸 편지, 1910년 8월 4일 자, Lorentz Papers, AR. Kuhn, *Black-Body Theory*, 224~225.

[9] 아인슈타인이 슈타르크에게 보낸 편지, 1909년 7월 31일 자, Armin Hermann, "Albert Einstein und Johannes Stark. Briefwechsel und Verhältnis der beiden Nobelpreisträger," *Sudhoffs Archiv* 50 (1966): 267~285 중 279에서 인용.

또는 "방출" 이론으로 돌아가자고 요청했다. 그는 19세기 초 이후로 물리학자들이 선호해온 대안적 이론인 빛의 파동 이론을 포기하지 않으면서 그렇게 할 수 있다고 했다. 그는 그들이 이 새로운 이해에 동의하기가 쉽지 않을 것임을 알고 있었다. 그러므로 그는 자신의 의견을 지지할 논거의 조합으로 "이론 물리학의 발전에서 다음 단계에는 빛의 파동 이론과 방출 이론의 융합으로 이해될 수 있는 빛 이론이 제기될 것"이라고 했다. 아인슈타인은 그가 비록 로렌츠의 전자 이론의 정상 에테르를 거부했을지라도, 자신이 제시하는 관점을 전개하기 위해 그 이론의 중요성을 강조했다. 로렌츠의 이론은 전자기장(마당)을 물질과 확연하게 구분했고 각 존재를 독립적으로 존재하는 것으로 해석했다. 아인슈타인은 빛에 대한 자신의 관점을 지지하기 위해 자신의 상대성 이론을 불러왔다. 질량과 에너지의 동등성에 따르면, 빛은 방출하는 물체에서 흡수하는 물체로 질량을 보내고, 사이 공간에서 가설적인 에테르의 상태가 아니라 독립적인 존재로서 행동한다. 그러나 아인슈타인이 그의 주된 논거를 끌어온 것은 상대성 이론이 아니라 열역학 제2법칙, 그것의 통계역학적 해석, 그리고 플랑크의 흑체 복사 법칙이었다. 이러한 이론과 법칙들을 바탕으로 아인슈타인은 빛의 에너지와 운동량의 변화를 설명할 표현을 유도했다. 그것은 두 부분으로 이루어졌는데 하나는 빛의 파동 이론에서 이끌어 낸 것이고 다른 하나는 입자 이론에서 이끌어 낸 것이었다. 두 부분이 꼭 필요하듯이 빛의 두 이론도 아직은 결정되지 않은 연결고리를 통해서 꼭 필요했다.[10]

---

[10] Albert Einstein, "Über die Entwicklung unserer Anschauungen über das Wesen und die Konstitution der Strahlung," *Phys. Zs.* 10 (1909): 817~825. 인용은 817. Klein, "Einstein and the Wave-Particle Duality," 5~15.

아인슈타인이 잘츠부르크에서 발표할 때 청중이었던 사람들은 그 논의에 참여한 물리학자 중에서 유일하게 슈타르크만이 광양자(빛양자)를 찬성했다고 회고했다. 슈타르크는 그 가설에 대해 "더 큰 호의"를 호소했지만, 그 회기session의 좌장인 플랑크는 다른 물리학자 대부분과 함께 그것에 반대했다. 플랑크는 해결해야 할 미해결의 질문이 "우리가 어디에서 이 광양자(빛양자)를 찾아야 하는가?"라고 말했다. 아인슈타인의 제안처럼 빛이 원자적 구성을 가지고 있다고 물리학자들이 가정한다면, 맥스웰의 방정식은 포기되어야 할 것이다. 이는 플랑크가 불필요하다고 간주하는 처방이었다. 흡수와 방출 과정에서 양자가 순수한 복사장(마당) 안이 아니라 물질과 복사장(마당)의 상호 작용 안에 위치한다면, 맥스웰의 방정식은 보존될 수 있었다. 그 문제는 난해했는데 그 이유는 우선 전자 이론이 방출을 설명하기에 적절치 않았기 때문이었다. 또한, 양자 이론의 공진자로 그것을 설명할 수 있다면, 그 설명은 분명히 역학 법칙의 희생을 요구할 것이고 현대의 전기 동역학 법칙의 밖에 놓이게 될 것이기 때문이었다. 짧은 시간 간격과 빠른 가속을 위한 공진자의 행동을 상세하게 설명할 필요가 있었는데 이를 위해 플랑크는 이렇게 제안했다.

아마도 우리는 진동하는 공진자가 연속적으로 변하는 에너지를 갖고 있고 그 에너지가 기본 양자의 단순한 배수라고 가정할 수 있을 것입니다. 저는 우리가 이 가설을 사용한다면 만족스러운 복사 이론에 도달할 수 있다고 믿습니다. 이제 항상 남는 의문이 있습니다. "어떻게 우리는 이와 같은 것을 묘사할 것인가?" 다시 말해, 우리는 그러한 공진자의 역학적 또는 전기 동역학적 모형이 있어야 합니다. 그러나 역학과 현재의 전기 동역학에서 작용 요소가 띄엄띄엄 떨어져 있지 않으므로 우리는 역학적 모형이나 전기 동역학적 모형을 만들 수 없습니다. 그리하여 그것은 역학적 수단으로는 불가능한 것 같고 우리가 그것에 익숙해져야 할 것입니다. 빛 에테르를 역학적으로 표현하려는 우리의 시도 역시 완전히 실패했습니다. 또한, 우리는 전류를 역학적으로 묘사하려 했기에 그것을 물의 흐름과 비교해 보았지만, 그것도 포기해야 했습니다. 이제 우리가 전류에 익숙해졌듯이 그러한 공진자에도 익숙해져야 합니다.[11]

이 논의에서 플랑크는 광양자(빛양자) 가설에 대해 또 하나의 반대를 제기했는데 이것은 더 직관적인 호소력을 지니고 있었다. 빛에 대한 경험에서 그렇듯이, 스스로와 간섭하는 단일한 광양자(빛양자)를 놓고 보면 양자는 수십만 개의 파장에 걸쳐 펼쳐져 있어야 하고 이것은 광양자(빛양자)의 원자적 속성과 모순된다. 아인슈타인은 이 반대 의견을 극복할 수 있다고 생각했다. 단지 광양자(빛양자)끼리 상호 작용하는 것으로 간주할 필요가 있었다. "정전기장(마당) 운반자의 분자화 과정과 이것을 비교하고 싶습니다. 원자화된 전기 입자가 생산하는 장(마당)은 본질에서 이전의 개념과 다르지 않습니다. 유사한 일이 복사 이론에서 일어나는 것이 불가능한 것은 아닙니다."[12]

잘츠부르크 회의 한 달 후 플랑크는 빈에게 편지를 썼다. 플랑크는 자신이 아인슈타인과 슈타르크의 이론에서 더 많이 벗어난, 복사에 대한 새로운 접근법을 얻었다고 말했다.[13] 플랑크는 아인슈타인, 로렌츠, 그리고 다른 이들과 광양자(빛양자)에 대해 서신 교환을 계속하면서 물리 과정에서 본질적 불연속성은 그것이 가장 해를 끼치지 않을 곳, 즉 에테르가

---

[11] Armin Hermann, "Einstein auf der Salzburger Naturforscherversammlung 1909," *Phys. Bl.* 25 (1969): 433~436 중 435. 아인슈타인의 발표에 뒤이은 토론에서 슈타르크와 플랑크의 말 인용, *Phys. Zs.* 10 (1909): 825~826.

[12] 아인슈타인의 논의 인용은 *Phys. Zs.* 10 (1909): 826.

[13] 플랑크가 빈에게 보낸 편지, 1909년 10월 25일 자, Wien Papers, STPK, 1973.110.

아니라 공진자─ 또는 그가 이제 부르기 시작한 말로는 진동자─ 의 행동에 있어야 함을 확신했다.[14]

잘츠부르크 회의의 도중과 이후 얼마간 아인슈타인은 반복해서 맥스웰의 방정식을 대신할 새로운 방정식을 결정하려고 노력했다. 그 방정식은 빛의 파동적 측면과 양자적 측면을 모두 기술해 주는 것으로 가능하면 전기 양자, 즉 전자도 기술해 주어야 했다.[15] 그러나 그는 이러한 방정식을 결정할 수 없었고 물리 이론의 기본 문제에 직면하여 "무력"한 느낌이 든다고 말하기 시작했다.[16]

그는 1911년에 "오늘날의 물리적 세계 묘사"는 두 벌의 근본 방정식, 즉 질점의 역학 방정식과 맥스웰의 전자기장(마당) 방정식에 기초해 있다고 했다. 어느 것도 현상을 설명하는 일반 이론으로서 유효한 것이 아니라 천천히 변하는 주기적 과정에 대해서만 유효하다. 양자 과정을 설명하는 "진정한 이론"은 숨겨져 있다. 훗날 아인슈타인은 1916년에 광양자(빛양자)에 대한 또 하나의 논거를 제시하게 된다. 플랑크는 복사의 원자적 방출과 흡수에 대한 통계적 기술을 도입하여 흑체 분포 법칙을 새롭게 유도했고, 그 유도와 연관하여 아인슈타인은 빛의 구면 전달에 대립하는 것으로 지향성 전달을 이론적으로 확립했다. 그것은 양자를 이해하는 면에서 진보였지만 양자를 빛의 파동 이론과 관련짓는 데 더 접근

---

[14] 플랑크가 로렌츠에게 보낸 편지, 1910년 1월 7일 자, Lorentz Papers, AR. 플랑크가 빈에게 보낸 편지, 1910년 2월 21일 자, 1915년 9월 30일 자, Wien Papers, STPK, 1973.110.

[15] 이러한 정력적인 노력은 출판으로 이어지지 않았지만, 아인슈타인은 그 방정식에 대해 여러 편지에서 말했다. 그것은 Klein, "Thermodynamics in Einstein's Thought," 514; McCormmach, "Einstein, Lorentz, and the Electron Theory," 81~83에 논의되어 있다.

[16] 아인슈타인이 피셔에게 보낸 편지, 1910년 11월 5일 자, STPK, Darmst. Coll. 1917.141.

하지는 못했다.[17]

양자 이론, 다른 이론들, 《물리학 연보》, 솔베이 회의

1911년경에 이론 물리학에서 세 가지 주요 발전이 있었다. 벌써 나온 지 그해로 6년이 된 아인슈타인의 상대성 이론이 조머펠트에 의해 물리학의 확실한 성취 중 하나로 인식되게 되었다.[18] 같은 해에 아인슈타인은 중력 이론에 대한 꾸준히 지속될 연구를 시작했는데 그것은 몇 년 뒤에 일반 상대성 이론과 함께 완수될 것이었다. 마지막으로 1911년에 조머펠트, 아인슈타인, 그리고 다수의 다른 물리 과학자들이 솔베이 회의에 모여 양자 이론에 대한 관심의 전환을 이루어 양자 이론의 첫 단계를 종결시켰다. 우리는 《물리학 연보》에서 양자 이론과 다른 이론들에 관해 게재된 논문을 살펴보면서 이 절을 시작하고 솔베이 회의에 대해 이야기하면서 마감하려고 한다.

1900년에 드루데가 《물리학 연보》의 편집자가 되었을 때, 플랑크는 계속 고문으로 활동했다. 그들의 업무 관계는 좋았지만, 플랑크가 원하는 대로 항상 정보를 받는 것은 아니었다. 예를 들면, 드루데가 플랑크도 모르게 가치 없는 논문을 게재했을 때 플랑크는 화가 났다. 드루데는

---

[17] Einstein, "Bemerkungen über eine fundamentale Schwierigkeit in der theoretischen Physik," ms. 1911년 1월 2일 자, STPK; "Zur Quantentheorie der Strahlung," *Phys. Gesellschaft, Zürich, Mitteilungen* 16 (1916): 47~62; 관련 논의는 Martin J. Klein, "The First Phase of the Bohr-Einstein Dialogue," *HSPS* 2 (1970): 1~39 중 7~8에 있다.

[18] Arnold Sommerfeld, "Das Plancksche Wirkungsquantum und seine allgemeine Bedeutung für die Molekularphysik," *Phys. Zs.* 12 (1911): 1057~1069 중 1057.

그 논문이 가치가 없다는 것에 플랑크와 의견을 같이 했지만, 저자가 개인적으로 드루데에게 호소했고 드루데는 그의 요청을 거절할 마음이 별로 없었다. 그것은 그 당시 드루데가 뒤따라오는 피치 못할 논쟁을 줄이는 미묘한 작업에 직면해 있음을 의미했다.[19] 논쟁은 항상 따가운 눈총을 받았기에 플랑크, 드루데, 그리고 《물리학 연보》의 관련자들은 모두 논쟁을 완화하려고 노력했다.[20]

드루데가 1906년에 사망하자 그의 뒤를 이어 《물리학 연보》를 누가 맡느냐는 문제가 대두했다. 《물리학 연보》는 독일 물리학의 지도급 학술지였기에, 크빙케가 말했듯이, 그것은 "독일 물리학계 모두의 관심사였다." 드루데는 항상 빈을 후임으로 말했었고 플랑크도 그 선택에 찬성했었다. 빈이 편집자로 임명되기 전에 이미 플랑크는 자신이 어떠한 업무 관계를 원하는지 그와 논의했다. 그는 학술지의 업무를 빈 한 사람이 수행하는 것을 수락했지만, 논문의 수정과 거부에 대해서는 협의하기를 원했다. 전반적으로 플랑크는 이번에는 더 책임 있는 자리를 원했다. 그는 전에 간간이 그랬듯이 빈과 표지에 나란히 나오기를 원했다.[21]

플랑크와 빈은 전반적으로 견해가 완전히 일치했지만, 처음에는 논문 게재를 거부하는 지침을 정하는 문제를 두고 의견을 달리했다. 요컨대,

---

[19] 플랑크가 빈에게 보낸 편지, 1906년 10월 12일, 15일 자, Wien Papers, STPK, 1973. 110.

[20] 논쟁에 대한 《물리학 연보》의 정책은 논쟁에서 대립하는 양쪽이 각각 두 번만 진술하도록 하는 것이었다. 반대편에서 두 번째 진술을 게재한 후에는 나머지 한 쪽은 논박할 기회가 전혀 없을 것이므로 둘은 종종 서신을 교환하여 그들의 입장을 진술해서 반대를 더 이상 두려워할 필요가 없게 했다. 플랑크가 슈타르크에게 보낸 편지, 1912년 4월 8일 자, Stark Papers, STPK.

[21] 크빙케가 브륄(J. W. Brühl)에게 보낸 편지, 1906년 7월 10일 자, Heidelberg UB, Hs. 3632.8. 플랑크가 빈에게 보낸 편지, 1906년 7월 28일, 10월 15일 자, Wien Papers STPK, 1973.110.

빈은 지침을 원했고 플랑크는 원치 않았다 그 학술지의 거부율은 두드러지게 낮아서 5~10퍼센트 정도였지만 하나를 거부한 결과, 또는 거부해야 했을 논문을 수락한 결과도 마찬가지로 유쾌하지 않을 수 있었다. 그럴 때에는 거부를 위한 규칙이 분명히 도움될 것이지만, 규칙은 편집자들이 정해야 한다는 것이 플랑크의 주장이었다. 그와 빈이 지침을 받기 위해 학술지 관리자들에게 간다면, 편집자의 자유는 상실될 것이요 그들은 후회하게 될 것이었다. 플랑크에게 지고의 편집 원칙은 수행되는 물리 연구 중 가장 가치 있는 것을 《물리학 연보》가 확실히 게재하게 하는 것이었고 이를 위해 논문 심사가 진행되는 동안 편집자들의 완전히 "자유로운 손"에 결정을 맡기는 것이었다.[22]

부허러가 새로운 상대성 원리에 대한 논문을 제출했을 때 플랑크가 우려한 위기가 닥쳐왔다. 그것은 논문의 수락과 수정에 대한 관리자들의 판단 능력을 인정하는 것과 관련되어 있었다. 플랑크의 판단으로는 그 논문이 거부되기에 마땅했지만, 부허러는 본 대학의 사강사로서 기성 물리학자였기에 플랑크는 그를 그렇게 함부로 대우하고 싶지 않았다. 그는 부허러에게 논문을 축약하라고 요청할 것을 빈에게 권고했다. 빈은 그렇게 했고 부허러는 그 요청을 거절했다. 그러면서 부허러는 빈의 비판을 담은 편지와 함께 그 논문을 다른 학술지에 게재하겠다고 으름장을 놓았다. 이전에도 부허러는 드루데에게 비슷하게 행동한 적이 있었고, 플랑크는 부허러가 다른 학술지에 논문을 내기를 원했다. 그러나 플랑크의 예상이 빗나갔다. 놀랍게도 부허러는 《물리학 연보》의 관리자들에게 호소했다. 그러나 관리자들은 원고를 판정하는 데까지 그들의 권한을

---

[22] 플랑크가 빈에게 보낸 편지, 1906년 7월 28일, 1907년 7월 3일 자, Wien Papers, STPK, 1973.110.

확장하지 않는다는 견해를 밝혔다. 그 사건은 부허러가 그의 논문을 다시 《물리학 연보》에 내지 않겠다는 결정을 하면서 끝이 났다.[23]

한번은 플랑크가 심사한 논문이 오류가 아주 많았다. 플랑크는 그 논문 게재를 강한 어조로 거부해서 저자가 《물리학 연보》에 다시 논문을 내려는 마음을 먹지 못하게 하고 싶었다. 그러나 플랑크는 저자가 이렇게 구제불능이라고 판정하거나 논문을 냉정하게 거부하는 일은 좀처럼 없었다. 가끔 《물리학 연보》는 물리적 관심은 없고 오로지 수학적 관심만 있는 논문을 받기도 했지만 그럴 때에도 전개한 수학 자체가 반대할 만하지 않다면 플랑크가 게재 거부를 권고할 가능성은 낮았다.[24]

플랑크는 저자가 물리학에서 또는 심지어 수학에서라도 좋은 훈련을 받았거나, 과거에 가치 있는 논문을 그 학술지에 낸 적이 있거나 미래에 다시 낼 것 같으면 논문의 오류가 심각하더라도 그냥 넘어갔다. 슈타르크가 가치 있는 측정 방법에 관한 논문을 제출하면서 그 안에 무가치한 이론적 논의를 포함했을 때, 플랑크는 빈에게 그 논문을 수락하라고 권고했다. 슈타르크가 제시하는 개념들, 즉 "종종 형편없고, 거의 항상 제 멋대로인 이론적 개념들"은 "재능 있고 자격을 갖춘" 이 실험 물리학자를 저버릴 충분한 이유가 되지 못했다. 편집자들이 논문의 내용을 보증할 수는 없으니, 슈타르크처럼 과학적 명성을 갖춘 누군가의 논문을 게재했다고 그들을 비난하는 사람은 없을 것이라고 플랑크는 판단했다. 모든 것을 고려해도 허튼소리를 가끔 게재하는 것이 해가 되지는 않았다.[25] 《물리학 연보》의 장기적 이익을 지속해서 마음에 두어야 하므로,

---

[23] 플랑크가 빈에게 보낸 편지, 1906년 11월 29일, 12월 7일, 21일 자, 1907년 1월 5일, 26일 자, Wien Papers, STPK, 1973.110.

[24] 플랑크가 빈에게 보낸 편지, 1912년 2월 19일, 1908년 5월 2일, 1909년 2월 27일, 11월 30일 자, 1915년 9월 30일 자, Wien Papers, STPK, 1973.110.

당장 논문 게재 여부가 유일한 고려 사항은 아니었다. 그리하여 그 학술지는 때때로 훌륭한 물리학자들의 모자라는 논문들을 게재했다.[26]

한 편의 논문이 어떤 부차적인 가치, 십중팔구 "교육적" 가치에 의해 구제된다 해도, 논문의 "과학적 의의"가 플랑크의 우선적인 기준이었다. 플랑크는 한 논문이 모든 이론적 난점을 해결하기를 요구하지 않았고 다만 난점이 무엇인지를 명쾌하게 밝히기만을 요구했다. 비록 논문이 "내용이 황당하고, 제멋대로 전개된다 해도" 수수께끼 같은 현상을 참신하게 취급한다면 여전히 의미를 가질 수 있었다. 분자와 원자 현상은 여전히 "어둠 속에" 있었지만, 가치 있는 주제였다. 예를 들면, 플랑크는 원자 복사 공식의 유도를 인정했다. 그는 그것의 "사색이 부분적으로 매우 대범하고" 결함이 있음을 인식했지만 이러한 "처녀지"에서 물리학자들은 자유가 필요하다고 했다. 그렇게 하지 않으면 물리학자들은 결코 새로운 방법이나 더 나은 방법을 찾지 못할 것이다. 플랑크가 따른 원칙은, 하나의 아이디어가 나중의 연구를 위해 유익할지 미리 아는 것은 불가능하므로, 친숙하지 않은 연구에 대해서는 관대한 것이 최선이라는 것이다. "일반적으로 나는 낯선 의견을 평가하는 데 너무 관대했다고 비난받는 것보다는 그것을 압박한 것에 대해 비난받는 것을 피하려고 더 많이 애쓴다."[27]

플랑크는 다른 이들의 연구를 편집하는 동안 물론 자신의 연구도 했

[25] 플랑크가 빈에게 보낸 편지, 1910년 10월 21일, 1911년 1월 14일, 2월 9일 자, Wien Papers, STPK, 1973.110.

[26] 플랑크가 빈에게 보낸 편지, 1906년 11월 10일, 12월 21일, 1907년 5월 9일, 6월 19일, 1910년 6월 13일, 1914년 11월 28일 자, Wien Papers, STPK, 1973.110.

[27] 플랑크가 빈에게 보낸 편지, 1907년 1월 5일, 1914년 11월 28일, 1906년 11월 10일, 1911년 4월 12일, 1916년 3월 1일, 1911년 1월 14일 자, Wien Papers, STPK, 1973.110.

다. 그는 자신이 판정하는 저자들의 관점에서 떨어져 바람직한 연구 방향에 대한 자신의 확신을 유지하려고 노력했다. 그는 어떤 논문의 관점에 동의하지 "못한다 해도(더 낮게 보자면 동의하지 못하기 때문에)"[28] 수락했다. 그는 자연스럽게 어떤 논문에는 다른 논문보다 더 많은 관심을 두었다. 무엇보다도 이론적 토대 문제에 흥미를 품고 그는 파울 헤르츠Paul Hertz가 열역학의 역학적 토대를 철저하게 다룬 논문을 바라보았다. 그 논문은 깁스와 아인슈타인의 연구에 토대를 두고 있었는데 그 주제가 당시 물리학자들에게 매우 중요했기에, 플랑크는 다른 경우라면 비판을 가했을 만큼 수학적 전개가 과도하게 강조된 이 논문을 받아들였다. 그는 "로렌츠-아인슈타인 상대성 이론"에 대해 연구했었기에, 움직이는 물체의 전기 역학을 위한 방정식을 내놓으려고 헤르츠Heinrich Hertz가 상대성 이론을 응용한 방식이 "매우 아름답다"고 생각했다. 플랑크의 편집, 연구, 교육은 때때로 하나가 되었다. 플랑크가 자신의 연구를 하다가 그의 학생 모젠가일Mosengeil이 쓴, 움직이는 물체의 상대론적 열역학에 관한 논문에서 오류를 발견하고는 심사 중인 모젠가일의 논문을 돌려달라고 빈에게 요청했을 때가 그랬다.[29]

급격히 성장하는 이론적 연구에도 불구하고 독일의 물리학 정기 간행물은 이론과 실험의 계통별로 나뉘지 않았다. 1910년에 이그나토프스키[30]와 양케[31]가 "이론 물리학 학술지"를 계획했을 때 플랑크는 그것이

---

[28] 플랑크가 빈에게 보낸 편지, 1907년 5월 9일 자.

[29] 플랑크가 빈에게 보낸 편지, 1910년 6월 1일, 1907년 5월 24일, 1908년 10월 9일, 1907년 2월 1일, Wien Papers, STPK, 1973.110.

[30] [역주] 이그나토프스키(Vladimir Sergeyevitch Ignatowski, 1875~1942)는 러시아의 물리학자로 1906년에 상트페테르부르크에서 공부를 마치고 기센 대학에서 공부했으며 1909년에 박사학위를 받았다. 1911년부터 1914년까지 베를린 공업학교에서 가르쳤고 이후에는 소련의 여러 기관에서 일했다. 독일을 위해 간첩 행위를

"이론 논문이 쇄도하는 상황"에서 《물리학 연보》를 자유롭게 하여 《물리학 연보》에 숨돌릴 틈을 줄 것임을 인정했다. 그러나 플랑크는 이론과 실험의 명쾌한 분리를 인정하지 않았고 그의 동료들 대다수도 그러했다.[32]

플랑크의 양심적인 비평과 실제적인 훌륭한 감각은 독일 물리학자 사이에서 《물리학 연보》의 지위를 유지하는 데 크게 기여했다. 제1차 세계대전 동안 어떤 물리학 학술지를 중단하자는 제안도 있었지만, 분명히 《물리학 연보》는 아니었다. 기고자들과 독자들은 가끔 편집자의 결정에 만족하지 않았지만, 플랑크는 공동 편집자인 빈에게 보낸 편지에서, 전쟁이 끝난 후에 그의 통제를 뛰어넘는 이유 때문에 그 학술지 "대적들"에 대하여 말하게 될 것처럼, 그들에 대해 언급할 필요가 없었다.[33]

했다는 혐의로 체포되어 1942년에 처형되었다. 특수 상대성에 대한 논문 몇 편을 썼고 로렌츠 변환을 광속 불변의 원리 없이 상대성 원리만을 써서 군 이론에 의해 처음으로 유도했다. 특수 상대성에서 강체의 지위에 대해 탐구했고 광속보다 큰 속도가 가능하다고 믿었다. 또한, 유체 역학의 상대성을 구축했고 광학 분야에서도 기여했다.

[31] [역주] 얀케(Eugen Jahnke, 1861~1921)는 독일의 수학자로 베를린 대학에서 수학과 물리학을 공부했고 샤를로텐부르크 공업학교에서 교수 자격 논문을 쓰고 1905년에 베를린 광산 학교에서 교수가 되었고 1919년에 베를린 공업학교에서 총장이 되었다. 《수학 및 물리학 모음집》의 편집자로 일했다.

[32] 플랑크가 빈에게 보낸 편지, 1910년 6월 13일 자.

[33] 연구의 사전 아이디어 보고를 게재한, 물리학회의 *Verhandlungen*과 달리, 《물리학 연보》의 연구는 완성된 것이었고 결정적이었으며 그러한 목적의 학술지는 필수불가결했다. 플랑크가 빈에게 보낸 편지, 1907년 6월 23일, 7월 1일 자. 플랑크는 한쪽에 *Physikalische Zeitschrift*와 *Fortschritte der Physik*를 두고, 다른 쪽에 물리학회의 *Verhandlungen*과 《물리학 연보》의 요약 보충판인 *Beiblätter*를 두고 그 사이에서 결정하라고 요청을 받으면, 이는 중복되는 기능을 가진 두 쌍의 학술지들이므로, 물리학회와 연관된 *Fortschritte*가 끼어 있는 전자를 선호할 것이라고 말했다. 플랑크가 빈에게 보낸 편지, 1917년 10월 5일, 1920년 6월 20일, Wien Papers, STPK, 1973.110.

《물리학 연보》의 기고자들은 여전히 압도적으로 많은 수가 대학과 공업학교에 소속되어 있었다. 1911년에 독일에서 일하고 있는 100여 명의 기고자 중에서 다섯 사람은 제국 물리 기술 연구소(끊어지면 "미래에 《물리학 연보》에 재앙적"일 수 있어서 플랑크가 가치 있게 여긴 연관성[34])에서 일했고, 서넛은 중등학교에서 가르치는 교사였고, 한 사람은 프랑크푸르트 회사의 연구소에서, 또 한 사람은 베를린의 사설 연구소에서 일했다. 나머지 대다수는 대학과 공업학교에 널리 퍼져 있었다. 20개의 독일 대학 모두 기고자를 배출했는데 로스토크 대학은 기고자가 한 사람이었지만 베를린 대학은 모두 20명의 기고자를 냈으니 분포가 균일하지는 않았다. 공업학교 중 절반인 다섯이 기고자를 냈다. 이 기관 중에서 기고자들은 거의 항상 물리학 연구소나 이론 또는 응용 물리학 연구소에 소속되어 있었다. 다른 기관으로는 물리 화학 연구소만이 중요했는데 이는 베를린에 있는 네른스트의 연구소였다.

외부적으로 《물리학 연보》는 계속 변했다. 그것은 매머드가 되어가고 있었다. 《물리학 연보》의 정책은 한 해에 12호 발행이었으며 세기 전환기에도 이 오래된 정책은 여전했으나, 1912년에는 점차 16회 발행으로 팽창했고 1912년의 3권 중 세 번째 권만 해도 1,600쪽 이상에 달했다. 이듬해에는 쪽수가 넘쳐서 18호로 그 학술지를 팽창시키기로 결정되었지만 실제로는 17호까지 발행되었다.[35] 《물리학 연보》는 안쪽도 달라졌다. 그림이 많아졌고 장치와 결과의 사진이 많아졌고 무엇보다도 그래프가 많아졌다. 그래프가 19세기 중반부터 《물리학 연보》에 흔히 게재되면서 그것들은 도판과 함께 모아 각 호의 끝으로 배치되었다. 그러나

---

[34] 플랑크가 빈에게 보낸 편지, 1907년 6월 23일과 7월 1일 자.
[35] 플랑크가 빈에게 보낸 편지, 1913년 10월 24일 자, Wien Papersk, STPK, 1973.110.

이제는 그래프는 관측 결과를 제시하는 데 선호되는 더 시각적인 방법으로 종종 논문의 본문에 들어가는 표와 공식과 함께 나란히 실렸다. 그리고 《물리학 연보》의 표기법도 달라졌다. 가령, 얼마 전부터 벡터가 표준화되어, 비수학적인 실험 논문에서도 방향 있는 양들, 가령 자기장(마당), 전기 진동, 광축 등을 설명하기 위해 벡터가 사용되었다.[36] 《물리학 연보》의 가시적 측면은 일반적으로 실험 연구의 정량적 성격과 더불어 수학적 취급에 대한 실험자의 역량을 반영했다. 물론 모든 실험과 실험자가 이런 식으로 평가받을 수는 없었다.[37]

1911년과 그 무렵의 다른 독일 학술지를 들여다보면 이제까지 이론 물리학을 묘사한 모습과 두드러지게 다르지 않다. 《물리학 잡지》 *Physikalische Zeitschrift*와 독일 물리학회의 《토의》*Verhandlungen*는 엄청나게 많은 물리학 논문을 게재했고 그 대부분이 《물리학 연보》의 논문들보다 짧았다. 어떤 학술지도 《물리학 연보》만큼 1년 발행하는 쪽수가 많지 않았지만 《토의》는 많아지고 있었다. 그 분량은 1911년에 텍스트만 1,150쪽을 넘어섰고 참고문헌이 450쪽을 넘었다. 《물리학 잡지》는 처음부터 그랬듯이 1911년에 많은 이론 물리학 논문을 게재했다. 이 시기에 《토의》는 상대적으로 이론 물리학을 적게 포함하여, 8~10편 중 1편만이 이론 물리학 논문이었다. 그러나 5년 전에 그 학술지는 고도의 수학적 논문을 한 편도 포함하지 않았던 반면에 겨우 3년 후인 1914년에는 그런 종류의 논문으로 채워지게 된다. 그때가 되면 《물리학 잡지》뿐 아니라 《토의》는 《물리학 연보》의 편집자들에게 관심의 폭이 지나치게 수학적이라고 판정을 받았을 많은 논문을 게재했다. 대조적으로 슈타르크의

---

[36] 가령, du Bois and Elias, 35: 617~678.
[37] 레만(Lehmann)은 편광을 사용하면서 액정에서 본 것을 그림으로 많이 제시했지만, 그래프, 표, 방정식은 제시하지 않았다. (39: 80~110).

《방사능과 전자학 연감》*Jahrbuch der Radioaktivität und Elektronik*은 거의 전적으로 실험 연구만 게재하고 있었다. 1911년과 1912년의 권에는 수학적 내용을 담았다고 말할 수 있는 논문은 단 한 편뿐이었고, 상대성에 대한 또 하나의 종설 논문뿐이었다.

1911년과 1912년의 《물리학 연보》는 "고전" 이론에 대한 빈번한 참조를 포함했는데 그것은 많은 것을 의미할 수 있었다. 플랑크가 "고전 전기 동역학과 전자 이론"이라고 부른 것들은 양자 개념을 중심에 둔 물리학과 구분되는 것들이었다. 라우에가 "고전 탄성 이론"이라고 부르고, 헤어글로츠[38]가 "고전 역학"이라고 불렀을 때는 이 이론들을 상대성 이론에서 구분하려는 것이었다. 그러나 종종 하나의 이론을 "고전"이라고 성격 규정하는 것은 최근의 양자 물리학이나 상대성 물리학과 관계가 없었다. 《물리학 연보》의 독자들은 마찰의 "고전 이론" 같은 표현과 마주쳤을 때 플랑크와 아인슈타인이 일으킨 최근의 혁신에 대해 생각하도록 인도받은 것이 아니었다. 그러한 지칭은 표준 이론을 가리키는 것이었지 양자가 나오기 전의 물리학을 가리킨 것이 아니었다. 고전이라는 말의 의미는 조금 더 지나면 흔하고 더 좁게 된다.[39]

---

[38] [역주] 헤어글로츠(Gustav Herglotz, 1881~1953)는 독일의 수학자로 상대성 이론과 지진학에서의 업적으로 유명하다. 1899년에 빈 대학에서 수학과 천문학을 공부하면서 볼츠만의 강의를 들었다. 1900년에 뮌헨 대학으로 가서 박사학위를 1902년에 받았다. 괴팅겐 대학으로 가서 펠릭스 클라인 밑에서 교수 자격 논문을 썼다. 1904년에 천문학과 수학 사강사가 되었고 1907년에는 부교수가 되었다. 지진 이론에 관심을 두면서 비헤르트와 함께 지구 내부에서의 속도 분포 결정을 위한 비헤르트-헤어글로츠 방법을 개발했다. 1908년에 빈에서 정교수가 되었고 1909년에는 라이프치히 대학으로 옮겼다. 1925년부터 경력을 마치기까지 괴팅겐 대학에서 룽에의 뒤를 이어 응용 수학 교수직을 맡았다. 그의 연구는 천체 역학, 수 이론, 특수 상대성 이론, 일반 상대성 이론, 유체 역학, 굴절 이론 등 다양했다.

[39] Planck, 37: 642~656 중 643; Laue, 35: 524~542 중 526; Herglotz, 36: 493~533

1911년과 1912년에 《물리학 연보》에 게재된 많은 이론 연구는 양자와 상대성을 언급하지도 않았다. 실례로 물리학자들은 유체의 표면 장력과 고체 상태 방정식과 같은 오래된 원자와 분자 문제를 다루었다.[40] 그들은 원자와 분자의 통계역학에 따라 열역학의 기초를 분석했다.[41] 그들은 원자와 분자의 배열, 형태, 구조, 그리고 분자력의 법칙과 성격에 대해 이리저리 추측했다. 그렇지만 여전히 자세한 원자 모형을 도입하는 일은 없었고 원칙상 그런 것들에 대해 회의적이기조차 했다.[42]

《물리학 연보》의 저자들은 전자에 지속적인 관심을 보이면서 금속, 열전도, 열전기, 스펙트럼(빛띠)의 자기 갈라짐 등 다양한 자기 광학적 현

중 493; Sackur, 34: 455~468 중 456, 467; Witte, 34: 543~546 중 543; Reiger, 34: 258~276 중 276.

[40] 가령, Einstein, 34: 165~169; Grüneisen, 39: 257~306.

[41] 예를 들면, 자쿠르(Otto Sakur)는 엔트로피와 확률에 대한 "볼츠만-플랑크 관점"을 비가역 화학 과정에 적용했다(36: 958~980); 아인슈타인은 열역학의 역학적 기초에 관한 그의 초기 논문을 비판한 파울 헤르츠의 타당성을 인정했다. 아인슈타인이 그 주제에 관한 깁스의 책을 알았더라면 그 논문을 출판하지 않았을 것이었다(34: 175~176); 크로(Jan Kroó)와 질버슈타인(Ludwig Silberstein)은 깁스의 통계역학에 동의하지 않았다(34: 907~935, 37: 386~392; 38: 885~887).

[42] Beckenkamp, 39: 346~376; Schiller, 35: 931~982; W. E. Pauli, 34: 739~779. 쉬들로프(Arthur Schdlof)가 그전 해에 했듯이 레베듀(Peter Lebedew)는 회전하는 물체의 자기 특성을 설명하기 위해 J. J. 톰슨의 원자 모형을 언급했다(35: 90~100, 39: 840~848). 맥스웰의 분자 척력 역 5제곱의 법칙을 대신하여 그루너(Paul Gruner)는 역제곱 법칙을 제안했다. 왜냐하면, 그것이 전자 이론에서 전자의 상호 척력의 법칙이기 때문이었다(35: 381~388); 미(Mie)의 이론을 토대로 하여 그뤼나이젠(Eduard Grüneisen)은 $-a/r^x + b/r^y$의 법칙을 따르는, 원자 간의 인력과 척력으로부터 일원자 고체의 "이론적 모형"을 구축했다. 이 식에서 지수는 실험으로 결정되게 되어 있었다(39: 257~306); 라인가눔(Maximilian Reinganum)은 반데르발스 이론을 확장하면서 분자력을 분자에 대한 정전기적 양극자에 의해 나타냈다(38: 649~668). 포크트는 "나는 항상 분자 모형에 대해 다소 회의적이었다."라고 말했다. 그는 한 이론의 방정식을 어떤 대칭이나 원리로부터 구축하기를 선호했다. 그것은 물리학자들이 "과정의 메커니즘에 대한 통찰력"을 포기하는 당시 경향을 따라 포크트가 정당화시킨 추상적 접근법이었다(36: 873~906 중 897, 899).

상의 전자 이론을 비판하고 확장하고 검증했다.[43] 이와 같은 응용에 대한 관심에 더해 그들은 물리학의 전자기적 기초와 전자 이론이 어떻게 관계되는지에 계속 관심을 두었다. 가령, 유한한 전자를 설명할 비전기력의 필요성을 제거하는 새로운 전기 기본 법칙을 제안하는 연구도 하나 있었는데, 그것은 "전자 이론의 순수한 전자기적 토대"에 대한 기본적인 반대였다. 미Mie는 새로운 물질 이론을 제시했는데, 이는 전자 이론의 야심찬 확장이자 1912년과 1913년에 《물리학 연보》에서 많은 공간을 차지한 주제였다. 미Mie는 역학 법칙들과 맥스웰의 전자기 방정식이 원자 내부에서는 무효임을 실험으로 입증했다고 가정하고서 그 자리를 대신할 새로운 법칙을 밝혀내기 위해 더는 실험에 기대지 않았다. 오히려 그는 물리 이론의 새로운 기초에 기대를 걸었다. 그에게는 그것이 세계 에테르의 새로운 이론을 의미했다. 미는 원자가 양전하로 둘러싸인 전자로 구성되어 있고 전자는 세계 에테르에서 낯선 물체가 아니라 그것의 특별한 상태라고 가정했다. 그리고 그는 거기서 새로운 에테르 물리학의 근본 방정식을 유도했다. 그 방정식들은 "세계 함수"에 의해 물질 세계의 모든 현상을 기술했고, 그 함수의 결정을 미는 미래 물리학의 미해결 문제로 간주했다.[44]

전자 이론과 더불어 이론 광학은 1911년과 1912년 《물리학 연보》에 게재된 논문들에서 광범하게 연구되고 검증되었다. 이렇게 된 주된 이유는 포크트의 괴팅겐 연구소에서 공부하는 학생들에게 포크트가 자신의 관심사를 전해주었기 때문이었다. 그의 지도로 수행된 연구 중 하나는

---

[43] Johann Koenigsberger and Weiss, 35: 1~46; Cermak and Schmidt, 36: 575~588; Schneider, 37: 569~593; Baedeker, 35: 75~89; Voigt, 35: 101~108; du Bois and Elias, 35: 617~678.

[44] Wolff, 36: 1066~1070 중 1066; Mie, 37: 511~534, 39: 1~40.

금속의 광학 상수를 결정하는 포크트의 방법을 적용했고, 그 저자는 이 연구를 포크트의 연구소에서 일한 적 있던 세 명의 다른 연구자들이 수행한 연구의 연속으로서 제시했다.[45] 포크트가 제안하거나 영감을 부여하거나 포크트 자신이 수행한 연구들이 이즈음에 《물리학 연보》에 게재되었는데, 주제의 범위가 넓어서 금속 굴절inflexion, 전반사, 분산, 빛의 방출과 흡수까지 포함했다.[46] 괴팅겐 이론 물리학 연구소에서 광학 연구를 수행한 외국인 물리학자가 많았기 때문에 그 연구소와 광학 연구를 동일시하는 일이 생겨났다. 1911년과 1912년에 적어도 이렇게 외국인 물리학자 중 넷이 《물리학 연보》에 광학에 관하여 게재했다.[47]

《물리학 연보》는 이 시기에 광학에 대한 다른 이론 연구를 다수 포함했다.[48] 그중 몇몇은 아주 수학적이었는데 그중 하나는 포크트가 제안하고 조머펠트가 조언해 준 시간 독립 파동 방정식의 연구였다. 또 하나의 연구는 하이흔스의 원리[49]에 의해 원통 면에서 평면파 굴절률(꺾임률)의 결정이라는 친숙한 수학 문제에 단순한 답을 제시한 것이었다. 또 하나는 완전한 도체 직각 쐐기에 의한 빛의 회절(에돌이) 문제에 엄밀한 답을

[45] Erochin, 39: 213~224.

[46] Pogány, 37: 257~288; Ignatowsky and Oettinger, 37: 911~922; Ladenburg, 38: 249~318; Voigt, 34: 797~800, and 39: 1381~1407.

[47] Fréedericksz, 34: 780~796; Brotherus, 38: 397~433; Erochin, 39: 213~224; Wali-Mohammad, 39: 225~250.

[48] Jentzsch, 39: 997~1041; Harnack, 39: 1053~1058; Pahlen, 39: 1567~1589.

[49] [역주] 하이흔스의 원리는 파면이 시간에 따라 그다음 파면을 형성하는 원리로서 17세기 네덜란드의 과학자인 하이흔스(C. Huygens)에 의해 발견되었다. 하이흔스는 빛을 파동으로 보고 빛의 굴절이나 반사의 법칙을 이 원리로서 잘 설명할 수 있었다. 이 하이흔스 원리는 파면의 각 지점이 구면파를 발생시키는 파원이 되고, 무수히 많이 생기는 이 구면파가 겹쳐서 만드는 그 포락선이 다음 파면을 형성한다는 것이다.

제시한 것이었다. 조머펠트와 룽에가 수행한 또 하나의 연구는 단위 벡터에 의해 광선을 표시하고 벡터 미적분학에서 나온 기울기gradient, 분산 divergence, 그리고 다른 연산자를 도입하여 기하 광학의 법칙을 재공식화했다.[50]

《물리학 연보》는 기체, 반데르발스 상태 방정식, 열역학 평형[51], 기체 전기 방전, 탄성, 물리학의 응용[52], 그리고 감마선과 모래언덕 같은 자잘한 주제들에 대한 이론적 연구를 포함했는데 그중 마지막 것은 헬름홀츠의 소용돌이 운동 이론[53]의 도움을 얻어 분석되었고 실험적으로 재현되었다.[54] 그다음에는 1911년과 1912년 《물리학 연보》에서 이론 연구는 이전처럼 어떤 주제들을 중심으로 연구가 집중될 뿐 아니라 대부분의 물리학 분야로 확장되었다.

양자 이론을 다루는 1911년과 1912년 《물리학 연보》의 논문들은 실

---

[50] Wiegrefe, 39: 449~484; Reiche, 34: 177~181, and 37: 131~156; Dieterici, 35: 220~242; Pochhammer, 37: 103~130; Tammann, 36: 1027~1054.

[51] Smoluchowski, 35: 983~1004; Heindlhofer, 37: 247~256; Dieterici, 35: 220~242; Pochhammer, 37: 103~130; Tammann, 36: 1027~1054.

[52] Greinacher, 37: 561~568; Seeliger, 38: 764~780; Witte, 34: 543~546; Reinstein, 35: 109~144; Möller, 36: 738~778; March, 37: 29~50.

[53] [역주] 헬름홀츠의 물의 소용돌이 운동에 대해 순수하게 이론적인 연구를 지칭한다. 헬름홀츠는 물속에서 마찰이 어떻게 생기는지 알 수 없기에 마찰을 직접 연구하지 않고 운동을 연구하여 속도 퍼텐셜이 존재하지 않는 마찰 운동을 제시했다. 그는 물 입자가 회전 운동을 하고 있을 때 속도 퍼텐셜이 존재하지 않는다고 판단했고 이 운동에 대해 물질의 보존 법칙과 유사한 소용돌이 보존 법칙을 유도했다. 이 이론은 유체 역학에서 그치지 않고 전기 현상의 유비적 이해와 원자 구조의 이해에 이르기까지 지속적인 영향을 미쳤다.

[54] Einstein, 34: 165~169; Hertz, 37: 1~28; Lenz, 37: 923~974; Buchwald, 39: 41~52; Bechenkamp, 39: 346~376; Hahmann, 39: 637~676; Merczyng, 39: 1059~1069; Koláček, 39: 1491~1539; Esmarch, 39: 1553~1566.

험 물리학자와 물리 화학자들에게 그들이 직접 활용할 수 있는 결과들을 제공했다. 그 이론은 고체에서 열, 복사열, 복사와 물체의 상호 작용에 대한 실험 결과, 그리고 아직 작은 주제였지만 복사와 원자의 동역학을 포함했다.

양자 이론이 상대성 이론처럼 물리학에서 광범하고 근본적일 것이란 전망을 주었을지라도, 양자와 상대성에 대한 연구들은 통상적으로 따로 따로였다. 명시적으로 두 분야 모두에 관계된 문제들은 이 시기에 《물리학 연보》에 게재되지 않았고 양자 이론과 관계가 있는 연구로서 거기에 발표된 연구들은 상대성과 관련이 있는 연구들보다 덜 수학적이고, 더 임시적이며, 더 많았다.

1911년과 1912년에 나온 양자 이론에 대한 연구 중 다수는 1907년에 처음 제시된 고체의 비열에 대한 아인슈타인의 이론에서 출발점을 찾았다. 이 이론에서 아인슈타인은 공진자와 진동하는 이온의 에너지뿐 아니라 모든 원자의 에너지가 양자화되어야 한다고 주장했다. 즉, 양자는 복사 현상에 국한되지 않았다. 아인슈타인의 비열 이론은 원자 규모에서 무게 있는 물질에 대한 새로운 역학의 필요성을 천명했다. 1911년경까지 아인슈타인의 이 새로운 지향은 별로 주목을 받지 못했다. 그 후에 그 지향이 주목을 받게 된 계기는 우선적으로 네른스트[55]의 비열 측정이었

---

[55] [역주] 네른스트(Walther Hermann Nernst, 1864~1941)는 독일의 물리학자, 화학자로서 열화학에서 이룩한 공로로 1920년에 노벨 화학상을 받았다. 프로이센 서부의 브리젠에서 출생하여 취리히, 베를린, 뷔르츠부르크 대학에서 공부했다. 라이프치히 대학에서 오스트발트의 조수가 되고 뒤에 괴팅겐, 베를린 대학 교수와 물리학회 회장, 국립 도량형 검사소장 등을 겸임했다. 그는 물리 화학의 창시자이고, 산화 환원 반응과 반응 속도, 화학 평형, 액정 등을 연구하고 유도율의 측정, 낮은 온도일 때의 비열 측정 등을 실험하여 성공했다. 1906년 열역학의 제3법칙이라 불리는 '네른스트의 열 정리'를 만드는 등 열화학에 많은 업적을 남긴 공로로 노벨 화학상을 받았다.

다. 그는 "가장 선명하게" 아인슈타인의 이론을 확증했다고 믿었다. 네른스트에게 아인슈타인 이론의 핵심은, 낮은 온도에서 고체의 원자열 atomic heat[56]은 이전의 원자열의 법칙이 예측한 값보다 작다는 예측이었다. 그것은 네른스트의 새로운 열 정리[57]와 일치하는 결론이었다. 1911년에 네른스트와 그의 동역자 린데만[58]은 아인슈타인의 법칙을 개선했고 디바이는 1912년에 그 이론을 더 개선했다.[59]

아인슈타인의 이론을 고려한 비열 연구에 더해[60], 다른 연구들은 물질의 고체 상태를 이해하는 목표와 아인슈타인의 이론 사이의 연관성을 인식했다.[61] 아인슈타인 자신은 고체의 비열뿐 아니라 고체의 열전도를

---

[56] [역주] 원자열이란 어떤 원소의 원자량과 비열을 곱한 값을 말한다.

[57] [역주] 네른스트의 "새로운 열 정리"는 1905년에 네른스트가 발표한 것으로 나중에 열역학의 제3법칙으로 알려지게 된다. 이 정리는 절대 0도에 접근할 때 물질의 행동을 기술하는 것으로, 그것을 이용하면 화학 반응의 자유 에너지를 결정하여 평형점을 알아낼 수 있다. 네른스트의 업적 중에서 가장 유명한 업적이다.

[58] [역주] 린데만(Ferdinand von Lindemann, 1852~1939)은 독일의 수학자로 초월수에 대한 연구로 유명하다. 1870년에 괴팅겐, 에를랑엔, 뮌헨 대학에서 수학 공부를 했고, 에를랑엔 대학에서 펠릭스 클라인 밑에서 비유클리드 기하학에 대한 논문으로 박사학위를 받고 뷔르츠부르크 대학에서 교수 자격 논문을 썼다. 프라이부르크 대학에서 1877년에 부교수가 되고 1879년에 정교수가 되었다. 프라이부르크 대학에 있는 동안 π는 초월수임을 증명했다. 1892년에는 쾨니히스베르크 대학에서 총장 대리가 되었다. 1893년에 뮌헨 대학으로 초빙받아 죽을 때까지 그곳에 머물렀다. 하이젠베르크, 힐베르트, 조머펠트 등 뛰어난 과학자와 수학자가 그에게 배웠다.

[59] Nernst, 36: 395~439 중 423; Einstein, 35: 679~694; Debye, 39: 789~893. 베를린 물리 화학 실험실에서 연구하던 코레프(Fritz Koref)는 네른스트와 린데만의 비열 법칙을 확증하기 위해 요구되는 측정을 여러 차례 수행했다(36: 49~73).

[60] 아인슈타인의 이론에 "필요한 보완"에 해당하는 원자열에 대한 리하르츠(Franz Richarz)의 "이론적 고려"(39: 1617~1624 중 1622~1623)는 리히터(Oskar Richter)에 의해 실험적으로 검증되었다(39: 1590~1608).

[61] 자쿠르에게는 비열에 대한 아인슈타인의 이론이 엔트로피와 확률 사이의 관계와 더불어 **필연적인 귀결**로서 네른스트의 열 정리를 내놓았을 뿐 아니라, 아인슈타인의 접근법이 "완전한 고체의 운동 이론"(34: 455~468 중 457~467)을 약속했다.

오래된 "분자 역학"이 설명할 수 없음을 보이는 데 관심이 있었다. 이것과 고체의 광학적, 탄성적 현상들을 온전히 이해하기 위해 아인슈타인은 고체의 완전한 분자 이론에 기대를 걸었다.[62] 그의 비열 이론은 그 방향의 첫걸음이었고, 그 당시에 고체의 분자 동역학을 구축하기 위해 설계된 실험을 네른스트의 연구소에서 수행하던 오이켄[63]에 따르면, 고체의 **"분자 정역학의 기저"**였다.[64]

양자 이론에서 아인슈타인이 수행한 또 다른 주요 연구인 광양자(빛양자) 가설은 《물리학 연보》에서 미미한 관심을 끌었다. 에른페스트는 플랑크의 복사 이론에서 광양자(빛양자)의 위치를 분석했다. 마이어Edgar Meyer는 그 가설을 언급하면서 그것이 감마선에 대한 자신의 실험과 맞지 않는다고 말했다. 요페Abram Joffé는, 광양자(빛양자)로 광전자, 광화학, 광이온화, 형광 현상 등을 설명하려는 시도는 정량적으로 수행되지 않았고, 아인슈타인이 처음에 이름 붙인 대로 "에너지 양자"라고 부르는 것은 허용될 수 없다고 말했다.[65]

플랑크의 흑체 복사 법칙은 1911년과 1912년의 《물리학 연보》에 게

아인슈타인의 비열 이론의 정신으로 라트노프스키(Simon Ratnowsky)는 플랑크가 제시한 공진자의 양자 이론을 고체 원자에 적용함으로써 일원자 고체의 상태 방정식을 발전시켰다(38: 637~648).

[62] Einstein, 35: 679~694 중 680, 694; 34: 170~174.

[63] [역주] 오이켄(Arnold Eucken, 1884~1950)은 독일의 화학자이자 물리학자로 철학자이자 노벨상 수상자인 루돌프 오이켄의 아들이다. 킬, 예나, 베를린에서 공부했고 네른스트와 공동 연구했다. 1915년부터 브레슬라우 공업학교에서 교수로 가르쳤고 1930년부터는 괴팅겐 대학에서 가르쳤다. 국가사회주의자들이 집권한 이후에는 NSDAP의 일원이 되어 괴팅겐에서 교수로 가르쳤다. 물리 화학과 기술 화학에서 주요 업적을 남겼고 저온에서의 비열, 액체 구조, 전해질 용액, 분자 물리학, 중수, 기체 역학, 촉매 등을 다루며 화학 공학과 화학 기술에 대해 연구했다.

[64] Eucken, 34: 185~221.

[65] Ehrenfest, 36: 91~118; Meyer, 37: 700~720; Joffé, 36: 534~552.

재되는 연구들에 계속 나타났다. 그 법칙은 빈의 법칙과 일치하는 영역인 훨씬 짧은 파장에 대해 검증되었고 그것은 보편 상수들과 다른 문제들에 개입했다.[66] 이 시기에 플랑크의 법칙에 관한 가장 중요한 연구는 플랑크 자신의 것이었다. 그는 그 법칙을 이전에 유도한 방법에 불만이 있었다. 그 법칙은 진동자의 에너지가 연속 변수로 취급되는 전기 역학 부분과 에너지가 기본 양자의 곱으로 불연속적으로 취급되는 통계역학 부분에 의존했다. 이러한 모순을 제거하기 위해 플랑크는 흑체 벽의 선형 진동자가 연속적으로 복사선을 흡수하지만, 진동자의 에너지가 유한한 에너지 요소의 배수일 때만 복사선을 방출한다고 가정했다. 새로운 유도는 "고전 전자 이론"을 위반했지만, 진동자의 영역에서만 그러했다. 복사선의 방출을 일으키는 과정을 플랑크는 여전히 "숨겨져" 있다고 가정하여 그 법칙을 결정하는 데에는 통계적 접근법을 취해야 했다.[67]

플랑크 상수 h가 1911년과 1912년에 《물리학 연보》에 게재된 논문들에서 상당히 넓은 범위의 문제들에 나타났다.[68] 쉬들로프Arthur Schidlof는 "보편적인 전기 동역학적 의미"를 그 상수에 부여하면서, 이전에 하스A. E. Hass가 한 것처럼 플랑크의 진동자를 J. J. 톰슨의 원자 모형과 관련지었다.[69] 플랑크 자신은 그의 상수가 아마도 다른 "원자 상수들"과 관련 있을 것이고 양자 연구가 곧 원자 이론들에 의해 주로 인도받으리라 생각했다.[70]

---

[66] Baisch, 35: 543~590; Suchý, 36: 341~382; Paschen, 38: 30~42.

[67] Planck, 37: 642~656 중 644.

[68] 이미 언급된 문제들에 더해 그것은 빛에 의한 화학적 분해(Einstein, 37: 832~838, 38: 881~884, 888; Stark, 38: 467~469), 기체의 화학 상수들(Tetrode, 38: 434~442), 엑스선의 발생(Sommerfeld, 38: 473~506)도 포함했다.

[69] Schidlof, 35: 90~100.

[70] Planck, 37: 642~656 중 656.

1911년에 《물리학 잡지》와 독일 물리학회의 《토의》*Verhandlungen*로 눈을 돌리면, 오래된 분야, 가령 고전적인 질점 역학과 심지어 전자기 과정의 역학적 표현에서도 상당한 이론적 연구를 발견할 수 있다. 이 학술지들에서 함축적으로 또는 명시적으로 "고전적인" 이론들과 "역학적 세계묘사"의 난점들을 시인하는 다른 연구들을 발견할 수 있다.[71] 우리는 상대론과 양자론에 대한 연구들을 통해 양자론이 둘 중에서 덜 정착되었다는 조머펠트의 생각을 다시 확인하게 된다. 대체로 이러한 학술지들에 내려고 논문을 쓰는 물리학자들은 상대성 원리의 유용성을 가정했고 그 것을 다양한 동역학적 문제에 적용했지만 아직 그들이 비교적 신뢰하는 양자 "원리"는 없었다. 예를 들어, 베를린의 물리 화학자 하버[72]는 플랑

---

[71] Emil Budde, "Zur Theorie des Mitschwingens," *Verh. phys. Ges.* 9 (1911): 121~137; Arthur Korn, "Weiterfürung eines mechanischen Bildes der elektromagnetischen Erscheinungen," *Verh. phys. Ges.* 9 (1911): 249~256; Friedrich Hasenöhrl, "Über die Grundlagen der mechanischen Theorie," *Verh. phys. Ges.* 9 (1911): 756~765.

[72] [역주] 하버(Fritz Haber, 1868~1934)는 독일의 화학자로 질소와 수소로 암모니아를 합성하는 방법을 연구하여 1918년 노벨 화학상을 받았지만, 제1차 세계대전 당시 독가스 개발과 살포를 주도한 '독가스의 아버지'라고도 불린다. 독일 브레슬라우(Breslau, 지금의 폴란드 브로추아프(Wrocław))의 부유한 유대계 가정에서 태어났다. 1886년부터 하이델베르크 대학, 베를린 대학, 샤를로텐부르크 공과 대학 등에서 유기화학을 공부했다. 1898년 카를스루에 대학의 교수가 되었고, 1904년부터 기체 상태의 질소와 수소를 반응시켜 암모니아를 만드는 연구에 착수하여, 1908년 낮은 온도에서도 높은 압력을 가해 암모니아를 합성할 방법을 개발했다. 1909년 화학공업 기업인 바스프(BASF)와 계약을 맺고 카를 보슈와 함께 이를 실용화할 공정 개발에 성공했다. 이러한 연구 성과를 배경으로 1911년 카이저 빌헬름 물리 화학 · 전기화학 연구소의 소장과 베를린 대학의 교수가 되었다. 1914년 제1차 세계대전이 시작되자 하버는 전쟁 지원에 나서 화학 무기 개발에 앞장섰다. 제2차 세계대전 당시 유대인과 집시 등의 대량 학살에 이용된 치클론 B(Zyklon B) 독가스도 하버의 연구로 생산된 것이었다. 하버는 1933년까지 카이저 빌헬름 물리 화학 · 전기화학 연구소의 소장으로 있으면서 독일 화학의 발달을 주도했다. 그러나 1933년 나치(Nazi)가 유대인의 공직 추방 명령을 내리자 사임하고 케임브리지 대학의 초청을 받아 영국으로 떠났다. 그러나 독가스 개발을 주도한 전력이

크 상수가 역학이나 전기 동역학에서 유도된 것이 아니었기에 그 본성이 알려지지 않았다는 데 주목했다. 그는 에너지 양자를 화학적 반응에서 전자의 방출에 적용하기 위해 앞서 나갔고 검증 가능한 결과를 유도했으며 h가 물리학의 연속 과정보다 화학의 띄엄띄엄 떨어진 원자에 관계된다는 "느낌"으로 나아갔다. 하제뇔은 플랑크가 이전에 제시한 양자 가설을 일반화하여, 공진자의 진동수가 공진자가 갖는 에너지의 함수가 되게 했다. 이로써 하제뇔은 수소 원자에서 선 스펙트럼을 어떻게 만들어 내는지 논의할 수 있게 되었다. 베르트하이머Eduard Wertheimer는 플랑크의 진동자를 양전하의 중심부 주위를 도는 전자로 대체했는데 그것은 그에게 더 큰 "실재성"을 갖는 묘사였다.[73] 이들과 양자 이론에 대한 논문을 쓴 다른 이들은 분자 수준에서 물리 세계를 이해하는 수준이 초보적임을 인식했고, 특히 이론 물리학의 발전에 중요한 것으로서 양자 이론의 성공 사례들이 점점 늘어간다는 것을 인식했다. 1911년에 프랑스 물리학회에서 플랑크가 한 발표가 《물리학 잡지》에 게재된 것을 보면, 플랑크는 양자 가설의 성공 사례들을 그가 본 대로 하나하나 열거했다. 그것은 흑체 복사 법칙으로 이어졌을 뿐 아니라 전기와 자기의 기본 상수를 계산하는 방법으로 이어졌고, 네른스트의 열 정리, 광전 방출과 다른 음극

문제가 되어 영국 정착에 어려움을 겪었고, 화학자로서 이후 이스라엘의 초대 대통령이 되는 바이츠만(Chaim Azriel Weizmann)에게 새로 설립되는 다니엘 시프 연구소를 맡아달라는 부탁을 받고 그 연구소의 개소식에 참석하러 가던 도중에 스위스의 바젤(Basel)에서 사망했다.

[73] Fritz Haber, "Über den festen Körper sowie über den Zusammenhang ultravioletter und untraroter Eigenwellenlängen im Absorptionsspektrum fester Stoffe und seine Benutzung zur Verknüpfung der Bildungswärme mit der Quantentheorie," *Verh. phys. Ges.* 13 (1911), 1117~1136. 하버가 조머펠트에게 보낸 편지, 1911년 12월 29일 자, Sommerfeld Correspondence, Ms. Coll., DM. Hasenöhrl, "Über die Grundlagen dermechanischen Theorie"; Eduard Wertheimer, "Die Plancksche Konstante h und der Ausdruck $h\nu$," *Phys. Zs.* 12 (1911): 408~412.

선 방출들, 심지어 방사능에 대한 이해로 이어졌다. 그는 물리학자들이 "분자 내부의 과정에 대해 엄청나게 조금" 알고 있어서 가설을 선택하는 데 자유가 크다는 것을 시인했다. 양자 가설이 "'전체' 진리"를 드러내든 그렇지 않든 플랑크는 그것이 이전 설명보다 더 성공적임을 확신했다.[74]

1911년의 솔베이 회의는 우리가 고려하고 있는 시기에 물리 연구를 위한 이론적 질문의 중요성을 지적했다. 그것은 물리학에서 최신의 진보를 점점 더 많이 다루게 될, 친밀하고 국제적인 모임의 원형이었다. 솔베이 회의는 최근의 열 물리학 실험 연구에서 제기된 골치 아픈 이론적 문제들 때문에 열리게 되었다. 주동자이자 주된 기획자, 즉, 그 회의의 "영혼"은 네른스트였다. 우리가 《물리학 연보》 내용을 조사하는 과정에서 발견한 것처럼 그는 최근에 양자 이론, 특히 아인슈타인이 제시한 비열의 양자 이론에 흥미를 갖게 되었다. 그 회의의 경비는 벨기에의 산업 화학자인 에른스트 솔베이Ernst Solvay가 댔다. 그는 물리 이론에 아마추어로서 관심이 있었다. 그 구성원들은 토론이 벌어지는 브뤼셀의 우아한 메트로폴Métropole 호텔에서 며칠을 묵었다.[75]

---

[74] Max Planck, "Energie und Temperatur," *Phys. Zs.* 12 (1911): 681~687 중 686~687. 여기에서 거론된 것 외에 양자 가설을 응용한 다른 사례들이 있었다. 예를 들면, 아인슈타인이 스토크스의 규칙을 형광 복사에 적용한 것, 빈이 그것을 양이온선에서 나오는 복사선과 엑스선의 파장 결정에 적용한 것, 우리가 언급한 다른 이들, 가령 슈타르크나 하스의 응용 등이 있었다.

[75] "영혼"이라는 말은 아인슈타인이 네른스트에게 보낸 수락 편지에서 사용했다. 1911년 6월 20일 자, 미출판 원고, J. Pelseneer, "Historique des Instituts Internationaux de Physique et de Chimie Solvay," 12에서 인용. 원고의 복사본이 AHQP에 있다. 첫 번째 솔베이 회의에 대한 다음 기술은 주로 Russell McCormmach, "Henri Poincaré and the Quantum Theory," *Isis* 58 (1967): 37~55 중 38~43에서 인용했다. 그것은 또한 Klein, "Einstein, Specific Heats, and the Early Quantum Theory"에 의지하고 있다. 그 회의와 결과에 대한 추가 논의는

그 회의가 양자 이론에 주로 관심을 보였던 과학자들에게만 제한되었다면, 그것은 작은 모임이 되었을 것이다. 이 때문에 플랑크는 네른스트가 1910년에 처음 그 주제를 들고 그에게 접근했을 때 참석자를 누구로 하면 좋을지 말해 두었다. 플랑크는 이 주제에 많은 관심을 보인 다른 잘 알려진 물리학자로는 네 사람밖에 생각할 수 없었으므로, 옛 이론이 무너지고 전체 상황이 "모든 진정한 이론가들에게 도저히 **참을 수 없게**" 될 때까지 몇 년을 기다릴 것을 네른스트에게 권했다. 그 후에야 그 모임이 성공의 기회를 얻을 것으로 그는 판단했다.[76] 어찌 되었든 네른스트는 계속 밀고 나아갔다. 어떤 관심사가 있는 이를 참석자로 꼽을 것인지 판단하는 기준은 플랑크가 처음에 생각한 것보다 훨씬 더 느슨했다. 거의 20여 명의 참석자 중에서 약 절반만이 현저하게 이론 연구자였고 그들 중에서 플랑크, 아인슈타인, 로렌츠가 양자 문제에 대해 가장 영향력 있고 독창적이고 결정적인 연구를 수행했다. 다른 절반을 구성한 실험 연구자들은 러더퍼드, 마리 퀴리 같은 원자 현상의 선도 연구자와 네덜란드의 물리학자 오네스[77]와 루벤스[78] 같은 열 현상의 선도 연구자였다.

Leon Rosenfeld, "La première phase de l'evolution de la Thèorie des Quanta," 186~193; Maurice de Broglie, *Les Premièrs Congrès de Physique* Solvay (Paris: Albin Michel, 1951); Max Jammer, *The Conceptual Development of Quantum Mechanics* (New York: McGraw-Hill, 1966), 52~61; Kuhn, *Black-Body Theory*, 219~220, 226~228, 252을 보라.

[76] 플랑크가 네른스트에게 보낸 편지, 1910년 6월 11일 자, Palseneer, "Historique des Instituts Internationaux de Physique," 6~7. 그 당시에 플랑크는 주도적인 이론 연구자들 사이에서 양자 이론의 관심 영역이 매우 제한되어 있다고 믿을 합당한 이유가 있었다. 그는 학술 대회를 정당화할 관심이 충분한 사람을, 네른스트와 자신 이외에 넷뿐이라고 생각했다. 아인슈타인, 로렌츠, 빈, 라모어였다, 그리고 아마도 라모어의 관심은 과대평가했을 것이다. 라모어는 양자 이론의 최신 진보를 따라잡지 못했다고 초청을 거절했다. Palseneer, 14.

[77] [역주] 오네스(H. Kamerlingh Onnes, 1853~1926)는 네덜란드의 물리학자로 초전도 현상을 발견한 것으로 유명하다. 1870년에 그로닝엔 대학에서 공부했고 1871

플랑크는 실망하지 않았다. 그는 "브뤼셀에서 이 며칠은 정말로 과학적으로 자극적이다"고 말하면서 그 회의를 떠났다.[79]

회의의 어떤 참석자들은 특정한 주제에 대한 보고서를 내라는 요청을 받았고 그 보고서들은 그 모임이 열리기 전에 회람되었다. 다른 참석자들은 그 문제에 대해 토론해 달라고 초청받았다. 네른스트와 그가 자문한 다른 이들, 특히 플랑크와 로렌츠가 보고서와 토론을 위한 토대를 잘 제시했다. 새로운 이론의 몇 가지 응용과 해석이 제시되었고 더 오래

년부터 1873년에는 하이델베르크 대학에서 분젠과 키르히호프에게 배웠다. 다시 그로닝엔 대학으로 돌아와 1879년에 박사학위를 받고 1882년부터 1923년까지 라이덴 대학에서 실험 물리학 교수로 일했다. 1904년에 매우 큰 저온 물리학 연구소를 설립했고 다른 연구자들을 그리로 초청했다. 1908년에 그는 줄 톰슨 효과를 이용하여 최초로 헬륨을 액화해 1.5K까지 도달했고, 1911년에 고체 금속이 4.2K에서 저항이 0이 되는 것을 발견했다. 초전도 현상의 발견으로 오네스는 1913년에 노벨 물리학상을 받았다.

[78] [역주] 루벤스(Heinrich Rubens, 1865~1922)는 독일 물리학자로 양자 이론 수립 과정에서 플랑크가 첫 번째 양자 가설을 만들도록 실험 결과를 제공한 것으로 유명하다. 프랑크푸르트 암 마인의 레알 김나지움에서 교육을 받고 1885년 베를린 대학에서 보낸 후에 쿤트 밑에서 박사학위를 받고 그의 조수로 베를린 물리학 연구소에서 일했다. 1900년에 베를린 대학 실험 물리학 정교수가 되었고 베를린 대학 물리학 연구소 소장이 되었다.

[79] "과학 위원회(일종의 사설 회의)"의 참석자들은 다음과 같았다. 독일에서 온 네른스트, 플랑크, 루벤스, 조머펠트, 바르부르크, 빈이 있었고, 잉글랜드에서 온 진스(James Jeans), 러더퍼드(Ernst Rutherford), 프랑스에서 온 브릴루앵(Marcel Brillouin), 마리 퀴리, 랑주뱅(Paul Langevin), 패랭(Jean Perrin), 푸앵카레(Henri Poincaré), 오스트리아에서 온 아인슈타인, 하제뇔, 네덜란드에서 온 오네스, 로렌츠, 덴마크에서 온 크누드센(Martin Knudsen)이 있었다. 프랑스에서 온 드브로이(Maurice de Broglie)와 독일(원래는 잉글랜드)에서 온 린데만(F. A. Lindemann), 그리고 벨기에에서 온 골트슈미트(R. Goldschmidt)는 그 회의의 과학 서기였다. 잉글랜드의 레일리와 네덜란드의 반데르발스는 참석하지 않았지만, 그 회의의 공식 참석자 중에 들어 있었다. 그 회의의 회보 *La théorie du rayonnement et les quanta, ed. Paul Langevin and Maurice de Broglie* (Paris: Gauthier-Villars, 1912)에서. 플랑크가 빈에게 보낸 편지, 1911년 12월 8일, Autograph Collection 1/285, STPK.

솔베이 회의, 1911년. 왼쪽에서 오른쪽으로, 앉은 사람이 네른스트, 브릴루앵, 솔베이, 로렌츠, 바르부르크, 페랭, 빈, 퀴리, 푸앵카레, 서 있는 사람이 골트슈미트, 플랑크, 루벤스, 조머펠트, 린데만, 드브로이, 크누센, 하제뇔, 호스텔러, 헤르첸, 진스, 러더퍼드, 오네스, 아인슈타인, 랑주뱅. Instituts internationau de physique et de chimie 제공.

된 이론들과 실험들이 불일치하는 점에 대해 철저한 논평이 있었다. 전반적으로 발표들은 물리 이론을 교란시키는 주장들을 다수의 회의 참석자들이 이전에 상상한 것보다 더 진지하게 제기했다.

참석자들을 초청하는 편지에서 네른스트는 양자의 수용은 "반드시 논란의 여지 없이 기존의 근본적인 이론들의 광범한 개혁"을 요구할 것이라고 주장했다.[80] 참가자 중 아무도 이 주장에 이의를 제기하지 않았고 토론은 이 주장을 더욱 강화했다.[81] 그 회의의 목적은, 의장인 로렌츠에

---

[80] 에른스트 솔베이(Ernst Solvay)의 초청장과 함께 네른스트의 초안, 1911년 6월 15일 자, Lorentz Papers, AR.

[81] 그러나 마지막 토론에 참여한 몇 명의 참석자들에게는 물리학의 근본적인 불연속 과정을 피할 전인미답의 가능성이 보였다. 그것은 질량을 속도에 관련시키는 법칙을 일반화하자고 네른스트가 제안한 것과 관련이 있었다. 이것은 새로운 사실을

따르면, 오래된 이론의 불완전성을 조사하여 다양한 양자 가설의 가능성의 정도를 결정하고 "미래 역학"을 예견하려고 시도하는 것이었다.[82]

솔베이 회의의 토론은 자연스레, 비열의 양자 이론과 플랑크의 새 이론을 포함한 흑체 복사의 양자 이론을 자세히 다루었다. 다양한 분량으로 그들은 다른 많은 주제도 다루었다. 거기에는 양자를 몇 개의 자유도를 갖는 복잡한 역학계로, 원자나 분자들이 마침내 갖게 될 회전 운동으로, 원자 구조와 빛의 구조로 확장하는 것을 포함했다. 이것들은 모두 양자 물리학이 더 발전하는 데 점차 중요해질 주제들이었다.

양자 이론에 대한 연구 대부분이 여전히 로렌츠의 이해를 전제했다. "우리가 몰두해야 할 중요한 문제들"에 대한 도입 연설에서 로렌츠는 "그 문제들이 다름 아닌 가장 친숙한 물질의 특성들과 역학의 원리 자체를 건드리기 때문에 **중요하다**"고 말하면서 "별일이 없기를 희망하자"고 덧붙였다. 아마도 심지어 "전기 동역학의 기본 방정식과 에테르의 본성에 대한 우리의 생각조차— 이 단어를 사용해도 괜찮다면— 타협점을 모색할 것이다."[83] 아인슈타인은 그 회의에 대한 그의 보고서에서 로렌츠의 중요한 질문들에 답했다. "사실들과 일치하게 제시되는 것은 전자기학이 역학보다 더 낫지는 않을 것이다."[84] 그것은 아인슈타인이 그 회의 오래전에 도달한 이해였다. 양자 이론이 친숙하지 않았던 그 회의의 다

설명하고 에너지의 연속적인 변이를 여전히 유지할 수도 있었다. 이것이 유효했다면 (그러나 푸앵카레는 회의 후에 그것이 그렇지 않다고 곧 판단했다.) 그것은 물리 이론의 최신의 근본적인 변화에 의지하여 물리 이론의 현재의 위기를 해결했을 것이었다. "Conclusions generals," *Théorie du rayonnement*, 451~454.

[82] "Discours d'ouverture de M. Lorentz," *Théorie du rayonnement*, 6~9 중 8.

[83] "Discours d'ouverture de M. Lorentz," 6.

[84] Einstein, "Rapport sur l'état actuel du problème des chaleurs spécifiques," in Théorie du rayonnement, 407~435 중 428.

른 참석자들은 그렇게까지 갈 준비가 되어 있지 않았다. 프랑스의 물리학자 브릴루앵[85]은 자신의 결론이 "우리 중에 더 젊은 이들에게 오히려 소심해 보일 것"이라고 생각했다. 그는 고전 물리학이 그렇게 잘 설명할 수 있는 엄청난 수의 사실들을 떠올리며 "오래된 역학에 새로운 불연속을 끼워 맞추는 것에 만족하기는 고사하고 고전적인 전자기학과 역학의 기초를 폐기하기"도 주저했다. 그러나 그 회의의 보고서와 논의는 양자 이론이 새롭고 중요한 무언가를 포함한다는 것에 의심의 여지가 없다는 인상을 브릴루앵에게 남겼다. **"이제부터 우리의 물리적 및 화학적 개념들에 우리가 몇 년 전에는 알지 못했던 불연속, 즉 도약적으로 변화하는 요소를 도입하는 것이 확실히 필요해 보인다."**[86] 그것은 1911년의 양자 이론에서 나온 첫 번째 교훈이었고, 이듬해에 그 회의 회의록의 프랑스어판 출간을 통해 세상에 알려졌다. 그 출간은 아직 별로 알려지지 않은 양자 이론을 물리학자들에게 알리는 데 기여했고, 그 출판물은, 그 회의의 보고서뿐 아니라 토론도 포함했으므로, 이 초기 단계에 그 이론에 대한 매우 참신한 개론서가 되었다.[87]

---

[85] [역주] 브릴루앵(Louis Marcel Brillouin, 1854~1948)은 프랑스의 물리학자이자 수학자로 1874년에 고등사범학교에 들어가 1878년에 그 학교를 졸업하고 콜레주 드 프랑스에서 물리학 조수가 되었다. 1881년에 수학과 물리학으로 박사학위를 받고 낭시, 디종, 툴루즈 대학에서 물리학 조교수로 있었으며, 1888년에 고등사범학교로 돌아갔고 1900년부터 1930년까지 콜레주 드 프랑스에서 수리 물리학 교수로 있었다. 기체 운동론, 점성, 열역학, 전기 등 다양한 주제에 대한 200편 이상의 논문을 집필했다.

[86] "Conclusins générales," in Théorie du rayonnement, 451.

[87] 솔베이 회의에 참석하지 못한 보른은 출판된 회의록에서 그 이론에 대한 생생한 인상을 받았다. 그의 논평은 *Phys. Zs.* 15 (1914): 166~167에 있다.
   출판된 보고서들에는 물리학을 보호하는 지성 높은 학자들의 생각이 생생하게 살아 있다. 연설에 뒤이은 토론의 온전한 기록에서 우리는 이론 물리학의 혁명적인 새 관점을 탄생시킨 지성을 가진 사람들의 사고와 연구 향방에 대한 통찰력을 얻을 수 있다. 이 발표와 토론에는 발언자들의 개성이, 과학 문헌에서 관습적인

솔베이 회의 2년 후에 네른스트의 협력 연구자인 오이켄Eucken은 그 회의록을 독일어로 번역해 내놓았다. 그것에다 그는 과도기에 있는 양자 이론의 역사를 부록으로 달았다. 양자의 응용이 크게 팽창했다고 오이켄은 보고했지만, 그 이론의 진정한 기초를 밝히는 데에는 거의 진보가 없었다. 그래서 이 뒤늦은 독일어판도 물리 연구에 여전히 가치가 있었다. 오이켄은 양자 이론의 기초에 대한 기본적인 의문을 제기했다. 그 이론은 역학 안에 있는가 아니면 그것이 가진 불연속성 때문에 그 밖에 있는가? 아니면 불연속성을 포함하지만 미분 방정식으로 표현되는 더 일반적인 역학이 있을 수 있는가? 물리학자들은 이 의문에 대한 일치된 대답에 도달하지 못했다.[88]

솔베이 회의에 참석했었던 빈은 1913년 봄에 컬럼비아 대학에서 이론 물리학의 최신 문제에 대해 강의했다. 그는 양자 이론의 놀라운 성공에 관해 이야기했고 미국 물리학자들이 그때까지 "독일에서 만들어진" 이라는 표식을 달고 있었던 그 주제를 연구 주제로 택하라고 촉구했다.[89] 그 표식은 이제는 양자 이론에 붙을 수 없었다. 연구 관심사가 흑체 복사에서 비열이나 다른 더 흔하게 취급되는 물리학과 물리 화학의 주제들로 전이되면서, 솔베이 회의는 출판된 회의록과 더불어 1911~1912년을 시

방식으로 주제 뒤에 가려지지 않고, 드러나 있다. 과학의 발전에서 활발한 역할을 담당하는 모든 이에게 이것은 큰 매력이 있다. 오늘날처럼 양자 이론의 기초가 여전히 불확실한 한, 새 이론에 찬성하거나 반대하는 의견이 개인의 성향이나 관점에 적잖이 의존하기 때문이다.

[88] *Die Theorie der Strahlung und der Quanten. Verhandlungen auf einer von E. Solvay einberufenen Zusammenkunft* (30. Oktober bis 3. November 1911), *Mit einem Anhange über die Entwicklung der Quantentheorie vom Herbst 1911 bis zum Sommer 1913*, trans. Arnold Eucken (Halle: W. Knapp, 1914), 서문과 372~373.

[89] Wilhelm Wien, *Vorlesungen über neuere Probleme der theoretischen Physik, gehalten an der Columbia-Universität in New York im April 1913* (Leipzig and Berlin: B. G. Teubner, 1913), 서문과 76.

작으로 양자라는 주제에 대해 논문을 출판하는 저자의 수를 크게 증가시켰고, 이 중에 독일 밖 물리학자들의 비율도 증가했다.[90]

상대성 이론과 《물리학 연보》

1911년에 이르면 상대성 이론은 널리 받아들여졌지만, 그것을 받아들인 모든 물리학자가 아인슈타인이 그 이론에서 끌어낸 함축까지 받아들인 것은 아니었다. 그것은 그즈음에 《물리학 연보》에 게재된 논문들에서 명확하게 나타난다. 가령, 라우에는 에테르라는 용어를 사용하지 않은 점에서는 아인슈타인을 따랐을지 모르지만 다른 많은 물리학자는 에테르 파동, 에테르 투과성 등에 대해서 계속 말했다. 그러나 미Mie 같은 사람은 그의 "에테르 물리학"에서 상대론의 유효성을 가정했는데 그만 그런 것이 아니었다.[91] 상대론이 인정을 받았다는 것은 상대성 이론이 완성되었다는 것을 의미하지 않았다. 그것은 계속하여 《물리학 연보》의 주요 주제 중 하나였다. 1907년과 1908년의 플랑크와 민코프스키의 연구와 함께 상대성의 동역학은 상당히 많이 해명되었지만, 여전히 해명되지 않은 문제를 많이 남겨 놓았다.[92] "고전" 동역학에 대조하여 "새 동역학"은 물체의 질량이 그 속력에 의존하는 것으로 규정되었다. 아인

---

[90] Kuhn, *Black-Body Theory*, 216, 229.

[91] Laue, 38: 370~384; Suchý, 36: 341~382; Weber, 36: 624~646; Beckenkamp, 39: 346~376; Abraham, 38: 1056~1058; Mie: 511~534.

[92] 한 가지 문제는 움직이는 물체의 에너지와 운동량에 대한 플랑크의 공식을 민코프스키의 운동 방정식에서 유도하는 것이었다. (Schaposchnikow, 38: 239~244) 또 한 가지 문제는 강체의 운동 법칙들을 상대론적으로 표현하는 것이었다. (Ignatowsky, 34: 373~375)

슈타인은 상대성과 뉴턴의 운동 법칙에서 그 의존성을 유도했지만 이제까지 그것은 몇 가지 다른 방식으로 유도되었다. 즉, 전자 이론, 전자기장 이론, 1912년에는 뒤엠[93]의 에너지 공리에서 유도되었다.[94] 라우에와 다른 이들은 1911년에 새로운 동역학을 변형될 수 있는 물체를 취급하는 데까지 확장했다. 예를 들면, 그들은 최소 압축성의 유체에 대한 헬름홀츠와 키르히호프의 법칙들, 헬름홀츠의 소용돌이 운동 이론, 더 오래된 유체 역학에서 나온 결과들이 상대성 이론으로 변형된다는 것을 보여주었다.[95] 정역학도 상대론적으로 재구성되었다.[96] 추가로 통계역학도 재구성되었으니, 확률에 의해 기체의 엔트로피를 표현하는 "정확한 역학"은 뉴턴 역학이 아니라 상대성이론에 따라 선택되어야 했다. 상대론적 역학이 "작은" 속력에 대해서는 뉴턴 역학으로 넘어가듯이 상대론적 기체 이론은 "낮은 온도" 즉 약 10억 도 아래에서는 보통의 기체 이론으로 넘어간다.[97]

상대론에 대한 연구가 일반이론 성격을 갖는 경향을 띠게 되는 것은 그 이론의 본성이 그런 것이다. 가령, 상대론적 유체 역학은 해밀턴의 원리를 뛰어 넘어 상세한 것에 대한 고려 없이 "오래된 역학"에서 유도되었다.[98] 반복적으로 로렌츠 변환은 전기 개념에 대한 참조 없이 운동학

---

[93] [역주] 뒤엠(Pierre Muarice Marie Duhem, 1861~1916)은 프랑스의 물리학자이자 과학철학자, 과학사학자이다. 과학철학에서 가장 뛰어난 업적은 그의 걸작 『물리 이론의 목적과 구조』(The Aim and Structure of Physical Theory)이다. 여기에서 그는 도구주의, 증거에 의한 이론의 미결정성(콰인-뒤엠 명제로 알려짐), 확증 전일론(confirmation holism)을 주장했다.

[94] Frank, 39: 693~703.

[95] Laue, 35: 524~542; Herglotz, 36: 493~533; Lamla, 37: 772~796.

[96] Epstein, 36: 779~795.

[97] Jüttner, 34: 856~882.

[98] Lamla, 37: 772~796 중 785.

적으로 유도되었다.[99] 라우에는 민코프스키, 조머펠트, 아브라함이 전기동역학에 적용한 4-벡터[100] 힘을 위한 표현을 "물리학의 각 영역"으로 확장했다.[101] 상대성 이론은 전기학이나 역학이나 다른 어떤 한 영역에 속하지 않고 물리학 전체에 속했다. 1911년과 1912년에 《물리학 연보》에 논문을 게재한 물리학자는 어디에서 나온 이론이든 상대론적 형식으로 바꾸기를 시도했다. 이러한 연구들이 고도의 수학을 활용하는 성격이 있음에도 그것들은 그 이론과 그것을 지지하는 실험들을 가능한 한 명쾌하고 가시적으로 만들 관심이 있는 "물리 독자"를 겨냥하고 있었다.[102]

《물리학 연보》에 논문을 게재하는 물리학자들은 오래된 물리 이론을 상대론과 일치하게 하는 것에 더해 상대성 이론 자체를 더욱 발전시켰다. 아인슈타인은 그가 광속 불변과 서로에 대해 등속으로 운동하는 관찰자에게 물리 법칙이 불변인 것으로 규정되는 상대론을 "보통의" 또는 "오래된" 상대성 이론이라고 부르기 시작했다.[103] 우리가 아래에서 다루게 될 1911년과 1912년 사이의 일련의 논문에서 아인슈타인은 상대론적 사고를 상대 등가속도를 가지고 운동하는 관찰자에 대한 고찰로 확장했다. 그는 자신의 새 이론에서 해밀턴의 원리에 호소함으로써 운동의 법

---

[99] 이그나토프스키가 1910년에, 비헤르트가 1911년에, 프랑크와 로테(Rothe)가 1912년에 유도했다. (Frank, 39: 693~703)

[100] [역주] 4-벡터는 민코프스크 4차원 시공간상에서 취급되는 벡터를 말한다. 공간 성분, x, y, z와 시간 성분 t를 가지므로 4차원 벡터가 된다. 가령, 3차원 위치벡터는 (x, y, z)이고, 4-벡터 위치벡터는 (x, y, z, ct) (c는 광속)이다. 4-벡터는 로렌츠 변환 때문에 변환한다는 점이 유클리드 공간의 벡터와 다르다.

[101] 라우에는 플랑크나 아인슈타인과 마찬가지로 물리학의 각 영역에는 그것의 발산(divergence)이 해당하는 4-벡터 기동력을 낳는 세계 텐서가 있다고 주장했다(35: 524~542 중 528~529).

[102] Frank, 35: 599~606; Laue, 38: 370~384.

[103] Einstein, 35: 898~908 중 899.

칙이 뉴턴의 역학에는 없었던 단순성과 의미를 얻는다는 것을 보일 수 있었다.[104]

아브라함도 그 이론이 "완전한 세계 묘사"에 도달하려면 중력을 통합한 일반화된 이론이 필요하다는 것을 인식했다.[105] 그러나 아브라함은 근본적으로 아인슈타인의 이론을 반대하는 입장에 섰고, 그로 인해 1912년에 《물리학 연보》에서 그들 간에 의견 교환이 있었다. 아브라함은 1905년부터 1911년까지 6년간 "어제의 상대론"이 지속적인 결과를 이룩하여 특히 에너지의 관성[106] 법칙에 도달했음을 인정했지만, 그는 상대론적 시공간의 개념을 거부했고, 편재하는 중력장을 절대 기준계이자 "'에테르의 존재'에 대한 근거"로 보기를 선호했다. 그는 그때까지 아인슈타인의 상대성 이론이 "독단적 확실성"을 통해 "이론 물리학의 건전한 발전"을 위협했다고 믿었다. 아인슈타인은 그 이론을 이론 물리학의 진보라고 옹호했고, 그것이 일반화되는 일이 다가온다고 예고했다.[107]

상대성 이론은 《물리학 연보》의 수학에 편향된 기고자들에게 한없이 매력적으로 보였고 플랑크는 결국 그것을 어떤 식으로든 저지하는 일을 해야 했다. 1911년에 그는 빈에게 "공식화, 예시, 정의(강체들!)"를 다루

---

[104] Einstein, 35: 898~908; 38: 355~369; 38: 1059~1064.

[105] Abraham, 38: 1056~1058 중 1056.

[106] [역주] 관성 좌표계는 로렌츠 변화와 관련되어 있다는 사실이 심오한 함축을 가진다. 왜냐하면, 가속도는 로렌츠 변환에서 불변이 아니기 때문이다. 결과적으로 주어진 힘을 받는 물체의 가속도는 기준계에 의존한다. 가속도는 물체의 관성 계량이므로 이것은 물체의 관성 질량이 기준계에 의존한다는 것을 의미한다. 우리는 운동 에너지의 변화량이 항상 관성 질량의 변화량의 c^2배 임을 알게 된다. 그러므로 공간과 시간의 관성 계량의 로렌츠 공변성(Lorentz covariance)은 모든 에너지의 형태가 관성을 가지며 모든 관성은 에너지를 나타낸다는 것을 알려준다.

[107] Abraham, 38: 1056~1058; 39: 444~448; Einstein, 38: 1059~1064.

는 상대론에 대한 논문들을 《물리학 잡지》나 수학 학술지로 돌려야 "진정한 물리 연구"에 더 많은 공간을 마련해 줄 수 있다고 말했다. 이때에 플랑크는 상대론의 반대자가 《물리학 연보》에 변화를 촉구하는 말을 하게 허락해 준다면 차라리 자신이 《물리학 연보》의 정책을 비판하는 글을 출판하고 싶은 심정이었다.[108]

아인슈타인의 일반 상대성 이론과 우주론

솔베이 회의를 생각해 내는 계기를 만들었던 양자 이론 논문의 저자 아인슈타인은 브뤼셀의 모임에서 흥미를 느꼈지만 새로운 것은 아무것도 배운 것이 없다고 생각했다. 그는 곧 친구에게 이렇게 편지를 썼다. "전자 이론에 대해 배운 것이 별로 없었네. 브뤼셀에서도 그 이론의 실패는 아무런 해결책을 발견하지 못한 채 애도의 말만 들었네. 일반적으로 그곳의 회의는 예루살렘의 폐허에 대한 애도와 같았다네. 긍정적인 것은 아무것도 이루어지지 못했네."[109] 그 당시 다른 편지에서 그는 그 이유를 이렇게 밝혔다. "…아무도 아무것도 모른다네."[110]

그 회의를 마치고 그는 프라하로 돌아가 "그토록 아름다운 우리의 불쌍한 죽은 역학의 기초"에 대해 강의했고 그가 "끝없이 노예처럼 고생하

---

[108] 플랑크가 빈에게 보낸 편지, 1911년 2월 9일과 5월 30일 자, Wien Papers, STPK, 1973.110.

[109] 아인슈타인이 베소에게 보낸 편지, 1911년 12월 26일 자, *Einstein-Besso Correspondence*, 40~42 중 40.

[110] 아인슈타인이 창거(Heinrich Zangger)에게 보낸 편지, 1911년 11월 15일 자 EA; 이 구절은 Banesh Hoffmann with Hellen Dukas, *Albert Einstein: Creator and Rebel* (New York: Viking, 1972), 98에 인용되어 있다.

는" 문제, 즉 그 일자리의 후임자를 찾는 일을 했다.[111] 역학, 전자 이론, 복사 이론을 포함해서 거의 모든 물리학에서 그는 기초가 흔들리지만 새로운 기초는 결정되지 않았음을 알았다.

솔베이 회의는 자연 속의 매우 작은 것인 원자, 전자, 진동, 에너지나 작용의 양자적 요소, 광양자(빛양자) 등에 관한 질문들을 먼저 다루었다. 그것은 전통적으로 자연 속에서 매우 큰 것들을 다루는 주제인 중력에 관여하지 않았다. 그 회의가 열리던 무렵에 아인슈타인은 중력 문제를 열심히 연구하고 있었고 그에게 그것은 브뤼셀의 관심사만큼 물리학의 기초에 관련된 주제였다.

1905년에 그가 상대성 이론을 완성하자마자 아인슈타인은 자연법칙의 수학적 형식에 대한 새로운 운동학적 요구 조건들과 관련하여 뉴턴의 중력 법칙을 일반화하려 했다. 그러나 그는 자신의 결과가 헝가리의 물리학자인 외트뵈스[112]가 극히 정확한 실험을 통해 확증한 관성 질량과 중력 질량의 동등성과 충돌한다는 것을 발견했다. 중력은 상대성 이론의

---

[111] 아인슈타인이 창거에게 보낸 편지, 1911년 11월 15일 자.

[112] [역주] 외트뵈스(Roland von Eötvös, 1848~1919)는 헝가리의 물리학자로 중력 연구로 유명하다. 1865년에 부다페스트 대학에서 법률을 공부하기 시작했으나 이미 수학과 물리학에 흥미를 느꼈다. 1867년에 하이델베르크에 들어가 본격적으로 키르히호프, 분젠, 헬름홀츠 밑에서 수학, 물리학, 화학을 공부했다. 그는 쾨니히스베르크 대학으로 옮겨 박사학위 논문의 주제로 광원의 상대 운동이 빛의 세기 측정으로 감지될 수 있는지를 연구했다. 이 순수하게 이론적인 연구는 많은 중요한 논문의 주제가 되었다. 1870년 헝가리로 돌아갔고 1871년에 부다페스트 대학에서 사강사가 되었다. 1872년에 정교수가 되었고 이론 물리학을 가르쳤다. 1874년부터는 실험 물리학도 가르쳤는데 1878년에는 실험 물리학 교수가 되었다. 1889년에 중력의 차이를 찾아내고 측정할 방법을 연구하기 시작했고 개선된 측정 장치를 고안했다. 그는 1922년까지 중력 측정에 관한 논문을 계속 출판했다. 그는 관성 질량과 중력 질량이 같다는 것을 극히 정밀하게 측정했고 낙하하는 입자의 궤적은 질량이나 다른 성질과는 무관하고 오로지 초기 위치와 속도에만 관계된다는 것을 보였다.

틀 안에서 한 자리를 차지해야 했고, 그것은 아인슈타인이 처음에 상상한 것보다 훨씬 더 어려운 임무임이 드러났다.

1907년에 아인슈타인은 "당분간 우리에게는 상대성 원리와 일치하는 완전한 세계 묘사가 없다."라고 말했다.[113] 그해에 아인슈타인은 슈타르크의 학술지인 《방사능과 전자학 연감》에 초청을 받아 상대성 이론에 대한 긴 종설 논문을 썼다. 그는 그것을 "가속도와 중력의 새로운 상대론적 취급"으로 마무리했다. 거기에서 그는 상대론을 확장하여 상대 등가속도로 운동하는 계들에 적용했다.

그는 나중에 "등가 원리"라고 부를 가정을 제시했다. 그것은 처음부터 그의 중력 이론의 기초가 되었다. 모든 물체는 본성과 관계없이 같은 가속도로 떨어진다는 관찰에서 그는 균일하게 가속되는 관성계와 균일한 중력장(마당)이 물리적으로 완전하게 동등하다는 가정을 세웠다. 그 원리에 따르면 관찰자가 자신의 관성계에서 수행된 실험으로 그 계가 등가속 상태인지 균일한 중력장에 있는지 식별하는 것이 불가능하다. 두 경우에 효과는 정확하게 일치한다. 아인슈타인은 그 원리의 "발견학습적" 가치는 그 원리가 중력의 효과를 균일하게 가속되는 기준계를 분석함으로써 결정하게 해준다는 것, 즉 중력을 이론적으로 취급할 수 있게 된다는 것임을 보여 주었다. 이 과정에 의해 아인슈타인은 시계의 속도와 빛의 전파에 미치는 중력의 효과를 살펴보았다. 그 당시에 그는 친구에게 쓴 편지에서 수성의 변칙적 운동을 설명하리라는 희망을 갖고

---

[113] Albert Einstein, "Über die vom Relativitätsprinzip geforderte Trägheit der Energie," *Ann.* 23 (1907): 371~384 중 371~372. 아인슈타인의 이러한 예견은 그가 "오늘날의 전기 동역학적 세계 묘사"라고 부르는 것의 한계에 대한 언급이다(p. 372). 그는 여기에서 중력에 관심이 없었고 그의 중력 연구를 인도해 줄 상대성 이론의 귀결, 즉 에너지 관성에 관심이 있었다.

상대론적 중력 이론에 대해 연구하고 있지만, 아직 성공하지는 못했다고 말했다.[114]

우리가 그해의 《물리학 연보》에 대한 논의에서 지적했듯이 1911년에 아인슈타인은 그의 《연감》의 종설 논문에서 다룬 중력 문제로 돌아왔다. 그는 이전의 취급에 불만이 있었고 중력이 빛의 전파에 미치는 영향의 검출 가능성에 대해 생각을 바꾸어 빛은 에너지의 일종으로 관성 질량과 그에 따른 중력 질량을 가진다고 했다. 그는 이제 일식 중에 태양의 곁을 지나는 별빛이 휘어지는 것을 검출하는 것이 가능할 것이라고 믿었

---

[114] Albert Einstein, "Über das Relativitätsprinzip und die aus demselben gezogenen Folgerungen," *Jahrbuch der Radioactivität und Elektronik* 4 (1907): 411~462 중 454. 아인슈타인이 하비히트(Habicht)에게 보낸 편지, 1907년 12월 24일, Seelig, *Einstein*, 영역본, 76에서 인용. 우리의 논의는 아인슈타인의 일반 상대성 이론과 중력 이론의 완전한 역사를 쓰려는 의도가 아니다. 그에 관해서는 역사적 설명이 많이 되어 있다. 아인슈타인 자신의 "Notes on the Origin of the General Theory of Relativity," in *Ideas and Opinions* (New York: Dell, 1973), 279~283; 아인슈타인의 여러 전기 작가가 쓴 설명 중에 Hoffmann and Dukas, *Einstein*, 103~133. 역사적 설명으로는 Edmund Whittaker, *A History of the Theories of Aether and Electricity,* vol. 2, *The Modern Theories, 1900~1926* (Reprint, New York: Harper and Brothers, 1960), 144~196; J. D. North, *The Measure of the Universe: A History of Modern Cosmology* (Oxford: Clarendon Press, 1965), 52~69; Peter G. Bergmann, *The Riddle of Gravitation* (New York: Scribner's, 1968); M. A. Tonnelat, *Historie du Principe de Relativité* (Paris: Flammarion, 1971); Jagdish Mehra, "Einstein, Hilbert, and the Theory of Graviation," in *The Physicist's Conception of Nature,* ed. Jagdish Mehra (Dordrecht: Reidel, 1973), 194~278; A. P. French, "The Story of General Relativity," in *Einstein: A Centenary Studies in History and Philosophy of Science* 9 (1978): 251~278; John Stachel, "The Genesis of General Relativity," in *Einstein Symposium Berlin,* ed. H. Nelkowski, et al., *Lecture Notes in Physics,* vol. 100 (Berlin, Heidelberg, and New York: Springer, 1979), 428~442; 그 이론의 수용에 대한 역사적 설명은 Robert Lewis Pyenson, "The Göttingen Reception of Einstein's General Theory of Relativity" (Ph. D. 논문, Johns Hopkins University, 1973); John Earman and Clark Glymour, "Relativity and Eclipse: The British Expeditions of 1919 and Their Predecessors," *HSPS* 11 (1980): 49~85; 위의 참고문헌 대부분에서 찾을 수 있다.

다. 그 문제는 그가 보기에 천문학자들이 뛰어들 "가장 바람직한 일"이었다.[115] 그러던 중 아인슈타인은 프라하에 있는 동료를 통해 베를린의 천문학자 프로인틀리히[116]와 접촉했는데 그는 이 문제에 흥미를 느꼈고 자신이 측정할 수 있도록 일식 사진들을 보내라고 했다. 아인슈타인은 프로인틀리히에게 "한 가지는 확실하게 말할 수 있습니다. 그런 편향이 존재하지 않는다면, 그 이론의 가정들은 틀린 것입니다."라고 말했다.[117] 한편, 그는 계속하여 관성 질량과 중력 질량의 동등성을 통합하는 "상대성 이론의 구도"를 찾았고 모든 동료에게 "이 중요한 문제에 대해 연구

---

[115] Albert Einstein, "Über den Einfluss der Schwerkraft auf die Ausbreitung des Lichtes," *Ann.* 35 (1911): 898~908 중 908. 이 논문에서 아인슈타인은 1907년에 한 또 하나의 예측을 논의했다. 태양 같이 높은 중력 퍼텐셜의 장소에서 방출되는 스펙트럼(빛띠) 선은 붉은색 쪽으로 편향되어야 한다는 것이었는데, 그는 온도와 압력의 효과 때문에 빛에 대한 중력의 영향을 검증하는 실험은 수행하기 어려울 것으로 생각했다.

[116] [역주] 프로인틀리히(Erwin Finlay Freundlich, 1885~1964)는 독일의 천문학자로 일반 상대성 이론의 천문학적 입증에 기여했다. 샤를로텐부르크 공과 대학에서 조선술을 배웠고 괴팅겐 대학으로 가서 수학, 물리학, 천문학을 공부했다. 1910년에 베를린 천문대에 조수로 들어갔고 1910년에 아인슈타인에게 수성 운동의 관측에 협조해 달라는 요청을 받았다. 1914년에 첫 일식 측정을 크리미아에서 하려고 원정을 계획했지만 1차 대전의 발발로 무산되었다. 이 원정은 태양 뒤 별빛이 태양의 중력으로 휘어진다는 아인슈타인의 예측을 확인하기 위한 것이었다. 그는 이 문제에 대해 계속 관심을 기울였고 관련된 논문을 계속 내어 놓았다. 그는 처음으로 아인슈타인의 일반 상대성 이론을 제대로 이해한 소수 중 하나였다. 1919년 에딩턴이 일식을 관측하고 아인슈타인의 일반 상대성 이론을 지지한 이후에 포츠담 천체 물리학 관측소에 아인슈타인 연구소를 설립했다. 이 연구소는 일반상대성 이론에 따라 햇빛의 파장이 길어지는지를 관측했다. 나치 집권 이후 터키로 가서 이스탄불 대학을 재조직하여 현대적인 천문대를 창설했다. 프라하로 가서 카를 대학의 천문학 교수가 되었다가 나치가 거기에도 영향을 미치자 영국 세인트 앤드류스 대학으로 가서 학생들을 가르쳤다. 1951년에 같은 대학에서 네이피어 천문학 교수가 되었다.

[117] 아인슈타인이 베소에게 보낸 편지, 1912년 2월 4일 자, *Einstein-Besso Correspondence*, 45~47 중 46. 아인슈타인이 프로인틀리히에게 보낸 편지, 1911년 9월 1일 자, EA.

하라"고 요청했다. 1912년에 그는 자신의 첫 중력장(마당) 방정식을 수립했다. 이를 위해 그는 광속을 뉴턴의 중력 퍼텐셜을 대신하는 가변적 양으로 간주했지만, 이 접근법은 작용과 반작용의 동등성의 원리를 위반하고 방정식을 이론적으로 황당하게 조정해야 하는 접근법이었다.[118]

이번에 아인슈타인은 상대성 이론에 대한 민코프스키의 접근법의 4차원 시공간 구성을 연구하고 있었고 더불어 로렌츠 변환보다 더 일반적인 좌표 변환을 그 이론에 도입할 방법을 찾고 있었다. 아인슈타인은 1912년에 취리히로 돌아오자 취리히 공과 대학의 새 자리를 맡았고 그 이론에 몰두했다. 그는 가우스의 곡면 이론과 중력 문제가 중대하게 연관 있음을 인식했고 그의 이전의 급우이자 당시 취리히 공과 대학의 수학 교수이면서 비유클리드 기하학의 전문가인 그로스만[119]과 공조를 시작했다. 그로스만은 아인슈타인 이론의 방정식을 불변의 형태로 표현하기 위해 아인슈타인에게 필요한 수학에 능했다. 그것은 사용되는 지수가 위첨자나 아래첨자로 나오는 텐서 양의 정확한 표현을 포함하는 절대

---

[118] Albert Einstein, "Relativität und Gravitation. Erwiderung auf eine Bemerkung von M. Abraham," *Ann.* 38 (1912): 1059~1064 중 1063~1064; "Lichtgeschwindigkeit und Statik des Gravitationsfeldes," *Ann.* 38 (1912): 355~369; "Zur Theorie des statistischen Gravitationsfeldes," *Ann.* 38 (1912): 443~458.

[119] [역주] 그로스만(Marcel Grossmann, 1878~1936)은 헝가리 태생의 스위스 수학자로 일반 상대성 이론의 수립에 결정적으로 기여했다. 1896년부터 취리히 연방 공과 대학에서 공부했고 그의 동료 중에는 밀레바 마리치와 아인슈타인도 있었다. 1900년에 졸업하고 프라우엔펠트의 칸톤 학교 수학 교수가 되었다. 1902년에 박사학위를 받았다. 그의 주된 연구 관심사는 해석 기하학, 화법 기하학, 비유클리드 기하학이었다. 1905년에 바젤의 고급 기술학교(Oberrealschule)로 자리를 옮겼고 거기에서 사강사가 되었다. 1907년에는 취리히 공과 대학에서 교수가 되어 1927년까지 일했다. 1912년에 아인슈타인이 프라하에서 취리히로 자리를 옮기자 공조를 시작했다. 1914년에 아인슈타인은 베를린으로 옮겨와서 혼자서 일반 상대성 이론의 결정적 정식화 작업을 수행했지만, 중력장 방정식을 찾아내는 데 그로스만의 기여가 결정적이었음을 세상에 알렸다.

미분이었다.[120] 아인슈타인은 조머펠트에게 보낸 편지에서 이렇게 말했다. "양자 주제에 대해서는 누군가의 관심을 끌 만한 새로운 것이 아무것도 없습니다. 오로지 중력 문제에만 매달리고 있습니다."[121]

아인슈타인과 그로스만의 협력으로 즉각적으로 얻어진 성과는 1913년의 포괄적인 논문이었다. 여기에서 그로스만은 텐서 계산법을 제시했고 아인슈타인은 그것으로 가변적인 중력장(마당)을 유도했다. 그 이론은, 통상적인 상대성 이론의 4차원 시공간에서 민코프스키가 진술한 대로 선 요소의 길이, $ds = \sqrt{-dx^2 - dy^2 - dz^2 + c^2 dt^2}$와, 자유로운 입자의 운동에 대한 변분 방정식을 시공간을 관통하는 최단 경로를 기술하는 해밀턴 원리의 형태로 진술한 $\delta\{\int dx\} = 0$으로부터 전개되었다. 아인슈타인은 선 요소를 그 이론의 기본적인 불변량으로 유지하고, 변분 방정식을 임의의 중력장(마당)에서 입자의 운동을 기술하는 것으로 삼았다. 그는 이를 위해 선 요소를 구할 식을

$$ds^2 = \sum_{\mu\nu} g_{\mu\nu} dx_\mu dx_\nu$$

로 일반화했다. 여기에서 x_μ와 x_ν는 좌표 x_1, x_2, x_3, x_4의 임의 집합을 나타내고 $g_{\mu\nu}$는 이 좌표의 10개 함수를 나타낸다.

---

[120] 아인슈타인에게 적절한 수학은 19세기로 거슬러 올라간다. 가우스와 리만의 내적 곡률에 대한 연구와 크리스토펠(E. B. Christoffel)의 4차 미분 형식의 변환에 대한 연구가 그것이다. 그 연구는 이탈리아의 수학자 리치(Gregorio Ricci)와 레비시비타(Tullio Levi-Civita)에 의해 20세기 전환기에 도입된 절대 미분에 통합되었다. 우리의 논의는 특히 Stachel, "Genesis of General Relativity", 434~436에서 따왔다.

[121] 아인슈타인이 조머펠트에게 보낸 편지, 1912년 10월 29일 자, *Einstein/Sommerfeld Briefwechsel*, 26~27 중 26.

$$\begin{matrix} g_{11} & g_{12} & g_{13} & g_{14} \\ g_{21} & g_{22} & g_{23} & g_{24} \\ g_{31} & g_{32} & g_{33} & g_{34} \\ g_{41} & g_{42} & g_{43} & g_{44} \end{matrix} \qquad (g_{\mu\nu} = g_{\nu\mu})$$

$g_{\mu\nu}$는 x_μ를 측정에 연관시키는 복잡한 수학적 실재이다. 그것은 절대 미분의 용어로 대칭 "2차 공변 텐서"이다.[122] 그 이론의 기본 텐서에 등장하는 몇 개의 양 g_{11}, g_{12} …은 오래된 이론의 단일한 뉴턴 중력 퍼텐셜을 대신한다. 그것들을 어떻게 결정할지는 중력 이론의 우선적인 문제가 된다. 아인슈타인은 뉴턴의 법칙과 같은 일반적인 형식의 새로운 법칙을 찾았는데, 그것은 적절한 극한에서 뉴턴의 법칙으로 환원되어야 했다. 힘에 대한 원격 작용 방정식이 아니라 중력 퍼텐셜 φ를 구할 장 방정식으로 쓰인 뉴턴의 법칙은 $\Delta\varphi = 4\pi k\rho$이다. 여기에서 Δ은 라플라스 2차 미분 연산자이고, k는 상수, ρ는 질량 밀도이다. 아인슈타인은 새로운 중력 법칙이 유사한 형태인 $\Gamma_{\mu\nu} = \chi\theta_{\mu\nu}$의 형태를 취한다고 가정했다. 여기에서 장(마당) $\Gamma_{\mu\nu}$는 $g_{\mu\nu}$의 2차 미분을 포함하는 텐서이고 χ는 상수, $\theta_{\mu\nu}$는 10개 성분의 에너지-응력 텐서로서 뉴턴의 스칼라 질량 밀도를 대신하고 그 값을 아는 것으로 가정된다. 아인슈타인의 텐서 법칙은 많은 방정식을 요약하므로 그것은 형태가 유사하다 해도 뉴턴의 방정식보다 훨씬 더 복잡하다.[123]

아인슈타인은 우선 어떻게 그렇게 복잡한 법칙이 발견될 수 있었는지

---

[122] Albert Einstein and Marcel Grossmann, "Entwurf einer verallgemeinerten Relativitätstheorie und einer Theorie der Gravitarion," *Zs. f. Math. u. Phys.* 62 (1913): 225~261 중 226, 228~230.

[123] Einstein and Grossmann, "Entwurf," 233.

설명했다. 그는 전기 동역학에 대해 알려진 것은, 정전하를 위한 쿨롱의 상호 작용 법칙, 그리고 전기 작용은 빛보다 빠르게 진행할 수 없다는 요구 조건뿐이라고 가정하자고 했다. 그는 누가 그러한 제한된 정보에서 맥스웰의 방정식을 발견할 수 있었을지 물었다. 중력 문제는 아주 유사했다. 쿨롱의 법칙의 가능한 일반화 수는 방대하고 정적 질량을 위한 뉴턴의 중력 법칙의 일반화 또한 그러하다. 올바른 중력 방정식이 작용 방식에 대한 가설에서 추정되거나 구성될 수 있다고는 거의 생각하기 어렵다. 아인슈타인의 접근법은 새 방정식이 만족하는 수학적 기준들을 경험적 원리로부터 추론하는 것이었다. 상대성 원리는 시간 좌표를 공간 좌표와 동등한 지위로 들어가도록 요구함으로써 가능한 중력 방정식의 범위를 제한한다. 그 이상의 제한 조건들이 관성 및 중력 질량의 동등성의 원리와 중력과 가속의 등가성, 보존 원리들에서 따라 나온다. 이러한 몇 가지 고찰은 1913년에 아인슈타인의 이론의 기저를 형성했고 그것은 수용 가능한 중력 방정식의 가장 단순한 모습은 어떠할지 결정하도록 그의 생각을 이끌었다.[124]

새 중력 이론은 측정에 대한 새로운 이해를 요구하는데, 이는 그것이 물리학 전반의 기초에 대한 함의가 있음을 의미한다. 요소 ds는 무한히 가까운 시공간의 두 점 사이의 거리로서 아인슈타인은 그것을 "자연스럽게 측정되는" 거리라고 불렀다. 장(마당)에 독립적인 강체 막대와 시계로 측정한 통상적 상대론에서 나타나는 해당 요소와 달리, 일반화된 요소 ds는 $g_{\mu\nu}$에 의존한다. 시공간상의 각 위치는 자체의 길이와 시간의 계량measure을 가지며, 그 값은 그곳의 중력장(마당)에 의존한다. 이렇게

---

[124] Albert Einstein, "Zum gegenwärtigen Stande des Gravitationsproblems," *Phys. Zs.* 14 (1913): 1249~1262 중 1250.

되면 특수 상대성 이론은 단지 중력장(마당)이 없는 시공간 구역에만 적용되는 것으로 귀결된다. 아인슈타인의 이론으로 중력은 물리학의 변두리에서 중앙으로 이동한다. 중력장($g_{\mu\nu}$)은 모든 것이 의존하는, 말하자면, 뼈대인 것 같다고 아인슈타인은 로렌츠에게 보낸 편지에 썼다.[125]

아인슈타인은 "물리학의 기초에 대한 이전의 개념"에서 "원격 작용 이론"의 기본 법칙들은 유한하게 분리된 점들 사이에서 일어나는 작용을 표현한다고 해석했다. 그러나 맥스웰이 촉발시킨 "철저하게 진행되는 혁명" 이래로 이 이론은 아인슈타인의 새로운 중력 이론이 속해 있는 "연속 작용 이론"에 의해 대체됐다.[126] 이 기초상의 변화는 물리 기하학과 관련된 의미가 있다. 위치에 무관하게 거리를 결정하는 강체 측정막대를 가진 유클리드 기하학은 오래된 물리학에 속한다. 아인슈타인의 이론이 요구하는 물리 세계의 기하학은 현대 장 물리학이 유클리드 기하학을 모순적으로 사용하던 이전까지의 한계에서 "해방"됨을 상징한다.[127]

1913년 아인슈타인과 그로스만의 목표는 물리학의 공변 방정식을 확립하는 것이었다. 좌표계의 선택과 무관하게 존재하는 그러한 방정식은 자연의 실제 관계를 표현한다.[128] 두 좌표계 중 하나가 물리 법칙이 더

---

[125] 아인슈타인이 로렌츠에게 보낸 편지, 1913년 8월 14일 자, Lorentz Papers, AR.

[126] [역주] 아인슈타인의 중력장(마당)의 뿌리를 맥스웰의 장(마당) 방정식에서 찾을 수 있다. 뉴턴 이래로 원격 작용 위주로 다루어져 왔던 물리계가 맥스웰 때부터 연속체 작용 이론으로 설명되기 시작했고 그것은 장(마당) 방정식을 통하여 일반 상대성 이론으로 이어지며 물리학을 변환시킨 것으로 볼 수 있다. 장(마당) 개념은 원격 작용 개념과 함께 물리 세계를 바라보는 다른 관점을 제시하며, 장(마당) 개념의 등장으로 물리 세계에 대한 인류의 인식이 한 차원 높아졌다고 볼 수 있다.

[127] Albert Einstein, "Die formale Grundlage der allgemeinen Relativitätstheorie," *Sitzungsber. preuss. Akad.*, 1914, 1030~1085 중 1079~1080.

[128] A. D. Fokker, "A Summary of Einstein and Grossmann's Theory of Gravitation,"

단순하게 나타난다는 이유로 선호된다면, 그 구분은 물리적 원인 밖에 있는 것이고 실제로 의미 있는 관계 밖에 놓여 있는 것이다. "내 의견으로는 그러한 임의성 없이 유지되는 세계 묘사가 더 합당하다."라고 아인슈타인은 말했고, 그는 자신의 일반 상대성 이론이 물리학을 인간 편의와는 독립적으로 존재하는 세계를 기술하는 물리학의 방향으로 진일보하게 한 것으로 간주했다.[129]

19세기에는 새로운 중력 법칙들이 종종 전기 이론으로부터, 또는 전기 이론과의 유비로 구성되어 제안되었다. 20세기 초에는 푸앵카레, 민코프스키, 로렌츠, 조머펠트 등이 제안한 중력 이론이 떼를 지어 등장했다. 1913년에 아인슈타인과 그로스만의 논문이 나올 즈음에 중력은 당시 연구의 중요한 주제였다. 같은 해에 보른은 《물리학 잡지》에서 그들의 논문들에 대해 논평했다. 그는 당시에 중력 이론을 전개하던 다른 지도급 연구자들인 아브라함, 미, 노르트슈트룀[130]을 언급했다.[131] 그들의 이

Philosophical Magazine 29 (1915): 77~96 중 96. 네덜란드의 물리학자 포커는 아인슈타인과 협력하여 일반 상대성 이론을 연구했다.

[129] 아인슈타인이 로렌츠에게 보낸 편지, 1915년 1월 23일 자, Lorentz Papers, AR. 서신과 출판물에서 아인슈타인은 한 벌의 좌표계를 다른 벌의 좌표계보다 선호할 이유가 없음을, 물리학에서 모든 측정과 관찰이란 시공간 일치의 결정, 즉 질점과 기구)의 점을 짝짓는 데까지 내려온다는 생각과 관련지었다. 어느 쪽의 좌표계가 점-사건을 기술하든 차이가 없어야 한다. 로렌츠는 이 주장을 받아들였다. 아인슈타인이 로렌츠에게 보낸 편지, 1916년 1월 17일 자, Lorentz Papers, AR.

[130] [역주] 노르트슈트룀(Gunnar Nordström, 1881~1923)은 핀란드의 이론 물리학자로 상대성 이론의 초기에 자신의 중력 이론을 경쟁 이론으로 제기한 것으로 유명하다. 헬싱키 공과 대학에서 기계공학을 공부하다가 수학과 경제학에 관심을 두게 되었다. 괴팅겐 대학으로 옮겨 전기 동역학을 공부하고 1910년에 박사학위를 마치기 위해 헬싱키로 돌아왔다. 학위 후에 중력에 관심을 두게 되었고 1916년에 에른페스트 밑에서 공부하기 위해 라이덴으로 갔다. 1차 세계대전 이후에 베를린 대학 교수 자리를 제안받았으나 마다하고 1818년에 핀란드로 돌아와 헬싱키 공과

론은 1913년 독일 회의에서 모두 논의되었는데 아인슈타인은 물리학, 수학, 천문학 통합 회기session에서 중력 문제의 현황에 대해 초청 강연을 했다. 아인슈타인은 아브라함의 이론은 간단하게, 노르트슈트룀의 이론은 자세하게 논의하고, 그로스만의 도움을 받아 자신이 완성한 이론은 포괄적으로 논의했다. 아브라함의 출발점은 광속이 중력 퍼텐셜의 가변 계량이라는 아인슈타인의 초기 이론이었다. 그렇지만 그는 아인슈타인의 등가 원리를 배격했기에 아인슈타인은 아브라함의 이론을 자체 모순으로 간주했다. 아인슈타인은 광속이 일정하고 등가 원리를 포함하지 않는 오래된 상대성 이론을 엄격하게 고수하는 노르트슈트룀의 이론을 이성적인 이론으로 간주했다. 다만 그 이론은 자신의 이론과 하나가 달랐고 다른 예측을 낳았다. 노르트슈트룀의 이론은 아인슈타인의 이론의 귀결인 중력장(마당)에서 빛의 휘어짐을 예측하지 않았는데, 그 점은 그의 발표 이후의 토론에서 판단해보건대 청중의 관심을 특히 많이 끌었다. 아인슈타인이 미의 이론을 그의 발표에서 전혀 언급하지 않았기에 발표 후의 토론에서 미Mie는 자신의 이론이 제외된 사실에 사람들의 관심을 환기했다. 물질의 일반적인 전자기 이론의 일부인 미의 중력 이론은 오래된 상대성 이론에 토대를 두었다. 그의 이론은 중력 질량과 관성 질량의 동등성을 거부했다. 그것이 아인슈타인이 그 이론을 언급하지 않고 그 이론이 옳을 가망이 거의 없다고 생각한 주된 이유였다. 미는 그 모임

대학에서 물리학과 역학 교수가 되었다. 라이덴에 있을 때 비회전 전하 분포를 측정할 계량을 만들었고 그것이 이후 중력 연구에 기초가 되었다. 아인슈타인과는 우호적 경쟁 관계를 유지하며 중력 이론을 전개했다. 그의 스칼라 이론은 오늘날도 중력 이론을 가르치는 데 교육적 목적으로 사용된다.

[131] 그의 논평에서 보른은 아인슈타인의 이론을 그의 다른 성취 전부보다 더 대담하다고 부르면서 그 이론을 "아인슈타인의 전체 연구를 규정하는" 자연법칙의 통일을 향한 노력과 연관시켰다.

과 직후 나온 인쇄된 글에서 일반 상대성 원리를 반대하는 논증을 펼쳤고 아인슈타인은 모임과 인쇄물 양쪽에서 그의 비평에 응했다.[132] 아인슈타인의 이론에 대한 초기 반응은 미의 이론처럼 냉정하지 않았고, 일반적으로 그 이론은 옹호되었다.[133]

플랑크는《물리학 연보》의 편집자로서 1913년에 중력 이론들은 "빗발치듯" 떨어지고 있어서 어디에서 진실의 핵을 찾을 수 있을지 판단하기 어렵다고 말했다. 노르트슈트룀의 이론은 적어도 플랑크가 "상대성 이론의 진정한 기초"로 여긴 광속의 불변성을 고수했다.[134] 플랑크를 고민하게 한 것은 베를린의 물리학자 비크Alfred Byk가 1913년에《물리학

---

[132] Einstein, "Zum gegenwärtigen Stande des Gravitationsproblems," 독일 과학자 협회 1913년 빈 회의에서 한 발표, 발표 이후의 토론, *Phys. Zs.* 14 (1913): 1262~1266. 아인슈타인은 미가 출판한 비판에 답하여 그의 제시가 불완전했고 이것 때문에 그 이론에 대한 미의 오해가 발생했음을 시인했다. 아인슈타인은 "이 불완전성은 어떤 점에서 나 자신이 아직 완전한 명확함에 도달하지 않았다는 사실에서 유래한다."라고 말했다. "Prinzipielles zur verallgemeinerten Relativitäts-theorie und Gravitationstheorie," *Phys. Zs.* 15 (1914): 176~180 중 176. 미는 힐베르트의 도움을 받아 아인슈타인의 이론에 대한 더 나은 이해라고 자신이 믿은 것에 도달했다. 힐베르트는 미의 이론을 아인슈타인의 이론과 관련지어 일반 상대성 이론에 근본적인 기여를 했다. 미는 그 과정이, 아인슈타인이 정말로 원하는 것이 무엇이며 아인슈타인이 얼마나 일반 상대성 이론을 실현하는 데 근접했는지를 그에게 보여주었다고 힐베르트에게 말했다. 미가 힐베르트에게 보낸 편지, 1916년 2월 13일, 5월 8일과 16일, 1917년 7월 2일 자, Hilbert Papers, Göttingen UB, Ms. Dept.

[133] "물리학 공동체는 그 중력 논문에 오히려 수동적으로 행동하고 있다네. 아브라함은 아마도 그것을 가장 잘 이해할 것이네. … 나는 그 문제를 논의하려고 봄에 로렌츠에게 갈 예정이네. 그는 랑주뱅처럼 그것에 매우 관심이 많다네. 라우에는 기본적 고찰에 열려 있지 않고 플랑크도 그러하며, 조머펠트는 곧 마음을 열 것이네. 일반적으로 자유롭고 맑은 시야는 (다 큰) 독일인들의 특성이 아니라네 (눈이 침침한 자들!)." 아인슈타인이 베소에게 보낸 편지, [날짜 미상, 1913년 말로 추정.] *Einstein-Besso Correspondence*, 50.

[134] 플랑크가 빈에게 보낸 편지, 1913년 1월 28일과 6월 29일 자, Wien Papers, STPK, 1973.110.

연보》에 보낸 논문에서 발견할 수 있다. 비크는 원자 가설을 비유클리드 기하학 및 힘의 법칙(이것이 핵심적인 기여였다)과 결합했다. 원자에서 힘의 법칙은 원거리에서는 뉴턴의 중력 법칙이지만 가까운 거리에서는 다른 법칙이었다. 플랑크는 원자의 근처에서 통상적인 동역학 법칙은 적용되지 않을 수 있으므로 비크의 대담한 가설은 거부되지 말아야 한다고 논평했다. 비크는 훈련을 잘 받았고 명확하게 쓸 줄 알았고 재능이 탁월해서 그의 가설을 수리적으로 응용했으며, 이 모든 것 때문에 플랑크는 그 논문을 받아주어야겠다는 생각을 품었다. 4차원 민코프스키 세계에서 중력과 전기를 관련지을 것을 제안하는 다른 저자의 논문이 《물리학 연보》에 제출되었을 때 플랑크는 정반대의 결정을 했다. 플랑크는 단순성, 명확성 또는 시각화 가능성, 그리고 무엇보다도 실험 결과라는 기준을 들고 나왔다. 그 논문은 그 기준에 맞지 않았으며 저자는 다른 이들, 즉 당시에 유사한 주제로 연구하던 미, 아인슈타인, 힐베르트 등의 이론도 논의하지 않았다.[135]

아인슈타인은 1913년의 그의 이론에 만족하지 않았다. 그는 로렌츠에게 그것은 "자체의 출발점(등가 원리)과 모순이 됩니다. 그것은 희미한 토대 위에 서 있습니다."라고 편지에서 말했다.[136] 그 이론은 물리 법칙이 일반적인 공변성의 요건에 합치되게 표현되도록 해주지만, 중력장(마당) 방정식 자체가 일반적으로 공변적이지는 않다. 한동안 아인슈타인은 $g_{\mu\nu}$가 일반적으로 공변적일 수 없는 이유가 있다고 생각했다. 그는 그 이론에 대해 고도로 기술적인 일련의 정교화를 수행했지만, 불만은 남아있었

---

[135] 플랑크가 빈에게 보낸 편지, 1913년 9월 20일과 1916년 8월 25일 자, Wien Papers, STPK, 1973.110.
[136] 아인슈타인이 로렌츠에게 보낸 편지, 1913년 8월 14일 자.

다. 그러던 1915년 말에(그는 이미 프로이센 아카데미의 일원으로 베를린으로 옮긴 상태였다.) 유도 과정의 오류를 인식한 것이 계기가 되어 그는 중력장(마당) 방정식의 일반적인 공변성의 요구 조건을 다시 궁구하기 시작했고, 그러던 중에 이렇게 바뀐 자기 생각을 "아카데미의 논문들에 반영하여 영구 보존했다."[137] 이와 함께 그는 그로스만이 일찍이 그에게 소개해 준 곡률 텐서로 관심을 돌렸고 몇 주 사이에 바라던 결과에 도달했다. 중력에 관련된 일반적으로 공변적인 새로운 장(마당) 방정식은 다음과 같았다.

$$G_{im} = -K(T_{im} - \frac{1}{2}g_{im}T)$$

여기에서 G_{im}은 소위 리만 곡률 텐서이고 그것은 g_{im}과 그것들의 도함수에서 구성되며 K는 상수이고 T_{im}은 "물질"의 에너지 텐서이고 T는 그 텐서의 스칼라이다. 아인슈타인은 이 방정식을 담은 1915년 11월의 논문에서 "이것으로 일반 상대성 이론은 마침내 논리적 구조물로서 완전해졌다."라고 말했다.[138]

아인슈타인은 조머펠트에게 이것이 "내 생애에 이룬 가장 가치 있는 발견"이라고 편지에서 말했다.[139] 그의 독일 동료가 모두 이 평가에 동의하지 않는다 해도 그는 플랑크가 이제 "그 문제를 더 진지하게 생각"하기 시작했다고 말할 수 있었다.[140] 네덜란드에 있는 그의 동료들은 그를

---

[137] 아인슈타인이 조머펠트에게 보낸 편지, 1915년 11월 28일 자, *Einstein/Sommerfeld Briefwechsel*, 32~36 중 33.

[138] Albert Einstein, "Die Feldgleichungen der Gravitation," *Sitzungsber. preuss. Akad.* 1915, 844~847 중 845, 847.

[139] 아인슈타인이 조머펠트에게 보낸 편지, 1915년 12월 9일 자, *Einstein/Sommerfeld Briefwechsel*, 36~37 중 37.

[140] 아인슈타인이 베소에게 보낸 편지, 1915년 12월 21일 자, *Einstein-Besso*

더 많이 격려했다. 그가 그 이론을 연구하면서 줄곧 서신을 주고받았던 로렌츠는 아인슈타인에게 1916년에 자신이 이제 그 이론에 대해 연구하고 있으며 자신이 그것에 새로운 기여를 했다(그것을 아인슈타인은 가치 있게 여겼다)라며 이렇게 편지에 썼다. "지난 몇 달간 나는 자네의 중력 이론과 일반 상대성 이론에 몰두했고 그것에 대해 강의도 했네. 그것은 내게 매우 유익했지. 이제 나는 그 이론의 온전한 아름다움을 이해한다고 믿네. 더 자세히 살펴보면서 내가 만난 모든 어려움을 극복할 수 있었네. 또한, 자네의 장(마당) 방정식을 변분 원리에서 유도하는 데 성공했네."[141]

1916년 《물리학 연보》에 아인슈타인은 그의 완성된 일반 상대성 이론에 대한 철저한 설명과 분석을 게재했다. 그는 그 이론의 근본적 요구 사항을 다음과 같이 진술했다. "**자연의 일반적 법칙은 모든 좌표계에 유효한 방정식으로 표현될 수 있다. 즉 임의의 대체물에 대하여 공변적(일반적으로 공변적)이다.**" 이 원리로 아인슈타인은 물리학의 기초가 변했다고 설명했다. 그의 이전의 광속 불변의 원리는 고전 역학에서 이탈했고 그것은, 상대성 원리가 그러했듯, 시공간 이론에 "광범위에 걸쳐 영향을 미치는" 수정을 하게 했다. 그에 따라 길이와 시간 간격은 운동에 의존하게 되었다. 일반 상대성 원리는 이제 그 이론을 가일층 수정했다. 길이와 시간 간격은 운동뿐 아니라 위치에도 의존하며 공간과 시간에서 "마지막 남은 물리적 객관성"을 제거한다.[142]

Correspondence, 61. 아인슈타인은 플랑크 이외의 다른 동료들과의 경험을 통해 "너무나 인간적인 특성이 놀라우리만치 지배적임을 보았다!"고 덧붙였다.

[141] 로렌츠가 아인슈타인에게 보낸 편지, 1916년 6월 6일 자, Rijksmuseum voor de Geschiedenis der Natuurwetenschappen, Leiden.

[142] Albert Einstein, "Die Grundlage der allgemeinen Relativitätstheorie," *Ann.* 49 (1916): 769~822 중 776.

그의 이론의 마지막 형태로 나아가면서 뉴턴의 이론이 1차 근사식임을 보이는 것에 더해 아인슈타인은 운동 방향에서 수성의 궤도의 변칙적인 영년 회전secular rotation[143]을 계산했다. 당시 천문학의 측정에 따라 관측과 이론의 편차값은, 19세기 이후로 알려져 있었던바, 100년에 45″±5″였다. 그것은 아인슈타인이 1915년에 얻은 이론값인 43초와 완전히 일치했다. 직접적인 경험과 만나는 두 가지 추가적인 접점도 있었다. 아인슈타인은 이론이 예측하는 적색편이가 B형과 K형 항성에서 나오는 빛에 의해 차수order of magnitude에서 확인되었다는 것을 프로이센 아카데미에 보고했다. 그리고 그의 최신 이론에 의해 태양 곁을 지나는 별빛은 그의 초기 이론의 값의 2배인 1.7초만큼 구부러져야 한다. 이 예측을 확인하려면 개기일식을 기다려야 했다.[144] 그러나 그 이론의 새로운 결론 대부분은 검출하기에는 너무 작았고 그 당시에 그 전부가 실험실 실험으로 알아낼 수 있는 범위 밖에 있었다. 단지 천문학적 물체의 큰 중력장(마당)만이 관찰 가능한 결과를 약속했다. 물리적 측정을 새롭게 이론적으로 이해하는 것을 포함하는 어떤 이론을 확증하기 위해, 물리학자들의 오랜 이상인 천문학적 측정의 정확성이 이제 어떤 결과를 낼지 기대를 받게 되었다.

우리는 아인슈타인이 우호적 결과를 낼 실험 증거를 기다리지 않고

---

[143] [역주] 천천히 일어나는 세차 운동을 지칭한다. 태양의 중력 때문에 일어난 시공간 왜곡의 영향을 받아 수성의 공전 궤도가 뉴턴의 중력 법칙에서 벗어나는 세차 운동을 일으키는 것이 아인슈타인의 일반 상대성 이론에서 예측된다.

[144] Albert Einstein, "Erklärung der Erihelbewegung des Merkur aus der allgemeinen Relativitätstheorie," *Sitzungsber. preuss. Akad.*, 1915, 831~839. 일반 상대성과 그것을 천문학에 적용한 1915년 3월 25일 아인슈타인의 보고서에서, 스펙트럼(빛띠)선의 중력 변위에 대한 그와 노르트슈트룀의 예측은 프로인틀리히의 새로운 연구로 차수에서 지지받았다고 했다. Freundlich, *Sitzungsber. preuss. Akad.* 1915, 315.

1905년의 상대성 이론을 원래의 제한인 등속 상대 운동을 뛰어넘어 일반화시키기 시작한 것을 보았다. 이 연구 과정에서 그는 물리학자, 수학자, 천문학자를 망라하는 독일과 외국의 동료들과 함께 그 이론의 전문적인 문제들을 논의했다. 그는 그들 중 몇몇과 협력했고 경쟁하는 중력 이론을 개발하던 다른 이들과는 물리적 원리에 대해 논쟁했다. 8~9년에 걸쳐 거의 동수의 예비 판본들을 포함하는 일련의 연구에서 그는 중력 이론과 함께 일반 상대성 이론을 완성했다.

공변 중력 방정식 확립과 변칙적인 수성 세차 계산이라는 결과는 며칠 동안 아인슈타인을 "말할 수 없는 흥분"에 휩싸이게 했다. 계속 당황스러웠던 양자 문제와 달리 중력 문제는 해답을 제시한 것으로 보였다. 그러나 아인슈타인은 "이것은 저에게 상당히 명쾌합니다. 양자적 난점들은 맥스웰 이론처럼 새로운 중력 이론에 관련됩니다."라고 로렌츠에게 알렸다.[145] 더욱이 그가 나중에 회상했듯이 중력장(마당)은 아직 알려지지 않은 구조의 전체 장(마당)에서 다소 인위적으로 격리되어 있었기에 그는 자신의 성취를 "중력장(마당) 이론 이상의 어떤 것"으로 간주하지 않았다." 1916년에 《물리학 연보》에 게재된 그의 종설 논문은 물질의 구조에 대한 통찰력을 얻기 위해 중력 이론과 전자기 이론을 결합할 가능성을 타진했다. 그는 1920년에 라이덴 대학에서 한 강의를, 중력과 전자기를 "개념적으로 서로 완전하게 분리된 두 가지 실재"로 규정하면서 마무리 지었다. 그것들을 "하나의 통합된 확증"으로 보는 것은 물리학의 큰 진보가 될 것이다. "패러데이와 맥스웰이 기초를 놓은 이론 물리학의 시대가 최초로 만족스러운 결론에 도달할 것이다. 에테르와 물질의 대립이 사라질 것이고 일반 상대성 이론을 통해 물리학 전체가 완결된 사고

---

[145] 아인슈타인이 로렌츠에게 보낸 편지, 1916년 6월 17일 자, Lorentz Papers, AR.

의 체계가 될 것이다." 이후 아인슈타인은 물리학을 입자와 장(마당)의 이원론과 역학과 전기학의 이원론에서 해방하기 위해 중력과 전자기의 통일된 이론을 구축하는 데에만 연구를 집중했다. 그는 나중에 쓴 "자서전적 언급"에서 좋은 이론의 특성을 설명하면서 특별히 "모든 물리적 현상 전체를 목표로 하는 이론들"을 지목했다.[146]

아인슈타인의 연구는 물리학의 통합 이론을 지향하는 전통에 바탕을 둔 다른 연구를 격려했다. 1917년에 수학자 바일[147]은 《물리학 연보》에 중력 이론을 제출했는데 플랑크는 그것의 성격을 모든 물리 현상을 "단일한 '세계 공식'" 아래에 포함하려고 노력하는 연구에 속하는 것으로 규정했다. 여기에서 공식은 해밀턴의 원리로 역학 과정과 전자기 과정에 해당하는 항들을 포함했다. 아인슈타인의 이론과 비유클리드 기하학에

---

[146] 아인슈타인이 에른페스트에게 보낸 편지, 1916년 1월로 추정, Hoffmann with Dukas, *Einstein,* 125. Einstein, "Ether and the Theory of Relativity," 1920년 10월 27일 자에 한 연설. G. B. Jeffery and W. Perrett, *Sidelights on Relativity* (New York: E. P. Dutton, 1922), 3~24 중 22~23에 영역됨. "Autobiographical Notes," *Albert Einstein: Philosopher-Scientist,* ed. P. A. Schilpp (Evanston: The Library of Living Philosophers, 1949), 1~95 중 23, 75.

[147] [역주] 바일(Hermann Klaus Hugo Weyl, 1885~1955)은 독일의 수학자이자 이론 물리학자로 20세기 가장 영향력 있는 수학자 중 하나이다. 공간, 시간, 물질, 철학, 논리, 대칭, 수학사에 관한 연구를 수행했다. 일찍부터 일반 상대성과 전자기를 결합할 생각을 했다. 괴팅겐과 뮌헨 대학에서 수학과 물리학을 공부했고 괴팅겐의 힐베르트 밑에서 박사학위를 받았다. 취리히 공과 대학에서 수학 교수가 되었고 상대성 이론에 대해 연구하던 아인슈타인의 동료가 되었다. 취리히 대학에 부임한 슈뢰딩거와도 긴밀한 사이가 되었다. 1930년에 취리히를 떠나 힐베르트의 후임으로 괴팅겐 대학에 부임했다. 아내가 유대인이었으므로 1933년 나치의 핍박을 피해 프린스턴의 고등 과학 연구원으로 가서 1951년 은퇴할 때까지 머물렀다. 상대성 물리학을 연구하면서 게이지 이론을 처음으로 만들었고 그것으로 전자기장(마당)과 중력장(마당)을 시공간의 기하학적 특성으로 통합하려고 시도했다. 철학적으로 후설의 현상학을 지지했다.

입각한 바일의 이론은 세계선, 빛 신호, 질점을 중력장(마당) 안에서 다루었다. 바일은 그 이론이 원자 내부에 관한 정보를 만들어내리라 여겼지만, 플랑크는 회의적이었다. 당시에는 그 이론을 실험적으로 검증할 가능성이 없었고, 플랑크는 물리 과정을 비유클리드 기하학으로 분해하는 이론들은 수학 학술지로 보내는 것이 가장 좋겠다고 생각했다. 그러나 당장은 그 문제를 결정하기를 원하지 않았다. 그가 관여하는 한, 한 이론이 중력과 긴밀하게 연관된다면 그것은 《물리학 연보》에 게재하도록 고려되어야 한다고 생각했다. 플랑크는 세계 공식의 궁극적 문제에 대한 확실한 해법을 기대할 수는 없으나 그것을 향한 진전은 여전히 이루어질 수 있다고 믿었다.[148]

아인슈타인은 일반 상대성 이론을 모든 것 중 가장 큰 대상, 즉 물리적 사물을 모두 포함한 우주 전체에 적용했다. 1917년에 아인슈타인은 마흐의 『역학』에서 물체의 관성은 운동의 저항이 아니라 물체와 우주의 다른 물체 전체와의 상호 작용이라는 생각에 설득되어 마흐의 원리를 구체화하는 우주론 이론을 출간했다.[149]

일반 상대성 이론은 행성에 적용되어 수성의 변칙적인 운동을 설명했지만, 우주 전체로 확장되었을 때 난제에 봉착했다. 이것은 마흐의 원리와 무한 거리에서의 경계 조건(중력 퍼텐셜을 위해 가정된 값)과 관계가

---

[148] 플랑크가 빈에게 보낸 편지, 1917년 9월 16일 자, Wien Papers, STPK, 1973.110.

[149] Albert Einstein, "Cosmological Considerations on the General Theory of Relativity," *Sitzungsber. preuss. Akad.*, 1917, 142~152, 영역본은 W. Perrett and G. B. Jeffery in *The Principle of Relativity: A Collection of Original Memoirs on the Special and General Theory of Relativity by H. A. Lorentz, A. Einstein, H. Minkowski and H. Weyl* (1923; 재인쇄, New York: Dover, 연도 미상), 177~188 중 180.

있었다. 그 난제를 피하는 방법은 공간의 무한을 거부함으로써 그러한 경계 조건을 제거하는 것이었다. 아인슈타인은 "**공간 차원에서 유한한 (닫힌)**" 리만 우주를 가정했다. 그것을 수학적으로 연구하기 위해 그는 공간 속에서 별들의 속도가 작다는 관찰 증거를 받아들여 물질이 거대한 공간을 가로질러 균일하게 분산되어 있으며 물질이 영구적으로 정지해 있다는, 조건을 단순화하는 가정을 세웠다.[150] 그가 보여주었듯이 그의 1915년 장(마당) 방정식은 이 우주론과 양립 불가능했으므로 논리적 일관성을 갖추기 위해 그는 한 항을 추가함으로써 그 방정식을 수정했다.

$$G_{\mu v} - \lambda g_{\mu v} = -K(T_{\mu v} - \tfrac{1}{2} g_{\mu v} T)$$

여기에서 λ는 작은 미결정의 보편 상수로서 우주의 총 질량과 양의 반지름과 관계된다. 아인슈타인은 새로운 항을 관찰로 확인하기가 쉽지 않을 것임을 인식했다. 별의 분포에 대한 천문학적 추정에 따라 우주의 반지름은 10^7광년으로 나왔지만 가장 멀리 보이는 별은 단지 10^4광년 떨어져 있었다. 그럼에도 아인슈타인은 일반 상대성 이론은 닫힌 우주 가설 없이 유지될 수는 없고 이 우주론적 고찰 때문에 장(마당) 방정식을 수정해야 할 것 같다고 조머펠트에게 말했다.[151]

---

[150] [역주] 아인슈타인은 우주가 팽창하거나 수축하지 않고 일정한 상태를 유지한다는 정상 우주론을 받아들이고 그의 장 방정식이 함축하는 우주의 팽창 가설을 거부했다. 그리하여 1917년에 그의 방정식에 우주론 항을 추가하여 정상 우주론과 조화를 이루도록 했다. 아인슈타인은 우주론 상수 λ에 대해 계속 불편함을 느꼈고 나중에 허블(Edwin Hubble)이 우주가 팽창한다는 증거를 제시하자 1931년에 자신이 실수했다고 고백하면서 그것을 폐기했다. 그렇지만 최근에는 그의 우주론 상수가 우주를 채우고 있는 암흑 물질과 암흑 에너지를 설명하는 데 오히려 사용되고 있다.

[151] Einstein, "Cosmological Considerations," 183~186. 아인슈타인이 베소에게 보낸 편지, 1917년 3월 9일 자, *Einstein-Besso Correspondence*, 101~103 중 102~103.

2년 후 아인슈타인은 방정식이 전자에 적용될 때 방정식을 수정하는 우주론 상수가 적분 상수로 나타난다는 것을 보여주었다. 그는 임시방편으로 그것을 "그 근본적인 법칙에 독특한" 상수로 도입했었고, 그것을 "그 이론의 형식적 아름다움"에 있는 결함으로 간주했다. 그는 공간의 중력 곡률 때문에 전자 안에서 음압이 얻어져 전하의 평형과 그로 인한 전자의 영속성이 설명됨을 보였다.[152] 이런 식으로 가장 큰 대상인 우주의 문제와 가장 작은 대상인 전자의 문제가 합쳐졌다. 두 문제는 1915년의 장(마당) 방정식의 수정을 요구했다. 아인슈타인은 자신의 물질의 일반상대성이론적 구성이, 가설이 더 많이 필요한 미의 일반 물질 이론을 대신할 바람직한 이론이라고 여겼다. 얼마 지나지 않아 아인슈타인은 우주론 상수를 가지는 정상static 우주에 대한 그의 이론에 대해 그랬듯 자신의 전자 이론에도 불만을 품게 되었다.[153] 그러나 아인슈타인의 첫 번째 일반상대성이론적 우주 이론은 우주론의 강력한 이론적 발전을 촉발시켰고 그러한 발전은 결국에는 관측과 결합했다.[154]

아인슈타인이 조머펠트에게 보낸 편지, 1918년 2월 1일 자, *Einstein/Sommerfeld Briefwechsel*, 43~47 중 44.

[152] Albert Einstein, "Do Gravitational Fields Play an Essential Part in the Structure of the Elementary Particles of Matter?" *Sitzungsber. preuss. Akad.*, 1919, 349~356; in *Principle of Relativity*, 191~198, 인용은 193에서 함.

[153] 그의 논문 "Do Gravitational Fields Play an Essential Part?"의 말미인 198쪽에서 아인슈타인은 그의 전자 이론의 한계에 주목했다. 그 이론은 어떤 대칭적인 구면상의 분포가 평형에 있다는 것을 허용한다. 그리하여 "기본 양자의 조성 문제가 아직 주어진 장(마당) 방정식의 직접적인 기저 위에서 풀리지 않는다." 아인슈타인은 우주론 상수 λ에 대해 계속 불편함을 느꼈고 1931년에 그것을 폐기했다. 그 상수는 정상 우주 가정에 관계되었고 정상 우주 가정은 팽창하는 우주 가정으로 대체되었다. North, *Measure of the Universe*, 84~86, 109~110.

[154] "[1917년에] 아인슈타인의 우주론에 대한 기본적 접근법은 계량 모형을 구축하고 그것의 특색을 관측과 연관시키는 것이었는데 그것이 반세기 이상 그 분야의 이론적 연구를 지배했다." Stachel, "Genesis of General Relativity," 441.

수학의 횃불을 든 아인슈타인

우리는 19세기 초에 수학을 이론적 이해를 인도하는 '횃불'로 평가한 옴에서 이 책 1권을 시작했다. 그의 수학은 주로 프랑스에서 왔고 수학을 물리학에 인상적으로 적용한 예들도 그러했다. 수학은 옴 이후 기원의 장소와 함께 다양한 방식으로 변화했다. 그러나 아인슈타인을 다시 다루면서 보게 되듯이, 이론적 이해를 인도하는 수학의 횃불은 계속 타오른다는 것이 입증되었다. 우리는 지금까지 이야기했던 물리학의 역사를 마무리 지으면서 첫째가는 물리학자인 아인슈타인을 다룰 것이다.[155]

그의 경력 곳곳에서 아인슈타인은 수학에 대한 명백한 관점이 있었다. 일찍부터 그는 이론 물리학자가 연구하는 데 사용하는 수학의 더 미묘한 부분을 별로 가치 있게 여기지 않았다. 이것은 자신의 수학적 어려움 때문이 아니었다. 수학은 그가 인도된 분야였고 그 안에서 그는 일찍이 격려를 받았다. 뮌헨에서 다닌 김나지움에서 그는 수학에서 그의 급우들을 앞서 있었고 분명히 그 밖의 분야에서는 그러지 못했다. 학위증을 받기 전에 그 김나지움을 떠나면서 그는 수학 교사에게서 진술서를 받았고 그것은 그의 수학 지식이 비범하며 그 과목에서 고급 공부를 할 자격을 갖췄음을 보증했다. 취리히 종합기술학교의 입학시험에서도 그는 수학에서 다른 수험생을 앞서 있었고, 물리학도 잘했지만, 다른 과목에서 과락을 받았다.[156] 그의 수학 성적은 아주 훌륭하여 공과 대학 학장이

---

[155] 아인슈타인의 이러한 논의와 물리학과 수학의 관계는 부분적으로 Russell McCormmach, "Editor's Foreword," *HSPS* 7 (1976): xi~xxxv에 기초를 두고 있다. 우리는 이 자료를 사용하도록 프린스턴 대학 출판부가 허락해준 것에 감사한다.

[156] Philipp Frank, *Einstein. His Life and Times*, trans. G. Rosen, ed. and rev. S. Kusaka (New York: Knopf, 1947), 16, 18.

그에게 칸톤 학교에 다닌 후 거기에서 학위를 받고 다시 입학하라는 권고를 했고, 아인슈타인은 그렇게 했다. 취리히 종합기술학교에서 치른 그의 마지막 학위 시험에서 그는 물리 과목들에서도 성적이 우수했지만, 수학에서도 또 다시 최고 점수를 받았다.[157]

취리히 연방 종합기술학교에서 수학과 물리 교사들을 길러낼 교과 과정의 후반에 있는 학생들은 고급 수학 세미나를 들을 수도 있었지만 아무도 아인슈타인에게 거기에 참석하라고 자극을 주지 않았다.[158] 그는 물리학 실험실에서 시간을 보내기를 좋아했다. 그의 수학 선생 중 하나인 헤르만 민코프스키에 따르면 아인슈타인은 "결코 수학에 대해 신경을 쓰지 않았"기에 나중에 그가 이론 물리학에서 성공한 것은 민코프스키에게는 불가사의한 일이었다.[159] 결국, 아인슈타인은 취리히 공과 대학에서 민코프스키와 후르비츠[160] 같은 탁월한 수학자들에게 훌륭한 수학

---

[157] Seelig, *Einstein*, 54.

[158] 아인슈타인의 전기 작가 라이저(A. Reiser)에 따르면 그렇다. 인용은 Gerald Holton, "Mach, Einstein, and the Search for Reality," *Daedalus* 97 (1968): 636~673 중 638에서 함.

[159] Seelig, *Einstein*, 33. 일반적으로 취리히 종합기술학교는, 특히나 민코프스키는, 학생들을 고급 수학 과정에 끌어들이지 못했다. 아인슈타인이 취리히 종합기술학교에서 2학년에 있었을 때 민코프스키는 그 학교에는 세 학기 이상 수학을 들은 학생이 단 한 명 있었고 콜로키움은 주로 조수에 의해 유지되었으며 그의 세 학급은 각각 겨우 8명 정도의 학생만 있었다고 했다. 민코프스키가 힐베르트에게 보낸 편지, 1897년 11월 23일 자, Hilbert Papers, Göttingen UB, Ms. Dept., 258/65.

[160] [역주] 후르비츠(Adolf Hurwitz, 1859~1919)는 독일의 수학자로 스위스에서 주로 활동했다. 뮌헨에서 펠릭스 클라인에게 수학을 배우고 베를린으로 가서 바이어슈트라스, 크로네커 등에게 배우고 다시 뮌헨으로 돌아갔다. 1880년에 클라인이 라이프치히로 갈 때 그를 따라갔고 클라인 밑에서 박사학위를 받았다. 쾨니히스베르크 대학에서 부교수가 되었고 거기에서 젊은 힐베르트와 민코프스키에게 영향을 미쳤다. 1892년에 취리히 연방 공과 대학 교수가 되었고 죽을 때까지 거기 머물렀다. 그는 초기 리만면 이론의 대가였고 그것을 대수 곡선에 적용했다. 그는 정수론에도 관심이 있었으며 후르비츠 4원수로 정의되는 이론을 구축했다.

교육을 받을 기회를 놓친 것을 후회했다.[161]

1905년에 민코프스키는 디리클레 사후 반세기 동안 수학의 모든 분야
의 발전은 디리클레의 정신 즉, "수학 전문 분야들의 친밀화fraternization,
다시 말해서 우리 과학의 통합"을 향한 욕구를 보여주었다고 말했다.
민코프스키가 취리히에서 괴팅겐으로 옮긴 후에 그의 동료였던 괴팅겐
의 수학자 다비트 힐베르트는 수학의 방법론상의 단일성을 믿었다. "수
학이 다른 과학이 오래전에 겪었던 것, 즉 작은 분야로 나뉘어 각 분야의
대표자들이 서로 이해할 수 없게 되고 이 때문에 그 분야 간의 연관이
훨씬 느슨해지는 것을 직면하게 될 것인지 아닌지가 우리에게 부여된
질문이다. 나는 이것이 일어나리라고 믿지도 바라지도 않는다. 수학은
내가 보는 대로 나눌 수 없는 전체이고 수학 전체의 생존 능력이 각 분야
가 긴밀하게 관련 있는지 아닌지에 달린 유기체이다." 1913년에 수학
교수로 취리히 공과 대학에 온 바일은 물리학과 수학을 내적 전문화와
통일성을 향한 각각의 성향에 따라 이렇게 비교했다. "20세기 들어서며
발전하고 있는 물리학은 한 방향으로 쇄도하는 힘찬 하천을 닮은 반면
수학은 물이 모든 방향으로 퍼져 나가는 나일 삼각주를 닮았다." 그는
마찬가지로 겉보기와는 정반대로 "수학 중 몇몇 분과의 융합하려는 경
향이 우리 과학의 현재 발전에 두드러진 또 하나의 특징"이라고 인식했
다.[162]

---

[161] Einstein, "Autobiographical Notes," 15.

[162] Hermann Minkowski, "Peter Gustav Lejeune Dirichlet und seine Bedeutung für die
heutige Matheamtik," in Minkowski, *Gesammelte Abhandlungen*, ed. David Hilbert,
2 vols. (Leipzig and Berlin: B. G. Teubner, 1911), 2: 447~461 중 450. 힐베르트는
Hermann Weyl, "Obituary: David Hilbert 1862~1943." *Obituary Notices of Fellows
of the Royal Society* 4 (1944): 547~553에서 인용, 재인쇄는 Weyl, *Gesammelte*

아인슈타인은 수학자가 아니었고 민코프스키, 힐베르트, 바일과 달리 중심 문제나 수학의 통합적 경향에 대한 느낌도 없었다. 그의 "자서전적 언급"에서 아인슈타인은 수학을 경력으로 선택하는 것이 젊었을 때 그에게 어떻게 보였는지 회고했다. 그는 수학을 택하지 않기로 했다. 그 이유는 그 안에서 스스로의 전망에 자신이 없었기 때문이었다. 그는 단순한 박식함에 대립되는 것으로서 무엇이 중요한지에 대한 직관적 느낌이 결핍되어 있었다. 그는 수학의 어느 전공으로 들어가야 할지 결정할 수 없는 자신이 뷔리당의 당나귀처럼 느껴졌고 각 전공이 자신의 평생을 소모할 수 있다는 것만이 확실하다고 생각했다.[163]

아인슈타인은 대신에 이론 물리학의 전공, 그의 물리적 관심과 수학적 관심을 잇는 직업, 그가 이성적으로 확신하는 중요한 의미를 가진 문제들을 다루는 분야로 끌렸다. 그는 수학처럼 물리학이 내적으로 분할되어 있다고 인식했지만, 곧 그가 수학에서 얻지 못했던 것, 즉 무엇이 중요한지에 대한 직관적인 이해를 물리학에서는 얻게 되었다. 그는 이론 물리학의 통합적 목표에 강하게 호응했다. 1901년에 《물리학 연보》에 그의 첫 논문을 게재하려고 보낸 후에 그는 자신의 이전 취리히 공과 대학의 급우인 그로스만에게 편지를 썼다. "직접적이고 가시적인 진실과는 상당히 동떨어진 것들로 보이는 복잡한 현상들의 통일성을 인식하는 것은 놀라운 느낌이다." 수학에서처럼 물리학의 한 전공에서 평생을 보내는 것은 가능했지만, 아인슈타인과 같은 종류의 물리학자가 둘 또는 그 이상의 전공을 정돈하기 위한 일반적 원리를 찾는 데 평생을 보내는 것도

Abhandlungen, ed. K. Chandrasekharan (Berlin: Springer, 1968), 4: 121~129 중 123. Weyl, "A Half-Century of Mathematics," *Amer. Math. Monthly* 58 (1951): 523~553. 재인쇄는 Weyl, *Gesammelte Abhandlungen*, 464~494 중 464~465.
[163] Einstein, "Autobiographical Notes," 15.

가능했다.[164]

물리학에 통일성을 부여하는 임무는 물리학의 다양한 기초 이론을 이끌어낼 수학 논리를 분석하는 것을 포함했다. 이론 물리학의 기초와 방법에 대한 1890년대의 논쟁은 수학과 물리 개념 사이의 긴밀한 관계에 대한 많은 논의를 포함했다. 예를 들면, 아인슈타인이 학생일 때 읽은 적이 있었던, 1895년의 기체 이론 강의에서 볼츠만은, 미분 방정식을 써서 물체의 내부 운동을 수학적으로 기술하는 것은 가장 작은 입자의 운동으로 표현되는 열 개념을 낳는다고 주장했다. 2년 후, 역학 강의에서 볼츠만은 단순한 미분 방정식의 "그림을 쓰지 않는" 특성에 대한 현상론자의 요구에 반박하며 물리적 원자와 수학적 원자 개념을 관련짓는 데로 나아갔다. 그는 유한한 시간 요소와 관련하여 물리학의 미분 방정식은 자체가 엄밀하게 미분할 수 없는 요소들로부터 구성되는 평균값만을 나타낼 수 있다고 주장했다.[165] 또 하나의 예를 들면, 수학적 현상학의 주장을 반대하는 데 볼츠만과 연합한 플랑크는 1899년에 독일 수학회에서 한 발표에서, 맥스웰의 전자기 방정식을 뒷받침하는 주된 물리적 사고는 작용이 연속적이며, 이 생각에 적합한 수학은 원격 작용 이론에 적합한 수학과 근본적으로 다르다는 것이라고 말했다. 두 이론 사이의 "비판적" 대조는 연속 작용 이론에서 공간과 시간 좌표는 미분량differential으로 등장하는 반면 원격 작용 이론에서 공간 좌표는 유한한 간격으로 등장한다는 것이다.[166]

[164] Einstein, "Autobiographical Notes," 15. 아인슈타인이 그로스만에게 보낸 편지, 1901년 4월 14일 자, Seelig, *Einstein*, 영역본, p. 53.

[165] Boltzmann, *Gas Theory*, 27; *Prinzipe der Mechanik*, 1: 3~4, 26~27.

[166] Max Planck, "Die Maxwell'sche Theorie der Elektrizität von der mathematischen Seite betrachter," *Jahresber. d. Deutsch. Mach-Vereingung* 7 (1899): 77~89, *Phys. Abh.* 1: 601~613 중 603에 재인쇄.

이론 물리학에서 그의 연구가 시작될 때부터 아인슈타인은 볼츠만이나 플랑크처럼 수학적 도구들에 깊은 관심을 기울였다. 예를 들면, 1905년의 그의 광양자(빛양자) 논문은 빛의 본성뿐 아니라 물리적 개념이 그것의 수학적 표현과 맺는 관계, 그리고 그 관계가 물리학의 통일에 대해 갖는 함축을 다루었다. 그것은 아인슈타인의 논문의 도입부에서 분명하게 나타났다. 그는 물질의 원자론의 개념들과 맥스웰의 빛의 전자기 이론의 개념들 사이에 "심오한 형식상의 구분"이 존재한다고 썼다. 강조점은 "형식"에 있었는데, 이어서 그는 물리학자들이 이 두 물리학의 분야를 제시하는 형식론상의 차이를 기술했다. 그는 원자론에서 물체의 에너지는 개별 유한수의 개별 원자와 전자의 에너지가 띄엄띄엄 떨어져 있는 것의 "총합"으로 주어진다고 지적했다. 맥스웰 이론의 연속 함수는 단지 관찰값의 시간 평균만을 지칭함을 주목한 후, 그는 빛의 방출과 변환을 기술하면서 "연속적인 공간 함수를 사용하는 빛 이론"은 경험과 모순을 일으킬 수 있다고 생각했다.[167] 그는 물리학자들이 빛을 공간적으로 극소화된 유한한 수의 에너지 양자처럼 행동하는 것으로 간주한다면 그러한 현상들을 더 잘 이해할 수 있을 것으로 생각했다. 이런 식으로 그는 물질과 빛의 개념이 그때까지 물리학자들이 믿었던 것처럼 형식적으로 다른 것이 아니라고 밝혀질지 모른다는 가정을, 그의 "매우 혁명적인"[168] 광양자(빛양자) 가설에 곁들였다. 나중에 다른 글들에서 아인슈타인은 원자 이론과 장(마당) 이론의 구분을 각자에서 사용되는 수학의 차이로 묘사했다. 전자에서는 전미분, 또는 상미분 방정식이 사용되고 후자에서는 편

---

[167] "Einstein's Proposal of the Photon Concept," 367~368.
[168] "매우 혁명적인"이라는 말은 그 당시 그의 광양자(빛양자) 가설에 대한 아인슈타인 자신의 판단이었다. 아인슈타인이 하비히트(Konrad Habicht)에게 보낸 편지, 날짜 미상[1905년], 인용은 Seelig, *Einstein*, 89.

미분 방정식이 사용된다.[169] 그는 두 이론에서 사용된 서로 다른 형식론에 주목하면서 1905년 때처럼 마음으로 비슷한 종류의 구분을 했다.

1905년의 물리 이론 문제를 고려할 때 아인슈타인은 통상적인 대수학, 미분 방정식, 확률 미적분학을 사용하여 물리학의 토대에 대한 심오한 분석을 수행할 수 있었고, 가장 평범한 수학적 도구를 가지고 특수 상대성 이론의 운동학, 그리고 다른 무리의 개념적으로 새로운 물리 지식을 구성했다. 당시 조머펠트, 포크트, 아브라함 등의 전자 이론에 관한, 양이 많고 수학적으로 정교한 논문들과 아인슈타인의 간략하고 수학적으로 복잡하지 않은 논문들은 극명한 대조를 이룬다. 표준적인 전자 이론 문제들은 사례들이 복잡한 계산을 포함했다. 표면이나 체적 전자 전하 분포, 강체 또는 가변 전자 구조, 완가속 또는 급가속 전자, 광속 초과 또는 미달 전자 속도 등이 예이다. 아인슈타인은 이런 문제들이나 다른 많은 물리학자가 몰두하는 관련된 수학적 고찰에 별로 관심이 없었다. 그는 물리학의 기초에 대한 이원론에 관심이 있었다. 가령, 전자 이론은 보통 띄엄띄엄 떨어진 입자와 연속적인 장(마당)이라는 양대 개념, 그리고 각각에 해당하는 전미분과 편미분 방정식의 형식론에 기초해 있었다. 아인슈타인은 광양자(빛양자)에 대한 그의 논문에서 수학적으로 초보적인 분석으로 개념적 수학적 이원론이 해결되려면 맥스웰의 방정식이 개정되어야 한다고 주장했다.[170]

---

[169] Albert Einstein, "Maxwell's Influence on the Evolution of the Idea of Physical Reality" (1931), in *Ideas and Opinions*, 259~263 중 261.

[170] McCormmach, "Einstein, Lorentz, and the Electron Theory," 일반적인 관점은 고전 물리학과 현대 물리학 모두에서 이론 연구자들은 가끔 기본적인 수학을 사용하여 주요한 결과에 도달했다는 것이다. 가령, J. H. Van Vleck, "Nicht-mathematische theoretische Physik," *Phys. Bl.* 24 (1968): 97~102 중 98를 보라.

장(마당)의 연속적 측면과 띄엄띄엄 떨어진 측면을 모두 포괄하는 통일된 이론을 구축하려는 이후의 노력에서 아인슈타인은 같은 기초 문제를 풀려고 노력하는 당대 많은 이론가의 지향과 다른 방향을 따랐다. 아인슈타인은 띄엄띄엄 떨어진 전자와 광양자(빛양자)를 나타내는 점 해point solution를 내놓는 장(마당) 방정식을 추구하게 되었다. 이 문제는 그 자체가 수학적으로 난해했다.

아인슈타인은 1910년경에 취리히 대학의 그의 학생들에게 "사실상 수학으로 우리는 무엇이든 입증할 수 있다"며, 중요한 것은 내용이라고 말했다. 이 시기에 그는 끝과 끝을 이어 놓은 몇 개의 성냥 전체 길이는 개별 성냥 길이의 합이라는 충분히 이성적인 믿음을 가진 스위스 친구와 의견을 달리했다. 아인슈타인은 그 이유를 이렇게 말했다. "Car moi, je ne crois pas à la mathématique."[171] 1911년에 제1차 솔베이 회의에서 아인슈타인을 만난 후 린데만은 아인슈타인이 "수학을 아주 조금밖에 모른다고 말한다"고 보고했지만, 아인슈타인은 "그것으로 대단한 성공을 한 것 같다"고 덧붙였다.[172] 아인슈타인은 1911년에 라우에가 쓴 상대성 이론에 대한 첫 수학적 교재와 연관하여 이전과 같은 자기 비하적 평가를 했다. 반은 농담으로 그가 그것을 "거의 이해할 수 없었다"고 불평했다.[173] 1911년이 되면 그는 일반 상대성 이론에 대한 그의 일련의 연구를

---

[171] Seelig, *Einstein*, 122, 127에서 인용. [역주] 프랑스어로 "나는 수학을 믿지 않습니다."라는 뜻이다.

[172] F. W. F. Smith, *Earl of Birkenhead, The Professor and the Prime Minister: The Official Life of Professor F. A. Lindemann, Viscount Cherwell* (Boston: Houghton, Mifflin, 1962), 43에서 인용.

[173] Frank, *Einstein*, 206에서 인용. 아인슈타인의 말은 반은 농담이었다. 라우에가 말했듯이 그의 발표는 "이론 물리학자들의 통상적인 수학적 도구"인 미적분학과

알베르트 아인슈타인. 예루살렘 헤브루 대학 제공.

이미 시작했다. 그 과정에서 그는 이전에 직면하지 못한 수학적 문제를 인식하게 되었고 동시에 그의 수학적 한계도 알게 되었다. 1912년에 그는 조머펠트에게 "나의 친구인 이 지역 수학자[그로스만]의 도움을 받아 이제 모든 어려운 문제를 통달할 수 있다고 믿습니다. 그러나 내 평생 나는 그렇게 열심히 노력한 적이 없었고 지금까지 나의 단순성 때문에 미묘한 부분들을 사치일 뿐이라고 생각했었던 수학에 큰 존경심을 품게 되었다고 확실히 말할 수 있습니다. 이 문제와 비교하면 상대성의 원래 이론은 어린 아이의 장난입니다."라고 편지에 적었다.[174]

벡터 해석에 의존했다. Max Laue, *Das Relativitätsprinzip* (Braunschweig: F. Vieweg, 1911), vi.

[174] 아인슈타인이 조머펠트에게 보낸 편지, 1912년 10월 29일 자, *Einstein/Sommerfeld Briefwechsel*, 26~27 중 26.

이때부터 아인슈타인은 수학의 더 미묘한 부분과 물리학의 연관성을 의심하지 않았다. 그의 서신은 때때로 이제는 물리적 논증의 중심에 있는 수학적 문제를 다루었다. 가령, 1913년 로렌츠에게 편지를 쓰면서 아인슈타인은 수학자들이 그의 필요에 충분하도록 군 이론group theory을 개발하지는 않았다고 언급했다.[175] 그가 그로스만 같은 그의 가장 가까운 공동 연구자들을 선택한 것은 부분적으로는 그들의 수학적 역량 때문이었다.

"이 이론의 매력은 그것을 진정으로 이해한 사람이라면 누구나 부인할 수 없다. 그것은 가우스, 리만[176], 크리스토펠[177], 리치[178], 레비-시비

---

[175] 아인슈타인이 로렌츠에게 보낸 편지, 1913년 8월 14일 자, Lorentz Papers, AR.

[176] [역주] 리만(Georg Friedrich Bernhard Riemann, 1826~1866)은 독일의 수학자로 수리 해석학, 미분기하학에 혁신적인 업적을 남겼으며, 리만 기하학은 일반 상대성 이론의 기술에 사용되고 있다. 그의 이름은 리만 적분, 코시-리만 방정식, 리만 제타 함수, 리만 다양체 등의 수학 용어에 남아 있다. 1846년 19세 때 목사가 되기 위해 철학과 신학을 공부하기 시작했다. 1847년 아버지에게서 신학 공부를 그만두고 수학을 공부해도 좋다는 허락을 받고, 야코비(Jacobi), 디리클레(Dirichlet), 슈타이너(Steiner) 등이 가르치는 베를린으로 가서 2년간 머물렀다가 1849년 괴팅겐으로 돌아왔다. 1854년 역사적인 첫 강의를 열었는데 그것이 바로 리만 기하학과 일반 상대성 이론의 기초가 되는 것이었다. 1857년 괴팅겐 대학의 부교수가 되는 데에는 실패했지만, 정식으로 봉급을 받으며 일할 수 있게 되었다. 1859년 디리클레의 사후에 같은 대학의 수학부를 이끄는 책임자가 되었다. 최초로 고차원 이론(theory of higher dimensions)을 제안하여, 물리학의 법칙들을 혁신적으로 단순화했다. 1853년 가우스의 지도로 기하학의 기초에 관한 학위 논문을 썼고 그 내용을 1854년 괴팅겐 대학에서 강의하여 큰 호응을 받았다. 리만의 발견은 물체 표면의 미분 기하학을 n차원으로 확장하는 방법에 관한 것이다. 가우스는 이를 그의 "위대한 정리"에서 증명했다. 기존의 전통적인 유클리드 기하학은 '공간은 평면'이라는 기본 가정에서 출발하지만, 리만이 발견한 새로운 기하학은 이를 근본적으로 탈피함으로써 측지학(測地學)을 발전시키고 일반 상대성 이론의 기초가 되었다.

[177] [역주] 크리스토펠(Elwin Bruno Christoffel, 1829~1900)은 독일의 수학자이자 물리학자로 퍼텐셜 이론, 불변 이론, 텐서 분석, 수리 물리학, 측지학, 충격파 등을 연구했다. 베를린 대학에서 디리클레 등에게 교육을 받고 1856년에 균질한 물체

타[179]가 제시한 일반 미분 방법의 진정한 승리를 의미한다."[180] 이 말로 아인슈타인은 1915년의 일반 상대성 이론이 나올 길을 열어준 수학자들에게 자신이 진 빚을 표현했다. 아인슈타인은 프로인틀리히가 일찍이 쓴 아인슈타인의 새 이론에 대한 책은 "그의 때가 오기 훨씬 전의 수학자인 리만이 깊은 생각"을 펼쳐놓았기에 추천할 만하다고 말했다.[181] 장(마당) 이론에 대한 아인슈타인의 후속 연구는 새롭고 힘든 수학 문제를

안에서 전기의 운동에 대한 논문으로 박사학위를 받았다. 1859년에 같은 대학에서 사강사가 되었고 1862년에는 취리히 공업학교에 데데킨트의 뒤를 이어 교수가 되었다. 1872년에 스트라스부르 대학에서 정교수가 되어 1894년에 사망할 때까지 머물렀다.

[178] [역주] 리치 쿠르바스트로(Gregorio Ricci-Curbastro, 1853~1925)는 이탈리아의 수학자로서 텐서 계산법의 발명자로 유명하다. 동역학에서 텐서 계산법은 동역학계의 일반적 취급법을 만든 라그랑주, 임의의 차원의 기하학을 생각해낸 리만, 특히 크리스토펠의 공변 미분 사고 등에서 영향을 받았다. 제자인 레비-시비타와 함께 텐서 계산법에 관한 저술을 남겼다. 그밖에 고등 대수학, 무한소 분석 등의 분야에도 관심이 있었다. 1869년에 로마 대학의 철학-수학 과정에 등록했고 볼로냐, 피사 대학에서 수학했다. 1875년에 파두아 대학에서 미분 방정식에 대한 논문으로 졸업했다. 1877년에 뮌헨 공업학교에서 장학금을 받고 1880년에는 파도바 대학에서 수학 강사가 되었으며 이때 리만 기하학을 다루었다. 절대 미분에 대한 책을 쓰고 그것은 이후 아인슈타인의 상대성 이론의 토대가 되었다.

[179] [역주] 레비-시비타(Tullio Levi-Civita, 1873~1941)는 이탈리아의 수학자로 텐서 계산법의 창시에 공헌했다. 1892년에 파도바 대학 수학부를 졸업했고 1898년에 파도바 대학 이성 역학 교수가 되었으며 1918년에 로마 대학의 고등 수리 해석학 교수가 되었다. 1900년에 리치 쿠르바스트로와 함께 텐서 이론을 발표했고 그것이 아인슈타인의 일반 상대성 이론 수립의 토대가 되었다. 아인슈타인과 서신을 교환하며 자신의 정적 중력장 이론을 발전시켰다. 1933년에는 폴 디랙의 양자역학 방정식에 기여했다. 그가 리치와 함께 쓴 텐서 계산법에 관한 책은 이후 100년 이상 표준적인 교재로 사용되었다. 1938년에 이탈리아 파시즘 정부는 그의 학문적 직위를 모두 빼앗았고 그는 과학계에서 격리되었다가 1941년에 사망했다.

[180] Einstein, "Zur allgemeinen Relativitätstheorie," *Sitzungsber. preuss. Akad.*, 1915, 778~786 중 779.

[181] Einstein, "Preface," to Freundlich, *The Foundations of Einstein's Theory of Gravitation*, trans. H. L. Brose (London: Methuen, 1924).

계속해서 제시했고 때때로 큰 보상으로 이어졌으며 1933년 옥스퍼드의 허버트 스펜서Herbert Spencer 강의에서 아인슈타인은 이론 물리학에서 "창조적 원리는 수학에 있다"고 주장할 정도까지 갔다.[182]

"자전적 언급"에서 아인슈타인은 수학과 이론 물리학의 관계에 대한 그의 이해를 명쾌하게 하려고 노력했다. 그는 광양자(빛양자)와 전자를 설명하는, 물리적으로 단일화된 장(마당) 방정식을 시행착오의 과정을 거쳐 발견하려 했던 초기 시도를 포기했음을 말했다. 방정식이 떠올랐다 하더라도 그는 그 문제에 깊이 들어가지 못했을 것임을 깨달았다. 그 방정식은 줄곧 임의적이었을 것이고 기껏해야 행복한 추정이었을 것이다. 그는 물리학의 발전이 물리학 전체에 적용할 수 있는 원리들을 발견하는 것에 달렸다고 인식했다. 그 원리들은 물리적으로 허용할 수 있는 방정식에 대한 진술의 형태를 띠었기에, 물리학의 발전은 물리학의 수학적 기초에서 임기응변적 또는 경험적 요소를 줄여 물리학의 진보가 이루어지도록 하는 것으로 볼 수 있었다. 아인슈타인은 전체 물리 세계를 기술하기 위해 "가장 간단한" 방정식을 찾는 것을 도울 안내자로 그의 특수 및 일반 상대성 원리를 사용했다. 가장 간단한 방정식들조차 아주 복잡해서, 그 방정식을 완전히 또는 (적어도) 거의 완전히 결정하는, 논리적으로 단순한 수학적 조건을 알아내야만 그 방정식들을 발견할 수 있다는 것을 알게 되었다.[183] 물리 이론을 구축하는 이 방법은 수학적으로 몹시 어려워서 그는 계속 자신이 그 일에 부적절하다고 느꼈다. 그는 자신의 수학적 노력을 "정상에 도달할 수 없는데 산을 오르려고 애쓰는 사람"에 비유했다. 임종에 이르러 아인슈타인은 "만약 내가 수학을 더 많이 알았

---

[182] Albert Einstein, "On the Method of Theoretical Physics," Herbert Spencer Lecture, 1933년 6월 10일 자, *Ideas and Opinions*, 263~270 중 267~268.

[183] Einstein, "Autobiographical Notes," 37, 53, 69, 89.

다면 좋았을 텐데!"[184]라고 한탄했다고 한다.

아인슈타인은 비록 수학이 물리학의 필요를 충족하지 못한다 해도 물리학이 많은 수학을 요구한다는 것을 이해한 점에서 매우 전형적인 물리학자였다. 1900년에 플랑크가 유체 동역학에 대한 빈의 책 한 부를 받았을 때 그는 수리 해석학이 가장 단순한 물리적 현상 중 일부를 다루는데 무력하다고 언급하고, 빈의 책이 수학자들에게 널리 읽히기를 원했다. 1905년 독일 협회 모임에서 한 연설에서 빈은 전자 이론 문제를 풀려면 물리학자들은 수리 해석학이 내놓을 수 있는 모든 것이 필요하다고 말했다. 1906년에 빈은 힐베르트에게 자신이 당시 뷔르츠부르크의 수학자 동료들에게 거의 도움을 받지 못한다고 불평을 토로하면서 뷔르츠부르크 대학 수학 부교수 후보자들에 대해 자문해 달라고 요청했다. 빈은 이듬해 독일 수학회에서 물리학에서 쓰는 편미분 방정식에 대해 발표하면서 오늘날 이론 물리학자들은 수학자의 "포괄적 협력"이 필요하다고 언급했다.[185]

수학 측에서는 수학이 더 많이 응용되는 것에 대한 기대가 있었다. 브레슬라우의 수학자 로자네스[186] - 그에게서 보른은 나중에 새로운 행

---

[184] Peter Michelmore, *Einstein, Profile of the Man* (New York: Dodd, Mead, 1962), 198, 261.

[185] 플랑크가 빈에게 보낸 편지, 1900년 5월 24일 자, Wien Papers, SPTK, 1973.110. Wien, *Über Elektronen*, 5; "Über die partiellen Differential-Gleichungen der Physik," *Jahresber. d. Deutsch. Math.-Vereinigung* 15 (1906): 42~51 중 42. 빈이 힐베르트에게 보낸 편지, 1906년 12월 3일 자; 또한 빈이 힐베르트에게 보낸 편지, 1909년 5월 2일 자, 물리학에서 적분 방정식을 어떻게 전개할지 힐베르트의 충고를 요청함; Hibert Papers, Göttingen UB, Ms. Dept.

[186] [역주] 로자네스(Jakob Rosanes, 1842~1922)는 독일의 수학자로 대수 기하학과 불변 이론에서 기여했다. 베를린 대학과 브레슬라우 대학에서 수학하고 1865년에 브레슬라우 대학에서 박사학위를 받았고 거기에서 경력 끝까지 가르쳤다. 1876년에 교수가 되었고 1903년부터 1904년까지는 총장을 지냈다. 그는 유명한 체스

렬역학을 구성하는 데 사용하게 될 수학 분야인 행렬 계산법을 배웠다.-는 1903년에 지난 수십 년간 수학과 물리학의 결별은 지나갔고 이제 "더 가까운 연합의 시대"가 열렸다고 평가했다.[187] 더 가까운 연합에 대한 전망에 민코프스키가 반응하여 1905년에 수학에서 가장 추상적인 분야인 정수론조차 "물리학과 화학에서 승리"를 곧 거둘 것으로 예측했다.[188] 오래 전에 베를린의 수학자 바이어슈트라스[189]와 크로네커[190]는 현재의 추상 수학의 시대는 응용의 시대로 대체될 것이며 이론 물리학, 천문학, 기술 문제들이 이미 수학을 새롭게 응용할 수 있도록 무르익었

마스터이기도 했다.

[187] Jakob Rosanes, "Charakteristische Züge in der Entwicklung der Mathematik des 19. Jahrhunderts," *Jahresber. d. Deutsch. Math.-Vereinigung* 13 (1904): 17~30 중 23.

[188] Minkowski, "Dirichlet," 451~452.

[189] [역주] 바이어슈트라스(Karl Theodor Wilhelm Weierstrass, 1815~1897)는 독일의 수학자로 현대 수리 해석학의 아버지로 불린다. 정부 관료가 되기 위해 본 대학에 들어가 법학, 경제학, 재정학을 공부하다가 수학을 공부하고자 독학을 했고 학위 없이 대학을 떠났다. 뮌스터 대학에 가서 수학을 공부하기 시작했고 개인 교사를 하면서 타원 함수에 관심을 두었다. 베를린 산업학교(나중에 베를린 공과 대학이 됨)에서 교수가 되었다. 미적분학의 건전성에 관심을 두고 모호한 기초를 종식하고 엄밀하게 중요한 정리들을 증명했다. 연속과 극한의 개념을 정확히 했다. 변분 미적분에서도 중요한 기여를 했다.

[190] [역주] 크로네커(Leopold Kronecker, 1823~1891)는 독일의 수학자로 정수론과 대수학에 종사했다. 그는 칸토어의 집합 이론을 비판했고 "신은 정수를 만들었고 그밖에 모든 것은 인간이 만든 것이다"라고 말했다. 유대인 가정에서 태어나 개인 교습을 받았고 김나지움에 다니면서 수학에 흥미를 갖게 되었다. 1841년에 베를린 대학에 들어가 수학뿐 아니라 천문학과 철학에 관심을 두고 공부했다. 디리클레에게 수학을 배우고 1845년에 대수 이론에 관한 학위 논문을 디리클레의 지도로 썼다. 갈루아의 방정식 이론을 확장하여 방정식의 대수적 풀이에 관한 논문을 1853년에 발표했다. 디리클레의 소개로 베를린 엘리트 사회에 알려졌고 바이어슈트라스와 친구가 되었다. 공식적 대학 직위가 없었지만, 베를린 대학에서 강의를 했고 리만이 사망하자 괴팅겐 대학 수학 교수 자리를 제안받았으나 거절하고 1883년에야 베를린 대학에서 교수가 되었다.

다는 예측을 한 적이 있었다. 1916년에 로라이[191]는 그 예측을 떠올렸다. 로라이는 이론 물리학에서 그들의 예측은 실현이 임박했다고 믿었다. 1914년에 클라인은 "현대 물리학의 폭풍 같고 심지어 혁명적인 발전 속에서 수학자의 도움을 요청하며 우리가 연구하는 에너지의 큰 부분을 집어삼키겠다고 위협하는 현대 물리학의 고민스러운 외침"에 대해 말했다.[192]

스트라스부르의 수학자 베버[193]는 클라인과 또 한 명의 동료와 함께 방대하고 여러 권으로 된 시리즈인 『수리 과학 백과사전』*Encyklopädie der mathematischen Wissenschaften*이 될 아이디어를 가지고 나왔다. 이 백과사전은 역학과 물리학의 수학을 포함하여 순수수학과 응용수학을 모두 아울렀다.[194] 1900년과 1901년 사이에 베버는 정신에서는 『백과사전』과 연관된 또 하나의 연구를 내놓았는데, 물리학의 편미분 방정식에 대한 리만의 강의의 신판이었다. 베버에 따르면, 물리학은 맥스웰의 전자기 이론의 결과로 "광범한 변환"을 경험했고 물리학의 내용에 더해 물리학에서 사

---

[191] [역주] 로라이(Nachlass Wilhelm Lorey, 1873~1955)는 독일의 수학자로 프랑크푸르트 대학에서 수리 통계학 교수로 있었고 라이프치히 상업 개방 연구소(Offentlichen Handelslehranstalt)의 소장을 지냈다.

[192] Wilhelm Lorey, *Das Studium der Mathematik an den deutschen Universitäten seit Anfang des 19. Jahrhunderts* (Leipzig and Berlin: B. G. Teubner, 1916), 263. 클라인의 인용은 307.

[193] [역주] 베버(Heinrich Martin Weber, 1842~1913)는 독일 수학자로 대수학, 정수론, 수리 해석학에서 기여했다. 1895년에 대수학에 관한 저술로 유명해졌다. 1860년에 하이델베르크 대학에 들어갔고 1866년에 사강사가 되었다. 1869년에 같은 학교의 부교수가 되었고 취리히 연방 공과 대학과 쾨니히스베르크 대학, 샤를로텐부르크 공과 대학에서도 가르쳤으며 마지막 경력은 스트라스부르 대학에서 보냈다.

[194] 그 프로젝트의 기원은 Walther von Dyck, "Einleitender Bericht über das mathematischen Wissenschaften," *Encyklopädie der mathematischen Wissenschaften Mit Einschluss ihrer Anwendungen*, vol. 1, pt. 1, *Reine Mathematik*, ed. H. Burkhardt and F. Meyer (Leipzig, 1898), v~xx 중 vi~vii에 기술되어 있다.

용하는 수학적 방법 역시 크게 변화했기에 교재를 완전히 개작하고 분량을 2배로 늘릴 필요가 있었다. 베버는 제목의 "리만"을 유지했는데 단지 그 교재가 리만의 "목적과 지적 정신"을 그대로 유지했기 때문이었다. 베버는 리만 강의 개정판을 다섯 번에 걸쳐 내놓았다. 1910~1912년의 베버의 최종판에 대해 말할 수 있는 것은 그 이전 판들에 대해서도 똑같이 말할 수 있었다. 즉, 그것은 "이론 물리학"을 하는 데 꼭 필요했다.[195]

편미분 방정식을 푸는 것을 도와줄 새로운 방법에 추가로 새로운 수학적 주제들이 베버가 펴낸 리만 강의 개정판에 들어왔다. 그중 두드러진 것이 벡터 해석학이었다. 그것을 베버는 물리 "장"(마당)의 개념과 관련지어 도입했다. 방향을 가진 양, 즉 벡터를 공간의 각 점과 연결했고, 벡터 해석의 수학적 주제는 벡터의 공간 분포와 시간에 따른 벡터의 변화를 연구하는 것을 가능하게 해주었다. 물리학자들은 점차 벡터 해석을 단지 형식적 도구가 아니라 연구의 도구로 보았다. 가령, 1899년에 아브라함은 벡터 해석이 관습적인 스칼라 분석을 사용해서 유도하기 어려운 새로운 법칙을 내놓을 수 있다고 말했다.[196]

수학의 분야로서 벡터 해석학의 공고화 시기였던 1890년대와 1900년대에 벡터를 도입하고 사용하는 책 대부분은 물리학자들이 집필했다.[197]

---

[195] 하인리히 베버의 리만 강의 2권짜리 개정판의 온전한 제목은 *Die partiellen Differential-Gleichungen der mathematischen Physik. Nach Riemann's Vorlesungen* 이다. "Vorrede," 1: v~ix는 개정의 필요성을 설명한다. Aurel Voss, "Heinrich Weber," *Jahresber. d. Deutsch. Math.-Vereinigung* 23 (1914): 431~444 중 435~442.

[196] Heinrich Weber, "Vectoren," in Die partiellen Differential-Gleichungen 1: 207~226. 아브라함이 조머펠트에게 보낸 편지, 1899년 1월 7일 자, Sommerfeld Correspondence, Ms. Coll., DM.

[197] Michael J. Crowe, *A History of Vector Analysis: The Evolution of the Ideas of a Vectorial System* (Notre Dame: University of Notre Dame Press, 1967), 242.

그 주제에 대한 사고의 다양한 "학파"가 있었던 반면에, 대부분의 목적을 위해 물리학자들은 수학자 그라스만Hermann Grassmann과 해밀턴[198]에 의해 도입된 초기 형태보다는 그들의 동료 물리학자인 헤비사이드[199]와 깁스[200]가 도입한 벡터의 형태를 사용했다.[201] 물리학자들은 역학에 대한

---

[198] [역주] 해밀턴(William Rowan Hamilton, 1805~1865)은 아일랜드 태생의 영국 수학자로 아일랜드의 더블린에서 태어나 그곳에서 평생을 보낸, 아일랜드가 낳은 가장 위대한 수학자였다. 그는 복소수 이론을 견고한 수학적 기반 위에 확립했으며 곱셈에 관한 교환 법칙이 성립하지 않는 '4원수 대수학'을 창안해 대수학 발전에 큰 영향을 끼쳤다. 어려서 언어 신동으로 알려졌으며 수학에도 뛰어났다. 어려서부터 에우클레이데스, 뉴턴, 라플라스의 원서로 공부했다. 1823년에 더블린에 있는 트리니티 대학에 수석으로 입학했고 1827년에는 아일랜드 왕립 학술원에서 광학에 관한 논문을 발표해 명성을 얻었으며 트리니티 대학의 천문학 교수로 임명받았다. 이 교수직에는 아일랜드 왕립 천문대장과 던싱크 관측소장이라는 직위가 자동으로 부여됐다. 복소수를 실수의 순서쌍으로 나타내고 연산을 적절하게 정의함으로써 2차원 평면에 대응하는 복소수 이론을 확고한 수학적 기반 위에 올려놓았다. 이런 연구에 고무된 해밀턴은 3차원에 대응하는 수 체계를 생각하다가 실패하고, 4차원에 대응하는 '4원수'를 발견했다. 이렇게 4원수는 비록 실패했지만, 현대 대수학의 발달 과정에서 결정적인 역할을 한 것으로 평가받는다.

[199] [역주] 헤비사이드(Oliver Heaviside, 1850~1925)는 영국의 물리학자로 상층 대기에서 전파를 반사하는 전기전도성을 가진 층인 전리층의 존재를 예측했다. 1870년 전신기사가 되었으나 점점 청력이 약해지자 1874년 퇴직했다. 그 뒤 전기 연구에 몰두했다. 연산자법이라 부르는 흔히 쓰지 않는 계산법을 이용하여 회로망에서의 과도전류를 연구했는데, 연산자법은 지금은 라플라스 변환으로 더 잘 알려졌다. 전화 이론에 대한 그의 연구는 장거리 통신을 가능하게 했다. 무선전신이 장거리에도 유효하다는 것이 증명되자 헤비사이드는, 대기에 전도층이 존재하며, 전파가 직선으로 움직여 우주 밖으로 뻗어 나가는 대신 그 대기 전도층, 즉 지구의 곡선을 따라 전달되게 한다고 이론화했다. 그는 미국에서 활동하고 있던 A. E. 케널리가 비슷한 예측을 한 직후인 1902년 이같이 예측했다. 따라서 전리층은 수년간 케널리-헤비사이드 층으로 알려졌다.

[200] [역주] 깁스(Josiah Willard Gibbs, 1839~1903)는 미국의 이론 물리학자이자 화학자로 미국이 배출한 가장 위대한 과학자로 평가받는다. 열역학 이론을 도입하여 물리 화학의 넓은 영역을 경험적 과학에서 연역적 과학으로 변화시켰다. 1854년 예일 대학에 들어간 후에는 많은 상을 받았다. 졸업 후에는 공학 연구에 몰두하여 기어설계에 대한 논문을 냈다. 이 논문은 그가 사용한 기하학적 분석 방법과 논리의 정확성으로 유명하다. 1863년 미국에서 제일 먼저 공학 박사학위를 받았으며,

그들의 교재에서 벡터가 유용하다는 것을 발견했지만[202], 역학보다는 전자기학에 대한 교재와 연구에서 훨씬 더 유용하다는 것을 알게 되었다.[203] 우선적으로 그것은 벡터를 포함하도록 물리학의 표준 수학의 확장을 촉발시킨 맥스웰 이론을 수용하면서 일어난, 자연에 대한 물리적 관점의 변화였다.[204]

벡터의 교육과 도입을 편리하게 하려고 물리학자들은 벡터 해석학을 "독립적인 전문 분야"로 제시하고 물리학에서 나온 예제를 곁들인 책을

같은 해 예일 대학 강사로 임명되었다. 그는 주요 저서를 펴내기도 전인 1871년 예일 대학 수리 물리학 교수로 임명되었다. 그는 동료들에게서 상당히 존경받았지만, 미국 과학계는 지나치게 실제적인 문제들에 집착하고 있어서 그가 살아 있는 동안에는 그의 심오한 이론적 업적을 많이 수용하지 못했다. 그는 물리적 과정에 열역학 법칙을 적용하여 통계역학을 발전시켰는데, 그 취급방법이 매우 보편적이어서 통계역학의 근원인 고전물리학뿐 아니라 양자역학에도 응용된다는 것이 후에 밝혀졌다.

[201] *Encyklopädie der mathematischen Wissenschaften*에서 벡터를 취급하는 항목 ("Geometrische Grundlbegriffe," vol. 4, in 1901)을 준비할 때, 아브라함은 그 주제에 대해 다양한 시기에 나온 다양한 "학파"를 통합하고 올바른 균형을 잡는 어려운 임무에 대해 말했다. 그는 물리학자들을 위해 너무 많은 "수학적 용어"를 쓰지 않고 수학자들을 위해 "현대의 물리학 문헌"을 너무 많이 쓰지 않고자 했다. 아브라함이 조머펠트에게 보낸 편지, 1901년 2월 23일 자, Sommerfeld Papers, Ms. Coll., DM. 물리학자들이 좋아하는 벡터의 형태에 대해 Ludwig Prandtl, "Über die physikalische Richtung in der Vektor analysis," *Jahresber. d. Deutsch. Math.-Vereinigung* 13 (1904): 436~449 중 436.

[202] 가령, 포크트의 1889년의 교재 *Elementare Mechanik;* Emil Budde, *Allgemeine Mechanik der Punkte und starren Systeme. Ein Lehrbuch für Hochschulen,* 2 vols. (Berlin, 1890~1891)를 들 수 있다.

[203] Crowe, *A History of Vector Analysis*, 225. Alfred M. Bork, " 'Vectors Versus Quanternions' – The Letters in Nature," *Am. J. Phys.* 34 (1966): 202~211 중 210.

[204] 맥스웰의 전기 동역학과 전자 이론의 체계적인 벡터 표현은 푀플(Föppl)의 1894년 교재를 아브라함이 개정한 것에 제시되어 있다. 새 제목이 *Theorie der Elektrizität: Einführung in die Maxwellsche Theorie der Elektrizität* (Leipzig: B. G. Teubner, 1904)이다. 이와 짝을 이룬 자신의 1905년의 책이 *Theorie der Elektrizität: Elektromagnetische Theorie der Strahlung*이다.

썼다.[205] 그들은 물리학의 다양한 분야와 이론 물리학 전반에 관한 교재에서도 벡터를 설명하고 사용했다.[206] 학생들은 벡터와 함께, 더 오래된 수학적 표현도 마주칠 것이므로 물리학자들은 그들의 교재에서 두 표시법으로 제시된 주요 방정식을 포함하기도 했다.[207]

이론 물리학자들과 수학자들이 더 새로운 수학적 양과 계산법들을 광범하게 적용할 가능성을 인식한 것은 대칭, 불변량, 물리 방정식의 변환 특성과 더불어 주로 벡터 해석학의 발전과 연관이 있었다. 4차원 벡터는 전자 이론과 상대성 이론에 적용되었다. 민코프스키는 그것들을 1908년에 기본 전기 동역학 방정식의 로렌츠 불변을 표시하면서 물리학에 적용했다. 그는 마찬가지로 케일리[208]의 행렬 계산법을 적용하여 행렬의 기

---

[205] 예를 들면 다음과 같다. Alfred Bucherer, *Elemente der Vektoranalysis mit Beispielen aus der theoretischen Physik*, 2nd ed. (Leipzig: B. G. Teubner, 1905); Richard Gans, *Einfürung in die Vektoranalysis mit Anwendungen auf die mathematische Physik* (Leipzig: B. G. Teubner, 1905); Waldemar von Ignatowski, *Die Vektoranalysis und ihre Anwendung in der theoretischen Physik*, 2 vols. (Leipzig and Berlin: B. G. Teubner, 1909~1910); Eugen Jahnke, *Vorlesungen über die Vektorenrechung. Mit Anwendungen auf Geometrie, Mechanik und mathematische Physik* (Leipzig: B. G. Teubner, 1905).

[206] 물리학의 분리된 분과들에 대한 저작의 저자들이 때때로 벡터 해석을 배타적으로 사용하기에, 크리스티안센(C. Christiansen)과 뮐러(J. C. Müller)는 모든 물리학에 대한 그들의 교재에서 벡터를 도입했다. *Elemente der theoretischen Physik*, 3d rev. ed. (Leipzig: J. A. Barth, 1910).

[207] 이것은 Clemens Schaefer, *Einführung der Continua (Elastizität und Hydrodynamik)* (Leipzig: Veit, 1914)이 지향한 바이다. 저자는 iv쪽에서 그것을 설명한다.

[208] [역주] 케일리(Arthur Cayley, 1821~1895)는 영국의 수학자로 영국의 순수수학을 가르칠 현대적인 학교를 세우는 데 앞장섰다. 러시아에서 영국으로 이주한 후 그의 아버지는 학교 당국의 권유로 1839년 5월 그를 트리니티 칼리지에 등록시켰고, 케임브리지 대학에서 그리스어·프랑스어·독일어·이탈리아어와 수학을 공부했다. 1842년 졸업한 이후 3년간 수학 연구를 수행했으나 수학 분야에서 직위를 얻지 못했으므로 법률 경력을 쌓기 위해 런던의 링컨 법학생 기숙사에 들어갔다. 1849년 변호사 자격을 얻어 개업한 후 14년 동안 수학에 대한 관심을 추구할 수

본적 특성을 상세하게 설명했고 행렬이 해밀턴의 4원수 계산법보다 그의 소용에 더 선호할 만하다고 말했다.[209] 조머펠트는 1910년에 민코프스키의 "절대 세계"와 공간과 시간의 특징적인 4차원 벡터에 적합한 새로운 대수적 및 해석적 방법만을 다루는, 길고 두 부분으로 된 논문을 출판했다.[210] 조머펠트의 논문에 크게 의지하면서 라우에는 1911년에 상대성 이론에 대한 그의 교재에서 한 장을 "세계 벡터와 세계 텐서"와 관련된 수학 개념들에 할애했다.[211] 미Mie는 1912년부터 물질의 전자기적 이론의 전개에서 행렬과 고차원 벡터의 정교한 도구를 이용했고 보른과 미의 이론을 연구한 다른 이들도 마찬가지였다.[212]

있을 만큼 돈을 벌었다. 케일리는 순수수학의 거의 모든 분야를 다루었다. 교차선으로 생기는 점들의 순서는 공간변형 하에서도 늘 일정하다는 개념은 대수 불변론의 응용으로 물리의 시간-공간 관계를 연구할 때 중요하다. 상대론에서 4차원 시공간의 개념을 뚜렷이 하고, 기하공간을 형성하는 요소를 점과 선에만 의존하던 것에서 탈피하는 데 중요한 역할을 했다. 케일리는 행렬의 대수도 발전시켰는데 이 방법은 1925년 독일의 물리학자 하이젠베르크가 그의 양자역학 연구에 응용했다. 케일리는 또한 유클리드 기하학과 비유클리드 기하학은 같은 종류의 기하에서 특수화된 경우라는 개념을 제시했다. 1881~1882년 볼티모어에 있는 존스 홉킨스 대학에서 순서를 바꾸어도 결과가 같은 경우인 아벨 함수를 강의했다.

[209] Hermann Minkowski, "Die Grundgleichungen für die elektromagnetischen Vorgänge in bewegten Körpern," *Gött. Nachr.*, 1908, 53~111 중 78~98. 민코프스키의 4차원 시공간 요소의 도입은 Holton, "The Metaphor of Space-Time Events in Science," 68에서 논의되어 있다.

[210] Arnold Sommerfeld, "Zur Relativitätstheorie. I. Vierdimensionale Vektoralgebra," and "···II. Vierdimensionale Vektoranalysis," *Ann.* 32 (1910): 749~776, 33 (1910): 649~689.

[211] Laue, *Das Relativitätsprinzip*, chap. 4, "Weltvektoren und –tensoren," 60~76. 2판에서 라우에는 일반 상대성 이론을 포함했다. 그는 물리학자들이 이 이론에서 거리를 두는 주된 이유가 비유클리드 기하학과 관련된 텐서 계산법에 그들이 충분히 친숙하지 않기 때문이라고 믿었다. 그는 자신의 책으로 그러한 결핍을 극복할 수 있으리라 여겼다. "Vorwort," *Die Relativitätstheorie*, vol. 2; *Die allgemeine Relativitätstheorie und Einsteins Lehre von der Schwerkraft* (Braunschweig: F. Vieweg, 1921), v~viii 중 vi.

포크트가 반복해서 물리학자들에게 채택하라고 촉구한[213] 텐서는, 에너지, 운동량, 응력, 심지어 질량을 구할 다중의 관련된 방정식들을 간략하게 표현하고 편리하게 다루는 데, 장(마당) 물리학에서 특히 유용함이 입증되었다. 가령, 아브라함은 전자기 기초 위에 물리학을 놓으려는 그의 노력에서 전자 질량의 텐서 성격을 강조했다.[214] 무엇보다도 아인슈타인은 일반 상대성 이론을 전개하는 데 텐서를 기본적으로 사용했다. 그로스만은 1913년의 그와 아인슈타인의 논문에서 수학적 부분을 민코프스키, 조머펠트, 라우에 등이 최근에 전개한 4차원을 구할 벡터 해석의 확장인 "일반 벡터 해석"에 할애했다.[215] 이 분석에는 아인슈타인의 일반 상대성 이론의 압축 텐서 구성이 도입되었다.[216]

---

[212] Gustav Mie, "Grundlagen einer Theorie der Materie," *Ann.* 37 (1912): 511~534, 39 (1912): 1~40, 40 (1913): 1~66. 재머(Max Jammer)는 *The Conceptual Development of Quantum Mechanics,* 206에서 미의 행렬의 사용에 대해 언급한다. Max Born, "Der Impuls-Energie-Satz in der Elektrodynamik von Gustav Mie," *Gött. Nachr.*, 1914, 23~36. 각주에서 보른은 행렬 곱셈에서 행을 열과 곱한다고 설명했다. 그것은 이 시기에 행렬의 성질들에 물리학자들이 친숙하지 않을 것을 예상하고 있음을 드러낸다(p. 33).

[213] Salomon Bochner, "The Significance of Some Basic Mathematical Conceptions for Physics," *Isis* 54 (1963): 179~205 중 193.

[214] Max Abraham, "Dynamik des Electrons," *Gött. Nachr.*, 1902, 20~41 중 28.

[215] Einstein and Grossmann, "Entwurf einer verallgemeinerten Relativitätstheorie und einer Theorie der Gravitation," 244.

[216] 20세기에 물리 수학의 압축성 증가는 아인슈타인의 출판물을 따라가면 추적할 수 있다. 가령, 1905년에 아인슈타인은 맥스웰의 방정식을 헤르츠처럼 두 벌의 x, y, z 성분을 구할 6개의 방정식으로 썼다. 그것에 더해 두 개의 추가 방정식이 필요하여 전체 8개의 방정식을 썼다. 1908년에 그는 "회오리"(curl)와 "발산"(divergence) 벡터 연산자와 함께 3차원 벡터 표시법을 사용하여 그 방정식들을 썼다. 결과적으로 방정식은 절반 개수인 4개가 쓰였다. 1916년에 그는 두 개의 4차원 텐서 방정식으로 진공을 설명한 맥스웰 방정식의 일반 형태를 이렇게 적었다.

$$\partial F_{\rho\sigma}/\partial x_\tau + \partial F_{\sigma\tau}/\partial x_\rho + \partial F_{\tau\rho}/\partial x_\sigma = 0, \quad \partial F^{\mu\nu}/\partial x_\nu = J^\mu$$

20세기 초 몇 년간, 이론 물리학의 많은 부분이 사용하는 수학적 도구가 바뀌었다. 가령, 《물리학 연보》의 이론적 부분을 읽는 독자는 이제 일상적으로 4-벡터, 6-벡터, 텐서 질량, 세계점, 세계선, 그리고 4차원 물리학의 다른 개념들과 만났다. 그들은 16항 행렬 또는 세계 텐서의 대칭 특성과 10원 운동군ten member groups of motions에 대해 읽었고 변환 이론에 대한 수학자들의 문헌을 읽고 안내를 받았다.[217] 상대성에 대한 이 고도로 수학적인 저작에서는 여러 학자들이 언급되었다. 아인슈타인은 언급되지 않을 수도 있었지만, 민코프스키는 그가 로렌츠 변환을 시공간의 가상 회전으로 표현한 것 때문에 언급되곤 했고, 포크트는 벡터와 텐서의 곱의 제시로, 조머펠트는 벡터와 텐서 분석의 4차원 확장으로 언급되곤 했다.[218]

프랑크푸르트 이론 물리학자 마델룽[219]의 "이상"은 실험실 물리학에

여기에서 F 성분은 전기력과 자기력에 해당하며 J 성분은 전류와 전하에 해당한다. Einstein, "Zur Elektrodynamik bewegter Körper," 907; Einstein and Jakob Laub, "Über die elektromagnetischen Grundgleichungen für bewegte Körper," *Ann.* 26 (1908): 532~540 중 533; Einstein, "Die Grundlage der allgemeinen Relativitätstheorie," 812~813.

[217] Van Alkemade, 38: 1033~1040; Frank and Rothe, 34: 825~855. 후자는 Sophus Lie and G. Scheffers, *Vorlesungen über kontinuierliche Gruppen* (Leipzig, 1893)에 군 이론의 표현을 따른다.

[218] Laue, 35: 524~542; Epstein, 36: 779~795; Mie, 37: 511~534; Frank, 35: 599~606; Herglotz, 36: 493~533.

[219] [역주] 마델룽(Erwin Madelung, 1881~1972)은 독일의 물리학자로 1905년 괴팅겐 대학에서 결정 구조를 주제로 박사학위를 받았고 같은 대학에서 교수가 되었다. 결정 격자 안의 모든 이온의 정전 효과를 나타내고 하나의 이온의 에너지를 결정하는 데 사용되는 마델룽 상수를 만들어냈다. 1921년에 프랑크푸르트 암 마인 대학에서 이론 물리학 교수로 막스 보른의 후임자가 되었다. 원자 물리학과 양자역학을 전공했고 슈뢰딩거 방정식의 대안적 형태인 마델룽 방정식을 만들었다. 양자 수가 증가하면서 원자 오비탈이 채워지는 순서를 알려주는 마델룽 규칙으로도 유명하다.

적용할 콜라우시 지침서에 해당하는 "이론 물리학의 지침서"였다. 그러나 마델룽은 그러한 지침서가 협력하여 일하는 다수 물리학자와 수학자들만으로도 준비될 수 있다고 결론지었다. 그리하여 "계산하는 물리학자"를 위해, 대부분은 정리의 증명을 생략한, 실용적인 책을 쓰기로 했다. 그 결과인 1922년에 출간된 『물리학자의 수학 도구』*Die mathematischen Hilfsmittel des Physikers*에서 마델룽은 벡터 해석과 텐서 해석이 물리학자들에게 특별히 중요한 수학 전문 분야인 것으로 간주하고 이를 강조했다. 벡터 해석과 텐서 해석은 단지 속기법에 그치지 않으며, 물리적 사고를 시각화하여 사고하는 데 도움이 되었고 그에 대한 지식은 독자를 불변 이론과 미분 기하학 같은 다른 가치 있는 수학 전문 분야에 친숙하게 해주었다. 마델룽은 그의 교재를 수학 부분과 물리 부분으로 나누었는데 후자는 역학, 전기, 열역학, 그리고 그 지식에 그가 부여한 중요성을 입증해 주는 상대성 이론에 대한 장들로 이루어졌다.[220]

마델룽의 책은 괴팅겐의 수학자인 쿠란트[221]가 총편집을 하던 수리 과학에 대한 새로운 시리즈의 제4권이었다. 2년 뒤인 1924년에 나온 그

---

[220] Erwin Madelung, *Die mathematischen Hilfsmittel des Physikers* (Berlin: Springer, 1922), 인용은 v에서 함. 이 책은 다음의 시리즈 중 제4권이다. Richard Courant가 총편집한 Die Grundlehren der mathematischen Wissenscahften in Einzeldarstellungen mit besonderer Berücksichtigung der Anwendungsbebiete.

[221] [역주] 쿠란트(Richard Courant, 1888~1972)는 독일계 미국 수학자로 수리 물리학 교재 편집자로서 명성을 얻었다. 브레슬라우 대학에 들어갔다가 취리히와 괴팅겐에서 계속 공부했고 마침내 괴팅겐 대학에서 힐베르트의 조수가 되었으며 1910년에 박사학위를 받았다. 제1차 세계대전에 참전했다가 부상을 입고 돌아와 괴팅겐 응용 수학 교수인 카를 룽에의 딸과 결혼하고 계속 수학 연구를 했다. 수학 연구소를 만들고 1928년부터 1933년까지 소장을 지냈다. 유대인이었기에 나치를 피해 케임브리지로 갔다가 뉴욕으로 건너가 1936년에 뉴욕 대학 교수가 되었다. 뉴욕 대학에 수리 과학 연구소를 수립하고 연구 중심지로서 명성을 얻게 했다. 힐베르트와 함께 쓴 수리 물리학 방법에 관한 책으로 명성을 얻었다.

시리즈의 제12권은 쿠란트 자신이 그의 괴팅겐 대학 동료인 힐베르트와 함께 썼다. 힐베르트의 강의에 토대를 둔 그들의 『수리 물리학 방법론』Methoden der mathematischen Physik은 수학자와 물리학자의 관심사를 합치기 위해 의도되었다. 수학적 양들을 극값의 특성으로 기술하는 것은 "단순성과 통일성"을 가져왔는데 이 통일성은 이 책에서 이제까지 논의한 이론 물리학자들이 중시한 것이었다. 쿠란트와 힐베르트는 변분법을 곳곳에서 사용했고, 이 접근법에 따라 고전 물리학을 "통일된 수학 이론"으로 형식화했다. 경계 조건으로 미분 방정식을 푸는 방식의 대안으로 그들은 직접 변분 문제를 취급했다. 변분법을 사용하여 그들은 진동계의 고윳값의 기본 법칙을 유도했는데 이 법칙은 그들이 많은 관심을 기울인 주제였고 원자 이론의 다음 단계를 위해 매우 중요한 법칙이었다.[222] 쿠란트와 힐베르트가 함께 쓴 책과 마델룽의 책은 그들의 수학적 방법의 "단순성" 때문에 물리학자들에게 칭송받았고 그 방법들 덕택에 그들은 이론 물리학 연구에 접근할 수 있었다.[223]

예나 대학에서 가르치던 아우어바흐에 따르면, 쿠란트와 힐베르트의 책과 이전의 리만과 베버의 책만이 예나 대학의 이론 물리학 "방법론" 강의 과정의 목표와 유사한 목표를 가진 책들이었다. 이 두 책은 수학자들이 집필했으므로 아우어바흐는 자신과 같은 물리학자가 쓴 더 초보적

---

[222] Richard Courant and David Hilbert, *Methoden der mathematischen Physik*, vol. 1 (Berlin: Springer, 1924), v~vi에서 인용. Jammer, *The Conceptual Development of Quantum Mechanics*, 207, 양자역학에서 이 교재의 중요성에 대한 논평. 물리학의 고전 편미분 방정식을 다루는 쿠란트와 힐베르트의 교재 2권은 1937년에 나왔고 역시 슈프링어 사에 의해 출판되었다.

[223] 마델룽의 책에 대한 보른의 논평은 *Phys. Zs.* 24 (1923); 246~247; 쿠란트와 힐베르트의 책에 대한 에발트(P. P. Ewald)의 논평은 *Naturwiss.* 13 (1925): 384~387에 있다.

인 교재가 필요하다고 느꼈다. 1925년에 그는 『이론 물리학 방법론』Die Methoden der theoretischen Physik을 내놓았는데, 그의 견해에 따르면, 그것은 여전히 가장 중요한 수학적 주제인 물리학의 편미분 방정식을 먼저 다루었다. 그는 또한 그 안에 벡터, 텐서, 그리고 그래프 방법의 예로 민코프스키 형식의 상대성 이론을 포함했다. 아우어바흐에 따르면, 물리학의 "언어"는 수학이고, 대학 강의에서 기원한 자신의 교재, 마델룽의 책, 쿠란트와 힐베르트의 책 등은 이 언어의 확장하는 어휘를 통달하도록 학생과 연구자를 돕기 위해 의도된 것들이었다.[224]

솔베이 회의가 열리고 아인슈타인의 일반 상대성 이론이 나올 즈음 물리학자들은 그들이 자유롭게 다룰 수 있는 증명된 수학적 도구들을 다양하게 갖추고 있었다. 교재와 개요서는 그들의 필요를 위해 가령, 미분 방정식, 임의의 함수의 급수의 전개식, 선형 적분 방정식, 선형 변환, 변분법, 확률론, 비유클리드 기하학, 4차원 기하학[225], 복소수[226], 이진법, 4원수, 벡터, 텐서, 행렬, 군[227] 같은 "다변수 대수학"을 다루는 핵심적인

---

[224] Felix Auerbach, *Die Methoden der theoretischen Physik* (Leipzig: Akademische Verlagsgesellschaft, 1925), v~vi, 42~43, 180. 물리학자들은 아우어바흐처럼 흔히 수학을 그들의 "언어"라고 불렀다. 가령, 헤르츠가 그의 글을 이해하는 어려움에 대해 헤비사이드에게 편지를 쓸 때, "수학 기호는 언어와 같다는 것은 알고 있지만 당신의 글은 그것의 아주 먼 방언 같습니다."라고 말했다. 1889년 3월 21일 자 편지, Appleyard, *Pioneers*, 238.

[225] 초기의 예가 Ernst Wölffing, "Die vierte Dimension," *Umschau* 1 (1897): 309~314 에 논의되어 있다.

[226] 복소수가 고전 물리학, 특히 상대성 이론에서 사용되었지만, "기본적인 개념화와 기본적인 형식화는 계속하여 실변수로만 제시되고 표현되었다." 그 이론의 "매우 기본적인 방정식들"은 기호 i를, 다음 장에서 우리가 볼 것처럼, "공개적으로 직접" 드러내었다. Bochner, "The Singnificance of Some Basic Mathematical Conceptions for Physics," 196.

[227] 1905년에 속도의 상대론적 성분의 분석에서 아인슈타인은 평행하고 움직이는 좌표계 사이의 좌표 변환이 "군"을 이룬다는 것을 알아챘다. Einstein, "On the

자료들을 편리하게 정리해 놓았다. 더욱이 이 시기에 물리학의 빠른 진보는, 유한 차이 미적분calculus of finite differences 같은 수학의 또 다른 분야가 곧 이론 물리학자들을 위한 새로운 표준 기법의 출처가 되곤 했음을 함축했다. 예를 들면, 솔베이 회의에 참석한 결과로 푸앵카레는 1912년에 뉴턴 이래 물리학에서 가장 큰 혁명이 진행되는 것 같다고 공언했다. 그는 근본적인 물리 법칙을 표현하는 데 적절한 수학 분야가 어떤 것인지, 물리학자들의 가정이 뒤엎어지게 되었다고 이 새 혁명의 성격을 규정했다. 그는 뉴턴 이래로 이론 물리학의 법칙은 미분 방정식에서 분리할 수 없다고 생각했지만, 플랑크의 양자 이론과 관련된 불연속성은 이제 또 하나의 수학을 요구하는 것 같다고 설명했다.[228]

실험 연구자들은 가끔 더 다양한 수학적 방법이 필요하다고 느꼈다. 브라운Braun은 그래츠Graetz에게 외쳤다. "신이시여, 제가 당신의 수학과 이론을 가지고 있다면, 얼마나 좋겠나이까!" 하버는 조머펠트에게 보낸 편지에서 "수학적 도구를 다루는 탁월한 능력"에 대해 찬사를 보냈다. 그러나 실험 연구자들은 다른 기술과 함께 평범한 수학적 도구로도 잘해 나갈 수 있었다. 이론 연구자들에게는 사정이 달랐다. 그들은 진지한 이론 물리학을 하기 위해서는 좋은 수학 지식과 능력이 필요하다는 것을

Electrodynamics of Moving Bodies," 51. Henri Poincaré, "Sur la dynamique de l'électron," *Comptes rendus* 140 (1905): 1504~1508과 *Palermo, Rend. Circ. Mat.* 21 (1906): 129~175는 군 이론과 4차원 벡터를 로렌츠의 전자 이론에 도입했다. 이것은 Camillo Cuvaj, "Henri Poincaré's Mathematical Contributions to Relativity and the Poincaré Stresses," *Am. J. Phys.* 36 (1968): 1102~1113, 특히 1109~1111과 1113에 논의되어 있다.

[228] Henri Poincaré, "Sur la théorie des quanta," *Journal de physique théorique et appliqué* 2 (1912): 5~34 중 5. McCormmach, "Henri Poincaré and the Quantum Theory," 43, 49, 55.

알고 있었다. 에른페스트는 조머펠트에게 뮌헨에 와서 함께 일하자고 청하면서, 자신이 계산을 끝까지 완수할 수 없었다면서 수학을 제대로 배우지 않는다면 이론 연구자로서는 "망하게 될 것"이라고 했다.[229]

헬름홀츠는 그의 이론 물리학 학급의 학생들에게 수학이 전적으로 필요하다 하더라도 물리학자들은 "수학이 아니라 물리학을" 한다고 했다.[230] 포크만은 그것을 더 명쾌하게 이렇게 말했다. "이론 물리학은 독립적인 전문 분야이니 수학이 엄청난 도움을 주고 있다 하더라도 수학이 아기 굴레baby halter를 씌우는 것은 참지 않을 것이다."[231] 플랑크는 《물리학 연보》의 편집자로서 수학자가 물리학에 보인 어떤 관심이든 환영했다. 가령, 그는 공식적 관점으로 힐베르트의 유도를 찬양했지만 "물리적으로 그것은 최소한의 새로운 것조차 내놓지 않음"을 시인했다. 미는 물리학자와 수학자 사이의 차이를 그가 본 대로 이렇게 설명했다. 그들은 "같다", "무한" 같은 용어를 사용하지만, 같은 용어가 같은 것을 의미하지는 않는다. 그리하여 그들은 종종 서로 오해한다. 물리학자에게 "같다"는 "오차의 한계 안에서" 그러함을 의미하고 이러한 한계는 문제마다 다르다. 한 문제에서는 두 양이 같고 또 한 문제에서는 같지 않다. 물리학자는 문제를 수와 관련지어 보고 "현대 수학자"는 그러지 않는다.[232]

---

[229] 브라운이 그래츠에게 보낸 편지, 1887년 4월 10일 자, Ms. Coll., DM. 하버가 조머펠트에게 보낸 편지, 1911년 12월 29일 자; 에른페스트가 조머펠트에게 보낸 편지, 1911년 9월 17일, 30일 자, Sommerfeld Correspondence, Ms. Coll., DM.

[230] 헬름홀츠는 어려운 수학 문제의 예제를 풀려고 물리학을 들여다보는 순수 수학자들과 대조적으로 그는 물리학을 다루려고 하고 있었다고 청중에게 말했다. *Einleitung zu dem Vorlesungen über theoretische Physik*, 25.

[231] 포크만이 조머펠트에게 보낸 편지, 1899년 10월 3일 자, Sommerfeld Papers, Ms. Coll., DM.

[232] 플랑크가 빈에게 보낸 편지, 1912년 10월 4일 자, Wien Papers, STPK, 1973.110.

물리학자는 때로는 "수리 물리학"과 "이론 물리학"이라는 표현을 교환 가능한 것으로 사용했지만 때로는 의식적으로 두 용어를 대조적 의미로 사용했다. 점차 그들은 그들의 용어를 주의 깊게 고르고 그들의 분야를 "이론 물리학"이라고 지칭하는 경향을 띠었다. 빈은 힐베르트 같은 수학자가 수리 물리학을 한다고 설명했다. 수리 물리학은 물리학에 응용 가능한 수학적 방법을 개발하는 데 관심이 있기 때문이다. 이론 물리학은 물리학자가 수행했다. 이론 물리학은 물리 현상의 가장 일반적인 법칙을 개발하는 데 관심이 있었고 이 목적을 위해 물리학자들은 물리적 가설과 근사를 가지고 연구했다. "이론 물리학자는 뭘 하는 사람인가?" 볼츠만이 물었다. 그가 한 답에서 그는 이론 물리학자의 연구를 "수리 물리학"이라고 규정하는 것이 왜 적절하지 않은지 설명했다. 결국, 실험 연구자들은 그의 관측을 평가하는 데 복잡한 계산을 하고, 기술 물리학자도 그러하지만, 아무도 이론 물리학을 하지는 않는다. 이론 연구자들은 "모든 과정에서 정성적이고 정량적으로" 현상을 파악하려고 노력한다. 그것은 그가 수학을 확실하게 통달해야 함을 의미하지만 그것이 수학을 하는 것은 아니다. 그는 현상을 명쾌하고 단순하게 기술하여 현상에 질서를 부여하고 있다. "이론 물리학은, 우리가 흔히 말하듯이, 현상의 근본 원인을 발견하는 임무가 있거나, 우리가 오늘날 말하기 좋아하듯이, 통일된 관점에서 우리가 얻은 실험 결과를 통합하는 과업이 있다."[233]

아인슈타인이나 20세기의 다른 이론 물리학자들에게는 수학이 19세

미가 힐베르트에게 보낸 편지, 12917년 12월 26일 자, Hilbert Papers, Göttingen UB, Ms. Dept.

[233] Wien, "Ziele und Methoden der theoretischen Physik," 242. Ludwig Boltzmann, "Joseph Stefan," in *Populäre Schriften*, 92~103 중 94.

기의 헬름홀츠나 옴에게처럼, 그들의 연구를 위해 필수 불가결한 도구였지만, 수학이 그들의 목적은 아니었다. 물리적 이해가 그들의 목표였다. 그러기 위해 그들은 온갖 종류의 수학적 기법을 갖추게 되었고 그 기법은 물리학과 수학이 발전함에 따라 바뀌었다. 이 장에서 우리는 하나의 물리 문제, 즉 중력 문제가 최신의 수학 분야인 절대 미분법에 의지하여 어떻게 풀렸는지 살펴보았다. 그 결과 근본적으로 새로운 이해에 도달하게 되었다. 일반 상대성 이론은 비인과적인 원자의 양자역학이 창출되기 전인 1920년대 중반에 자체의 특징적인 수학을 써서 물리적 세계 묘사를 가장 광범하게 고쳐놓았다.

27 새로운 대가들의 출현

1920년대에 원자 문제는 기존의 몇몇 대가의 관심을 끈 것처럼 가장 재능 있는 신진 이론 물리학자들의 관심도 끌었다. 이론 물리학은 근본적인 문제들의 중요성을 다시 한 번 점검하기 시작했는데 이번에는 완전히 성숙한 분야의 모든 도구를 그 점검에 동원했다. 몇몇 이론 물리학 연구소가 그 공동의 노력에 합류할 연구자들을 끌어들였고 그 결과로 탁월한 이론 물리학이 도출되었다. 이 장에서 우리는 다시 한 번 이론 물리학 연구를 들여다본다. 그것은 결론으로 의도된 것이 아니고, 이 책의 설계상 그럴 수도 없는데, 왜냐하면, 독일 이론 물리학자들은 1920년대 이후로 그리고 오늘날도 연구를 지속하고 있기 때문이다. 우리는 결론적으로 원자 이론에 대한 연구를 다음에서 간단하게 설명하는 것으로 이 이론 물리학 역사책을 끝내는 것이 적절하다고 생각한다.

원자 이론: 상대론과 양자론이 만나다

아인슈타인은 중력 문제를 연구하던 1914년 8월 19일에 에른페스트에게 이렇게 편지를 썼다. "유럽은 미쳐서 믿을 수 없는 짓을 시작했습니다. … 나의 친애하는 천문학자인 프로인틀리히가 일식을 관측하러 러시아에 갔다가는 관측은 고사하고 거기에서 전쟁 포로가 될 것입니다. 그가 걱정됩니다."[1]

제1차 세계대전은 다양한 방식으로 이론 물리학자들에게 영향을 미쳤다. 젊은 선생들과 조수들은 군대에 소환되거나 자원했다. 정교수는 연구소의 활동을 최선을 다하여 유지하는 한편 전쟁 준비를 지원하기 위해 시간을 내었다. 그들의 상급 학생들은 큰 학급을 구성한 학생들이 그랬던 것처럼 대부분이 떠났다.[2] 연구소의 교직원은 줄어들었음에도 아직 충분한 수의 학생들이 교육을 원하고 있어서 연구소장들은 부담을 느껴 도움을 요청했다.[3] 예산 삭감, 인플레이션, 다른 국가와의 격리 때문에 연구소장들은 그들의 연구소를 효과적으로 운영하기가 어려워졌다.[4]

---

[1] 아인슈타인이 에른페스트에게 보낸 편지, 1914년 8월 19일 자. *Einstein on Peace*, ed. O. Nathan and H. Norden (New York: Schocken, 1968), 2. 이 사건으로 태양에 의한 빛의 휘어짐을 관측하는 것은 또 한 번의 일식을 기다려야 했다. 1919년에 두 팀의 영국 원정대가 관측을 하려고 파견되었고 아인슈타인의 예측에 맞는 결과를 얻었다.

[2] 데쿠드레는 정상적인 등록 인원의 약 5분의 1이나 4분의 1밖에 그의 연구소에 없다고 들었다. 비너가 데쿠드레에게 보낸 편지, 1914년 10월 23일 자. Wiener Papers, Leipzig UB, Ms. Dept. 플랑크 연구소의 출석 인원은 200명에서 40~50명으로 떨어졌다. 플랑크가 빈에게 보낸 편지, 1914년 11월 8일 자; 빈이 홀번(L. Holborn)에게 보낸 편지, 1915년 10월 22일 자; Wien Papers, STPK, 1973.110.

[3] 전쟁 초기 물리학 연구소를 소장들이 기술한 것에서: 디바이가 괴팅겐 대학 감독관에게 보낸 편지, 1915년 3월 30일 자, Göttingen UA, 4/V h/35; 레나르트(Lenard)가 바덴 법무문화교육부에 보낸 편지, 1914년 11월 9일 자. Bad. GLA, Physikaisches Cabinet der Universität Heidelberg: Kayser, "Erinnerungen," 295~296; 리케가 슈타르크에게 보낸 편지, 1915년 1월 2일 자, Stark Papers, STPK; Wien, *Aus dem Leben*, 31; 비너가 빈에게 보낸 편지, 1914년 11월 14일 자, Ms. Coll., DM.

[4] 쾨니히스베르거는 바덴 정부에 더 많은 지원을 요청하면서 이러한 이유를 모두 제시했다. 특히 그는 외국에서 오는 지원, 그의 연구소가 의존하던 톰프슨(Thompson) 재단과 솔베이 재단에서 나오는 지원을 그리워했다. 쾨니히스베르거

연구는 교육처럼 전쟁 중에도 계속되었지만, 다시 제한을 받았다. 징집된 물리학자들조차 한가한 시간에 그들이 확보할 수 있는 자원을 가지고 연구를 했다.[5] 물리학 학술지들은 계속 출판되었고 심지어 원자 물리학을 다룰 새로운 학술지도 제안되었다. 하지만 기존의 학술지도 분량이 줄어들고 있었으므로 그것은 무책임하다고 판단되었다.[6]《물리학 연보》의 편집자들은 전쟁 기간과 전후 얼마 동안 연구가 줄어들 것을 예상했지만, 원고를 이전처럼 심사하기로 의견을 모았다. 이것은 질을 낮추느니 학술지의 분량을 줄이는 쪽을 선호했기 때문이었다.[7]

전쟁 기간에 독일의 물리학자들이 외국의 물리학자들에게 자극받는 일은 어쩔 수 없이 이전보다 더 적을 수밖에 없었다. 처음에는 독일과 전쟁 중인 나라의 동료들과 때때로 서신을 주고받았지만, 지속할 수는 없었다. 이런 국가들에서 나온 출판물은 얻기 어렵거나 접근할 수 없었다. 물리학 국제회의나 상대방 국가의 모임에 참석하거나 국가 간에 쉽게 이동하던 일이 당분간 과거지사가 되었다. 동료 관계는 전쟁으로, 특히 양측 물리학자들의 애국 선언서 서명 같은 특정한 행동으로 위축되었다. 포크트는 전에는 런던, 브뤼셀, 상트페테르부르크의 국제 학회에서 동료들을 만났지만, 이제는 독일의 물리학자들이 적국에 있는 물리학자들과 가치 있는 과학적 관계를 오랫동안 회복하지 못할 것이라고 예상했다.[8]

가 바덴 법무문화교육부에 보낸 편지, 1915년 2월 25일 자와 1916년 9월 22일 자, Bad. GLA, 235/7769.

[5] Paul Forman, "Alfred Landé and the Anomalous Zeeman Effect, 1919~1921," *HSPS* 2 (1970): 153~261 중 160.

[6] 제안된 학술지의 제목은 *Archiv für Radiologie und Atomphysik*이다. 빈이 슈타르크에게 보낸 편지, 1916년 2월 5일 자, AHQP.

[7] 플랑크가 빈에게 보낸 편지, 1915년 5월 4일 자, Wien Papers STPK, 1973.110.

이러한 박탈 외에도 전쟁은 물리적으로 정서적으로 손상을 입혔다. 1916년에 연구 성과를 많이 내는 연구자인 포크트조차도 동료에게 음향학에 대한 작은 논문만을 보낼 수 있었다. 그는 세계의 사건들의 흔적 속에서 주야로 정치적 걱정 속에 살았기에 물리적 아이디어가 잠깐의 손님으로만 그의 머릿속에 들어왔다. 전쟁 초기에 우리가 보았듯이 아인슈타인은 그의 경력상 가장 중요한 연구에 속하는 일반 상대성 이론을 완성했다. 그러나 그는 나중에 로렌츠에게 그가 "우리의 삶을 부담스럽게 하는 측량할 수 없게 슬픈 일들 때문에 매우 우울했고 이 우울함이 지속되었으며" "이전처럼 물리학 연구로 달아나는 것"이 도움이 되지 않았다고 말했다.[9]

전쟁 초기에 독일에서 이루어진 연구 중에서 원자 구조에 대한 조머펠트의 연구는 이론 물리학의 다음 주요 단계를 위해 가장 중요한 것에 속했다. 동시에 그것은 라우에에 따르면 "조머펠트의 위대한 시기"의 시작이었다.[10] 전쟁 전에 조머펠트는 양자에 관심이 있었지만, 원자의 세부 구조에 그것을 아직 적용하지 않았고 이 점에서 그는 전형적인 독일 이론 연구자였다. 1911년 솔베이 회의에서 조머펠트는 플랑크의 작용 보편 양자를 맥스웰-로렌츠 이론과 합쳤으며 양자를, 비록 낯설지라도, "전자기적 세계 묘사"와 양립 가능한 것으로 보았다. 이번에 조머펠트는 양자에 대한 가설들을 탐구하고 있었고 그것들이 원자의 존재를 설명해

[8] Voigt, "Ansprache gelegentlich der Zusammenkunft der Lehrer der Georgia-Augusta am 31, Oktober 1914," Voigt Papers, Göttingen UB, Ms. Dept.

[9] 포크트가 아우어바흐에게 보낸 편지, 1916년 1월 10일 자, Auerbach Papers, STPK. 아인슈타인이 로렌츠에게 보낸 편지, 1917년 12월 18일 자. *Einstein on Peace*, 21에서 인용.

[10] Max Laue, "Sommerfelds Lebenswerk," *Naturwiss.* 38 (1951): 513~518 중 516.

주리라 기대했다.[11]

덴마크의 물리학자 닐스 보어의 1913년의 원자 이론을 따라 조머펠트는 원자의 더 일반적인 특성에 국한된 그의 초기 관심을 원자의 세부 구조에 대한 관심으로 옮겼다. 보어는 러더퍼드의 원자 모형을 가지고 연구했는데 그가 말한 바로는 작은 양전기를 띤 핵이 음전기를 띤 전자들에 의해 둘러싸여 있었다. 보어는 전자를 원자 안에 띄엄띄엄 떨어진 궤도에 배치했고, 진동수를 플랑크 상수 h를 통해 에너지와 연관시키는 진동수 조건을 도입하여, 하나의 궤도에서 또 다른 궤도로 전자가 옮겨 갈 때 방출하거나 흡수하는 복사 에너지의 양을 계산했다. 이러한 모형의 작동을 설명하기 위해 보어는 역학과 전기 동역학의 유효성을 제한해야 했다.[12]

보어의 가장 인상적인 초기 성과는 그의 원자 이론으로부터 수소 스펙트럼(빛띠)의 발머 계열을 유도한 것이었다. 조머펠트는 뮌헨의 콜로키엄에서 제만 효과와 슈타르크 효과[13] 같은 주제들을 정기적으로 제시하

---

[11] Arnold Sommerfeld, "Das Plancksche Wirkungsquantum und seine allegmeine Bedeutung für die Molekularphysik," *Verh. deutsch. Naturf. u. Ärzte*, pt . 2, 1911, 31~49. Benz, *Sommerfeld*, 77~79. Forman and Hermann, "Sommerfeld," 528.

[12] 보어의 원자 이론들은 John L. Heilbron and Thomas S. Kuhn, "The Genesis of the Bohr Atom," *HSPS* 1 (1969): 211~290; Helge Kragh, "Niels Bohr's Second Atomic Theory," *HSPS* 10 (1979): 123~186에 분석되어 있다.

[13] [역주] 슈타르크 효과는 복사하고 있는 원자·이온·분자들에 강한 전기장이 가해졌을 때 스펙트럼(빛띠) 선이 분리되는 현상이다. 자기장에 의해 생기는 제만 효과(Zeeman effect)에 대응되며 1913년 독일 물리학자 요하네스 슈타르크에 의해 발견되었다. 빛을 내는 기체나 증기가 가지는 높은 전기 전도도 때문에 이전의 실험들은 종래의 분광학에 이용되는 광원들에 강한 전기장을 유지하는 데 실패했다. 슈타르크는 양극관 안에서 바늘구멍을 낸 음극 뒤에서 방출되는 수소 스펙트럼(빛띠)을 관측했으며 이 음극에 평행하고 가깝게 있는 2차의 대전된 전극으로부터 수 mm의 공간에 이르는 강한 전기장을 만들 수 있었다. 그는 10만 V/cm의 전기장에서 수소의 발머 선이라고 부르는 특징적인 스펙트럼(빛띠) 선을 분광기

여 스펙트럼(빛띠)에 대한 그의 관심을 표현했는데, 이제는 그보다 보어 이론에 끌렸다. 왜냐하면, 보어 이론이 스펙트럼(빛띠)의 발생을 이해할 수 있게 해준다고 생각했기 때문이었다.[14] 동시에 보어 이론은 원자 구조 문제에 대한 하나의 열쇠로서 광학 스펙트럼(빛띠)의 방대한 관찰 데이터를 언급했다. 그 이론은 또한 몇 해 전에 라우에가 조머펠트의 연구소에서 뢴트겐선으로 한 연구, 그리고 영국의 W. H. 브래그[15]와 W. L. 브래그[16]가 뢴트겐선으로 한 연구와 더불어 출범한 분광학이라는 새로운 분

로 관측했다. 그 선은 몇 개의 대칭적인 간격을 가진 요소들로 나누어졌는데 그중 일부는 전기장 벡터가 역선에 평행하게 선편광(線偏光)된 것이었고, 나머지는 전기장의 방향을 따라서 보았을 때를 제외하고는 전기장의 방향에 수직으로 편광되어 있었다. 이러한 횡적 슈타르크 효과는 어떤 측면에서 횡적 제만 효과와 비슷하지만 그보다 복잡하므로, 복잡한 스펙트럼(빛띠)들이나 원자 구조의 분석에서 상대적으로 가치가 낮다. 역사적으로 1916년에 있었던 슈타르크 효과에 대한 만족스러운 설명은 초기 양자역학의 위대한 승리 가운데 하나로 평가된다.

[14] Sigeko Nisio, "The Formation of the Sommerfeld Quantum Theory of 1916," *Jap. Stud. Hist. Sci.* no. 12 (1973): 39~78 중 54~56.

[15] [역주] 브래그(William Henry Bragg, 1862~1942)는 영국의 물리학자로 엑스선 분광학의 개척자이다. 킹 윌리엄스 칼리지와 케임브리지의 트리니티 칼리지에서 수학을 공부했다. 그 후 캐번디시 연구소에서 물리학을 공부했으며, 1886년 오스트레일리아의 애들레이드 대학에서 수학 및 물리학 교수가 되었다. 1909년 귀국하여 리즈 대학 교수, 1915년 런던 대학 교수, 1925년부터 왕립 과학 연구소 화학 교수가 되었다. α입자의 도달 거리에 관한 연구를 했으며(1904), 1912~1914년 아들 W. L. 브래그와 함께 X선에 의한 결정 구조를 연구하여 브래그 조건을 밝혀냈으며, X선 분광기를 고안했다. 이 연구로 1915년 부자가 같이 노벨 물리학상을 받았다. 제1차 세계대전 중에는 수중음파의 검출과 측정에 관한 연구에도 종사하여 그 공적으로 기사 작위를 받았으며, 1935년부터는 왕립학회 회장이 되었다.

[16] [역주] 브래그(William Lawrence Bragg, 1890~1971)는 오스트레일리아 태생의 영국 물리학자로 엑스선 분광학의 개척자이다. 1912년에 엑스선 회절의 브래그 법칙을 발견했고 1915년에 그의 아버지 윌리엄 헨리 브래그와 함께 노벨 물리학상을 받았다. 1953년에 왓슨과 크릭이 노벨상을 받을 때 캐번디시 연구소의 소장이었다. 그의 아버지는 애들레이드 대학 수학 물리학 교수였고 그는 애들레이드 세인트 피터스 칼리지에서 시작하여 애들레이드 대학에 가서 수학, 화학, 물리학을 공부했다. 그의 아버지가 리즈 대학의 물리학 캐번디시 교수가 되자 1909년에 잉

야를 언급했다. 브래그 부자의 연구 직후 모즐리[17]는 실험을 통해, 특징적인 뢴트겐선 스펙트럼(빛띠)은 광학 스펙트럼(빛띠)처럼 단순한 공식에 의해 정확하게 정리되고 그것들은 원자핵의 전하, 즉 원자 번호에 의해 지배된다는 것을 입증했다. 이러한 스펙트럼(빛띠)에 대한 연구는 원자 모형을 구축하고 검증하도록 도움을 주었다.[18]

원자 모형들의 원리에 여전히 회의적이었던 조머펠트는 제만 효과에 대해 보어의 이론을 시험해 보았다. 자신이 발견한 것에 고무되어 조머펠트는 1914년 내내 보어의 이론을 집중적으로 연구했다. 1915년에는 그의 연구소에서 그 이론을 강의했고 스펙트럼(빛띠)과 연관하여 그에 대한 일련의 연구를 시작했다.[19] 그는 1915년 12월에 바이에른 과학 아카데미에서 논문을 발표했는데 여기에서 그는 "상 적분"phase integral

---

글랜드로 갔고 케임브리지 트리니티 칼리지에 들어갔다. 1914년에 트리니티 칼리지의 펠로우가 되었다. 2차례의 세계대전 중에 소리로 적군의 대포 위치를 알아내는 방법에 대해 연구했다. 전후 1948년에 단백질 구조에 관심을 가졌고 1853년에 DNA 구조를 발견하는 데 기여했다.

[17] [역주] 모즐리(Henry G. J. Moseley, 1887~1915)는 영국의 물리학자이자 화학자로 원자 번호에 의한 주기율표의 제안으로 유명하다. 이 업적은 엑스선 스펙트럼(빛띠)의 모즐리 법칙의 발견에서 유래했다. 모즐리 법칙은 닐스 보어의 이론의 실험적 증거를 처음으로 제공하여 원자 물리학에 진보를 가져왔다. 옥스퍼드 대학의 트리니티 칼리지에 들어가 물리학을 공부하고 1910년에 졸업하자 맨체스터 대학에서 러더퍼드 밑에서 실험 시범 조교가 되었다. 거기에서 다양한 원소의 엑스선 스펙트럼(빛띠)을 관찰하고 측정하여 엑스선 파장과 금속의 원자 번호 사이의 체계적 관계를 발견했다. 이로써 원자량에 의해 배열된 멘델레예프의 주기율표를 원자번호에 근거하여 수정하게 되었다. 그의 방법으로 61번 원소가 예측되었고 얼마 후에 발견되었다. 1914년 제1차 세계대전이 발발하자 옥스퍼드 대학의 연구실을 떠나 참전했다가 1915년 갈리폴리 전투에서 총상으로 전사했다.

[18] 조머펠트의 원자론에 대한 엑스선 분광학의 관련성은 John L. Heilbron, "The Kossel-Sommerfeld Theory and the Ring Atom," *Isis* 58 (1967): 451~485에서 논의된다.

[19] Benz, Sommerfeld, 80~84. Forman and Hermann, "Sommerfeld," 528~529.

$$\int p\,dq = nh$$

에 의해 정지 상태에 있는 원자 내부의 전자 운동을 분석했다. 여기에서 p는 그것과 짝을 이루는 좌표 q에 해당하는 전자의 운동량이고, n은 양의 정수이고, 적분은 그 좌표의 한 주기에 걸쳐 수행된다. 계가 1보다 큰 자유도를 갖는다면 각 좌표는 해당하는 상 적분을 갖는다. 다른 이들, 특히 플랑크는 이미 p와 q의 추상적 공간인 상 공간을 양자화하여 이 방향으로 조머펠트의 생각이 진척되도록 이끌었다. 조머펠트는 상 적분을 증명하지 않고, 상 적분에서 시작하여 진동자나 회전자 같은 단순한 계의 양자화된 취급의 일반화로서 상 적분을 제시했다. 이때부터 얼마 동안 조머펠트는 상 적분의 양자 조건을 양자 이론의, 아마도 증명할 수 없는, 기초로 간주했다.[20]

이 1915년 논문에서 조머펠트는 원자핵 주위를 도는 전자의 원운동만을 살펴보았던 보어를 뛰어넘었다. 보어가 이미 제안한 다음 단계는 더 현실적인 케플러식의 타원 궤도였으며, 이렇게 전자 궤도를 취급하면서 조머펠트는 전자의 에너지가 타원의 이심률에 따라 연속적으로 변한다는 것을 보여주었다. 이심률 역시 양자화되지 않는다면 이것은 연속적인 수소 스펙트럼(빛띠)을 내놓을 것이다. 타원 운동으로부터 관찰되는 띄엄 띄엄 떨어진 스펙트럼(빛띠)을 다시 얻기 위해서 조머펠트는 한 가지가

---

[20] Arnold Sommerfeld, "Zur Theorie der Balmerschen Serie," *Sitzungsber. bay. Akad.* 1915, 425~458. 독립적으로, 그리고 거의 동시에, 1915년 영국의 물리학자 윌리엄 윌슨(William Wilson)과 일본의 물리학자 이시와라(Jun Ishiwara)는 조머펠트의 상 적분과 유사한 양자 조건을 제안했고 같은 해 플랑크는 임의의 자유도를 갖는 계의 일반화된 양자 이론과 연관하여 상 공간을 양자화할 방법을 소개했다. 조머펠트와 플랑크는 곧 서신 교환에 들어갔다. 조머펠트는 그 서신 교환이 이후에 그의 이론 전개에 유익하다고 생각했다. Nisio, "Formation," 69~75. Benz, *Sommerfeld*, 90~91. Kuhn, *Black-Body Theory*, 250~251.

아닌 두 가지 양자 조건과 두 가지 연관된 양자 수가 필요했다. 이러한 목적으로 그는 각 좌표를 구할 하나의 상 적분을 도입할 뿐 아니라 방사 좌표를 구할 상 적분을 도입했다. 케플러식 운동의 에너지를 구하기 위해 결과적으로 도출된 식은, 조머펠트의 말에 따르면, "정확하고 유익해서" 그것이 "대수적 우연"일 수는 없었다.[21] 발머 공식에 다시 도달했을 때, 그는 그것을 대단한 결과라고 생각했는데, 그는 타원 경로 사이의 전이로 형성된 발머 계열의 이론적 다수성을 수소에서 슈타르크 효과로 생긴 다수 성분에 대한 관측 결과들과 비교했다. 그는 수소보다 복잡한 원자에서는 원자 내 전자의 운동을 정의하기에는 대칭성이 적어서 제3의 좌표가 들어가고 그와 더불어 제3의 양자 수가 들어가야 함을 지적했다. 그의 연구 여기저기에서 조머펠트는 원자 내부에서 전이를 알아내려고 보어 진동수 조건을 사용했다. 그러나 그는 이를 임시방편으로 여겼다. 조머펠트는 전이에서는 특징적인 방식으로 에너지와 운동량이 변화하는데 통상적인 역학은 에너지와 운동량이 상수인 과정을 다루므로, "전적으로 새로운 역학의 법칙이 발견되어야 한다"고 예상했다.[22]

1916년 1월, 조머펠트는 후속 논문을 바이에른 아카데미에서 발표했는데 거기에서 그는 다시 보어의 제안을 따라 전자의 상대론적 취급을 그의 이론에 추가했다. 전자의 질량이 속도에 따라 상대론적 변이를 보이므로 전자에 미치는 인력이 역제곱의 법칙에서 약간 벗어나서, 타원 궤도는 천천히 세차 운동을 하고 새로운 주기성은 또 하나의 양자 조건

[21] Sommerfeld, "Zur Theorie der Balmerschen Serie," 439.

[22] Sommerfeld, "Zur Theorie der Balmerschen Serie," 432. John L. Heilbron, "Lectures on the History of Atomic Physics 1900~1922," in *History of Twentieth Century Physics*, ed. C. Weiner (New York: Academic Press, 1977), 40~108 중 78~80.

을 요구한다. 조머펠트는 이론적인 미세한 갈라짐이나, 어떤 경우에는, 스펙트럼(빛띠) 선들의 등급magnitude을 특징적인 뢴트겐선에 대한 관찰 결과나 수소, 이온화된 헬륨, 중성 헬륨, 리튬 등의 스펙트럼(빛띠) 선들의 미세 구조에 대한 관찰 결과와 비교했다. 그는 여러 곳에서 탁월한 일치를 발견했고, 이중선이나 삼중선의 절대 등급처럼 불일치가 있는 경우에는 "양자 이론이나 상대성 이론 같은 토대가 원인"이라고 생각했다.[23] 일치는 어떤 경우든 그가 타원 궤도의 "실재성"에 대한 직접적인 확증이라고 주장하기에 충분했다.[24]

조머펠트는 바이에른 아카데미에 발표한 두 편의 논문을 1916년에 《물리학 연보》에 내기 위해 3부로 구성된 논문으로 확장했다. 그 새 논문은 상당 부분이 이전 논문을 재출간한 것이었지만, 의미 있는 추가 내용도 있었다. 조머펠트는 상 적분의 양자 법칙을 일반화하여 임의의 자유도를 갖는 계에 적용했다. 그는 상 적분과 "일반적인 해밀턴-야코비 역학의 개념과 방법"의 긴밀한 연관을 드러내었다. 그는 타원 궤도의 공간 지향special orientation을 양자화했고 전반적으로 그의 이론을 더 완전하게 만들었다.[25] 조머펠트가 물리학에서 사용할 플랑크의 "복사 이론적 보편적 단위계"를 대신하여 "보편적인 분광학적 단위계"를 제안한 것은

---

[23] Arnold Sommerfeld, "Die Feinstruktur der Wasserstoff- und der wasserstoffähnlichen Linien," *Sitzungsber. bay. Akad.*, 1915, 459~500 중 459~461. Heilbron, "Lectures," 80~81.

[24] Sommerfeld, "Die Feinstruktur," 459.

[25] Arnold Sommerfeld, "Zur Quantentheorie der Spektrallinien," *Ann.* 51 (1916): 1~94, 125~167. Sommerfeld, *Gesammelte Schriften*, 4 vols., ed. F. Sauter (Braunschweig: F. Vieweg, 1968), 3: 172~308에 재인쇄. 212에서 인용. 《물리학 연보》에 게재한 논문의 최초 두 부분은 바이에른 아카데미의 논문들과 같은 제목을 달고 있다. 세 번째 크게 확장된 부분은 제목이 "Theorie der Röntgenspektren" 이다. 아카데미 논문들과 《물리학 연보》의 논문 사이의 관계는 Nisio, "Formation," 62~67에 분석되어 있다.

새로운 원자 이론의 정확성과 기
초적 본성에 대한 그의 확신의 표
시였다.[26]

조머펠트의 원자 연구는 일반
적으로 잘 수용되었다. 나중에 조
머펠트의 연구를 "양자론과 상대
론의 종합"이라고 부른 플랑크는
조머펠트가 상 공간을 양자화하
면서 "고전" 역학 대신에 상대론
적 역학을 사용함으로써 그와 보
어의 연구를 개선했다고 생각했
다.[27] 플랑크는 그 당시에 조머펠

아르놀트 조머펠트. Lehrstuhl für Geschichte der Naturwissenschaften und Technik, Universität Stuttgart 제공.

트에게 보낸 편지에서 이렇게 말했다. "상대론적 역학이 양자 이론과
쉽게 어울릴 뿐 아니라 고전역학보다 사실들을 더 잘 설명해 주기를 바
란 것은 정말로 우리가 요구하고 희망하던 전부라네."[28] 조머펠트의 연
구는 아인슈타인에게 하나의 "계시"로 다가왔고, 그와 플랑크와 프로이
센 과학 아카데미의 다른 구성원들은 조머펠트를 서신 회원으로 제안하
면서 그의 이론을 보어의 스펙트럼(빛띠) 이론의 가장 강력한 지지 근거
중 하나로 언급했다.[29] 로렌츠는 그 이론을 보어처럼 극찬했다. 보어는

---

[26] Sommerfeld, "Zur Quantentheorie der Spektrallinien," 261~265.

[27] 플랑크가 빈에게 보낸 편지, 1916년 2월 15일 자, Wien Papers, STPK, 1973.110. Planck, "Arnold Sommerfeld zum siebzigsten Geburstag," 370.

[28] 플랑크가 조머펠트에게 보낸 편지, 1916년 2월 11일 자, Sommerfeld Correspondence, Ms. Coll., DM.

[29] 아인슈타인이 조머펠트에게 보낸 편지, 1916년 2월 8일 자, Einstein/Sommerfeld Briefwechsel, 40~41 중 40. 프로이센 과학 아카데미 수학·물리 부문 서신 회원으

조머펠트의 논문을 받고 자신의 포괄적인 논문의 출간을 당분간 미루었다.[30] 보어는 자신이 한 일의 이유를 설명하면서 조머펠트의 상대론적 이론은 파셴의 실험적 확증과 함께 원자 이론의 본질적인 연구 방향에 대한 의심을 제거했다고 말했다. 그렇지만 보어는 조머펠트와는 다른 양자 조건들을 선호했다.[31] 제1차 세계대전이 끝날 무렵 독일에서 이루어진 물리학의 최신 발전에 대한 발표에서 조머펠트는 자신의 원자 이론에 대해 논의할 기회를 얻었다. 조머펠트는 스펙트럼(빛띠) 선들의 미세 구조를 규명한 것은 물리학이 "원자 내부에 대한 깊은 조망"을 얻었다는 표시라고 말했다. 이러한 연구는 최신 물리학 이론에서 가장 중요한 연구 방향인 전자 이론, 양자 이론, 상대성 이론을 하나로 결합했다.[32]

스펙트럼(빛띠) 선들의 미세 구조에 대한 조머펠트의 취급은 그를 "즉시 지도급 이론 분광학자"로 만들었고[33] 그는 그 주제에 대한 표준 교재를 씀으로써 그러한 권위를 곧 공고화했다. 그가 1916년 겨울에 뮌헨 대학의 일반 청중에게 원자 모형에 대해 강의한 내용에 근거한 이 교재 『원자구조와 스펙트럼 선』*Atombau und Spektrallinien*은 조머펠트의 첫 번째 이론 물리학 교재였다. 1919년에 나온 이 책은 보어의 원자 이론을 제시했고 그에 대해 조머펠트가 1915년과 그 이후에 이룩한 발전을 제시했다.[34] 보른은 곧 조머펠트에게 그것은 "현대 물리학자의 바이블"이라고

로 조머펠트를 추천하는 제안서, 아인슈타인, 플랑크, 바르부르크, 하버, 루벤스가 서명. [1920년 1월/2월] Kirsten and Treder, eds. *Albert Einstein in Berlin*, 126~127.

[30] Nisio, "Formation," 75~76.

[31] 닐스 보어의 서론, *Abhandlungen über Atombau aus den Jahren 1913~1916*, trans. H. Stintzing (Braunschweig: F. Vieweg, 1921), iv~v, xii, xv~xvi.

[32] Arnold Sommerfeld, "Die Entwicklung der Physik in Deutschland seit Heinrich Hertz," *Deutsche Revue* 43 (1918): 122~132 중 131.

[33] Born, "Sommerfeld," 284.

편지에 적었다.[35]

비록 『원자 구조와 스펙트럼 선』에서는 새 분야의 성과들을 우선 보고했지만, 조머펠트는 미해결 문제들도 논의했다. 특히 주제가 원자와 그것이 내보내거나 받는 빛이었기에 그는 원자의 양자 이론과 빛의 파동 이론 간의, "오래된 파동 세계"와 "새로운 양자 세계" 간의 관계에 대한 "가장 어렵고 동시에 가장 흥미로운 문제"에 대해 논의했다. 원자의 정지 상태의 에너지와 운동량은 원자 이론으로 적절하게 기술할 수 있지만, 에테르의 에너지와 운동량의 기술은 "현대 물리학"의 양립할 수 없는 대립으로 치닫는다. "고전적인" 빛의 파동 이론과 아인슈타인의 광양자(빛양자)의 "극단적 관점" 사이의 가교는 아직 건설되지 않았다고 조머펠트는 언급했다.[36]

상 적분에서 조머펠트가 끌어낸 스펙트럼(빛띠)의 특성은 하나의 전자만을 갖는 수소에는 유용하지만 두 개의 전자를 갖는 헬륨에는 그러하지 못했다. 곧 그는 초기의 연역적 접근법을 떠나 분광학적 데이터에서 수학적 관계를 찾았고 그 관계에서 원자 에너지 준위와 준위들 사이의 전이 규칙을 추론해 냈다. 그와 그의 학생들은 원자, 분자, 뢴트겐선의 스펙트럼(빛띠)을 이렇게 정돈하는 접근법을 발전시켜 예술로 승화시켰고, 그것은 조머펠트의 연구소 바깥에서도 비슷한 연구에 영감을 불어넣었다.[37]

---

[34] Arnold Sommerfeld, Atombau und Spektrallinien (Braunsweig: F. Vieweg. 1919). 조머펠트는 이 교재의 개정판을 자주 내놓았다. 이 교재는 그 주제의 발전을 양자 역학의 도입과 그 이후까지 기록했다.

[35] 보른이 조머펠트에게 보낸 편지, 1922년 5월 13일 자, Sommerfeld Correspondence, Ms. Coll., DM. 조머펠트의 재판 교재에 대한 논평들.

[36] Sommerfeld, *Atombau*, vii, 477~478.

[37] Laue, "Sommerfelds Lebenswerk," 516~517. Benz, *Sommerfeld*, 122. Forman and

조머펠트가 얻고자 한 것은 원자의 양자 이론을 뒷받침할 공리적 기저였다. 그는 실험 결과에 깊은 주의를 기울임으로써 원자에 대한 수학적 이론을 전개했고, 다음에는 추가 실험으로 검증하기 위해 그의 이론에서 결론들을 끌어내었다. 그는 이론적 예측과 실험 측정 사이의 일치를 얻는 것에 우선적으로 관심이 있었다. 그의 성향은 이론의 내적 완전성을 분석하기보다는 철저한 계산을 하는 것이었다. 그는 물리학의 새로운 근본 원리들을 발견한 이가 아니었다. 그의 연구는, 말하자면, 보어, 아인슈타인, 플랑크의 연구와 극명하게 구분되었다. "만약 수리 물리학과 이론 물리학 사이의 구분이 어떤 의미가 있다면, 그것을 조머펠트에게 적용했을 때 그는 확실히 수리 물리학 쪽에 배치될 것"이라고 보어는 말했다.[38]

1918년에 조머펠트는 플랑크의 60회 생일을 기념하기 위해《자연 과학》*Die Naturwissenschaft* 전체 호가 할애된 가운데 논문 중 한 편을 기고했다. 조머펠트는 20세기 물리학은 "점차 양자의 물리학"이 되고 있다고 말했고, 다른 기고자들도 양자 이론이 물리학의 "고전 시대"를 종식시켰음을 반복해 언급하여 이 견해에 동조했다. 조머펠트는 세계가 다시 한 번 과학적 사유를 위한 평화와 안식을 찾으려 한다면, 가장 큰 과학적 경이는 양자 이론과 원자 이론의 연결에서 올 것이라고 예견했다.[39]

Hermann, "Sommerfeld," 529.

[38] Born, "Sommerfeld," 282. Born, "Sommerfeld als Begründer," 1035. Laue, "Sommerfelds Lebenswerk," 518. Benz, *Sommerfeld*, 90. Nisio, Formation," 76~77.

[39] Arnold Sommerfeld, "Max Planck zumsechzigsen Geburstage," *Naturwiss.* 6 (1918): 195~199 중 195, 198. 조머펠트는 독일 물리학회에서 플랑크에 대해 발표를 했고 그 발표는 아인슈타인, 라우에, 바르부르크의 플랑크에 대한 발표와 함께 같은 해에 따로 출판되었다.

양자역학

전쟁 후 얼마간 독일의 물리학자들은 이전의 적국 동료들과 소원한 관계를 지속했다. 그들의 연구는 정치적, 경제적 변동으로 어려움을 겪었다. 그러나 급등하는 인플레이션을 포함하여 그 모든 형편 속에서 연구는 멈추지 않았다. 연구소 예산은 엇비슷하게 유지되었고 물리학자들은 다양한 출처에서 연구 지원을 추가로 받았는데 거기에는 개인, 학회, 재단, 회사, 그리고 가장 중요하게는 중앙 정부가 있었다.[40]

전쟁이 끝날 무렵, 이론 물리학 교원은 약간만 바뀌고 추가되었을 뿐 시작할 때의 숫자와 비슷했다.[41] 우리는 이미 괴팅겐 대학에서 리케와 포크트가 은퇴하고 디바이가 그곳에 초빙되면서 복잡한 변화가 초래되

---

[40] 이전에 적국에 속해 있었던 물리학자들은 그들이 만나면 어떻게 할지 잘 몰랐을지도 모른다. 그것은 플랑크와 몇몇 독일 물리학자가 스톡홀름의 노벨상 식장에서 영국의 물리학자 바클라(W. Barkla)를 만났을 때도 마찬가지였다. 바클라는 친근한 태도를 보였고 그들도 같은 방식으로 그를 응대했다. 플랑크가 빈에게 보낸 편지, 1920년 6월 20일 자, Wien Papers, STPK, 1973.110. 물리 연구가 1차 대전 후에 독일에서 처한 정치적, 경제적 조건은 Paul Forman이 "The Environment and Practice of Atomic Physics in Weimar Germany: A Study in the History of Science" (Ph. D. diss. University of California, Berkeley, 1967); "Scientific Internationalism and the Weimar Physicists: The Ideology and Its Manipulation in Germany after World War I," *Isis* 64 (1973): 151~180; "The Financial Support and Political Alignment of Physicists in Weimar Germany," *Minerva* 12 (1974): 39~66 등에서 분석했다.

[41] 두 명의 이론 물리학 주 강사가 전쟁 중과 전쟁 직후에 자연사했다. 그들은 브레슬라우 대학의 프링스하임(Ernst Pringsheim)과 베버(Leonhard Weber)였다. 프링스하임의 자리는 섀퍼(Clemens Schaefer)가, 베버의 자리는 조금 지나서 코셀(Walther Kossel)이 차지했다. 바르부르크 대학의 칸토어(Mathias Cantor)는 전사했고 그의 자리는 하름스(Friedrich Harms)가 차지했다. 튀빙겐 대학의 마이어(Edgar Meyer)는 고국 스위스로 돌아갔고 그 자리는 퓌히트바우어(Christian Füchtbauer)가 차지했다. 미(Gustav Mie)는 그라이프스발트 대학을 떠나 할레 대학에서 실험 물리학 교수가 되었다.

었음을 앞에서 기술했다. 프랑크푸르트 암 마인, 함부르크, 쾰른Cologne에 새로운 대학들이 들어서고 스트라스부르 대학을 잃은 것[42]은 몇 가지 더 많은 변화를 의미했다.[43] 그러나 이것은 전반적인 상황이었다. 1919년에 이론 물리학을 가르친 몇 안 되는 신진 학자들은 스스로 전후에 그 분야에서 두드러진 발전, 적어도 즉각적인 발전을 주목하지 않았다. 희망은 새로운 학생들과 기존의 이론가들, 그리고 프랑크푸르트와 베를린의 새로운 이론 물리학 정교수 자리를 얻은 보른과 라우에에게, 뮌헨의 조머펠트에게, 그리고 베를린 대학의 아인슈타인과 은퇴를 앞둔 플랑크에게 있는 것 같았다. 프랑크Franck와 파셴 같은 실험 물리학 교수는 원자 물리학에서의 이론적 발전을 뒷받침하기로 약속했다.

이론 물리학의 제도적 위치는 전후에 강화되었다. 부교수들이 교수진에 받아들여졌고 그들이 이론 물리학을 독립적인 분야로 담당했다. 1921년부터 5년 동안 독일 대학은 둘을 제외하고 전부가 이론 물리학 부교수자리를 정규직이든 명예직이든 정교수 자리로 바꾸었다.[44] 가령, 뮌스터 대학에서 철학부는 프로이센 정부 부처에 이론 물리학 부교수 코넨[45]을

---

[42] [역주] 제1차 대전이 종료되면서 알자스-로렌 지방에 공화정부가 들어섰다가 공산 혁명이 일어났지만, 프랑스 군대에 진압되었다. 베르사유 조약에서 윌슨의 14개조에 따라 주민투표 없이 프랑스에 할양되었다. 스트라스부르가 위치한 알자스 지방은 독일어를 쓰는 사람이 많고 정치적 성향도 복잡하므로 그러한 결정이 일방적으로 비치기도 했다.

[43] 스트라스부르 대학의 이론 물리학자 콘(Emil Cohn)은 1919년에 로스토크 대학으로 옮겼고 그다음에 이듬해에는 프라이부르크 대학으로 옮겼다. 1919년에 1920년까지 보른은 이론 물리학을 프랑크푸르트 암 마인 대학에서 가르쳤고 클라센(J. W. Classen)은 같은 과목을 함부르크 대학에서 가르쳤다. 드룩헤스(Druxes)는 이론 물리학을 1921년부터 1922년까지 쾰른 대학에서 가르쳤다.

[44] 첫째가는 이론 물리학 강사는 본, 에를랑엔, 그라이프스발트, 함부르크, 예나, 마르부르크, 뮌스터, 로스토크, 뷔르츠부르크, 쾰른 대학에서 진급했다. 프라이부르크 대학과 하이델베르크 대학에는 이론 물리학 부교수만 있었다.

[45] [역주] 코넨(Heinrich Konen, 1874~1948)은 독일의 물리학자로 분광학에서 주요

"개인 정교수"로 임명해 달라고 요청했다. 그들은 코넨이 뮌스터 대학에서 14년간 "매우 성공적으로" 가르쳤으므로 자격이 있을 뿐 아니라 이론 물리학도 역시 정교수가 담당할 자격이 있다고 주장했다. 그들은 프로이센의 다른 많은 대학에서 물리학을 실험 물리학 교수뿐 아니라 이론 물리학 교수가 가르치고 있다고 지적했다. 이론 물리학 교육을 뮌스터에서 더 강조해야 할 이유는 "물리학이 지난 10년간 겪은 강력한 혁명"은 이론 물리학 덕택에 가능했기 때문이었다.[46]

1919년 디바이가 취리히에서 자리를 제안받았을 때 괴팅겐 대학의 철학부는 장관에게 그를 잡아두기 위해 노력해 달라고 청원했다. 그들도 그 노력이 성공하기 어렵다는 것을 알고 있었다. 그들은 주장을 제기하면서 전쟁 첫해에 괴팅겐이 디바이를 놓고 취리히와 벌인 경쟁에서 승리한 것을 상기시킴으로써 전후에 독일 대학과 정부 부처들의 높아진 정치적 민감성을 인정했다. 그것은 프로이센에는 성공으로 간주되었다. 이제 괴팅겐이 전후 첫해에 같은 경쟁에서 디바이를 잃게 된다면, 그것은 프로이센의 실패로 간주될 것이고 그것을 "모든 과학계"가 지켜보게 될 것이다. 디바이는 1920년 2월에 취리히 공과 대학의 제안을 수락했다.

업적을 남겼다. 독일 과학 비상 협회의 설립자이며 카이저 빌헬름 협회의 평의회 의원이었다. 1897년에 본 대학에서 박사학위를 받았고 1902년에 본 대학에서 조교가 되었고 사강사로 일했다. 1905년부터 1912년까지 뮌스터 대학에서 이론 물리학 부교수였고 1919년부터 1920년까지 같은 대학에서 정교수로 가르쳤다. 1927년부터 1929년까지 독일 물리학회 회장을 지냈다. 1933년에 나치를 반대했다가 학계에서 추방되었다. 제2차 대전 후에 본 대학 총장이 되었다.

[46] 코넨이 받은 개인 정교수 자리는 부교수로서 받는 그의 봉급에 영향을 미치지 않았다. 뮌스터 대학 철학부 학부장이 프로이센 문화부에 보낸 편지[초고], 1919년 8월 13일 자; 장관이 코넨에게 보낸 편지, 1919년 11월 26일 자, Konen Personalakte, Münster UA.

동시에 그는 그가 떠나게 될 괴팅겐 수리 물리학과의 미래를 걱정했다.[47]

디바이의 걱정은 불필요한 것으로 드러났다. 그의 후임은 보른[48]이었고 그는 괴팅겐 대학에서 이론 물리학의 탁월한 학파를 창출하기까지 했다. 보른은 전쟁 직후에 부임한 프랑크푸르트 대학을 떠나서 베를린 대학의 플랑크와 가까이 있기를 원한 라우에와 자리를 맞바꾸어 베를린으로 갔다.[49] 프랑크푸르트 대학에서 보른은 이론 물리학 연구소를 이끌었는데 그곳에는 실험 장비와 기계공이 있었다. 그는 거기에서 다른 이들과 함께 실험 연구도 했지만 이론 연구를 주로 했다. 2년 뒤에 괴팅겐 대학이 보른에게 디바이의 후임이 되어달라고 요청했을 때 보른의 프랑크푸르트 대학 동료인 박스무트Wachsmuth는 정부 부처에 "젊은 이론 물리학자들" 중 아무도 보른의 수준에 이르지 못했으니 그를 프랑크푸르트 대학에 잡아두라고 요청했다.[50]

---

[47] 디바이가 괴팅겐 대학 감독관에게 보낸 편지, 1919년 11월 7일 자, 1920년 2월 12일, 3월 29일 자; 철학부 학부장이 감독관에게 보낸 편지, 1919년 11월 18일 자; Debye Personalakte, Göttingen UA, 4/V b/278.

[48] [역주] 막스 보른(Max Born, 1882~1970)은 독일의 물리학자로 양자역학의 형성에 기여했다. 1924년에 드브로이가 물질파라는 파동이 원자를 구성하는 아주 작은 입자의 운동을 조절한다고 가정했다. 또 슈뢰딩거가 수학적 과정과 물리적 개념을 체계화한 양자역학 파동 방정식을 발표하자 슈뢰딩거의 연구를 기초로, 물질파는 단순히 어떤 주어진 장소에서 입자가 존재할 확률일 뿐이라고 결론지었다. 양자역학뿐 아니라 결정학과 광학에도 많은 기여를 하여 1954년에 노벨 물리학상을 받았다.

[49] 라우에는 일찍이 베를린 대학의 교수 자리에 고려된 적이 있었다. 1914년 8월 2일 당시 괴팅겐 대학에서 이론 물리학 사강사였던 보른에게 플랑크는 베를린 대학에 이론 물리학을 담당할 두 번째 자리가 날 것임을 알려주면서 그 자리를 그가 수락할 것인지를 묻는 편지를 보냈다. 보른은 그러겠다고 말했지만, 공식적인 편지가 오지 않은 채 제1차 세계대전이 발발했다. 12월에 플랑크는 라우에가 그 자리를 원하며, 보른이 아니라 라우에가 그 자리를 얻게 될 것이라고 다시 편지를 보냈다. 그러나 라우에는 정부 부처를 불편하게 했고 정부 부처는 그 자리를 결국 보른에게 제시했다. 보른은 1915년에 그의 자리를 맡았다. Max Born, *My Life: Recollections of a Nobel Laureate* (New York: Scribner's, 1978), 161~164.

"물리학 연구소의 수학부"를 지도하던 디바이의 자리를 보른에게 대신 맡아 달라는 괴팅겐 대학의 제안은, 디바이의 수학부가 실험 연구 장비를 갖추고 있었기에 문제를 일으켰다. 보른은 한 번도 실험 물리학 강의를 해본 적이나 커다란 물리학 실험실을 지도해 본 적이 없었고, 프랑크푸르트 대학에서 실험 연구를 시도하다가 스스로 훈련이 되어 있지 않은 데다 "진정한 실험 연구자"가 될 인내심도 갖추고 있지 않다고 확신하게 되었다. 그는 괴팅겐의 자리를 받아들이는 것을 주저하다가 서류상으로 괴팅겐 대학에는 실험 물리학을 담당할 폴이 부교수 자리에 있을 뿐 아니라 포크트가 사망한 후 포크트의 정교수 자리에서 만들어진 두 번째 부교수 자리가 있다는 것을 알게 되었다. 디바이가 괴팅겐 대학으로 초빙되었을 때 만들어진 그 두 번째 부교수 자리는 폴에게 주어질 예정이었고 폴이 이미 부임해 있었던 자리는 없어질 예정이었다. 그러나 1915년 문화부의 복잡한 계획은 전후에 정부 부처 관리들을 곤란하게 했고 보른은 재빠르게 그들의 혼란을 이용했다. 그는 문화부가 두 자리를 모두 유지하게 하고 실험 연구자를 그 빈 자리에 임명하여 결과적으로 디바이의 수학부를 두 부서로 나누어 이론 부서와 실험 부서를 만들게 했다. 실험 부서에 보른은 프랑크를 추천했는데 그는 당시에 실험 물리학 정교수로 임용되어 있었다.[51] 그리하여 보른이 이론 전문가로 괴

[50] 보른이 조머펠트에게 보낸 편지, 1920년 3월 5일 자, Sommerfeld Correspondence, Ms. Coll., DM. 프로이센 문화부 장관이 프랑크푸르트 대학 감독관에게 보낸 편지, 1919년 1월 4일 자; 프랑크푸르트 대학 과학부가 감독관에게 보낸 편지, 1920년 4월 27일 자; Born Personalakte, Göttingen UA. N. Kemmer and R. Schlapp, "Max Born," Biographical Memoirs of Fellows of the Royal Society 17 (1971): 17~52 중 20~21.

[51] 보른은 핵심을 정확하게 기억했다. 두 개의 부교수 자리가 있었다. 그런데 보른은 오해로 포크트가 부교수 자리 중 하나를 생겨나게 했다고 회상했다. 보른은 정부 부처와 협상 중에 그 자리들에 대해 알게 되었을 때 그에게는 괴팅겐 대학의 물리

보른과 동료들. 왼쪽에서 오른쪽으로, 오젠, 보어, 프랑크, 클라인. 앉은 사람은 보른. 1922년 6월에 괴팅겐에서 열린 보어 축제에서 촬영. 여기에서 보어는 초청 강의를 했다. Lehrstuhl für Geschichte der Naturwissenschaften und Technik, Universität Stuttgart 제공.

팅겐 대학에 부임한 것은 물리학 교수직을 여럿으로 분할시키는 결과를 낳았다. 리케와 포크트의 뒤를 따라 괴팅겐 대학에 봉사하라고 의도된 전임 교수직은 하나였지만, 그 대신 세 자리가 생겼다. 보른, 프랑크, 폴의 자리였다.

오래된 연구소 건물에는 셋 모두에게 충분한 공간이 있었다. 왜냐하면, 보른은 자신이 사용할 공간을 많이 요구하지 않았다. (보른은 지하실에서 프랑크와 방들을 공유했고 프랑크는 2층 전체를 차지했으며 폴은 1층 전체와 다락방을 차지했다.)[52] 보른은 기계공도 공방도 없었고 실험 연구에서 한 학생을 지도한 후에는 실험 연구를 다시 시도하지 않았다.

학 교수 자리들이 이상하게 보였겠지만, 그와 정부 부처가 생각했듯이, 아무런 잘못이 없었다. 다만 폴의 자리 변동이 아직 이루어지지 않았다는 점만이 불완전했다. Born, *My Life*, 200.

[52] 프로이센 문화부가 보른에게 보낸 편지, 1920년 11월 30일 자, Born Personalakte, Göttingen UA.

프랑크와 폴은 보른의 "실험 능력을 의심했고 오히려 낙담시키는 어조로 이것을 표현하여" 그 문제에 대한 보른의 관점을 지지했다. 어떤 경우든 실험 연구를 수행할 연구소는 보른에게 필요하지 않았다. 보른의 동료 프랑크는 추상적인 이론적 개념을 실험적 개념으로 번역할 남다른 재능이 있었고 이것이 포크트 이래 오래되었지만 이제 나누어진 연구소에서 이론과 실험 간 고도의 협력을 가능하게 만들었다.[53]

보어의 추종자였던 프랑크는 보른의 관심사가 원자 물리학과 양자 이론으로 향하도록 도움을 주었다. 보어는 직접 1922년에 괴팅겐 대학을 방문해 그의 분야에 관심을 많이 기울이도록 하는 데 성공했다. 그해 보른은 조머펠트에게 이제 그의 사람들이 "당신에게 약간의 경쟁심을 품게 하려고 양자 다루기[quanteln]를 허락했다"고 편지에 적었다.[54] 괴팅겐은 "새롭게 등장하는 전문 분야의 중심"이 되었다.[55]

젊은 이론 물리학자들은 보어와 보른의 연구소, 그리고 독일의 또 다른 주요 거점인 뮌헨 대학 조머펠트의 연구소 사이를 쉽게 옮겨 다녔다. 보른의 첫 번째 조수는 조머펠트의 학생인 파울리[56]였다. 파울리는 학위

---

[53] Born, *My Life*, 210~211. 프랑크의 연구소보다 폴의 연구소의 경우가 지성의 교류가 더 적었다. 보른은 "폴의 교실의 극단적인 실험 연구자들"과 자신의 이론 연구자들 사이의 "계속되던 작은 말다툼"을 회상했다.

[54] 보른이 조머펠트에게 보낸 편지, 1922년 5월 13일 자, Sommerfeld Correspondence, Ms. Coll., DM.

[55] Werner Heisenberg, "Professor Max Born," *Nature* 225 (1970): 669~671.

[56] [역주] 파울리(Wolfgang Ernst Pauli, 1900~1958)는 오스트리아의 이론 물리학자로 빈에서 명망 있는 유대인 집안 화학자의 아들로 출생했다. 김나지움을 졸업하고 불과 두 달 후에 상대성 이론에 관한 그의 첫 번째 논문을 발표했고 뮌헨 대학에 진학했다. 조머펠트의 지도를 받아 1921년에 이온화된 수소 분자에 관한 양자 이론으로 박사학위를 받았다. 이후 유럽의 여러 대학에서 강사와 연구원으로 활동했으며 주로 취리히 연방 공과 대학의 교수로 지내다가 제2차 세계대전 중에는 미국의 프린스턴 고등연구소에서 객원 교수를 지냈다. 전쟁이 끝나고서는 다시 취리히로 돌아갔다. 그는 상대성 이론의 전개에 기여했고, 양자론의 체계화에 노

를 아직 받지 않았지만 보른은 그를 괴팅겐 대학 감독관에게 "최근 몇 년간 부상한 물리학 분야의 최고 인재"로 묘사했다. 보른은 파울리를 원한 것은 자신이었지만 감독관을 설득하기 위해 프랑크, 힐베르트, 룽에 모두 역시 그와 함께 일할 기회를 얻기 원한다고 말했다.[57] 능력상 파울리는 그들과 동급이었고, 비록 보른이 교육에서 "그에게서 별로 큰 도움"을 받은 적이 없었을지라도 파울리는 보른에게 배웠고 연구를 위해 그와 협력했다. 파울리는 떠날 때 그의 후임으로 또 다른 조머펠트의 제자인 하이젠베르크를 추천했는데 그도 역시 그 당시에는 학위 논문을 쓰려고 연구하고 있었다. 보른은 하이젠베르크의 "전례 없는 재능"과 기질로 자신의 강의를 도울 수 있었기에 조머펠트에게 그를 보내달라고 재촉했다. (비록 보른은 박사학위 학생이 아홉이 있었고 조머펠트의 "후손"이 넷이 있었지만 모두 그를 돕기에는 충분하지 않았다.)[58] 그래서 하이젠베르크가 왔고 그 앞의 파울리처럼 보른의 동역자가 되었다. 이제 원자 물리학에 가장 큰 의미가 있는 이론적 협력을 이끌어낼 인맥이 형성되었다.

1922년에 플랑크는 다음과 같이 이론 물리학의 상황을 평가했다. 그는 과거의 물리학에는 "아름다운 이론들"이 있었고 현재보다 "더 단순하고 더 조화로우며 결과적으로 더 만족스러웠다"는 것을 시인했다. 그러나 새로 알려진 사실들을 설명하려면 새롭고 혼란스러운 물리학의 이

력했다. 1924년 원자 구조에 관한 파울리 배타 원리를 발견했는데, 이것은 페르미의 통계법과 저온의 물질 상태 해명의 출발점이 되었다. 1945년 노벨 물리학상을 받았다.

[57] 보른이 괴팅겐 대학 감독관에게 보낸 편지, 1921년 7월 4일 자, Göttingen UA, 4/V h/35.

[58] 보른이 조머펠트에게 보낸 편지, 1923년 1월 5일 자, Sommerfeld Correspondence, Ms. Coll., DM. Born, *My Life*, 212.

론적 개념이 필요하니, 만약 독일 물리학자들이 그러한 사실들을 무시한다면, 다른 나라의 물리학자들에게 뒤처지게 될 것이라고 주장했다. 그는 과거 10년간 물리학에서 가장 중요한 발전은 상대성 이론과 양자 이론이고 둘 중에서 전자가 더 충분히 연구되었다고 생각했다. 양자 이론은 아직 "진정한 이론"이 아니었고 빛의 파동 이론과의 관계가 밝혀질 때까지 그러할 것이라고 했다. 양자 이론은 "보어 원자 모형의 놀라운 성공"이 증명하듯이 여전히 크게 발전하는 중이었다.[59]

플랑크가 이러한 관측을 할 즈음, 중요한 실험 연구가 독일에서 이루어져 보어 원자 모형의 주요 내용과 조머펠트와 다른 이들이 이를 정교화한 모형을 지지해 주었다. 1914년에 프랑크와 헤르츠Gustav Hertz는 또 다른 목적을 위해 수행한 실험에서 전자와 원자의 충돌을 통해 상태들 사이의 전이를 유발함으로써 정상stationary 상태의 존재를 입증했다. 1921년에 슈테른[60]과 게를라흐[61]가 자기장(마당)으로 원자 입자의 빔을 휘어

---

[59] 플랑크는 빈이 이론의 현 상태에 대해 실망스럽게 평가한 것에 맞섰는데 빈은 로렌츠의 언급을 인용함으로써 자신의 주장을 뒷받침했다. 즉각적인 문제는 1922년 독일 과학자 협회 모임의 일반 회기에서 연사를 선택하는 일이었다. 플랑크는 양자 이론에 대한 일반 강연은 시기상조라고 생각했기에 아인슈타인이 상대성 이론에 대해 발표하기를 원했다. 플랑크가 빈에게 보낸 편지, 1912년 6월 13일 자와 1922년 7월 9일 자, Wien Papers, STPK, 1973.110.

[60] [역주] 슈테른(Otto Stern, 1888~1969)은 미국의 물리학자로 독일에서 출생하여 취리히, 프랑크푸르트, 함부르크에서 연구 활동을 하다가 미국으로 건너가 카네기 연구소의 물리학 교수를 역임하고, 1939년 귀화했다. 분자선을 연구하고, 게를라흐와 함께 원자의 자기 능률이 불연속인 값을 가지는 것을 발견했다. 양자의 자기적 성질 연구로, 1943년 노벨 물리학상을 받았다.

[61] [역주] 게를라흐(Walter Gerlach, 1889~1979)는 독일 물리학자로 자기장(마당)의 스핀 양자화인 슈테른-게를라흐 효과를 슈테른과 함께 발견했다. 1908년부터 튀빙겐 대학에서 공부했고 1912년에 파셴의 지도로 박사학위를 받고 파셴의 조수로 있다가 1916년에 튀빙겐 대학에서 교수 자격 논문을 완성했다. 제1차 세계대전 중에 독일군으로 참전했고 예나 대학에서 막스 빈 밑에서 무선 전신에 대해 연구했다. 1916년에 튀빙겐 대학 사강사가 되었다가 이어서 괴팅겐 대학에서 사강사

지게 함으로써 공간 양자화, 즉 각운동량의 해당 방향 성분이 양자화한 다는 것을 입증했다. 독일에서 이후의 이론적 발전은 실험 분광학과 연계하여 진행되었다. 이론 물리학자들은, 비록 원대한 목표라고 생각했지만, 원자 구조를 온전히 이해할 수 있으리라 여겼다. 이제 그들은 들어맞는 수소 원자 이론이 있었지만, 헬륨 원자 이론과 둘 이상의 전자를 갖는 일반적인 원자에 관한 이론은 없었다. 그들은 많은 노력으로 복잡한 스펙트럼(빛띠) 선을 해명할 뿐 아니라 빛을 내는 전자와 원자의 나머지 부분과의 자기적 상호 작용에 의한 스펙트럼 선의 갈라짐을 해명하려 했다. 특히 후자의 후속 연구에서 유용한 것은 비정상 제만 효과에 대한 란데[62]의 이론 연구로 정상 제만 효과에 대한 조머펠트와 디바이의 설명을 개선하게 된 것이었다. 그들의 다른 연구는 상대론적 효과로서 스펙트럼(빛띠) 선의 복잡한 구조를 상대성 이론 효과라고 설명하게 되었고 또 다른 연구는 다수의 전자를 갖는 원자를 설명할 이론에 대한 접근법을 알아내려고 빛의 분산을 연구했다. 독일과 외국의 이론 연구자들은 할 수 있는 대로 보어의 원자 모형을 발전시켰다.[63]

로 있었다. 1920년에 프랑크푸르트 암 마인 대학에서 조수로 있다가 조교수가 되었고 1921년에 슈테른과 함께 자기장(마당) 내에서 스핀 양자화를 발견했다. 1925년에 튀빙겐 대학에서 파셴의 뒤를 이어 정교수가 되었고 1929년에는 빈의 뒤를 이어 뮌헨 대학 교수가 되었다. 전후 뮌헨 대학에서 계속 가르쳤고 1948년부터 1851년에는 뮌헨 대학 총장을 지냈다. 독일의 과학 진흥에 중심적인 역할을 했고 독일의 핵 재무장을 반대하는 괴팅겐 선언에 서명했다.

[62] [역주] 란데(Alfred Landé, 1888~1976)는 독일계 미국 물리학자로 양자역학에 기여했다. 특히 제만 효과의 란데 g-인자 설명을 제시했다. 란데는 뮌헨 대학에서 조머펠트에게 배우고 1913년에 괴팅겐 대학 힐베르트의 조수로 갔다. 조머펠트 밑에서 박사학위를 받고 결정을 연구하다가 원자에서 전자의 궤도가 행성 궤도와 같지 않다는 것을 발견했다. 이후 7년간 원자 구조에 대한 집중적인 연구를 수행했다. 1919년에 결정학으로 전환하여 여러 개의 전자가 있는 원자의 구조에 대해 연구했다. 란데는 1920년부터 1921년까지 연구를 통해 비정상 제만 효과에 대한 설명과 자기 양자 수와 관련된 란데 g-인자를 발견했다.

한 단계 도약하기 위해 괴팅겐 대학의 보른은 하이젠베르크와 다른 이들에게 고전 역학을 공부하라고 재촉했는데 이는 그것을 통달해야만 새로운 "양자역학"으로 전이를 완성하기를 희망할 수 있었기 때문이었다. 이 "양자역학"이라는 표현은 보른이 1924년에 문헌에 도입했다. 예를 들면, 그들은 천문학자들이 천체에 적용한 섭동 방법을 다수의 전자를 갖는 원자에 적용했다. 그리고 고전 역학으로 풀 수 없는 부분에서 그들은 새로운 원리들을 찾았고 점차 원자들을 올바르게 이해하려면 물리 이론을 급진적으로 재공식화해야 함을 확신했다.[64]

보른과 다른 원자 물리학자들은 원자 영역에 고전 이론의 개념과 법칙들을 적용할 수 있는지 하나하나 물었다. 가령, 보른과 파울리는 공간과 시간의 연속성이 "관측 가능한 것"을 다루지 않으므로 그것을 받아들일 수 있는지 의문을 제기했다.[65] 보어와 그의 동역자들은 다른 원자들 간의 전이의 인과적 연관과 개별 원자 과정에 대한 에너지와 운동량 보존 법칙이 유효한지 의문을 제기했다.[66]

---

[63] Paul Forman, "The Doublet Riddle and Atomic Physics circa 1924," *Isis* 59 (1968): 156~174 중 164~165, 171~173.

[64] 보른과의 "사적인 세미나"에 자극을 받은 하이젠베르크는 "철저하고 집중적으로" 푸앵카레의 천체 역학을 공부했고 그 내용이 "믿을 수 없게" 풍부하다는 것을 발견했다. 보른과 함께 하이젠베르크는 푸앵카레의 방법을 원자의 양자 이론에 적용했다. 하이젠베르크가 조머펠트에게 보낸 편지, 1923년 1월 4일 자, Sommerfeld Gorrespondence, Ms. Coll., DM. Heisenberg, "Max Born," 670. Werner Heisenberg, *Physics and Beyond: Encounters and Conversations,* trans. A. J. Pomerans (New York: Harper and Row, 1971), 59. Born, *My Life*, 214~215.

[65] 보른이 파울리에게 보낸 편지, 1919년 12월 23일 자, Wolfgang Pauli, *Wissenschaftlicher Briefwechsel mit Bohr, Einstein, Heisenberg u. a.,* vol. 1: 1919~1929, ed. A. Hermann, *K. v. Meyenn, and V. F. Weisskopf* (New York, Heisenberg, and Berlin: Springer, 1979), 9~10 중 10.

[66] 1924년 보어, 크라머스(H. A. Kramers), 슬레이터(J. C. Slater)는 빛과 원자의 상호 작용에 대한 새로운 이론을 통해 광양자(빛양자)의 필요성을 회피했다. 그들의 이

보어처럼 하이젠베르크에게 더 오래된 역학은 "거짓"으로 보이게 되었다.[67] 하이젠베르크는 오래된 역학을 거부하면서 양자 이론적 문제에 대해서는 그 밑에 깔린 운동학에 본질적 난점이 있다고 보았다. 1925년에 그의 운동학적 해법은 엄밀하게 관찰 가능한 양에 토대를 둔 새로운 역학을 원자 복사에 수립하는 것이었다. 이 "양자역학"에서는 붙들린 전자라는 묘사가 포기되었고, 전자는 시간의 함수로서 공간상의 점과 연관될 수 없었다.[68] 즉, 그것은 "고전 기하학의 원 궤도와 타원 궤도"에

론에서 정지 상태 간의 전이는 허용된 전이에 해당하는 진동수와 가상 진동자에서 기원하는 "가상" 복사장(radiating field, 복사 마당)에 의해 유도된다. 보존 법칙들은 아인슈타인, 보른, 파울리, 조머펠트, 그리고 다수의 다른 이론 연구자들의 회의론을 불러일으킨 이론의 특징인 통계적 유효성만을 갖는 것으로 가정된다. 그 이론은 신속하게 실험으로 배격되었지만, 그것의 일부, 특히 가상 진동자는 크라머스의 분산 이론에서 유지되었고, 그것을 하이젠베르크는 확장했다. 이것은 양자역학 건설을 향한 첫걸음이었다. Bohr, Kramers, and Slater, "The Quantum Theory of Radiation," *Philosophical Magazine* 47 (1924): 785~802; 독일어판은 *Zs. F. Phys.* 24 (1924): 69~87로 나왔다. 파울리가 크라머스에게 보낸 편지, 1925년 7월 27일 자, *Pauli. Briefwechsel*, 232~234 중 233. Rober H. Stuewer, *The Compton Effect: Turning Point in Physics* (New York: Science History Publications, 1975), 291~305. Klein, "The First Phase of the Bohr-Einstein Dialogue." Arthur I. Miller, "Visualization Lost and Regained: The Genesis of the Quantum Theory in the Period 1913~1927," in *On Aesthetics in Science*, ed. J. Wechsler (Cambridge, Mass.: MIT Press, 1978), 73~101.

[67] 하이젠베르크가 조머펠트에게 보낸 편지, 1923년 1월 15일 자, *Pauli. Briefwechsel*, 81, 편지 31에 대한 노트에서 인용.

[68] Werner Heisenberg, "Über quantentheoretische Umdeutung kinematischer und mechanischer Beziehungen, *Zs. f. Phys.* 33 (1925): 879~893. "Quantum-theoretical Re-interpretation of Kinematic and Mechanical Relations," in B. L. van der Waerden, ed., *Sources of Quantum Mechanics* (1967; 재인쇄 New York: Dover, 1968), 261~276로 번역. 하이젠베르크의 1925년 논문의 주된 요지는 van der Waerden, "Introduction," *Sources*, 1~59 중 28~35에 분석되어 있다. 바에르덴은 이 논문을 둘러싼 서신 교환에서 광범하게 인용한다. 그 서신의 대부분은 이후에 그대로 *Pauli. Briefwechsel*에 게재되었다. 이것이 우리가 여기에서 인용하는 출처이다. 이 안에는 하이젠베르크, 보른과 그들의 측근들과 양자역학의 창출에 관한 광범한 역사적 문헌들이 있으며, 다음과 같은 것들이 있다. Whittaker, *The Modern*

의해 해석될 수 없었고 하이젠베르크는 그에게는 "물리적 의미가 조금도" 없어 보이는 것을 대체하기 위해 모든 노력을 쏟아 부었다.[69] 새로운 역학을 담은 1925년의 논문을 발표할 즈음에 쓴 편지에서 하이젠베르크는 파울리에게 역학에 대한 그의 견해는 "날마다 더욱 급진적"이 되어가고 있다고 말했다.[70]

1925년에 하이젠베르크의 "완전히 새로운 아이디어"는 전자 운동을 설명하는 고전적인 운동학의 기술을 거부하는 대신, 고전적인 방정식은 보존하는 것이었다.[71] 고전적 운동학 기술에 따르면 원자에서 주기적으로 운동하는 전자의 위치는 푸리에 급수로 전개할 수 있고 그것의 각 항은 단일한 정수를 포함하고 있다. 대조적으로 하이젠베르크의 새로운 운동학은 각 항이 원자 내의 양자 전이에 동반되는 복사로부터 알게 되는 사건인 양자 전이를 정의하는 한 쌍의 정수를 포함하기를 요구한다.

Theories, 153~167; Jammer, *Conceptual Development of Quantum Mechanics*, 196~236; Armin Hermann, *Die Jahrhundertwissenschaft: Werner Heisenberg und die Physik seiner Zeit* (Stuttgart: Deutsche Verlag-Anstalt, 1977), 68~80; Friedrich Hund, *Geschichte der Quantentheorie*, 2d ed. (Mannheim, Vienna and Zurich: Bibliographisches Institut, 1975), 121~136; Paul Forman, "Weimar Culture, Causality, and Quantum Theory, 1918~1927: Adaptation by German Physicists and Mathematiscians to a Hostile Intellectual Environment," *HSPS* 3 (1971): 1: 1~115; Edward MacKinnon, "Heisenberg, Models, and the Rise of Matrix Mechanics," *HSPS* 8 (1977): 137~188; Daniel Serwer, "Unmechanischer Zwang: Pauli, Heisenberg, and the Rejection of the Mechanical Atom, 1923~1925," *HSPS* 8 (1977): 189~256; David C. Cassidy, "Hesenberg's First Core Model of the Atom: The Formation of a Professional Style," *HSPS* 10 (1979): 187~224.

[69] 하이젠베르크가 파울리에게 보낸 편지, 1925년 7월 9일 자, *Pauli. Briefwechsel*, 231~232 중 231.

[70] 하이젠베르크가 파울리에게 보낸 편지, 1925년 7월 9일 자, *Pauli. Briefwechsel*, 231.

[71] 하이젠베르크는 전자의 표준 운동 방정식 $\ddot{x} + f(x) = 0$에서 x에 새로운 운동학적 해석을 부여했다. "Quantum-theoretical Re-interpretation," 266.

하이젠베르크는 새로운 운동학의 기대하지 못한 결과에 주의를 기울였다. 즉, 관찰 가능한 양들의 곱의 교환법칙이 항상 성립하지는 않는다는 것이다.[72]

하이젠베르크는 양자역학에 대한 그의 첫 번째 논문에서 자유도가 1인 단순한 역학적 문제를 취급하면서 대조적인 공식들을 나란히 전개했다. 하나는 "고전적인" 것이었는데 그것은 오래된 보어-조머펠트 양자 이론의 공식들을 의도한 것이었다. 다른 하나는 그 자신의 "양자-이론적인" 것이었다. 그의 목표는 "고전 역학의 형식론에 가능한 한 일치하는 양자역학적 형식론을 구축하는 것"이었다.[73] 여기에서 그는 고전 물리학이 양자 물리학의 극한 사례여야 한다고 주장하는 보어의 대응 원리[74]의 인도를 받았다.[75]

하이젠베르크는 케임브리지를 잠깐 방문하기 위해 괴팅겐을 떠날 때 그의 논문 원고를 보른에게 주었다. 보른은 며칠 동안 그 원고를 공부하고 아인슈타인에게 보낸 편지에 그 내용이 "매우 신비적으로 보였지만 확실히 옳고 심오하다"라고 썼다.[76] 보른은 그 논문을 학술지에 게재하

---

[72] 즉, $x(t)y(t)$는 반드시 $y(t)x(t)$와 같지는 않다. Heisenberg, "Quantum-theoretical Re-interpretation," 266.

[73] Heisenberg, "Quantum-theoretical Re-interpretation," 267.

[74] [역주] 보어의 대응 원리는 양자역학의 양자 수가 엄청나게 커지면 그 극한이 고전 역학에 수렴한다는 것이다. 1923년에 보어가 주장한 것으로, 양자역학이 원자 내부의 현상을 설명해준다고 하여 고전 역학을 완전히 폐기할 수는 없으므로 두 역학을 조화시킬 방안으로 제시한 것이다. 보어는 새 이론이 원자의 물리현상을 보다 정밀하게 설명해야 할 뿐 아니라 통상적인 현상에도 적용돼야 하며 마찬가지로 이전의 물리학 이론도 설명할 수 있어야 한다고 주장했다.

[75] Werner Heisenberg, "The Development of Quantum Mechanics," Nobel lecture, 1933년 12월 11일 자, *Nobel Lectures, Physics 1922~1941,* The Nobel Foundation (Amsterdam, London, and New York: Elsevier, 1965), 290~301 중 290.

[76] 보른이 아인슈타인에게 보낸 편지, 1925년 7월 15일 자, van der Waerden, *Sources,*

기 위해 전달했고 그것에 대해 더 많이 생각하다가 하이젠베르크가 특색 있게 사용한, 교환법칙이 성립하지 않는 곱셈이 행렬 계산법에 나온다는 것을 깨달았다. 그것은 그가 학생일 때 친숙해졌고 전기 동역학에서 제한적으로 사용한 수학의 분야였다. 보른은 그의 학생 요르단[77]과 협력하여 이 계산법을 써서 하이젠베르크의 이론의 "공식적 내용"을 명쾌하게 하는 일에 착수했다. 그 결과로 출간한 논문은 "고전 역학과 놀랍게 가까운 유비 개념들을 보여주는, 양자역학의 닫힌 수학적 이론"을 제시했다. 그들은 고전적인 운동 방정식을 양자역학으로 넘겼는데 거기에서 나타나는 양들이 행렬이라는 점이 차이가 있었다. 그들은 하이젠베르크의 성가신 조건을 행렬 방정식

$$pq - qp = h/2\pi i \cdot I$$

으로 대체했다. 그것은 형태상 고전역학의 잘 알려진 방정식을 닮았고 플랑크 상수 h가 0이 되는 극한에서 고전역학의 방정식으로 환원된다. 그들은 이 양자 조건 위에서 모든 심화한 고찰을 전개했다.[78]

---

36. 그 편지는 전체가 *Albert Einstein und Max Born Briefwechsel 1916~1955*, ed. Max Born (Munich: Nymphenburger Verlag, 1969), 119~122에 게재되었다. 인용은 121.

77 [역주] 요르단(Pascual Jordan, 1902~1980)은 독일의 이론 물리학자로 행렬역학의 수학적 형식과 관련하여 양자역학과 양자 장론에 주로 기여했다. 1921년에 하노버 공업 대학에 등록했고 동물학, 수학, 물리학을 가르쳤다. 괴팅겐 대학에서 리하르트 쿠란트의 조수가 되었다가 막스 보른의 조수가 되었다. 보른 및 하이젠베르크와 함께 양자역학에 관한 주요 논문을 썼고 양자 장론의 연구를 거쳐서 제2차 대전 이후에는 우주론으로 나아갔다. 필립 레나르트나 요하네스 슈타르크처럼 나치에 가입했다가 과학 공동체에서 소외되어 1954년에 그의 동료인 보른, 보테가 노벨상을 받을 때 함께 받지 못했다.

78 Max Born and Pascual Jordan, "Zur Quantenmechanik," *Zs. f. Phys.* 34 (1925): 858~888. 번역본은 "On Quantum Mechanics" in van der Waerden, *Sources*,

하이젠베르크가 1925년 가을에 괴팅겐으로 돌아갔을 때 거기에서는
아무도 더는 오래된 역학을 믿지 않는다는 것을 발견했다.[79] 그는 보른과
요르단의 연구를 새로운 역학에서 "매우 큰 진보"로 간주했고[80] "3인
논문"을 염두에 두고 그들과 공동 연구를 하려고 신속하게 행렬 방법을
배웠다. 그 수학적 방법은 이 논문이 기여한 점 중 가장 중요한 것이었고
그것은 양자역학의 행렬 형식화에서 본질적 부분 거의 전부를 포함했
다.[81]

행렬 계산은 아직 모든 이론 물리학자에게 친숙하지는 않았으므로 보
른과 요르단은 기초적인 행렬 방정식으로 양자역학의 구성을 시작했다.
괴팅겐 대학에서 하이젠베르크는 행렬 방법을 환영하는 사람도 있지만
다른 사람들은 그것을 이해하지도 못하는 것을 발견했다. 그는 새로운
역학에서 "행렬"이라는 수학적 용어를 빼고 그것을 "양자 이론적 양"이
라는 말로 대체하려 했으나 실패했다. 그 이론의 특징은 비범한 수학적

277~306 중 292. 양자 조건을 구할 공식에서 p와 q는 고전 역학에서 운동량과
공간 좌표를 표시하는 행렬이고 I는 단위행렬이다. 이 조건이 연속적인 집합체
(manifold)의 해들로부터 띄엄띄엄 떨어진 상태들을 선택하지 않으므로 이 조건은
그러한 의미에서 양자 조건이 아니지만, 하이젠베르크는 그것이 마찬가지로 "이
러한 역학의 근본 법칙"임을 지적했다. 그는 이를 "보른의 매우 똑똑한 아이디어"
라고 언급했다. 하이젠베르크가 파울리에게 보낸 편지, 1925년 9월 18일 자, *Pauli.
Briefwechsel*, 236~240 중 237, 240. 이것과 보른과 요르단의 논문의 다른 중심
아이디어는 케임브리지에 있는 디랙(Paul Dirac)에 의해 다른 접근법으로 독립적
으로 탐구되었다.

[79] 하이젠베르크가 파울리에게 보낸 편지, 1925년 9월 18일 자, *Pauli. Briefwechsel*,
236.

[80] 하이젠베르크가 요르단에게 보낸 편지, 1925년 9월 13일 자, van der Waerden,
Sources, 40.

[81] 하이젠베르크가 파울리에게 보낸 편지, 1925년 10월 23일 자, *Pauli. Briefwechsel*,
251~252 중 251. Born, Heisenberg, and Jordan, "Zur Quantenmechanik II," *Zs.
f. Phys.* 35 (1925): 557~615. 영역본은 "On Quantum Mechanics II," in van der
Waerden, *Sources*, 321~385.

방법이었고, 그 역학은 "행렬 물리학"이라고 불렸다.[82]

괴팅겐에서는 원자 역학에 행렬 접근법뿐 아니라 또 하나의 접근법도 고려되고 있었다. 금속판에서 산란하는 전자에 대한 최근 실험에 대해 보른의 세미나에서 엘자서Wather Elsasser라는 학생이 듣고 연구르 시작했다. 엘자서는 드브로이가 1924년에 파리에서 학위논문을 발표해 제안하고 아인슈타인이 이듬해 기체의 양자 이론에서 옹호한 물질의 파동성에 대한 증거로서, 산란한 전자의 각 분포angular distribution에서 기대하지 못했던 극댓값들과 극솟값들[83]을 지적하는 소논문을 발표했다.[84] 양자역학에 대한 자신의 첫 논문에 소개된 생각들을 가지고 고민하면서 모든 것이 "아직 불확실"함을 발견한 하이젠베르크는, 파울리에게 "파동 이론에 따라 움직이는 원자에 대한 아인슈타인의 새 연구 논문"을 보았는지 물었다. 그 자신은 그에 대해 "대단히 열광하고" 있었기 때문이었다.[85] 보른은 아인슈타인에게, 양자역학에 대한 하이젠베르크의 원고를 방금 읽었다고 언급한 그 편지에서, 자신도 방금 드브로이의 학위 논문을 읽었다고 썼다. 그는 아인슈타인에 동조하여 "'물질의 파동 이론'은 매우 중

---

[82] 하이젠베르크가 파울리에게 보낸 편지, 1925년 11월 16일 자, *Pauli. Briefwechsel*, 255~256 중 255.

[83] [역주] 전자가 방사상으로 회절하여 산란할 때 각도에 따라서 극대와 극소가 번갈아가며 나타나게 되는 것은 전자가 가지는 파동성 때문이다. 전자가 파동성을 갖지 않으면 극대가 한 번 나타나는 분포를 보이게 된다.

[84] 엘자서(Walter Elsasser)는 그가 괴팅겐 대학에서 물질의 파동성 주제를 어떻게 접하게 되었는지 그의 *Memoirs of a Physicist in the Atomic Age* (New York: Science History Publications, 1978), 59~62에서 말해준다. 그것은 보른의 관점으로는 *My Life*, 230~231에 기술되어 있다.

[85] 하이젠베르크가 파울리에게 보낸 편지, 1925년 6월 24일, 29일 자, *Pauli. Briefwechsel*, 225~228 중 226, 229~230 중 229.

요한 주제가 될 수 있다"고 믿었다.[86]

그러나 물질파 역학을 원자의 행렬역학의 대안으로 한층 발전시킨 사람은 보른이나 괴팅겐 대학에 있는 다른 이가 아니라 취리히에 있는 슈뢰딩거였다. 1926년 초에 나오기 시작한 일련의 논문에서 슈뢰딩거는 물질파를 기술하기 위한 2차 편미분 방정식, 즉 "슈뢰딩거 방정식"의 결과들을 살펴보았다. 슈뢰딩거가 그의 첫 논문에서 도입한 수소 원자를 위한 파동 방정식은[87]

$$\nabla^2 \psi + \frac{2m}{K^2}\left(E + \frac{e^2}{r} \right)\psi = 0$$

이었다. 여기에서 ψ는 파동 함수이고, E는 에너지이며, m, e, r는 케플러식 경로에 있는 단일 전자의 특성을 부여한다. 상수 K는 에너지의 고윳값이 발머 진동수들과 일치하려면 $h/2\pi$와 같아야 한다. 이 방정식은 행렬역학처럼 수소 원자에 대해 고유 진동수로서 진동수와 그에 해당하는

---

[86] 보른이 아인슈타인에게 보낸 편지, 1925년 7월 15일 자, *Einstein/Born Briefwechsel*, 119~122 중 120.

[87] Erwin Schrödinger, "Quantisierung als Eigenwertproblem," *Ann.* 79 (1926): 361~376, 영역본은 "Quantization as a Problem of Proper Values (Part I)," in Erwin Schrödinger, *Collected Papers on Wave Mechanics*, trans. J. F. Shearer from the 2nd German ed. of 1928 (London and Glasgow: Blackie and Son, 1928), 1~12, 방정식은 2에 나온다. 슈뢰딩거의 파동역학의 전개는 여러 곳에 분석되어 있는데 다음이 포함된다. Whittaker, *The Modern Theories*, 268~307; Jammer, *Conceptual Development of Quantum Mechanics*, 236~280; William T. Scott, *Erwin Schrödinger, An Introduction to His Writings* (Amherst: University of Massachusetts Press, 1967); Klein, "Einstein and the Wave-Particle Duality," 38~46; J. U. Gerber, "Geschichte der Wellenmechanik," *Arch. Hist. Ex. Sci.* 5 (1969): 349~416; V. V. Raman and Paul Forman, "Why Was It Schrödinger Who Developed de Broglie's Ideas?" *HSPS* 1 (1969): 291~314; P. A. Hanle, "Erwin Schrödinger's Reaction to Louis de Broglie's Thesis on the Quantum Theory," *Isis* 68 (1977): 606~609.

에너지를 내놓는다. 슈뢰딩거가 보어의 진동수 조건을 물리적으로 올바르게 이해하는 실마리로 여긴 일치였다. 슈뢰딩거는 "양자 전이 중에 한 형태의 진동에서 다른 형태의 진동으로 옮아갈 때 에너지가 변한다고 상상하는 것이 도약하는 전자에 대해 생각하는 것보다 얼마나 더 적절한지는 강조할 필요가 거의 없다"고 언급했다. 원자의 정상 상태는 단지 정상파이고 상태 사이의 전이는 "공간과 시간에서 연속적으로" 일어난다.[88] 이런 식으로 원자를 생각하는 것은 슈뢰딩거에게 더 직관적인 것으로 다가왔고 다른 양자역학보다 고전 역학의 방식에 더 근접한 것으로 호소력이 있었다.

아인슈타인은 파동 방정식의 물리적 의미에 대해 아직 통찰을 얻지 못했지만, 슈뢰딩거에게 "당신 논문의 아이디어는 진정 천재적"이라고 편지에 썼다.[89] 아인슈타인에게 슈뢰딩거의 이론을 "정당하게 열광적으로" 언급한 플랑크 역시 아직 완전히 그 이론의 물리적 의미를 파악하지 못했지만, 자신이 "눈에 보이는 아름다움으로 기뻐한다"고 슈뢰딩거에게 보낸 편지에 썼다. 무한 평면파에 의해 전자를 표현하는 것은 플랑크에게는 괴상하게 보였지만 그는 그 이론이 "신기원을 이룬다"는 것에 의심이 없었다. 그것은 하이젠베르크, 보른, 요르단의 "순수하게 형식적인" 행렬역학보다 더 직관적인 것으로 그를 이미 매혹했다.[90]

---

[88] Erwin Schrödinger, "Quantization as a Problem of Proper Values (Part I)," 10~11.

[89] 아인슈타인이 슈뢰딩거에게 보낸 편지, 1926년 4월 16일 자, Erwin Schrödinger, Max Planck, Albert Einstein, and H. A. Lorentz, Letters on Wave Mechanics, ed. K. Przibram, trans. Martin J. Klein (New York: Philosophical Library, 1967), 23~24 중 24.

[90] 아인슈타인이 슈뢰딩거에게 보낸 편지, 1926년 4월 16일 자, 플랑크가 슈뢰딩거에게 보낸 편지, 1926년 4월 2일, 5월 24일 자, Letters on Wave Mechanics, 2, 6~7 중 6. 플랑크가 빈에게 보낸 편지, 1926년 2월 19일, 3월 6일, 22일, 12월 19일 자, Wien Papers, STPK, 1973.110.

두 이론의 "출발점 간의 유별난 차이"에도 불구하고 슈뢰딩거는 곧 수학적 관점에서 행렬역학과 파동역학 사이의 "매우 친밀한 **내적 연관성**이 매우 친밀함"을 보여줄 수 있었다.[91] 파울리도 "괴팅겐 역학과 아인슈타인-드브로이 복사장(마당) 사이에 상당히 심오한 연관"을 인식하고 행렬이 파동 함수로부터 구성될 수 있음을 확신했다. 그는 슈뢰딩거의 파동역학은 원자 문제를 푸는 데 유용하다는 것을 신속하게 깨달았다.[92] 하이젠베르크는 그것이 행렬의 원소element들을 계산하는 데 유용하다는 것을 발견했다.[93] 그리고 보른은 슈뢰딩거의 이론으로 전자들 간의 비주기 충돌 과정을 기술할 수 있다는 것을 깨달았다. 그것은 그가 행렬역학을 가지고 할 수 없었던 것이었다.[94] 그러나 파울리, 하이젠베르크, 보른은 파동역학에 대한 슈뢰딩거의 물리적 해석을 받아들이지 않았다. 파울리는 슈뢰딩거가 "드브로이 복사의 연속 장(마당) 이론"을 주장하는 것은 틀렸다고 판단했다. "본질에서 불연속적인 요소들을 양자 현상을 기술"하는 데 도입하는 것은 여전히 필요했다. 하이젠베르크는 슈뢰딩거의 이론의 물리적 부분은 "끔찍"하며 그것의 직관성에 대한 슈뢰딩거의 주장은 설득력이 없다고 생각했다.[95] 보른은 드브로이 파동이 광파와 같은

---

[91] Erwin Schrödinger, "Über das Verhältnis der Heisenberg-Born-Jordanschen Quantenmechanik zu der meinen," *Ann.* 79 (1926): 734~756, 영역본은 "On the Relation between the Quantum Mechanics of Heisenberg, Born, and Jordan, and that of Schrödinger," in *Collected Papers*, 45~61, 인용은 45~46.

[92] 파울리가 요르단에게 보낸 편지, 1926년 4월 12일 자, *Pauli. Briefwelsel*, 315~320 중 316.

[93] 하이젠베르크가 파울리에게 보낸 편지, 1926년 6월 8일 자, *Pauli. Briefwelsel*, 328~329 중 328.

[94] Max Born, "Zur Quantenmechanik der Stossvorgänge," *Zs. f. Phys.* 37 (1926): 863~867. Max Born, Zur statistischen Deutung der Quantentheorie, ed. Armin Hermann, *Dokumente der Naturwissenschaft, Abteilung Physik*, vol. 1 (Stuttgart: E. Battenberg, 1962), 48~52에 재인쇄.

실재성을 가지며 작은 다발packet로 물질 입자를 나타낼 수 있다는 슈뢰딩거의 관점을 거부했다.

보른은 1926년에 충돌 과정에 대한 그의 연구와 연관하여 파동 함수의 물리적 의미에 대한 슈뢰딩거의 이해에 대안을 제시했다. 보른은 광파를 광양자(빛양자)의 경로의 확률을 결정하는 "유령 장(마당)"ghost field으로 아인슈타인의 견해, 그리고 광양자(빛양자)와 전자의 완전한 유비에서 시작하여, "드브로이-슈뢰딩거 파"는 역시 "유령 장(마당)" 즉, 전자의 경로의 확률을 결정하는 "인도하는 장(마당)"directing field이라고 주장했다. 파동 함수는 물리적 상태의 확률을 결정하는 것이다. 양자 물리학의 "역설"은 "입자의 운동이 확률 법칙을 따르지만, 확률 자체는 인과 법칙과 합치되도록 전파된다."[96]는 것이라고 보른은 말했다.

양자역학이 즉시 원자의 문제를 모두 풀지는 않았다. 가령, 복잡한 원자 스펙트럼을 이해하기 위해 물리학자들은 내재적인 전자스핀의 개념으로 양자역학을 보완해야 했다. 이 개념은 파울리의 배타 원리와 오래된 양자 이론에서 나온 원자 모형을 토대로 독립적으로 도입된 것이었다. 그러나 양자역학은 물리학자들이 앞으로 다시 나아가는 것을 가능하게 했다. 원자 물리학은 당면한 관심사가 된 일련의 문제를 많은 실험 물리학자와 이론 물리학자에게 제시했다. 1920년대 중반에 절반 이상의

---

[95] 파울리가 슈뢰딩거에게 보낸 편지, 1926년 5월 24일 자; 하이젠베르크가 파울리에게 보낸 편지, 1926년 6월 8일 자, *Pauli. Briefwechsel*, 324~326 중 326, 328~329 중 328.

[96] Max Born, "Quantenmechanik der Stossvorgänge," *Zs. f. Phys.* 37 (1926): 863~867. Max Born, *Zurstatistischen Deutung der Quantenheorie*, ed. Armin Hermann, *Dokumente der Naturwissenschaft, Arbteilung Physik*, vol. 1 (Stuttgart: E. Battenberg, 1962), 48~52에 재인쇄.

독일 대학들에서 이론 물리학 강사들은 스펙트럼(빛띠), 통계학, 그리고 원자 이론과 관련이 있는 다른 주제들에 대해 연구했다. 이 연구자들은 종종 조머펠트, 플랑크, 보른의 이전 학생들이었으므로 그 연구를 전문적으로 수행할 준비가 되어 있었다.[97]

원자 이론이 발전하는 동안 물리학자들은 원자 이론을 강의하고 교재를 출판했다. 양자역학의 탄생 직전에 보른은 "원자 역학"에 대해 괴팅겐에서 행한 강의를 출간했고 그는 그 책을 원자 구조와 스펙트럼 선에 대한 조머펠트의 더 기초적인 교재의 속편으로 추천했다. 그의 취급은 역학적 관점을 강조한다는 점에서 조머펠트의 취급과 달랐는데, 다중 주기 계로 고전 역학을 확장해 제시했다. 이 교재의 원래 독일어판에서 보른은 물리학자들이 "'최종적인' 양자 이론에서 여전히 멀리 떨어져" 있다고 했다. 그러나 1927년의 영문판에서 보른은 원자의 역학이 "거의 예견하지 못할 정도로 급격하게 발전"했다고 말했다. 그는 원래의 교재가 "새로운 이론들, 특히 여기 괴팅겐에서 연구된 부분들을 진작하는 데"에 기여했고 그 대부분이 아직도 유용하다고 생각했다.[98] 그는 그 주제에 대한 다른 교재들을 내놓았다. 하나는 행렬역학으로 이미 온전해

---

[97] 1920년대 중반에 이론을 가르치고 중요한 연구를 하던 지도급 이론 물리학자들의 이전 학생 중 이름을 몇몇 말하자면, 조머펠트의 졸업생 중에 벤첼, 란데, 렌츠(Wilhelm Lentz), 파울리, 하이젠베르크가 있었고, 플랑크의 제자 중에는 라우에, 라이헤(Fritz Reiche), 크레취만(Erich Kretschmann), 쇼트키(Walter Schottky)가 있었고, 보른의 제자 중에는 훈트(Friedrich Hund)와 요르단이 있었다. 어떤 대학에서는 이론 강사들이 아무것도 출판하지 않았거나 실험적인 주제를 우선으로 출판하여 원자 이론을 구축한 학자들의 관심과 거의 관계가 없었다.

[98] 1923년과 24년의 막스 보른의 괴팅겐 강의는 그의 조수 프리드리히 훈트의 도움을 받아 출판이 준비되었다. *Vorlesungen über Atommechanik*, vol. 1 (Berlin: Springer, 1925); 영역본은 *The Mechanics of the Atom* by J. W. Fischer, revised by D. R. Hartree (London: G. Bell, 1927), 인용은 vii~xii.

진, 그의 1925년의 미국 강의에 토대를 두었고[99], 다른 하나는 이제 그가 "양자역학"이라고 부르는 원자 역학에 대해 괴팅겐에서 강의한 강의록의 두 번째 권이었다. 그는 후자를 그의 이전 학생인 요르단과 함께 썼다. 그 주제에 대한 최근의 "폭풍 같은 발전"을 따라 조머펠트와 몇 명의 다른 독일 물리학자들은 양자역학을 파동역학의 관점에서 다루었다. 보른과 요르단은 각기 다르게 진행했지만 그들은 슈뢰딩거 파동 방정식과 연속체에 대한 고전 물리학 사이의 형식적 유사성보다는 보어의 대응 원리를 통해 양자역학을 고전 역학에 관련시켰다. 그들의 목표는 보어의 "개념적 구조들(정상 상태, 양자 도약, 전이 확률 등)"을 "논리적으로 닫힌 계로 체계적으로 확장하는 것"이었다. "우리는 새로운 역학이 고전적 아이디어에 대한 근사를 의미하지 않는 것을 믿는다"고 말했다.[100] 즉, 그들은 그것이 고전 물리학과 극명하게 단절되어 있음을 주장했다.

양자 물리학을 건설하는 데 도움을 준 원자 물리학자들은 괴팅겐, 뮌헨, 함부르크, 코펜하겐, 그리고 독일의 안과 밖의 원자 연구 장소를 정기적으로 오갔다. 그들은 매년 몇 번씩 그들의 동료를 만났고 방문자건 학생이건, 조수이건, 사강사이건, 교수이건 어디를 가든 과학적 동료로서 만났다. 중요한 것은 재능과 지식과 결단력이었다. 파울리가 그의 고향 빈에서 함부르크로 일하러 돌아올 때, 원자 물리학 연구를 수행하는

---

[99] Max Born, *Problems of Atomic Dynamics* (Cambridge, Mass.: MIT Press, 1926).

[100] Max Born and Pascual Jordan, *Elementare Quantenmechanik (Zweiter Band der Vorlesungen über Atommechanik)* (Berlin: Springer, 1930), 인용은 vi. 나중에 보른은 이 교재에서 그와 요르단이 행렬 방법에만 관심을 쏟은 것은 큰 실수임을 인식했다. 왜냐하면, 그 당시에 슈뢰딩거의 파동 방법과 디랙의 연산자 방법은 큰 진보를 보이고 있었기 때문이었다. *My Life*, 230. 이 두 번째 권의 역사는 첫 번째 권처럼 빠르게 발전하는 분야에 대한 교재를 쓸 때 겪는 위험을 보여준다.

볼프강 파울리.
Paulinum. Franca Pauli 제공.

곳이면 모두 편지를 보내 방문 사실을 알리고 그곳에 들렀다. 이동하는 기차에서 그의 머릿속에는 원자 물리학의 전체 문제가 지나갔다. 그는 이론 연구자였고 생각을 도울 장비가 필요하지 않았기 때문이었다. 파울리가 들른 곳은 모두 나름대로의 정신과 방법으로 그 문제에 접근하는 독특한 방법론과 연관되었다.[101] 원자 물리학자는 서로 방문하지 않을 때도 물리 문제에 대해 서신을 교환하고 있었다. 그들은 편지를 이전처럼 "유도"가 아니라, 그들이 "계산"이라고 부른 새로운 방법론으로 가득 채웠다. 이 계산들은 새로운 원자 이론으로 그들이 이룩하는 진보를 발표하는 출판물의 토대가 되었다.

보른이 말했듯이 양자역학은 "괴팅겐에 있는 우리 그룹만의 산물은 아니었고 다른 출처도 많았다." 그러나 하이젠베르크가 양자역학을 창출했다는 것은 보른의 연구 프로그램과 긴밀하게 관련되어 있었고 그것의 마지막 행렬 형식화는 하이젠베르크가 말했듯이 "보른 학파의 협동 작품"이었다.[102] 양자역학은 괴팅겐 물리학자들의 명성을 드높였고 새로

---

[101] 물리학자들이 말하는 "뮌헨 학파", "코펜하겐 물리학", "괴팅겐 역학" 등은 거의 관용어구였다. 가령, 파울리가 크라머스에게 보낸 편지, 1925년 7월 27일 자, 파울리가 요르단에게 보낸 편지, 1926년 4월 12일 자, *Pauli. Briefwechsel*, 232~234 중 234와 314~320 중 316.

[102] Heisenberg, "Max Born," 670. Born, *My Life*, 215. Forman, "Doublet Riddle," 174.

운 이론을 배우고 발전시키려는 많은 연구 학생을 그리로 끌어들였다. 보른은 괴팅겐에는 양자 이론에서 "가장 성공적인 학파"가 있고 그의 사설 이론 콜로키엄은 "어디서도 찾을 수 없는 당시 가장 똑똑한 젊은 인재들의 집합소"라고 믿었다.[103] 보른은 괴팅겐의 "과학적 분위기"와 물리학자들과 수학자들 사이의 "이상적인 공조"를 아주 좋아했기에, 상당히 매력적인 미국의 일자리 제안을 거절했다. 그는 "공식적인 이론 물리학 교수직"를 하나 더 만들어 괴팅겐을 훨씬 더 강하게 만들기를 원했고, 그 자리에 하이젠베르크를 데려오고 싶어 했다.[104]

일반적으로 양자역학이 그러했듯이 원자 이론가들은 자리가 났을 때 더 많은 요구에 직면했다. 자리를 바꾼 첫 번째 사람은 슈뢰딩거였다. 취리히 대학에 있었던 그의 선임자들인 아인슈타인, 디바이, 라우에처럼 그는 독일에 끌렸는데, 그에 앞서 그의 원자 이론이 독일에 먼저 알려져 그가 이직하는 데 큰 도움이 되었다.

슈뢰딩거 파동역학의 등장은 플랑크가 베를린 대학을 은퇴하고 그의 후임자를 찾는 것과 때를 같이 했다. 라우에는 과거 5년간 베를린 이론

---

[103] Heisenberg, "Max Born," 670. Born, *My Life*, 227, 237.

[104] 보른의 미국 강의 여행 뒤에 이루어진 미국의 일자리 제안에 대해 보른은 괴팅겐 대학이 그에게 머무를 좋은 이유를 제시하기를 원했다. 미국에서 "새로운 대단한 과학 분야"인 이론 물리학을 조직하고 "한 세대의 연구자와 선생들"을 훈련할 매력적인 전망에 대응하여 보른은, 하이젠베르크가 "어떤 형태"이든, 아직 만들어지지 않은 교수직에 하이젠베르크가 오면 좋겠지만 그렇지 않더라도, 괴팅겐으로 돌아오게 해달라고 요청했다. 보른은 비공식적인 확언은 얻었으나 교수직 신설도 하이젠베르크 귀환도, 아무것도 이루어지지 않았다. 보른은 괴팅겐을 좋아했고 독일을 떠나기로 할 수 없었기에 계속 머물렀다. 보른이 괴팅겐 대학 감독관에게 보낸 편지, 1926년 4월 13일 자; 당시 과학부 학부장 쿠란트(R. Courant)가 감독관에게 보낸 편지, 1926년 4월 16일 자; 쿠란트가 프로이센 문화부 장관에게 보낸 편지, 1926년 5월 11일 자; 1926년 7월 4일 자, 문화부가 보른에게 보낸 편지, 1926년 7월 28일 자; 문화부가 쿠란트에게 보낸 편지, 1928년 10월 22일 자, Born Personalakte, Göttingen UA.

물리학 연구소를 실제로 지도했으므로 그를 후임자로 고르는 것은 당연한 선택이었다. 그러나 그의 임용은 플랑크의 후임자를 찾는 문제를 풀지 못하는 것이었다. 베를린의 학부가 제2 이론 물리학 정교수가 필요하다는 데 설득되었기에 그것은 단지 자리를 바꾸는 것일 뿐이었다. 베를린 학부는 근년의 물리 연구의 "중요하고 엄청나게 왕성한 발전"이 제2 이론 물리학 정교수를 요구한다고 주장했다. 아인슈타인이 플랑크의 자리를 원하지 않는다는 것을 확신하고서 학부는 이론 물리학자 중 남아있는 지도자들인 조머펠트, 슈뢰딩거, 보른, 하이젠베르크, 디바이를 고려했고 그들은 앞의 세 명, 조머펠트, 슈뢰딩거, 보른을 추천했다.[105] 먼저 제안 받은 조머펠트는 거절했다. 그다음에는 슈뢰딩거가 제안을 받았는데 그는 수락하여 1927년 플랑크의 후임자가 되었다.[106] 슈뢰딩거는 또한 프로이센 과학 아카데미의 정회원이 되었다. 그를 추천하는 플랑크, 라우에, 그리고 다른 물리학자들은 파동역학에 대한 그의 연구 이래 이론 물리학에서 해낸 그의 "지도적 역할"을 지적했다.[107] 슈뢰딩거는 그의 말대로 베를린이 "1급 물리학자들이 몰려 있기로는 다른 지역과 견줄 수 없음"을 발견했다.[108] 거기에서 그는 플랑크, 라우에, 아인슈타인을

---

[105] 철학부가 프로이센 문화부에 보낸 보고서, 1926년 12월 4일 자, Kirsten and Treder, eds., *Einstein in Berlin*, 133~134 중 134.

[106] 플랑크는 1926년 10월에 그 대학의 명예교수가 되었지만, 그의 활동은 별로 바뀌지 않았다. 그는 여전히 강의하고 박사 논문 심사를 하는 등 베를린에서 상당 부분 물리학 활동의 일부를 담당했는데 특히 나이 제한이 없는 프로이센 아카데미에서는 더욱 그러했다. 플랑크가 빈에게 보낸 편지, 1926년 12월 19일 자. 베를린으로 조머펠트를 초청하는 것과 관련된 문서들, 1927년 5월~6월, Munich UA, E II-N, Sommerfeld, Scott. *Schrödinger*, 4.

[107] "Wahlvorschlag für Erwin Schrödinger (1887~1961) zum OM," 플랑크가 초안을 잡고 라우에, 네른스트, 바르부르크, 파셴이 서명, *Physiker über Physiker*, 259~260.

[108] Scott, *Schrödinger*, 4.

만났고 그들 모두 양자역학의 "코펜하겐 해석"[109]이라고 불리는 이론에 대해 회의론을 공유했다.

조머펠트가 플랑크의 후임으로 베를린에 가는 것을 좌절시키고자 뮌헨 대학은 조머펠트의 봉급과 뮌헨 대학 이론 물리학 교수 자리의 여건을 개선했다. 그가 연구소에서 사용할 예산은 증가했고 연구소를 확장할 추가 지원금도 받았다. 그리고 두 조수 자리 중 하나가 비면 규정된 대기 시간 없이 바로 채워주겠다고 확언했고, 가장 중요한 것으로는 이론 물리학 부교수 자리를 약속했다. 그 교수 자리가 뮌헨 대학을 다른 큰 독일 대학들과 견줄 수 있게 해줄 것이라고 뮌헨 대학의 학부는 주장했다. 함부르크 대학도 곧 부교수를 얻게 될 예정이었듯이, 라이프치히 대학은 이미 이론 물리학 정교수와 나란히 부교수가 있었고 베를린은 이미 그 분야에 두 명의 정교수가 있었다.[110]

1927년부터 라이프치히 대학은 괴팅겐, 뮌헨, 그리고 함부르크 같은

---

[109] [역주] 코펜하겐에 근거지를 둔 닐스 보어와 그의 학파가 제시한 양자역학의 해석으로, 파동 함수를 확률의 파동으로 해석하여 미시 세계에서 결정론적 인과율을 인정하지 않는 관점이다. 양자역학의 표준적인 해석으로 자리 잡았으나 아인슈타인은 신은 주사위를 던지지 않는다고 하여 이러한 견해에 반대했다. 아인슈타인에게는 물리 이론의 목적은 우리와 독립적으로 존재하는 세계에 대한 직접적인 설명이었다. 그는 새로운 미결정성에 대면하여 인과율을 옹호하고자 했다.

[110] 뮌헨의 철학부는 이론 물리학을 가르칠 두 번째 강사가 실제로 필요하다고 지적했다. 이것은 학생들이 기초 과정을 마치는 데 시간이 오래 걸리는 문제와 관계가 있었다. 뮌헨의 경우에는 3년이나 걸렸다. 그 과정이 고급화되었고 종종 학생들이 대학을 떠나기 전에 과정 일부만을 들을 수 있었으므로, 이 때 두 번째 강사는 1.5년의 차이를 두고 유사한 과정을 제공할 필요가 있었다. 국가의 재정적 곤경 때문에 조머펠트는 당장 그 두 번째 자리를 받지는 못했지만, 그 자리가 뮌헨에서 다음에 마련될 부교수 자리일 것이라는 약속만 받았다. 그 사이에 그는 이론 물리학을 가르치는 사강사에게 주는 무급 강의를 할당받았다. 조머펠트가 뮌헨 철학부 학부장에게 보낸 편지, 1927년 5월 16일 자; 학부장이 대학 평의회에 보낸 편지, 1927년 5월 19일 자; 바이에른 교육 문화부가 대학 평의회에 보낸 편지, 1927년 6월 20일 자, Munich UA, E II-N, Sommerfeld.

다른 곳과 더불어 원자 및 분자 물리학과 관련을 맺게 되었다.[111] 1926년
에는 데쿠드레가, 1927년에는 비너가 사망하자 더 큰 당시의 관심사에
대해 연구하고 있는 물리학자들에게 라이프치히 대학의 주요 물리학 교
수 자리가 두 자리 나게 되었다. 그 자리들을 채우기 위해 라이프치히
대학은 조머펠트의 제자인 디바이는 실험 물리학 교수직에, 하이젠베르
크는 이론 물리학 교수직에 확보했다. 라이프치히 대학은 이미 조머펠트
의 이전 학생인 벤첼[112]을 임용해서 그가 직전 해에 이론 물리학 부교수
로 부임해 있었다. 하이젠베르크의 지도로 라이프치히 이론 물리학 연구
소는 친밀하고 비공식적이었고 원자에 집중적으로 몰두하고 있었다. 그
의 원자 물리학 세미나는 재능 있는 학생, 조수, 공동 연구자를 끌어들였
는데 그중 다수는 외국에서 왔다. 그들은 양자 이론을 분자 화학에 적용
하는 데 특별히 관심이 있는 실험 물리학 연구소의 다른 구성원들과 디
바이가 주 단위로 여는 물리학 콜로키엄에 합류했다.[113] 하이젠베르크는

---

[111] 함부르크 대학에서는 활발한 물리학 세미나가 원자 물리학자인 슈테른과 렌츠에
의해 수행되었다. 1921년 이후로 렌츠는 이론 물리학 정교수였다. 몇 명의 원자
이론 연구자들이 함부르크 대학에서 초기 교편생활을 했다. 거기에서 벤첼은 사강
사로 있다가 라이프치히로 옮겼고 요르단은 로스토크로, 파울리는 취리히로, 모
두 이론 물리학 교수 자리로 옮겼다. Orwein, "Wilhelm Lenz 60 Jahre," *Phys. Bl.*
4 (1948): 30~31. Pascual Jordan, "Wilhelm Lenz," *Phys. Bl.* 13 (1957): 269~270.
E. Brüche, "Pascual Jordan 60 Jahre," *Phys. Bl.* 18 (1962): 513.

[112] [역주] 벤첼(Gregor Wentzel, 1898~1978)은 독일 물리학자로서 양자역학의 발전에
기여했다. 프라이부르크 대학에서 수학과 물리학을 배웠으며 1920년에 뮌헨에서
조머펠트에게 물리학을 배웠고, 1921년에 박사학위를 받고 1926년에 라이프치히
대학 수리 물리학 부교수로 초빙되었다. 1926년에 크라머스, 브릴루앙과 독립적으
로 위상 적분 방법, 일명 BWK 근사 방법을 발견했다. 취리히 대학에서 이론 물리
학 정교수가 되었으며 1928년에 파울리와 함께 취리히 공과 대학에 임용되어 취리
히를 이론 물리학의 중심지로 만들었다. 1975년에 막스 플랑크 메달을 받았다.

[113] 데쿠드레의 자리를 채우기 위해 조직된 라이프치히 대학 철학부의 위원회는 디바
이, 슈뢰딩거, 보른을 이 순서대로 추천했다. 비너는 디바이를 원했는데, 이론 물리
학이 실험 물리학과 기술 물리학에 특별히 열매를 내기 시작했다는 비너의 이해를

파울리가 자리를 잡은 취리히 공과 대학과 "일종의 물리학자 교환" 제도를 확립하여 학생과 조수가 두 기관 사이를 자유롭게 오고 가게 했다.[114] 하이젠베르크, 파울리, 요르단은 양자역학에 일치하는 양자 전기 동역학과 일반적인 양자장 이론을 개발하기 시작했다. 이러한 물리학의 새로운 기초에서 많은 문제가 파생되었다.[115]

1927년에 하이젠베르크는 양자역학의 가장 유명한 결과가 될 원리를 유도했는데 이 원리는 "불확정성" 또는 "미결정성" 원리 등으로 다양하

가장 잘 심화시킬 사람이기 때문이다. 작센 정부 부처가 행동하기 전에 비너는 사망했고 학부 위원회는 즉시 디바이를 이론 물리학보다 당시 비어 있는 실험 물리학 교수 자리에 즉시 추천했다. 학부는 동의했고 하이젠베르크는 이론 물리학 교수 자리를 제안받았다. Martin Franke, "Zu den Bemühungen Leipziger Physiker um eine Profilienrung der physikalischen Institute der Universität Leipzig im zweiten Viertel des 20. Jahrhunderts," *NTM* 19 (1982), 68~76 중 69~70. 하이젠베르크는 동시에 취리히 대학에서 슈뢰딩거의 자리를 제안받았지만, 그는 디바이와 함께 일하기를 원했기에 라이프치히를 선택했다. 하이젠베르크는 1927년 10월에 라이프치히 대학에서 이론 물리학 정교수가 되었다. Heisenberg Personalakte, Leipzig UA. 하이젠베르크가 데려온 젊은 물리학자 중에는 블로흐(Felix Bloch)와 파이얼스(Rudolf Peierls), 훈트(Friedrich Hund), 바이체커(C. F. von Weizsäcker), 텔러(Edward Teller), 라비(I. I. Rabi), 란다우(L. D. Landau)가 있었다. Nevill Mott and Rudolf Peierls, "Werner Heisenberg. 5 December 1901~1 February 1976," *Biographical Memoirs of Fellows of the Royal Society* 23 (1977): 213~242 중 225~227. Armin Hermann, *Werner Heisenberg in Selbstzeugnissen und Bilddokumenten* (Reinbek b. Hamburg: Rowohlt, 1976), 44~45; Hermann, *Die Jahrhundertwissenschaft,* 100~101. Heisenberg, *Physics and Beyond,* 93, 117. Gerlach, "Debye," 226.

[114] 하이젠베르크가 파울리에게 보낸 편지, 1929년 8월 1일 자, 인용은 Hermann, *Die Jahrhundertwissenschaft,* 101. P. Scherrer, "Wolfgan Pauli," *Phys. Bl.* 15 (1959): 34~35.

[115] Mott and Peierls, "Heisenberg," 225~227. Joan Bromberg, "The Concept of Particle Creation before and after Quantum Mechanics," *HSPS* 7 (1976): 161~191 중 181~188. Steven Weinberg, "The Search for Unity: Notes for a History of Quantum Field Theory," *Daedalus* 106 (1977): 17~35 중 21~24.

게 불렸다. 그 원리는 물리적 측정의 결과를 표현하는 데 사용되는 한 변수의 정확한 지식이 어떻게 또 하나의 변수의 정확한 지식을 배제할 수 있는지를 진술한다. 그것은 측정 자체가 원자계에 필연적으로 미치는 영향 때문에 생긴다. "고전" 물리학에서 세계는 관찰자와 관찰 대상으로 나누어지고 원리상 관찰자의 관찰대상에 대한 간섭이 무시할 수 있을 정도로 작을 수 있다. 양자역학에서는 원자 수준의 과정의 비연속적인 본성 때문에 그 간섭을 무시할 수 없다. 하이젠베르크는 양자역학의 형식론이 두 가지 고전적 변수, 말하자면 입자의 운동량 p와 위치 q가 동시에, 알려질 수 있는 정확성 간의 관계를 함축함을 보였다.

$$\Delta p \Delta q \geq h\,/\,4\pi$$

이 부등식은 운동량과 위치의 동시 측정에서 발생할 수 있는 오차의 곱이 플랑크 상수를 4π로 나눈 값보다 작을 수 없다는 것을 말해준다. 불확정성 관계는 운동량과 위치에만 적용되는 것이 아니라 모든 소위 표준적으로 짝을 이루는 변수들, 또 하나의 예를 제시하자면, 시간과 에너지에도 적용된다. 두 종류의 양의 상보적 관계들이 양자역학의 전체 구조를 기술해 준다. 물리적 현상 사이의 인과적 연관을 공간과 시간에서 고전적으로 완전하게 기술하던 것이 양자역학에서는 "시공간 기술의 상보성과 인과율"에 의해 대체된다.[116]

---

[116] Werner Heisenberg, "Über den anschaulichen Inhalt der quanten-theoretischen Kinematik und Mechanik," *Zs. f. Phys.* 43 (1927): 172~198. 고전 이론과 양자 이론을 대조하면서 하이젠베르크는 고전 이론에 의한 현상의 인과적 연결은 공간과 시간에서의 기술들을 부여받지만, 양자 이론에 의한 현상의 인과적 연결에는 대안이 있다고 했다. 즉, 현상들이 공간과 시간에서 주어지지만 불확정성 원리에 종속되거나, 현상이 공간과 시간에서 기술되지 않지만, 인과적 관계가 정확한 수학적

1927년에 제5차 솔베이 회의는 브뤼셀에서 열렸고, 이 회의는 제1차 세계대전 이후에 독일인들이 초청받은 첫 번째 회의였다.[117] 보른, 하이젠베르크, 슈뢰딩거는 그들이 창안하는 데 기여한 양자역학에 대해 보고를 하러 독일에서 왔고, 아인슈타인, 디바이, 파울리, 플랑크는 그것을 논의하려고 참석했다. 미국에서는 콤프턴[118]이 방향성 있는 에너지 양자 즉, "광자"의 개념을 지지하려고 참석했다.[119] 덴마크에서는 보어가 최근에 고안한 상보성의 원리를 논의하러 왔다. 그 원리에 의하면 원자 세계의 기술은 파동적 묘사와 입자적 묘사 같은, 겉보기에는 모순적인 묘사

법칙을 통해 존재하는 경우이다. 두 가지 대안은 서로에게 통계적으로 관련되어 있다. Werner Heisenberg, *The Physical Principles of the Quantum Theory*, trans. C. Eckart and F. C. Hoyt (New York: Dover, 1930), 2~3, 62, 64~65; "The Development of Quantum Mechanics," 297~299. 양자역학 전후에 자연법칙의 미결정 개념은 여러 곳에서 논의된다. 가령, Jammer, *Conceptual Development of Quantum Mechanics,* 323~345; Forman, "Weimar Culture, Causality, and Quantum Theory"; Stephen G. Brush, "Irreversibility and Indeterminism: Fourier to Heisenberg," *Journ. Hist. of Ideas* 37 (1976): 603~630; P. A. Hanle, "Indeterminacy before Heisenberg: The Case of Franz Exner and Erwin Schrödinger," *HSPS* 10 (1979): 225~269.

[117] 1927년 제5차 솔베이 회의는 Max Jammer, *The Philosophy of Quantum Mechanics: The Interpretations of Quantum Mechanics in Historical Perspective* (New York: John Wiley, 1974), 121~132에서 논의된다.

[118] [역주] 콤프턴(Arthur Holly Compton, 1892~1962)은 미국의 물리학자로 전자와 충돌할 때 엑스선 파장이 변한다는 사실을 발견하고 이것을 설명한 공로로 1927년 영국의 C. T. R. 윌슨과 함께 노벨 물리학상을 받았다. 콤프턴 효과로 불리는 이 효과는 광자에서 전자로의 에너지 전달로 일어난다. 1922년 이 효과의 발견으로 전자기 복사가 파동과 입자의 이중성을 가진다는 점이 확증되었다. 물리학자 카를 T. 콤프턴의 동생인 그는 1916년 프린스턴 대학에서 박사학위를 받았고 1920년에 워싱턴 대학의 물리학과 학과장이 되었다. 1923년에 시카고 대학의 물리학 교수로 임명되었고 이곳에서 1942년부터 1945년까지 금속 연구소 소장을 지냈는데, 이 연구소는 최초의 자발적 원자 연쇄반응을 일으킴으로써 핵에너지 방출을 제어하는 길을 열었다. 1945년 워싱턴 대학 총장이 되었다.

[119] 콤프턴의 연구와 제5차 솔베이 회의의 주제와의 관계는 Stuewer, *The Compton Effect*, 특히 7장, pp. 287~347에서 논의된다.

에 의존해야 한다.[120] 디랙Paul Dirac과 다른 이들은 모두 물리학이 큰 발전을 막 거쳤다는 느낌을 가지고 왔다. 그들은 선배들이 참석했던(일부는 이번에 온 사람과 같은 사람들이었다) 16년 전 첫 솔베이 회의에서는 알려지지 않았던 원자 행동의 정확한 법칙들을 회의에서 발표했다. 성취의 자부심으로 의기양양해서 보른과 하이젠베르크는 "**양자역학**은 완전한 이론이어서 그것의 근본적인 물리적 수학적 가설들은 수정할 필요가 없다"고 평가했다. 그들은 그 이론에서 미결정성이 필요하며, 엄격한 인과율 대신에 확률이 필요함을 주장했다.[121]

이 회의에서는 물리학의 기초에 대해 보어와 아인슈타인 사이에 대면 논쟁이 거의 없었다.[122] 아인슈타인은 원자 과정의 세부 지식을 얻을 수 있다는 이상을 옹호했고, 보어는 파동-입자 이중성에 따라 그런 지식에 한계가 있음을 주장했다. 아인슈타인에게는 항상 그러했듯이 물리 이론의 목적은 우리와 독립적으로 존재하는 세계에 대해 직접적으로 설명하는 것이었다. 새로운 미결정성에 대면하여 인과율을 옹호하면서 아인슈타인은 양자역학이 개별 입자에 대한 완전한 이론이 아니라 입자 구름에 대한 정보를 주는 통계적 이론으로 해석될 수 있다는 것을 인정했다.[123]

---

[120] 파동-입자 이중성과 관련된 상보성의 원리에 대한 보어의 견해는 Jammer, *Conceptual Development of Quantum Mechanics,* 345~361; Gerald Holton, "The Roots of Complementarity," *Daedalus* 99 (1970): 1051~1055에서 논의된다.

[121] Max Born and Werner Heisenberg, "La mécanique des quanta," in Institut international de physique Solvay, *Electrons et photons. Rapports et discussions du cinquième conseil de physique tenu à Bruxelles du 24 au 29 octobre 1927* (Paris: Gauthier-Villars, 1928), 143~181 중 178.

[122] 제5차 솔베이 회의 이전에 보어와 아인슈타인의 입장 전개는 Klein, "The First Phase of the Bohr-Einstein Dialogue"에서 논의된다.

[123] 양자 가정에 대한 보어의 마지막 보고에 뒤따른 "Discussion générale des idées

드브로이, 슈뢰딩거, 파울리, 그리고 다른 이들은 양자역학에 대한 해석을 두고 의견의 일치를 보지 못했고 이 회의에서 인식론적 색채가 강한 토론을 벌였다.

로렌츠는 마지막으로 이 회의를 주재했는데 그의 관찰과 질문은 새로운 이론과 그가 구축하는 데 기여한 오래된 이론 사이의 날카로운 대조를 드러냈다. 로렌츠는 새로운 이론을 채택하려면 무엇을 포기해야 하는지를 그들에게 상기시켰다. 그는 우선 광양자(빛양자) 또는 광자를 확증하려면 전자기 에테르를 제거해야 한다고 말했다. 에테르는 더는 도움이 되지 않고 현상을 설명하는데 어려움만을 일으키는 것으로 보였기 때문이다. 그러나 대신 "광자 외에 무언가"가 있어야 한다는 이견을 제시했다. 무엇인가가 그 과정에서 그들을 인도해야 했고 그 무엇은 전자기장(마당)이었다. 그것의 파동은 고전 이론이 결정한 대로 전자기 에테르의 개념으로 이끌었다. 상대성 이론과 맥스웰의 방정식도 확실히 그러한 에테르와 양립 가능하므로 종종 역학적 모형에 의해 성공적으로 구상됐다. 로렌츠에게는 물리학을 위해 전자 이론이 건설된 토대인 에테르, 즉 물질을 자유롭게 통과하며 맥스웰의 방정식이 유효한, 그러한 에테르를 유지하는 것이 충분하고도 확실히 선호할 만했을 것이다. 로렌츠를 번민하게 한 것은 빛이 그 회의에서 제시되는 방식만이 아니었다. 물질이 제시되는 방식도 그러했다. 물질의 행동은 행렬이라고 알려진 복잡한 양에 의해 기술되었는데 행렬은 복사의 진동수를 비롯해 일반적으로 원자에서 관찰되어야 할 것은 무엇이든 나타냈다. 로렌츠는 이 행렬이 운동 방정식을 만족하게 하는 것을 알고서 매우 놀랐다. 비록 이론상으로는 작동되는 것이 보이더라도 그것은 그에게 "커다란 신비"로 보였고

---

nouvelles émises," Electrons et photons, 248~289.

그와 함께 물리학은 "추상화의 길로 엄청난 한 걸음을 내디딘" 것이었다. 에테르와 관습적인 좌표의 의미, 퍼텐셜 에너지, 그리고 다른 물리학의 표준적인 양들을 거부하면서 물리학은 어쩔 수 없이 이 길로 내닫게 되었다. 새로운 이론은 이론 물리학이 제시한 세계의 이해 가능성을 희생시켜 성공했으나 로렌츠에게 그 희생은 과도했다. 그는 제5차 솔베이 회의의 구성원들에게 "우리는 현상을 재현하기를, 즉 마음에 그림을 그리기를 원한다."라고 말했다.

지금까지 우리는 항상 이 그림들을 시간과 공간의 통상적인 개념으로써 만들기를 원해 왔습니다. 이 개념들은 아마도 태생적일 것입니다. 어쨌든 그것들은 우리의 개인적 경험, 즉 우리의 일상 관찰을 통해 전개되었습니다. 저에게는 이러한 개념들이 선명합니다. 이러한 개념 없이는 물리학의 관념을 가질 수 없다는 것을 고백합니다. 현상에 대해 만들고자 하는 그림은 절대적으로 선명하고 확정적이어야 하며, 저에게는 이러한 공간과 시간에 대한 체계 없이는 유사한 그림을 형성할 수 없어 보입니다.
저에게는 전자란 주어진 순간에 공간의 확정된 지점에 위치하는 입자입니다. 다음 순간에 이 입자가 다른 곳에 위치한다는 생각을 한다면 그 경로를 생각해야 하는데 그것은 공간상의 곡선입니다. 그리고 이 전자가 원자를 만나서 그것을 투과하여 몇몇 사건을 거친 후 이 원자를 떠난다면 저는 이 전자가 개별성을 유지하는 하나의 이론을 만듭니다. 말하자면 이 전자가 이 원자를 통과하는 선을 상상합니다. 이 이론을 전개하기가 매우 어려울 가능성은 분명하지만, 저에게는 그것이 **선험적으로** 불가능해 보이지는 않습니다.
새로운 이론에서 우리는 여전히 이 전자들이 있다고 마음속으로 그림을 그립니다. … 저는 명쾌한 그림에 의해 세계에서 일어나는 모든 것을 기술하려는 이전의 이상ideal을 보존하고 싶습니다. 저는 우리가 다른 이론들을 명쾌하고 선명한 그림으로 번역할 수 있다는 조건이면 그것들을 받아들일 준비가 되어 있습니다.[124]

제5차 솔베이 회의의 참가자들이 "고전" 물리학의 기초에 그저 의문만 품거나 임시로 거기에서 이탈하고 있는 것만이 더는 아니라는 것을 인식했다는 것은, 전체 회의록에서 나타나듯이, 로렌츠의 언급에서도 자명하다. 그들은 이제 자명한 원자 물리학을 갖게 되었는데 그것은 선행 물리학처럼 완전하게 보였고―또는 거의 그렇게 보였고―그것은 고전 물리학에서 발견되는 로렌츠의 "명쾌하고 선명한 그림"의 가능성을 부인하는 것으로 보였다. 이후 몇 년 동안 물리학은 원자핵 이론과 핵력에 관계된 소립자 이론 문제를 풀어가게 된다. 그러나 그것은 이론 물리학의 또 다른 단계이다. 독일 이론 물리학의 발전에 대한 우리의 설명은, 새로운 물리학의 공고화와 함께 그들의 시대에 새로운 물리학을 약속한 고전 물리 이론들을 로렌츠가 회상한 것을 제시하면서 끝을 맺으려 한다.

이제까지 이 책에서는 옴부터 아인슈타인까지 독일 물리학자들이 어떻게 고전 이론들을 구성하고 확장하고 비판하고 가르쳤는지 보여주었다. 그들이 이 일을 그러한 목적을 위해 창설하거나 개조한 기관들에서 어떻게 수행했는지 보여주었다. 몇몇 독일 물리학자는 최고로 독창적인 이론연구자들이었고 우리는 많은 예를 들면서 그들의 연구에 대해 논의했다. 또한 물리학 분야를 유지하고 전수한 많은 수의 물리학자의 작업에 대해서도 논의했다. 서문에 있는 헬름홀츠의 말로 돌아가자면, 그 모

---

[124] 로렌츠의 관측은 콤프턴의 보고, 보른과 하이젠베르크의 보고, 보어의 보고에 뒤이은 논의에서 따왔다. *Electrons et photons*, 86~87, 183, 248~249. 여기에서 로렌츠가 말하는 그림의 종류에 대한 보어, 보른, 하이젠베르크, 슈뢰딩거의 다양한 견해는 Miller, "Visualization Lost and Regained"에 논의된다.

두가 "자연에 대한 지적 통달"을 촉진하는 데 크고 작은 기여를 했다. 20세기 후반을 사는 우리는 이러한 통달과 더불어, 헬름홀츠의 말에 빗대어 "자연에 대한 물질적 통달"을 확실히 보고 있다.

■ 참고문헌

미출판 원전

AHQP: Archive for the History of Quantum Physics, American Philosophical Society Library, Philadelphia, and elsewhere.

AR: Agemeen Rijksarchief, Den Hague

A. Schweiz. Sch., Zurich: Archiv des Schweizerischen Schulrates, ETH Zürich

Bad. GLA: Badisches Generallandesarchiv Karlsruhe

Bay. HSTA: Bayerisches Hauptstaatsarchiv, München

Bay. STB: Bayerische Staatsbibliothek München

Bonn UA: Archiv der Rheinischen Friedrch-Wilhelms-Universität Bonn

Bonn UB: Universitätsbibliothek Bonn

DM: Bibliothek des Deutschen Museums, München

DZA, Merseburg: Deutshes Zentralarchiv, Merseburg

EA: Einstein Archive, The Hebrew University of Jerulsalem

Erlangen UA: Universitäts-Archiv der Friedrich-Alexander- Universität Erlangen

Erlangen UB: Universitätsbibliothek Erlangen-Nürnberg

ETHB: Bibliothek der ETH Zürich

Freiburg SA: Stadtarchiv der Stadt Freiburg im Breisgau

Freiburg UB: Universitäts-Bibliothek Freiburg i. Br

Giessen UA: Universitätsarchiv Justus Liebig- Universität Giessen

Göttingen UA: Archiv der Georg-August- Universität Göttingen

Göttingen UB: Niedersächsische Staats- und Universitätsbibliothek Göttingen

Graz UA: Archiv der Universität in Graz

Heidelberg UA: Universitätsarchiv der Ruprecht-Karls-Universität Heidelberg

Heidelberg UB: Universitätsbibliothek Heidelberg

HSTA, Stuttgart: Württembergisches Hauptstaatsarchiv Stuttgart

Jena UA: Universitätsarchiv der Friedrich- Schiller- Universität Jena

LA Schleswig-Holstein: Landesarchiv Schleswig-Holstein, Schleswig

Leipzig UA: Archiv der Karl-Marx- Universität Leipzig

Leipzig UB: Universitätsbibliothek der Karl-Marx-Universität Leipzig

Munich SM: Müchner Stadmuseum

Munich UA: Archiv der Ludwig-Maximilians-Universität München

Münster UA: Universität-Archiv der Westfälischen Wilhelms-Universität Münster

N.-W. HSTA: Nordrhein-Westfälisches Hauptstaatsarchiv Düsseldorf

Öster. STA: Österreichisches Staatsarchiv, Wien

Rijksmuseum voor de Geschiedenis der Natuurwetenschappen, Leiden

STA K Zurich: Staatsarchiv des Kantons Zürich

STA, Ludwigsburg: Staatsarchiv Ludwigsburg

STA, Marburg: Hessisches Staatsarchiv Marburg

STPK: Staatsbibliothek preussischer Kulturesitz, Berlin

Tübingen UA: Universitätsarchiv Eberhard-Karls-Universität Tübingen

Tübingen UB: Universitätsbibliothek Tübingen

Wrocław UB: Biblioteka Uniwersytecka Wrocław (Breslau)

Würzburg UA: Archiv der Universität Würzburg

우리는 양자 물리학사 자료 모음(AHQP)에 특별히 많은 도움을 받았음을 밝힌다. 과학사학자들에게 매우 가치 있는 이 자료는 독일 20세기 물리학의 일차 사료에 대한 우리의 조사의 일차적인 출발점이었다. 우리가 AHQP의 보관소 중 하나인 미국 철학회 도서관의 마이크로필름에서 처음 본 풍부한 Sommerfeld and Lorentz Papers에서 우리는 많은 편지를 인용했다. 우리 연구를 위해 우리는 자주 원래의 자료 모음에서 이 편지들의 복사본을 얻었으며 이에 대해 우리의 출전에 밝혀놓는다. AHQP는 다음에 기술되어 있고 그 내용의 목록도 거기에 있다. Thomas S. Kuhn, John L. Heilbron, Paul Forman, and Lini Allen, *Sources for History of Quantum Physics: An Inventory and Report* (Philadelphia: The American Philosophical Society, 1967).

동독에서는 국가 아카이브들을 참고할 허락을 받지 못했다. 운 좋게도 거기에 소장된, 물리학에 관련된 많은 부분을 다른 문서에서 알 수 있었고, 어떤 경우에는 접근가능한 컬렉션에 그 사본들이 있었다.

출판된 출전

과학 논문들은 각주에 제시했고 그 수가 많으므로 이 참고문헌에 다시 제시하지 않는다. 대학과 다른 학교에 대한 저작들은 베를린, 괴팅겐 등 위치에 따라 배열되어 있다.

Aachener Bezirksverein deutscher Ingenieure. "Adolf Wüllner." *Zs. D. Vereins deutsch. Ingenieure* 52 (1908): 1741~1742.

Abbe, Ernst. "Gedächtnisrede zur Feier des 50jährigen Besthens der optischen Werkstätte." In *Gesammelte Abhandlungen*, vol. 3, 60~95. Jena: Fischer, 1906.

Abraham, Max. *Theorie der Elektrizität*. Vol. 1, *Einführung in die Maxwellsche Theorie der Elektrizität*, by August Föppl, revised by Max Abraham. Leipzig: B. G. Teubner, 1904. Vol. 2, *Elektromagnetische Theorie der Strahlung*. Leipzig: B. G. Teubner, 1905.

Allgemeine deutsche Biographie. Vols. 1~56. 1875~1912. Reprint. Leipzig: Dunker und Humblot, 1967~1971 (*ADB*).

Angenheister, Gustav. "Emil Wiechert." *Gött. Nachr., Geschäftliche Mitteilungen aus dem Berichtsjahr 1927~1928*, 53~62.

Appleyard, Rollo. *Pioneers of Electrical Communication*. London: Macmillan, 1930.

Assmann, Richard, et al. "Vollendung des 50. Jahrganges der 'Fortschritte.'" *Fortshritte der Physik des Aethers im Jahre 1894 50*, pt. 2 (1896): i~xi.

Auerbach, Felix. "Ernst Abbe." *Phys. Zs.* 6 (1905): 65~66.

_____. *Ernst Abbe, sein Leben, sein Wirken, seine Persönlichkeit*. Leipzig: Akademische Verlagsgesellschaft, 1918.

_____. *Kanon der Physik. Die Begriffe, Principien, Sätze, Formeln, Dimensionsformeln und Konstanten der Physik nach dem neuesten Stande der Wissenschaft systematisch dargestellt*. Leipzig, 1899.

_____. *Die Methoden der theoretischen Physik*. Leipzig: Akademische Verlagsgesellschaft, 1925.

_____. *Physik in graphischen Darstellungen*. Leipzig and Berlin: B. G.

Teubner, 1912.

_____, *Das Wesen der Materie nach dem neuesten Stande unserer Kenntnisse und Auffassungen dargestellt.* Leipzig: Dürr, 1918.

_____. *The Zeiss Works and the Carl Zeiss Foundation in Jena: Their Scientific, Technical and Sociological Development and Importance.* Translated by R. Kanthack from the 5th German edition, 1925. London: Foyle, n.d.

Baerwald, Hans. "Karl Schering." *Phys. Zs.* 26 (1925): 633~635.

Band, William. *Introduction to Mathematical Physics.* Princeton: Van Nostrand, 1959.

Bandow, F. "August Becker." *Phys. Bl.* 9 (1953): 131.

Baretin, W. "Johann Christian Poggendorff." *Ann.* 160 (1877): v~xxiv.

_____. "Ein Rückblick." *Ann.*, Jubelband (1874): ix~xiv.

Baumgarten, Fritz. *Freiburg im Breisgau.* Berlin: Wedekind, 1907.

Becherer, Gerhard. "Die Geschichte der Entwicklung des Physikalischen Instituts der Universität Rostock." *Wiss. Zs. d. U. Rostock, Math.-Naturwiss.* 16 (1967): 825~830.

Benndorf, H. "Philipp Lenard." *Almanach. Österreichische Akad.* 98 (1948): 250~258.

Benz, Ulrich. *Arnold Sommerfeld. Lehrer und Forscher an der Schwelle zum Atomzeitalter, 1868~1951.* Stuttgart: Wissenschaftliche Verlagsgesellschaft, 1975.

Bergmann, Peter G. *The Riddle of Gravitation.* New York: Scribner's, 1968.

Berkson, William. *Fields of Force: The Development of a World View from Faraday to Einstein.* New York: Wiley, 1974.

Berlin. Academy of Sciences. *Max Planck in seinen Akademie-Ansprachen. Erinnerungsschrift.* Berlin: Akademie-Verlag, 1948.

Berlin. Technical Institute. *Die Technische Hochschule zu Berlin 1799~1924. Festschrift.* Berlin: Georg Stilke, 1925.

Berlin. University. *Chronik der Königlichen Friedrich-Wilhelms-Universität zu Berlin.* Berlin.

_____. *Forschen und Wirken. Festschrift zur 150-Jahr-Feier der*

Humboldt-Universität zu Berlin 1810~1960. Vol. 1, Berlin: VEB Deutscher Verlag der Wissenschaften, 1960.

_____. *Idee und Wirklichkeit einer Universität. Dokumente zur Geschichte der Friedrich-Wilhelms-Universität zu Berlin.* Edited by Wilhelm Weischedel. Berlin: Walter de Gruyter, 1960.

_____. *Index Lectionum.* Berlin, n. d.

_____. Kurt-R. Biermann, Rudolf Köpke, Max Lenz를 보라.

Bertholet, Alfred, et al. "Erinnerungen an Max Planck." *Phys. Bl.* 4 (1948): 161~174.

Besso, Michele. Albert Einstein을 보라.

Bezold, Wilhelm von."Gedächtnissrede auf August Kundt." *Verh. phys. Ges.* 13 (1894): 61~80.

_____. *Gesammelte Abhandlungen aus den Gebieten der Meteorologie und des Erdmagnetismus.* Braunschweig: F. Vieweg, 1906.

Biermann, Kurt-R. *Die Mathematik und ihre Dozenten an der Berliner Universität 1810~1920. Stationen auf dem Wege eines mathematischen Zentrums von Weltgeltung.* Berlin: Akademie-Verlag. 1973.

Biermer, M. "Die Grossherzoglich Hessische Ludwigs-Universität zu Giessen." In *Das Unterrichtswesen im Deutschen Reich, edited by Wilhelm Lexis,* vol. 1, 562~574.

Blackmore, John T. *Ernst Mach. His Work, Life, and Influence.* Berkeley, Los Angeles, and London: University of California Press, 1972.

Bochner, Salomon. "The Significance of Some Basic Mathematical Conceptions for Physics." *Isis* 54 (1963): 179~205.

Böhm, Walter. "Stefan, Josef." *DSB* 13 (1976): 10~11.

Bohr, Niels. *Abhandlungen über Atombau aus den Jahren 1913~1916.* Translated by H. Stintzing. Brauschweig: F. Vieweg, 1921.

_____. "The Genesis of Quantum Mechanics." In *Essays 1958~1962 on Atomic Physics and Human Knowledge,* 74~78. New York: Interscience, 1963.

Boltzmann, Ludwig. "Eugen von Lommel." *Jahresber. d. Deutsch. Math.-Vereinigung* 8 (1900): 47~53.

_____. Gesamtausgabe. Vol. 8, *Ausgewählte Abhandlungen der internationalen Tagung, Wien.* Vienna: Akademische Druck- u. Verlagsanstalt, 1982.

_____. *Gustav Robert Kirchoff.* Leipzig, 1888. Reprinted in Populäre Schriften, 51~75.

_____. "Josef Stefan." Rede gehalten bei der Enthüllung des Stefan-Denkmals am 8. Dez. 1895. In *Populäre Schriften*, 92~103.

_____. "On the Fundamental Principles and Basic Equations of Mechanics." First of Boltzmann's Clark University lectures, 1899. Translated by J. J. Kockelmans, editor of *Philosophy of Science*, 246~260. New York: Free Press, 1968.

_____. *Populäre Schriften*, Leipzig: J. A. Barth, 1905.

_____. "The Relations of Applied Mathematics." In *International Congress of Arts and Science: Universal Exposition, St. Louis, 1904.* Vol. 1, *Philosophy and Mathematics*, 591~603. Boston and New York: Houghton, Mifflin, 1905.

_____. "Über die Entwicklung der Methoden der theoretischen Physik in neuerer Zeit" (1899). In *Populäre Schriften*, 198~227.

_____. "Über die Methoden der theoretischen Physik" (1892). In *Populäre Schriften*, 1~10.

_____. *Vorlesungen über die Prinzipe der Mechanik.* 2 vols. Leipzig: J. A. Barth, 1897~1904.

_____. *Vorlesungen über Gastheorie.* 2 vols. Leipzig, 1896~1898. Translated as *Lectures on Gas Theory* by Stephen G. Brush. Berkeley: University of California Press, 1964.

_____. *Vorlesungen über Maxwells Theorie der Elektricität und des Lichtes.* Vol. 1, *Ableitung der Grundgleichungen für ruhende, homogene, isotrope Körper.* Leipzig, 1891. Vol. 2, *Verhältniss zur Fernwirkungstheorie; specielle Fälle der Elektrostatik, stationären Strömung und Induction.* Leipzig, 1893.

_____. *Wissenschaftliche Abhandlungen.* Edited by Fritz Hasenöhrl. 3 vols. Leipzig: J. A. Barth, 1909. Reprint. New York: Chelsea, 1968.

_____. "Zwei Antrittsreden." *Phys. Zs.* 4 (1902~1903): 247~256, 274~277. 1900년 11월 라이프치히 대학과 1902년 10월 빈 대학에서 행해진 볼츠만의 취임 강의.

Bonn. University. *Chronik der Rheinischen Friedrich-Wilhelms-Universität zu Bonn.* Bonn.

_____. *Geschichte der Rheinischen Friedrich-Wilhelm-Universität zu Bonn am Rhein* Edited by A. Dyroff. Vol. 2, *Institute und Seminare,* 1818~1933. Bonn: F. Cohen, 1933.

_____. *150 Jahre Rheinische Friedrich-Wilhelms-Universität zu Bonn 1818~1968. Bonner Gelehrte. Beiträge zur Geschichte der Wissenschaften in Bonn. Mathematik und Naturwissenschaften.* Bonn: H. Bouvier, Ludwig Röhrscheid, 1970.

_____. *Vorlesungen auf der Rheinischen Friedrich-Wilhelms-Universität zu Bonn*

Bonnell, E., and H. Kirn. "Preussen. Die höheren Schulen." In *Encyklopädie des gesamten Erziehungs- und Unterrichtswesens,* edited by K. A. Schmid, vol. 6, 180 ff. Leipzig, 1885.

Bopp, Fritz, and Walther Gerlach, "Heinrich Hertz zum hundertsten Geburtstag am 22. 2. 1957." *Naturwiss.* 44 (1957): 49~52.

Bork, Alfred M. "Physics Just Before Einstein." *Science* 152 (1966): 597~603.

_____. "'Vectors Versus Quaternions' —The Letters in Nature." *Am. J. Phys.* 34 (1966): 202~211.

Born, Max. "Antoon Lorentz." *Gött. Nachr.,* 1927~1928, 69~73.

_____. "Arnold Johannes Wilhelm Sommerfeld, 1868~1951." *Obituary Notices of Fellows of the Royal Society* 8 (1952): 275~296.

_____. *Ausgewählte Abhandlungen.* Edited by the Akademie der Wissenschaften in Göttingen. 2 vols. Göttingen: Vandenhoeck und Ruprecht, 1963.

_____. "How I Became a Physicst." In *My Life and My Views,* 15~27.

_____. "Max Karl Ernst Ludwig Planck 1858~1947." *Obituary Notices of Fellows of the Royal Society* 6 (1948): 161~188. Reprinted in *Ausgewählte Abhandlungen* 2: 626~646.

_____. *My Life and My Views*. New York: Scribner's 1968.

_____. *My Life: Recollections of a Nobel Laureate*. New York: Scribner's 1978.

_____. *Physics in My Generation: A Selection of Papers*. London and New York: Pergamon, 1956.

_____. "Sommerfeld als Begründer einer Schule." *Naturwiss.* 16 (1928): 1035~1036.

_____. *Vorlesungen über Atommechanik*. Vol. 1. Berlin: Springer, 1925. Translated as *The Mechanics of the Atom* by J. W. Fischer. Revised by D. R. Hartree. London: G. Bell, 1927.

_____. *Zur statistischen Deutung der Quantentheorie*. Edited by Armin Hermann. Dokumente der Naturwissenschaft, Abteilung Physik. Vol. 1. Stuttgart: E. Battenberg, 1962.

_____. Albert Einstein을 보라.

Born, Max, and Pascual Jordan. *Elementare Quantenmechanik (Zweiter Band der Vorlesungen über Atommechanik)*. Berlin: Springer, 1930.

Born, Max and Max von Laue. "Max Abraham." *Phys. Zs.* 24 (1923): 49~53.

Borscheid, Peter. *Naturwissenschaft, Staat und Industrie in Baden (1848~1914)*. Vol. 17 of Industrielle Welt, Schriftenreihe des Arbeitskreises für moderne Sozialgeschichte, edited by Werner Conze. Stuttgart: Ernst Klett, 1976.

Brauer, Ludolph, et al., eds. *Fortschungsinstitute, ihre Geschichte, Organisation und Ziele*. Vol. 1. Hamburg: Hartung, 1930.

Braun, Ferdinand. "Hermann. Georg Quincke." *Ann.* 15 (1904): i~viii.

Braunmühl, A. v. "Sohncke, Leonhard." *Biographisches Jahrbuch und Deutscher Nekrolog* 2 (1898): 167~170.

Breslau. University. *Chronik der Königlichen Universität zu Brelau*. Breslau.

_____. *Festschrift zur Feier des hundertjährigen Bestehens der Universität Breslau*. Pt. 2, Geschichte der Fächer, Institute und Ämter der Universität Breslau 1811~1911. Edited by Georg Kaufmann. Breslau: F. Hirt, 1911.

Broda, Engelbert. *Ludwig Boltzmann. Mensch, Physiker, Philosoph*. Vienna: F. Deuticke, 1955.

Broglie, Maurice de. *Les Premièrs Congrès de Physique Solvay*. Paris: Albin

Michel, 1951.

Bromberg, Joan. "The Concept of Particle Creation before and after Quantum Mechanics." *HSPS* 7 (1976): 161~191.

Brüche, E. "Aus der Vergangenheit der Physikalischen Gesellschaft." *Phys. Bl.* 16 (1960): 499~505, 616~621; 17 (1961): 27~33, 120~127, 225~232, 400~410.

_____. "Ernst Abbe und sein Werk." *Phys. Bl.* 21 (1965): 261~269.

_____. "Pascual Jordan 60 Jahre." *Phys. Bl.* 18 (1962): 513.

Brush, Stephen G. "Boltzmann, Ludwig." *DSB* 2 (1970): 260~268.

_____. "Irreversibility and Indeterminism: Fourier to Heisenberg." *Journ. Hist. of Ideas* 37 (1976): 603~630.

_____. *The Kind of Motion We Call Heat : A History of the Kinetic Theory of Gases in the 19th Century.* Vol. 1, *Physics and the Atomists.* Vol. 2, *Statistical Physics and Irreversible Processes.* Vol 6 of Studies in Statistical Mechanics. Amsterdam and New York: North-Holland, 1976.

_____. *Kinetic Theory.* Vol. 1, *The Nature of Gases and of Heat.* Vol. 2, *Irreversible Processes.* The Commonwealth and International Library; Selected Readings in Physics. Oxford and New York: Pergamon, 1965~1966.

_____. "Randomness and Irreversibility." *Arch. Hist. Ex. Sci.* 12 (1974): 1~88.

_____. "The Wave Theory of Heat." *Brit. Journ. Sci.* 5 (1970): 145~167.

Bucherer, Alfred. *Elemente der Vektoranalysis mit Beispielen aus der theoretischen Physik.* 2d ed. Leipzig: B. G. Teubner, 1905.

_____. *Mathematische Einführung in die Elektronentheorie.* Leipzig: B. G. Teubner, 1904.

Buchheim, Gisela. "Zur Geschichte der Elektrodynamik: Briefe Ludwig Boltzmanns an Hermann von Helmholtz." *NTM* 5 (1968): 125~131.

Budde, Emil. *Allgemeine Mechanik der Punkte und starren Systeme. Ein Lehrbuch für Hochschulen.* 2 vols. Berlin, 1890~1891.

Bühring, Friedrich. "Paul Drude." *Zs. für den physikalischen und chemischen Unterricht* 5 (1906): 277~279.

Burchardt, Lothar. *Wissenschaftspolitik im Wilhelminischen Deutschland. Vorgeschichte, Gründung und Aufbau der Kaiser-Wilhelm-Gesellschaft zur Förderung der Wissenschaften.* Göttingen: Vandenhoeck und Ruprecht, 1975.

Cahan, David. "The Physikalisch-Technische Reichsanstalt: A Study in the Relations of Science, Technology and Industry in Imperial Germany." Ph. D. diss., Johns Hopkins University, 1980.

Caneva, Kenneth L. "From Galvanism to Electrodynamics: The Transformation of German Physics and Its Social Context." *HSPS* 9 (1978): 63~159.

Cantor, G. N., and M. J. S. Hodge, eds. *Conceptions of Ether: Studies in the History of Ether Theories 1740~1900.* Cambridge: Cambridge University Press, 1981.

Cassidy, David C. "Heisenberg's First Core Model of the Atom: The Formation of a Professional Style." *HSPS* 10 (1979): 187~224.

Cath, P. G. "Heinrich Hertz (1857~1894)." *Janus* 46 (1957): 141~150.

Cermak, Paul. "Carl Fromme." *Nachrichten der Giessener Hochschulgesellschaft* 19 (1950): 92~93.

Christiansen, C., and J. J. C. Müller. *Elemente der theoretischen Physik.* 3d rev. ed. Leipzig: J. A. Barth, 1910.

Clark, Ronald W. *Einstein: The Life and Times.* New York: World, 1971.

Clausius, Rudolph. *Die mechanische Wärmetheorie.* 2d rev. and completed ed. Of *Abhandlungen über die mechanische Wärmetheorie.* Vol. 1. Second title page reads *Entwickelung der Theorie, soweit sie sich aus den beiden Hauptsätzen ableiten lässt, nebst Anwendungen.* Braunschweig, 1876. Vol. 2, *Die mechanische Behandlung der Electricität.* Second title page reads *Anwendung der mechanischen Wärmetheorie zu Grunde liegenden Principien auf die Electricität.* Braunschweig, 1879.

_____. *Ueber den Zusammenhang zwischen den grossen Agentien der Natur.* Rectoratsantritt, 18 Oct. 1884. Bonn, 1885.

_____. *Ueber die Energievorräthe in der Natur und ihre Verwerthung zum Nutzen der Menschheit.* Bonn, 1885.

Cohn, Emil. *Physikalisches über Raum und Zeit.* 3d ed. Leipzig and Berlin:

B. G. Teubner, 1918.

Conrad, Johannes. *Das Unversitätsstudium in Deutschland während der letzten 50 Jahre. Statistische Untersuchungen unter besonderer Berücksichtigung Preussens.* Jena, 1884.

Courant, Richard, and David Hilbert. *Methoden der mathematischen Physik.* Vol. 1. Vol. 12, *Die Grundlehren der mathematischen Wissenschaften in Einzeldarstellungen mit besonderer Berücksichtigung der Anwendungsgebiete,* edited by Richard Courant. Berlin: Springer, 1924.

Craig, Gordon. *Germany,* 1866~1945. New York: Oxford University Press, 1978.

Crew, Henry. "Heinrich Kayser, 1853~1940." *Astrophys. Journ.* 94 (1941): 5~11.

Crowe, Michael J. *A History of Vector Analysis: The Evolution of the Idea of a Vectorial System.* Notre Dame: University of Notre Dame Press, 1967.

Curry, Charles Emerson. *Theory of Electricity and Magentism.* London, 1897.

Cuvaj, Camillo. "Henri Poincaré's Mathematical Contributions to Relativity and the Poincaré Stresses." *Am. J. Phys.* 36 (1968): 1102~1113.

D'Agostino, Salvo. "Hertz's Researches on Electromagnetic Waves." *HSPS* 6 (1975): 261~323.

Darrow, Karl K. "Peter Debye (1884~1966)." *American Philosophical Society: Yearbook,* 1968, 123~130.

Davies, Mensel. "Peter J. W. Debye (1884~1966)." *Journ. Chem. Ed.* 45 (1968): 467~472.

Debye, Peter. "Antrittsrede." *Sitzungsber. preuss. Akad.,* 1937, cxiii~cxiv.

_____. *The Collected Papers of Peter J. W. Debye.* New York: Interscience, 1954.

De Haas-Lorentz, G. L., ed. *H. A. Lorentz. Impressions of His Life and Work.* Amsterdam: North-Holland, 1957.

Des Coudres, Theodor. "Ludwig Boltzmann." *Verh sächs. Ges. Wiss.* 85 (1906): 615~627.

_____. "Das theoretisch-physikalische Institut." In *Festschrift zur Feier des 500jährigen Bestehens der Universität Leipzig*, vol. 4, pt. 2, 60~69.

Deutscher Universitäts-Kalender. Or *Deutsches Hochschulverzeichnis; Lehrkörper, Vorlesungen und Forschungseinrichtungen*, Berlin, 1872~1901. Leipzig, 1902~.

Dictionary of Scientific Biography. Edited by Charles Coulston Gillispie. 15 vols. New York: Scribner's 1970~1978 *(DSB).*

Drude, Paul. "Antrittsrede." *Sitzungsber. preuss. Akad.*, 1906, 552~556.

_____. *Lehrbuch der Optik.* Leipzig: S. Hirzel, 1900. Translated as *The Theory of Optics* by C. R. Mann and R. A. Millikan. New York: Longmans, Green, 1902.

_____. *Physik des Aethers auf elektromagnetischer Grundlage.* Stuttgart, 1894. 2d. ed., edited by Walter König. Stuttgart: F. Enke, 1912.

_____. *Die Theorie in der Physik.* Antrittsvorlesung gehalten am 5. Dezember 1894 an der Universität Leipzig. Leipzig, 1895.

_____. "Wilhelm Gottlieb Hankel." *Verh. sächs. Ges. Wiss.* 51 (1899): lxvii~lxxvi.

Du Bois-Reymond, Emil. *Hermann von Helmholtz: Gedächtnissrede.* Leipzig, 1897.

Dugas, René. *A History of Mechanics.* Translated by J. R. Maddox. New York: Central Book, 1955.

_____. *La théorie physique au sens de Boltzmann et ses prolongements modernes.* Neuchâtel-Suisse: Griffon, 1959.

Dukas, Helen. Banesh Hoffmann을 보라.

Earman, John, and Clark Glymour. "Lost in the Tensors: Einstein's Struggles with Covariance Principles 1912~1916." *Stud. Hist. Phil. Sci.* 9 (1978): 251~278.

_____. "Relativity and Eclipse: The British Expeditions of 1919 and Their Predecessors." *HSPS* 11 (1980): 49~85.

Ebert, Hermann. *Hermann von Helmholtz.* Stuttgart: Wissenschaftliche Verlagsgesellschaft, 1949.

_____. *Lehrbuch der Physik, nach Vorlesungen an der Technischen Hochschule zu München.* Vol. 1, *Mechanik, Wärmelehre.* Leipzig and

Berlin: B. G. Teubner, 1912.

_____. *Magnetic Fields of Force*. Pt. 1. Translated by C. V. Burton. London, 1897.

Eggert, Hermann. "Universitäten." In *Handbuch der Architektur*, pt. 4, sect. 6, no. 2aI, 54~111.

Einstein, Albert. "Antrittsrede." *Sitzungsber. preuss. Akad.*, 1914. In *Ideas and Opinions*, 216~219.

_____. "Autobiographical Notes." In *Albert Einstein: Philosopher-Scientist*, edited by P. A. Schilpp, 1~95. Evanston: The Library of Living Philosophers, 1949.

_____. *Einstein on Peace*. Edited by O. Nathan and H. Norden. New York: Schocken, 1968.

_____. "Emil Warburg als Forscher." *Naturwiss.* 10 (1922): 824~828.

_____. *Ideas and Opinions*. New York: Dell, 1973.

_____. "Leo Arons als Physiker." *Sozialistische Monatshefte* 25 (1919): 1055~1056.

_____. "Max Planck als Forscher." *Naturwiss.* 1 (193): 1077~1079.

_____. "Maxwell's Influence on the Evolution of the Idea of Physical Reality," 1931. In *Ideas and Opinions*, 259~263.

_____. "Notes on the Origin of the General Theory of Relativity." In *Ideas and Opinions*, 279~283.

_____. *Sidelights on Relativity*. Translated by G. B. Jeffrey and W. Perrett. New York: E. P. Dutton, 1922.

_____. *Ueber die spezielle und die allgemeine Relativitätstheorie (Gemeinverständlich)*. 3d rev. ed. Braunschweig: F. Vieweg, 1918.

_____. H. A. Lorentz, Erwin Schrödinger를 보라.

Einstein, Albert and Michele Besso. *Albert Einstein-Michele Besso Correspondance 1903~1955*. Edited by P. Speziali. Paris: Hermann, 1972.

Einstein, Albert, Hedwig Born, and Max Born. *Albert Einstein-Hedwig und Max Born Briefwechsel 1916~1955*. Edited by Max Born. Munich: Nymphenburger Verlag, 1969.

Einstein, Albert and Arnold Sommerfeld. *Albert Einstein/Arnold Sommerfeld*

Briefwechsel. Edited by Armin Hermann. Basel and Stuttgart: Schwabe, 1968.

Elsasser, Walter M. *Memoirs of a Physicist in the Atomic Age.* New York: Science History Publications, 1978.

Emde, Fritz. "Gustav Mie 80 Jahre." *Phys. Bl.* 4 (1948): 349~350.

_____. Eugen Jahnke를 보라.

Encyklopädie der mathematischen Wissenschaften. Mit Einschluss ihrer Anwendungen. Vol. 1, pt. 1, *Reine Mathematik.* Edited by H. Burkhardt and F. Meyer. Leipzig, 1898. Vol. 4, *Mechanik.* Edited by Felix Klein and Conrad Müller. Pt. 1. Leipzig: B. G. Teubner, 1901~1908. Vol. 5, *Physik.* Edited by Arnold Sommerfeld. Pt. 2. Leipzig: B. G. Teuber, 1904~1922.

Erlangen. University. Theodor Kolde를 보라.

"Ernst Abbe (1840~1905). "The Origin of a Great Optical Industry." *Nature,* no. 3664 (20 Jan. 1940): 89~91.

Ernst Mach. Physicist and Philosopher. Vol. 6 of Boston Studies in the Edited Philosophy of Science. Edited by R. S. Cohen and R. J. Seeger. Dordrecht-Holland: Reidel, 1970.

Eulenburg, Franz. Der *akademische Nachwuchs; eine Untersuchung über die Lage und die Aufgaben der Extraordinarien und Privatdozenten.* Leipzig: B. G. Teubner, 1908.

_____. "Die Frequenz der deutschen Universitäten." *Abh. sächs. Ges. Wiss.* 24, pt. 2 (1904): 1~323.

Eversheim, Paul. Heinrich Kayser를 보라.

Ewald, P. P. "Ein Buch über mathematische Physik: Courant-Hilbert." *Naturwiss.* 13 (1925): 384~387.

_____. "Erinnerungen an die Anfänge des Münchener Physikalischen Kolloquiums." *Phys. Bl.* 24 (1968): 538~542.

_____. "Max von Laue 1879~1960." *Biographical Memoirs of Fellows of the Royal Society* 6 (1960): 135~156.

Falkenhagen, Hans. "Zum 100. Geburstag von Paul Karl Ludwig Drude (1863~1906)." *Forschungen und Fortschritte* 37 (1963): 220~221.

Ferber, Christian von. *Die Entwicklung des Lehrkörpers der deutschen Universitäten und Hochschulen 1864~1954*. Göttingen: Vandenhoeck und Ruprecht, 1956.

Fierz, M. "Pauli, Wolfgang." *DSB* 10 (1974): 422~425.

Fischer, Otto, *Medizinische Physik*. Leipzig: S. Hirzel, 1913.

Föppl, August. *Einführung in die Maxwellsche Theorie der Elektricität*. Leipzig, 1894.

_____. *Vorlesungen über techische Mechanik*. Vol. 1, *Einführung in die Mechanik*. 5th ed. Leipzig: B. G. Teubner, 1917.

_____. "Ziele und Methoden der technischen Mechanik." *Jahresber. d. Deutsch. Math.-Vereinigung* 6 (1897): 99~110.

Försterling, Karl. "Woldemar Voigt zum hundertsten Geburtstage." *Naturwiss.* 38 (1951): 217~221.

Folie, F. "R. Clausius. Sa vie, ses travaux et leur portée metaphysique." *Revue des questions scientifiques* 27 (1890): 419~487.

Forman, Paul. "Alfred Landé and the Anomalous Zeeman Effect, 1919~1921." *HSPS* 2 (1970): 153~261.

_____. "The Discovery of the Diffraction of X-Rays by Crystals: A Critique of the Myths." *Arch. Hist. Ex. Sci.* 6 (1969): 38~71.

_____. "The Doublet Riddle and Atomic Physics circa 1924." *Isis* 59 (1968): 156~174.

_____. "The Environment and Practice of Atomic Physics in Weimar Germany: A Study in the History of Science." Ph. D. diss., University of California, Berkeley, 1967.

_____. "The Finnacial Support and Political Alignment of Physicists in Weimar Germany." *Minerva* 12 (1974): 39~66.

_____. "Paschen, Louis Carl Heinrich Friedrich," *DSB* 10 (1974): 345~350.

_____. "Scientific Internationalism and the Weimar Physicists: The Ideology and Its Manipulation in Germany after World War I." *Isis* 64 (1973): 151~180.

_____. "Weimar Culture, Causality, and Quantum Theory, 1918~1927:

Adaptation by German Physicists and Mathematicians to a Hostile Intellectual Environment." *HSPS* 3 (1971): 1~115.

_____. V. V. Raman을 보라.

Forman, Paul, and Armin Hermann. "Sommerfeld, Arnold (Johannes Wilhelm)." *DSB* 12 (1975): 525~532.

Forman, Paul, John L. Heilbron, and Spencer Weart. "Physics *circa* 1900. Personnel, Funding, and Productivity of the Academic Establishments." *HSPS* 5 (1975): 1~185.

Fragstein, C. v. "Clemens Schaefer zum 75. Geburtstag." *Optik* 11 (1954): 253~254.

Franck, James. "Emil Warburg zum Gedächtnis." *Naturwiss.* 19 (1931): 993~997.

_____. "Max von Laue (1879~1960)." *American Philosophical Society: Yearbook,* 1960, 155~159.

Franck, James, and Robert Pohl. "Heinrich Rubens." *Phys. Zs.* 23 (1922): 377~382.

Frank, Philipp. *Einstein. His Life and Times.* Translated by G. Rosen. Edited and revised by S. Kusaka. New York: Knopf, 1947.

Franke, Martin. "Zu den Bemühungen Leipziger Physiker um eine Profilierung der physikalischen Institute der Universität Leipzig im zweiten Viertel de 20. Jahrhunderts." *NTM* 19 (1982): 68~76.

Franckfurt am Main. Physical Society. *Jahresbericht des Physikalischen Vereins zu Franckfurt am Main.* Franckfurt am Main, 1831~.

Freiburg i. Br. *Freiburg und seine Universität. Festschrift der Stadt Freiburg im Breisgau zur Fünfhundertjahrfeier der Albert-Ludwigs-Universität.* Edited by Maximilian Kollofrath and Franz Schneller. Freiburg i. Br.: n. p., 1957.

Freiburg. University. *Aus der Geschichte der Naturwissenschaften an der Universität Freiburg i. Br.* Edited by Eduard Zentgraf. Freiburg i. Br.: Albert, 1957.

_____. *Die Universität Freiburg seit dem Regierungsantritt Seiner Königlichen Hoheit des Grossherzogs Friedrich von Baden.* Freiburg i. Br. And Tübingen, 1881.

_____. Fritz Baumgarten을 보라.

French, A. P. ed. *Einstein: A Centenary Volume*. Cambridge, Mass.: Harvard University Press, 1979.

Freundlich, Erwin. *The Foundations of Eintein's Theory of Gravitation*. Translated by H. L. Brose. London: Methuen, 1924.

Frey-Wyssling, A., and Elsi Häusermann. *Geschichte der Abteilung für Naturwissenschaften an der Eidgenössischen Technischen Hochschule in Zürich 1855~1955*. [Zurich], 1958.

Frick. Dieter. "Zur Militarisierung des deutschen Geisteslebens im wilhelminischen Kaiserreich. Der Fall Leo Arons." *Zs. f. Geschichtswissenschaft* 8 (1960): 1069~1107.

Fricke, Robert. "Die allgemeinen Abteilungen." In *Das Unterrichtswesen im Deutschen Reich*, edited by Wilhelm Lexis, vol. 4, pt. 1, 49~62.

Friedrich, W. "Wilhelm Conrad Röntgen." *Phys. Zs.* 24 (1923): 353~360.

Frommel, Emil. *Johann Christian Poggendorff*. Berlin, 1877.

Fueter, R. "Zum Andenken an Karl VonderMühll (1841~1912)." *Math. Ann.* 73 (1913): i~ii.

Fuoss, Raymond M. "Peter J. W. Debye." In *The Collected Papers of Peter J. W. Debye*, xi~xiv.

Galison, Peter Louis. "Minkowski's Space-Time: From Visual Thinking to the Absolute World." *HSPS* 10 (1979): 85~121.

Gans, Richard. *Einführung in die Vektoranalysis mit Anwendungen auf die mathematische Physik*. Leipzig: B. G. Teubner, 1905.

Gebhardt, Willy. "Die Geschichte der Physikalischen Institute der Universität Halle." *Wiss. Zs. d. Martin-Luther-U. Halle-Wittenberg, Math.-Naturwiss.* 10 (1961): 851~859.

Gehlhoff, Georg. "E. Warburg als Lehrer." *Zs. f. techn. Physik* 3 (1922): 193~194.

Gehlhoff, Georg, Hans Rukop, and Wilhelm Hort. "Zur Enführung." *Zs. f. techn. Physik* 1 (1920): 1~4.

Gehrcke, E. "Otto Lummer." *Zs. f. techn. Physik* 6 (1925): 482~486.

_____. "Warburg als Physiker." *Zs. f. techn. Physik* 3 (1922): 186~192.

Gerber, J. U. "Geschichte der Wellenmechanik." *Arch. Hist. Ex. Sci.* 5 (1969):

349~416.

Gerlach, Walther. "Edgar Meyer 80 Jahre." *Phys. Bl.* 15 (1959): 136.

_____. "Friedrich Paschen." *Jahrbuch bay. Akad.,* 1944~1948, 277~280.

_____. "Friedrich Matthias Konen." *Phys. Bl.* 5 (1949): 226.

_____. "Heinrich Rudolf Hertz 1857~1894." In *150 Jahre Rheinische Friedrich-Wilhelms-Universität zu Bonn 1818~1968. Mathamatik und Naturwissenschaften,* 110~116.

_____. "Peter Debye." *Jahrbuch bay. Akad.,* 1966, 218~230.

_____. Fritz Bopp을 보라.

German Physical Society. Fiftieth anniversary issue. *Verh. phys. Ges.* 15 (1896): 1~40.

_____. Foreword. *Die Fortschritte der Physik im Jahre 1845* 1 (1847).

_____. "Satzungen der Deutschen Physikalischen Gesellschaft." *Verh. phys. Ges.* 1 (1899): 5~10.

German Society for Technical Physics. "Zur Gründung der Deutschen Gesellschaft für technische Physik." *Zs. f. techn. Physik* 1 (1920): 4~6.

Gibbs, Josiah Willard. "Rudolf Julius Emanuel Clausius." *Proc. Am. Acad.* 16 (1889): 458~465.

Giessen. University. *Ludwigs-Universität, Justus Liebig-Hochschule, 1607~1957. Festschrift zur 350- Jahrfeier.* Giessen, 1957.

_____. *Die Universität Giessen von 1607 bis 1907. Beiträge zu ihrer Geschichte. Festschrift zur dritten Jahrhundertfeier.* Edited by Universität Giessen. Vol. 1. Giessen: A. Töpelmann, 1907.

_____. M. Biermer와 Wilhelm Lorey를 보라.

Glasser, Otto. *Dr. W. C. Röntgen.* Springfield, Ill.: Charles C. Thomas, 1945.

Glymour, Clark. John Earmann을 보라.

Göttingen. University. *Chronik der Georg-August-Universität zu Göttingen.* Göttingen.

_____. *Die physikalischen Institute der Universität Göttingen.* Edited by Göttingen Vereinigung zur Förderung der angewandten Physik und Mathematik. Leipzig and Berlin: B. G. Teubner, 1906.

_____. *Statuten des mathematisch-physikalischen Seminars zu Göttingen.*

Göttingen, 1886.

Goldberg, Stanley. "The Abraham Theory of the Electron: The Symbiosis of Experiment and Theory." *Arch. Hist. Ex. Sci.* 7 (1970): 7~25.

_____. "Early Response to Einstein's Theory of Relativity, 1905~1911: A Case Study in National Differences." Ph. D. diss., Harvard University, 1969.

_____. "The Lorentz Theory of Electrons and Einstein's Theory of Relativity." *Am. J. Phys.* 37 (1969): 982~994.

_____. "Max Planck's Philosophy of Nature and His Elaboration of the Special Theory of Relativity." *HSPS* 7 (1976): 125~160.

Goldstein, Eugen. "Aus vergangenen Tagen der Berliner Physikalischen Gesellschaft." *Naturwiss.* 13 (1925): 39~45.

Graetz, Leo. *Der Aether und die Relativitätstheorie. Sechs Vorträge.* Stuttgart: J. Engelhorns Nachf., 1923.

_____. *Die Atomstheorie in ihrer neuesten Entwickelung. Sechs Vorträge.* Stuttgart: J. Engelhorns Nachf., 1920.

_____. *Lehrbuch der Physik.* 4th rev. ed. Leipzig and Vienna: F. Deuticke, 1917.

Graz. University. *Academische Behörden, Personalstand und Ordnung der öffentlichen Vorlesungen an der K. K. Carl-Franzens-Universität und der K. K. medicinisch-chirurgischen Lehranstalt zu Graz.* Graz. n.d.

_____. *Verzeichniss der Vorlesungen an der K. K. Karl-Franzens-Universität in Graz, 1876~1890.* Graz, n.d.

Gregory, Frederick. *Scientific Materialism in Nineteenth Century Germany.* Dordrecht and Boston: Reidel, 1977.

Greifswald. University. *Chronik der Königlichen Universität Greifswald.* Greifswald.

_____. *Festschrift zur 500-Jahrfeier der Universität Greifswald.* Vol. 2. Greifswald: Universität, 1956.

Grüneisen, Eduard. "Emil Warburg zum achtzigsten Geburtstage." *Naturwiss.* 14 (1926): 203~207.

Günther, Siegmund. *Handbuch der Geophysik.* 2d rev. ed. 2 vols. Stuttgart,

1897~1899.

Guggenbühl, Gottfried. "Geschichte der Eidgenössischen Technischen Hochschule in Zürich." In *Eidgenössische Technische Hochschule 1855~1955*, 3~260.

Guttstadt, Albert, ed. *Die naturwissenschaftlichen und medicinischen Staatsanstalten Berlins. Festschrift für die 59. Versammlung deutscher Naturforscher und Aerzte.* Berlin, 1886.

Gutzmer, A. "Bericht der Unterrichts-Kommission über ihre bisherige Tätigkeit." *Verh. Ges. deutsch. Naturf. u. Ärzte* 77, pt. 1 (1905): 142~200.

Häusermann, Elsi. A. Frey-Wyssling을 보라.

Hahn, Otto. *My Life: the Autobiography of a Scientist.* Translated by E. Kaiser and E. Wilkins. New York: Herder and Herder, 1970.

Halle. University. *Bibliographie der Universitätsschriften von Halle-Wittenberg 1817~1885.* Edited by W. Suchier. Berlin: Deutscher Verlag der Wissenschaften, 1953.

_____. *Chronik der Königlichen Vereinigten Friedrichs-Universität Halle-Wittenberg.* Halle.

_____. *450 Jahre Martin-Luther-Universität Halle-Wittenberg.* Vol. 2. [Halle, 1953?]

_____. Willy Gebhardt와 Wilhelm Schrader를 보라.

Handbuch der Architektur. Pt. 4, *Entwerfen, Anlage und Einrichtung der Gebäude.* Sect. 6, *Gebäude für Erziehung, Wissenschaft und Kunst.* No. 2a, *Hochschulen, zugehörige und verwandte wissenschaftliche Institute.* I. *Hochschulen im allgemeinen, Universitäten und Technische Hochschulen, Naturwissenschaftliche Institute.* Edited by H. Eggert, C. Junk, C. Körner, and E. Schmitt. 2d. Stuttgart: A. Kröner, 1905.

Handbuch der bayerischen Geschichte. Vol. 4, *Das neue Bayern 1800~1970.* Edited by Max Spindler. Pt. 2. Munich: C. H. Beck, 1975.

Hanle, P. A. "Erwin Schrödinger's Reaction to Louis de Broglie's Thesis on the Quantum Theory." *Isis* 68 (1977): 606~609.

_____. "Indeterminacy before Heisenberg: The Case of Franz Exner and Erwin Schrödinge." *HSPS* 10 (1979): 225~269.

Hanle, Wilhelm, and Arthur Scharmann. "Paul Drude (1863~1906)/Physiker." In *Giessener Gelehrte in der ersten Hälfte des 20. Jahrhunderts*, edited by H. G. Gundel, P. Moraw, and V. Press, vol. 2 of Lebensbilder aus Hessen, Veröffentlichungen der Historischen Kommission für Hessen, 174~181. Marburg, 1982.

Harig, G., ed. *Bedeutende Gelehrte in Leipzig.* Vol. 2. Leipzig: Karl-Marx-Universität, 1965.

Harman, P. M. *Energy, Force, and Matter: The Conceptual Development of Nineteenth-Century Physics.* Cambridge: Cambridge University Press, 1982.

_____. *Metaphysics and Natural Philosophy: The Problem of Substance in Classical Physics.* Brighton: Harvester Press, 1982.

Harnack, Adolf, ed. *Geschichte der Königlich preussischen Akademie der Wissenschaften zu Berlin.* 3 vols. Berlin: Reichsdruckerei, 1900.

Hartmann, H., ed. Schöpfer *des neuen Weltbildes Grosse Physiker unserer Zeit.* Bonn: Athenäum, 1952.

Havránek, Jan. "Die Ernennung Albert Einsteins zum Professor in Prag." *Acta Universitatis Carolinae-Historia Universitatis Carolinae Pragensis* 17, pt. 2 (1977): 114~130.

Heidelberg. University. *Anzeige der Vorlesungen ⋯ auf der Grossherzoglich Badischen Ruprecht- Carolinischen Universität, zu Heidelberg ⋯* Heidelberg.

_____. *Ruperto-Carola. Sonderband. Aus der Geschichte der Universität Heidelberg und ihrer Fakultäten.* Edited by G. Hinz. Heidelberg: Brausdruck, 1961.

_____. *Die Ruprecht-Karl-Universität Heidelberg.* Edited by G. Hinz. Berlin and Basel: Länderdienst, 1965.

_____. *Zusammenstellung der Vorlesungen, welche vom Sommerhalbjahr 1804 bis 1886 auf der Grossherzoglich Badischen Ruprecht-Karls-Universität zu Heidelberg angekündigt worden sind.* Heidelberg.

_____. Reinhard Riese를 보라.

Heilbron, John L. "The Kossel-Sommerfeld Theory and the Ring Atom." *Isis* 58 (1967): 451~485.

_____. "Lectures on the History of Atomic Physics 1900~1922." In *History of Twentieth Century Physics*, edited by Charles Weiner, 40~108.

_____. Paul Forman을 보라.

Heilbron, John L., and Thomas S. Kuhn. "The Genesis of the Bohr Atom." *HSPS* 1 (1969): 211~290.

Heilbrunn, Ludwig. *Die Gründung der Universität Frankfurt a. M.*: Joseph Baer, 1915.

Heimann, P. M. "Maxwell, Hertz and the Nature of Electricity." *Isis* 62 (1970): 149~157.

Heisenberg, Werner. "The Development of Quantum Mechanics." In *Nobel Lectures. Physics 1922~1941*, The Nobel Foundation, 290~301. Amsterdam, London, and New York: Elsevier, 1965.

_____. *The Physical Principles of the Quantum Theory*. Translated by C. Eckart and F. C. Hoyt. New York: Dover, 1930.

_____. *Physics and Beyond: Encounters and Conversations*. Translated by A. J. Pomerans. New York: Harper and Row, 1971.

_____. *Physics and Philosophy: The Revolution in Modern Science*. New York: Harper, 1958.

_____. "Professor Max Born." *Nature* 225 (1970): 669~671.

_____. "Quantenmechanik." *Naturwiss.* 14 (1926): 989~994.

_____. "Remarks on the Origin of the Relations of Uncertainty." In *The Uncertainty Principle and Foundations of Quantum Mechanics. A Fifty Years' Survey*, edited by W. C. Price and S. S. Chissick, 3~6. London, New York, Sydney, and Toronto: John Wiley, 1977.

_____. *Wandlungen in den Grundlagen der Naturwissenschaft. Zwei Vorträge*. Leipzig: S. Hirzel, 1935.

Heitler, W. "Erwin Schrödinger, 1887~1961." *Biographical Memoirs of Fellows of the Royal Society* 7 (1961): 221~228.

Heller, Karl Daniel. *Ernst Mach: Wegbereiter der modernen physik*. Vienna and New York: Springer, 1964.

Helm, Georg. *Die Energetik nach ihrer geschichtlichen Entwickelung* Leipzig, 1898.

_____. *Die Lehre von der Energie*. Leipzig, 1887.

_____. "Oskar Schlömilch." *Zs. f. Math. u. Phys.* 46 (1901): 1~7.

Helmholtz, Anna von. *Anna von Helmholtz, Ein Lebensbild in Briefen.* Edited by Ellen von Siemens- Helmholtz, Vol. 1. Berlin: Verlag für Kulturpolitik, 1929.

Helmholtz, Hermann (von). "Autobiographical Sketch." In *Popular Lectures on Scientific Subiects*, vol. 2, 266~291.

_____. *Epistemological Writings*. Edited by Paul Hertz and Moritz Schlick. Translated by M. F. Lowe. Vol. 37 of Boston Studies in the Philosophy of Science. Dordrecht and Boston: Reidel, 1977.

_____. "Gustav Magnus. In Memoriam." In *Popular Lectures on Scientific Subiects*, 1~25.

_____. "Gustav Wiedemann." *Ann.* 50 (1893): iii~xi.

_____. *Popular Lectures on Scientific Subjects*. Translated by E. Atkinson. London, 1881. New ed. in 2 vols. London: Longmans, Green, 1908~1912.

_____. "Preface." In Heinrich Hertz's *The Principles of Mechanics*.

_____. *Selected Writings of Hermann von Helmholtz*. Edited by R. Kahl. Middletown, Conn.: Wesleyan University Press, 1971.

_____. *Vorlesungen über theretische Physik.* Vol. 1, pt. 1, *Einleitung zu den Vorlesungen über theoretische Physik*. Edited by Arthur König and Carl Runge. Leipzig: J. A. Barth, 1903. Vol. 1, pt. 2, *Vorlesungen über die Dynamik discreter Massenpunkte*. Edited by Otto Krigar-Menzel. Leipaig, 1898. Vol. 2, *Vorlesungen über die Dynamik continuirlich verbreiteter Massen.* Edited by Otto Krigar-Mensel. Leipzig: J. A. Barth, 1902. Vol. 3, *Vorlesungen über die mathematischen Principien der Akustik*. Edited by Arthur König and Carl Runge. Leipzig, 1898. Vol. 4, *Vorlesungen über Elektrodynamik und Theorie des Magnetismus*. Edited by Otto Krigar-Menzel and Max Laue. Leipzig: J. A. Barth, 1907. Vol. 5, *Vorlesungen über die elektromagnetische Theorie des Lichtes*. Edited by Arthur König and Carl Runge. Hamburg and Leipzig, 1897. Vol.

6, *Vorelsungen über die Theorie der Wärme.* Edited by Franz Richarz. Leipzig: J. A. Barth, 1903.

_____. *Wissenschaftliche Ahandlungen.* 3 vols. Leipzig, 1882~1895.

_____. "Zur Erinnerung an Rudolf Clausius." *Verh. phys. Ges.* 8 (1889): 1~7.

Helmholtz, Robert, "A Memoir of Gustav Robert Kirchhoff." Translated by J. de Perott. In *Annual Report of the* ··· *Smithsonian Institution* ··· *to July,* 1889, 1890, 527~540.

Henssi, Jacob. *Der physikalische Apparat. Anschaffung, Behandlung und Gebrauch desselben, Für Lehrer und Freunde der Physik.* Leipzig, 1875.

Hermann, Armin. "Albert Einstein und Johannes Stark. Briefwechsel und Verhältnis der beiden Nobelpreisträger." *Sudhoffs Archiv* 50 (1966): 267~285.

_____. "Born, Max." *DSB* 15 (1978): 39~44.

_____. "Einstein auf der Salzburger Naturforscherversammlung 1909." *Phys. Bl.* 25 (1969): 433~436.

_____. *The Genesis of the Quantum Theory (1899~1913).* Translated by C. W. Nash. Cambridge, Mass.: MIT Press, 1971.

_____. "Hertz, Heinrich Rudof." *Neue deutsche Biographie* 8 (1969): 713~714.

_____. *Die Jahrhundertwissenschaft: Werner Heisenberg und die Physik seiner Zeit.* Stuttgart: Deutsche Verlags-Anstalt, 1977.

_____. "Laue, Max von." *DSB* 8 (1973): 50~53.

_____. *Max Planck in Selbstzeugnissen und Bilddokumenten.* Reinbek b. Hamburg: Rowohlt, 1973.

_____. "Schrödinger, Erwin." *DSB* 12 (1975): 217~223.

_____. "Sommerfeld und die Technik." *Technikgeschichte* 34 (1967): 311~322.

_____. "Stark, Johannes." *DSB* 12 (1975): 613~616.

_____. *Werner Heisenberg in Selbstzeugnissen und Biddokumenten.* Reinbek b. Hamburg: Rowohlt, 1976.

_____. Paul Forman을 보라.

Hermann. L. "Hermann von Helmholtz." *Schriften der Physikalish-ökonomischen Gesellschaft zu Königserg* 35 (1894): 63~73.

Herneck, Friedrich. "Max von Laue. Die Entdeckung der Röntgenstrahl-Interferenzen." In *Bahnbrecher des Atomzeitalters; grosse Naturforscher von Maxwell bis Heisenberg,* 273~326. Berlin: Buchverlag Der Morgen, 1965.

Hertz, Heinrich. *Electrical Waves, Being Researches on the Propagation of Electric Action with Finite Velocity through Space.* Translated by D. E. Jones. New York, 1893. Reprint. New York: Dover, 1962.

_____. *Erinnerungen, Briefe, Tagebücher.* Edited by J. Hertz. 2d rev. ed. by M. Hertz and Charles Süsskind. San Francisco: San Francisco Press, 1977.

_____. *Gesammelte Werke.* Edited by Philipp Lenard. Vol. 1, *Schriften vermischten Inhalts.* Vol. 2, *Untersuchungen über die Ausbreitung der elektrischen Kraft,* 2d. ed. Vol. 3, *Die Prinzipien der Mechanik.* Leipzig, 1894~1895.

_____. "Hermann von Helmholtz." In supplement to *Münchener Allgemeine Zeitung,* 31 Aug. 1891. Reprinted and translated by D. E. Jones and G, A. Schott in *Miscellaneous Papers,* 332~340.

_____. *Miscellaneous Papers.* Translation of *Schriften vermischten Inhalts* by D. E. Jones and G. A. Schott. London, 1896.

_____. *Die Prinzipien der Mechanik, in neuem Zusammenhange dargestellt.* Edited by Philipp Lenard. Leipzig, 1894. Translated as *The Principles of Mechanics Presented in a New Form* by D. E. Jones and J. T. Walley. London, 1899. Reprint. New York: Dover, 1956.

_____. *Ueber die Biziehungen zwischen Licht und Elektricität.* Bonn, 1889. Reprinted in *Gesammelte Werke* 1: 339~354.

_____. *Ueber die Induction in rotierenden Kugeln.* Berlin, 1880.

Heydweiller, Adolf. "Friedrich Kohlrausch." In Friedrich Kohlrausch's *Gesammelte Abhandlungen,* vol. 2, xxxv~lxviii.

_____. "Johann Wilhelm Hittorf." *Phys. Zs.* 16 (1915): 161~179.

Hiebert, Erwin N. "The Energetics Controversy and the New Thermodynamics."

In *Perspectives in the History of Science and Technology,* edited by D. H. D. Roller, 67~86. Norman: University of Oklahoma Press, 1971.

_____. "Ernst Mach." *DSB* 8 (1973): 595~607.

_____. "The Genesis of Mach's Early Views on Atomism." In *Ernst Mach. Physicist and Philosopher,* 79~106. Vol. 6, Boston Studies in the Philosophy of Science, ed. R. S. Cohen and R. J. Seeger. Dordrecht: D. Reidel, 1970.

_____. "Nernst, Hermann Walther." *DSB,* Supplement, 1978, 432~453.

Hiebert, Erwin N., and Hans-Günther Körber. "Ostwald, Friedrich Wilhelm." *DSB,* Supplement, 1978, 455~469.

Hilbert, David. "Axiomatisches Denken." *Math. Ann.* 78 (1918): 405~415.

_____. "Gedächtnisrede auf H. Minkowski." In Hermann Minkowski's *Gesammelte Abhandlungen* 1: v~xxxi.

_____. Richard Courant를 보라.

Hirosige, Tetu. "Electrodynamics before the Theory of Relativity, 1890~1905." *Jap. Stud. Hist. Sci.* no. 5 (1966): 1~49.

_____. "The Ether Problem, the Mechanistic Worldview, and the Origins of the Theory of Relativity." *HSPS* 7 (1976): 3~82.

_____. "Origins of Lorentz' Theory of Electrons and the Concept of the Electromagnetic Field." *HSPS* 1 (1969): 151~209.

_____. "Theory of Relativity and the Ether." *Jap. Stud. Hist. Sci.* no 7 (1968): 37~53.

Hölder, O. "Carl Neumann." *Verh. sächs. Ges. Wiss.* 77 (1925): 154~180.

Hönl, H. "Intensitäts- und Quantitätsgrössen. In Memoriam Gustav Mie zu seinem hundertsten Geburstag." *Phys. Bl.* 24 (1968): 498~502.

Hofmann, A. W. "Gustav Kirchhoff." *Berichte der deutschen chemischen Gesellschaft,* vol. 20, pt. 2 (1887): 2771~2777.

_____. *The Question of a Division of the Philosophical Faculty. Inaugural Address on Assuming the Rectorship of the University of Berlin, Delivered in the Aula of the University on October 15, 1880.* 2d ed. Boston, 1883.

Holborn, Hajo. *A History of Modern Germany, 1840~1945.* New York: Alfred A. Knopf, 1969.

Holt, Niles R. "A Note on Wilhelm Ostwald's Energism." *Isis* 61 (1970): 386~389.

Holton, Gerald. "Einstein's Scientific Program: The Formative Years," In *Some Strangeness in the Proportion*, edited by Harry Woolf, 49~65.

_____. "Einstein's Search for the *Weltbild*." *Proc. Am. Phil. Soc.* 125 (1981): 1~15.

_____. "Influences on Einstein's Early Work in Relativity Theory." *American Scholar* 37 (1967): 59~79. Reprinted in *Thematic Origins of Scientific Thought: Kepler to Einstein*, 197~217.

_____. "Mach, Einstein, and the Search for Reality." *Daedalus* 97 (1968): 636~673. Reprinted in *Thematic Origins of Scientific Thought: Kepler to Einstein*, 219~259.

_____. "The Metaphor of Space-Time Events in Science." *Eranos Jahrbuch* 34 (1965): 33~78.

_____. "On the Origins of the Special Theory of Relativity." *Am. J. Phys.* 28 (1960): 627~636. Reprinted in *Thematic Origins of Scientific Thought: Kepler to Einstein*, 165~183.

_____. "On Trying to Understand Scietific Genius." *Ameircan Scholar* 41 (1971~1972): 95~110.

_____. "The Roots of Complementarity." *Daedalus* 99 (1970): 1015~1055.

_____. *Thematic Origins of Scientific Thought: Kepler to Einstein.* Cambridge, Mass.: Harvard University Press, 1973.

Hoppe, Edmund. *Geschichte der Elektrizität*. Leipzig, 1884.

Hort, Wilhelm. "Die technische Physik als Grundlage für Studium und Wissenschaft der Ingenieure." *Zs. f. techn. Physik.* 2 (1921): 132~140.

Hund, Friedrich. *Geschichte der Quantentheorie.* 2d. ed. Mannheim, Vienna, and Zurich: Bibliographisches Institut, 1975.

_____. "Höhepunkte der Göttinger Physik." *Phys. Bl.* 25 (1969): 145~153, 210~215.

_____. "Peter Debye." *Jahrbuch der Akademie der Wissenschaften in Göttingen*, 1966, 59~64.

Hunt, Bruce. "Theory Invades Practice: The British Response to Hertz." *Isis* 74 (1983): 341~355.

Ignatowski, Waldemar von. *Die Vektoranalysis und ihre Anwendung in der theoretischen Physik*, 2 vols. Leipzig and Berlin: B. G. Teubner, 1909~1910.

Ilberg, Waldemar. "Otto Heinrich Wiener (1862~1927)." In *Bedeutende Gelehrte in Leipzig*, edited by G. Harig, 2: 121~130.

Illy, József. "Albert Einstein in Prague." *Isis* 70 (1979): 76~84.

J., D. E. "Heinrich Hertz." *Nature* 49 (1894): 265~266.

Jaeckel, Barbara, and Wolfang Paul. "Die Entwicklung der Physik in Bonn 1818~1968." In *150 Jahre Rheinische Friedrich-Wilhelms-Universität zu Bonn 1818~1968*, 91~100.

Jäger, Gustav. "Der Physiker Ludwig Boltzmann." *Monatshefte für Mathermatik und Physik* 18 (1907): 3~7.

Jahnke, Eugen, *Vorlesungen über die Vektorenrechnung. Mit Anwendungen auf Geometrie, Mechanik und mathematische Physik.* Leipzig: B. G. Teubner, 1905.

Jahnke, Eugen, and Fritz Emde. *Funktionentafeln mit Formeln und Kurven.* Leipzig and Berlin: B. G. Teubner, 1909.

Jammer, Max. *The Conceptual Development of Quantum Mechanics.* New York: McGraw-Hill, 1966.

_____. *The Philosophy of Quantum Mechanics: The Interpretations of Quantum Mechanics in Historical Perspective.* New York: John Wiley, 1974.

Jena. University. *Beiträge zur Geschichte der Mathematisch-Naturwissenschaftlichen Fakultät der Friedrich-Schiller-Universität Jena anlässlich der 400-Jahr-Feier.* Jena: G. Fischer, 1959.

_____. *Geschichte der Universität Jena 1548/1958. Festgabe zum vierhundertjährigen Universitätsjubiläum.* 2 vols. Jena: G. Fischer, 1958.

Jensen, C. "Leonhard Weber." *Meteorologische Zeitschrift* 36 (1919): 269~271.

Jordan, Pascual. "Werner Heisenberg 70 Jahre." *Phys. Bl.* 27 (1971): 559~562.

_____. "Wilhelm Lenz." *Phys. Bl.* 13 (1957): 269~270.

_____. Max Born을 보라.

Jost, Walter, "The First 45 Years of Physical Chemistry in Germany." *Annual Review of Physical Chemistry* 17 (1966): 1~14.

Junk, Carl. "Physikalische Institute." In *Handbuch der Architektur*, pt. 4, sec. 6, no. 2aI, 164~236.

Kalähne, Alfred. "Dem Andenken an Georg Quincke." *Phys. Zs.* 25 (1924): 649~659.

_____. "Zum Gedächtnis von Rudolf H. Weber." *Phys. Zs.* 23 (1922): 81~83.

Kangro, Hans. "Das Paschen-Wiensche Strahlungsgesetz und seine Abhänderung durch Max Planck." *Phys. Bl.* 25 (1969): 216~220.

_____. *Vorgeschichte des Planckschen Strahlungsgesetzes.* Wiesbaden: Franz Steiner, 1970.

Karlsruhe. Technical Institute. *Festgabe zum Jubiläum der vierzigjährigen Regierung Seiner Königlichen Hoheit des Grossherzogs Friedrich von Baden.* Karlsruhe, 1892.

_____. *Die Grossherzogliche Technische Hochschule Karlsruhe. Festschfit zur Einweihung der Neubauten im Mai 1899.* Stuttgart, 1899.

Kast, W. "Gustav Mie." *Phys. Bl.* 13 (1957): 129~131.

Kaufmann, Walter, "Physik." *Naturwiss.* 7 (1919): 542~548.

Kayser, Heinrich. *Handbuch der Spectrosocopie.* Vol. 1. Leipzig: S. Hirzel, 1900.

_____. Obituary of Hermann Lorberg in *Chronik der Rheinischen Friedrich-Wilhelms-Universität zu Bonn 1905~1906*, 13~14.

Kayser, Heinrich, and Paul Eversheim. "Das physikalische Institut der Universität Bonn." *Phys. Zs.* 14 (1913): 1001~1008.

Kelbg, Günter, and Wolf Dietrich Kraeft. "Die Entwicklung der theoretischen Physik in Rostock." *Wiss. Zs. d. U. Rostock.* 16 (1967): 839~847.

Kemmer, N., and R. Schlapp. "Max Born." *Biographial Memoirs of Fellows of the Royal Society.* 17 (1971): 17~52.

Ketteler, Eduard. *Theoretische Optik gegründet auf das Bessel-Sellmeier'sche Princip. Zugleich mit den experimentellen Belegen.* Braunschweig, 1885.

Kiebitz, Franz. "Paul Drude." *Naturwiss. Rundschau* 21 (1906): 413~415.

Kiel. University. *Chronik der Universität Kiel*, Kiel.

_____. *Geschichte der Christian-Albrechts-Universität Kiel, 1665~1965.* Vol. 6, *Geschichte der Mathematik, der Naturwissenschaften und der Landwirtschaftswissenschaften.* Edited by Karl Jordan. Neumünster: Wachholtz, 1968.

_____. Charlotte Schmidt-Schönbeck을 보라.

Kirchhoff, Gustav. *Gesammelte Abhandlungen.* Leipzig, 1882. *Nachtrag.* Edited by Ludwig Boltzmann. Leipzig, 1891.

_____. *Vorlesungen über mathematische Physik.* Vol. 1, *Mechanik.* 3d ed. Leipzig, 1883. Vol. 2, *Vorlesungen über mathematische Optik,* Edited by K. Hensel. Leipzig, 1891. Vol. 3, *Vorlesungen über Electricität und Magnetismus.* Edited by Max Planck. Leipzig, 1891. Vol. 4, *Vorlesungen über die Theorie der Wärme.* Edited by Max Planck. Leipzig, 1894.

Kirn, H. E. Bonnell을 보라.

Kirsten, Christa, and Hans-Günther Körber, eds. *Physiker über Physiker.* Berlin: Akademie-Verlag, 1975.

Kirsten, Christa, and H. J. Treder, eds. *Albert Einstein in Berlin 1913~1933.* Pt. 1, *Darstellung und Dokumente.* Berlin: Akademie-Verlag, 1979.

Kistner, Adolf. "Meyer, Oskar Emil." *Biographisches Jahrbuch und Deutscher Nekrolog* 14 (1912): 157~160.

Klein, Felix. "Ernst Schering." *Jahresber. d. Deutsch. Math.-Vereinigung* 6 (1899): 25~27.

_____. "Mathematik, Physik, Astronomie an den deutschen Universitäten in den Jahren 1893~1903." *Jahresber. d. Deutsch. Math.-Vereinigung* 13 (1904): 457~475.

_____. "Über die Encyklopädie der mathematischen Wissenschaften, mit besonderer Rücksicht auf Band 4 derselben (Mechanik)." *Phys. Zs.* 2 (1900): 90~96.

_____. *Vorlesungen über die Entwicklung der Mathematik im 19. Jahrhundert.* Pt. 1 edited by R. Courant and O. Neugebauer. Pt. 2, *Die Grundbegriffe der Invariantentheorie und ihr Eindringen in die mathematische Physik,* edited by R. Courant and St. Cohn-Vossen. Reprint. New York: Chelsea, 1967.

Klein, Martin J, "The Development of Boltzmann's Statistical Ideas." In *The Boltzmann Equation: Theory and Applications,* edited by E. G. D. Cohen and W. Thirring, 53~106. In *Acta Physica Austraica,* Supplement 10. Vienna and New York: Springer, 1973.

_____. "Einstein and the Wave-Particle Duality." *The Natural Philosopher,* no. 3 (1964): 3~49.

_____. "Einstein, Specific Heats, and he Early Quantum Theory." *Science* 148 (1965): 173~180.

_____. "Einstein's First Paper on Quanta." *The Natural Philosopher,* no. 2 (1963): 59~86.

_____. "The First Phase of the Bohr-Einstein Dialogue." *HSPS* 2 (1970): 1~39.

_____. "Gibbs on Clausius, *HSPS* 1 (1969): 127~149.

_____. "Max Planck and the Beginnings of the Quantum Theory." *Arch. His. Ex. Sci.* 1 (1962): 459~479.

_____. "Maxwell, His Demon, and the Second Law of Thermodynamics." *American Scientist* 58 (1970): 84~97.

_____. "Mechanical Explanation at the End of the Nineteenth Century." *Centaurus* 17 (1972): 58~82.

_____. "No Firm Foundation: Einstein and the Early Quantum Theory." In *Some Strangeness in the Proportion,* edited by Harry Woolf, 161~185.

_____. *Paul Ehrenfest.* Vol. 1, *The Making of a Theoretical Physicist.* Amsterdam and London: North-Holland, 1970.

_____. "Planck, Entropy, and Quanta, 1901~1906." *The Natural Philosopher,* no. 1 (1963): 83~108.

_____. "Thermodynamics and Quanta in Planck's Work." *Physics Today* 19 (1966): 23~32.

_____. "Thermodynanics in Einstein's Thought." *Science* 157 (1967): 509~516.

Klein, Martin J., and Alllan Needell. "Some Unnoticed Publications by Einstein."

Isis 68 (1977): 601~604.

Klemm, Friedrich. "Die Rolle der Mathematik in der Technik des 19. Jahrhunderts." *Technikgeschichte* 33 (1966): 72~91.

Klinckowstroem, Carl von. "Auerbach, Felix." *Neue deutsche Biographie* 1 (1953): 433.

Knapp, Martin. "Prof. Dr. Karl Von der Mühll-His." *Verhandlungen der Schweizerischen Naturforschenden Gesellschaft* 95 (1912), pt. 1, *Nekrologe und Biographien*, 93~105.

Knott, Robert. "Hankel: Wilhelm Gottlieb." *ADB* 49 (1967): 757~759.

_____. "Knoblauch: Karl Hermann." *ADB* 51 (1971): 256~258.

_____. "Weber: Wilhelm Eduard." *ADB* 41 (1967): 358~361.

König, Walter. "Georg Hermann Quinckes Leben und Schaffen." *Naturwiss.* 12 (1924): 621~627.

König, Walter, and Franz Richarz. *Zur Erinnerung an Paul Drude*. Giessen: A. Töpelmann, 1906.

Königsberg. University. *Chronik der Königlichen Albertus-Universität zu Königsberg i. Pr.* Königsberg.

_____. Hans Prutz를 보라.

Koenigsberger, Johann. "F. Pockels." *Centralblatt für Mineralogie, Geologie und Paläontologie*, 1914, 19~21.

Koenigsberger, Leo. *Hermann von Helmholtz*. 3 vols. Braunschweig: F. Vieweg, 1902~1903.

_____. "The Investigations of Hermann von Helmholtz on the Fundamental Principles of Mathematics and Mechanics." *Annual Report of the ··· Smithsonian Institution ··· to July,* 1896, 1898, 93~124.

_____. *Mein Leben*. Heidelberg: Carl Winters, 1919.

Köpke, Rudolf. *Die Gründung der Königlichen-Wilhelms-Universität zu Berlin*. Berlin. 1860.

Körber, Hans-Günther. "'Hankel, Wilhelm Gottlieb." *DSB* 6 (1972): 96~97.

_____. "Zur Biographie des jungen Albert Einstein. Mit zwei unbekannten Briefen Einsteins an Wilhelm Ostwald vom Frühjahr 1901." *Forschungen und Fortschritte* 38 (1964): 74~78.

_____. Erwin N. Hiebert를 보라.

Körner, Carl. "Technische Hochschulen." *Handbuch der Architektur*, pt. 4, sec. 6, no. 2aI, 112~160.

Kohlrausch, Friedrich. "Antrittsrede." *Sitzungsber. preuss. Akad.*, 1896, pt. 2, 736~743.

_____. *Gesammelte Abhandlungen*. Edited by Wilhelm Hallwachs, Adolf Heydweiller, Karl Strecker, and Otto Wiener. 2 vols. Leipzig: J. A. Barth, 1910~1911.

_____. "Gustav Wiedemann. Nachruf." In *Gesammelte Abhandlungen*, vol. 2, 1064~1076.

_____. *Leitfaden der praktischen Physik, zunächst für das physikalische Practicum in Göttingen*. Leipzig, 1870. 11th rev. ed., *Lehrbuch der praktischen Physik*. Leipzig: B. G. Teubner, 1910.

_____. "Vorwort." In *Lehrbuch der praktischen Physik*, ix~xii. Reprinted in *Gesammelte Abhandlungen*, vol. 1, 1084~1088.

_____. Wilhelm v. Beetz. Nekrolog." In *Gesammelte Abhandlungen*, vol. 2, 1048~1061.

Kolde, Theodor. *Die Universität Erlangen unter dem Hause Wittelsbach, 1810~1910*. Erlangen and Leipzig: A. Deichert, 1910.

Konen, Heinrich. "Das physikalische Institut." In *Geschichte der Rheinischen Friedrich-Wilhelm- Universität zu Bonn am Rheim*, vol 2, 345~355.

Korn, Arthur. *Eine Theorie der Gravitation und der elektrischen Ersheiungen auf Grundlage der Hydrodynamik*. 2 vols. in 1. Berlin, 1892, 1894.

"Korn, Arthur." *Reichshandbuch Deutscher Geschichte* 1 (1930): 992~993.

Kossel, Walther, "Walther Kaufmann." *Naturwiss*. 34 (1947): 33~34.

Kraeft, Wolf Dietrich. Günter Kelbg를 보라.

Kragh, Helge. "Niels Bohr's Second Atomic Theory." *HSPS* 10 (1979): 123~186.

Kratzer, A. "Gerhard C. Schmidt." *Phys. Bl.* 6 (1950): 30.

Krause, Martin. "Oscar Schlömilch." *Verh. sächs. Ges. Wiss.* 53 (1901): 509~520.

Küchler, G. W. "Physical Laboratories in Germany." In *Occasional Reports by the Office of the Director-General of Education in India*, no. 4, 181~211.

Calcutta: Government Printing, 1906.

Kuhn, K. "Erinnerungen an die Vorlesungen von W. C. Röntgen und L. Grätz." *Phys. Bl.* 18 (1962): 314~316.

_____. Gehard C. Schmidt." *Naturwiss. Rundschau* 4 (1951): 41.

_____. "Johannes Stark." *Phys. Bl.* 13 (1957): 370~371.

Kuhn, Thomas S. *Black-Body Theory and the Quantum Discontinuity 1894~1912.* New York: Oxford University Press, 1978.

_____. "Einstein's Critique of Planck." In *Some Strangeness in the Proportion,* edited by Harry Woolf, 186~191.

_____. *The Essential Tension: Selected Studies in Scientific Tradition and Change.* Chicago: University of Chicago Press, 1977.

_____. "The Function of Measurement in Modern Physical Science." In *Quantifiation,* edited by Harry Woolf, 31~63. New York: Bobbs-Merrill, 1961.

_____. "Mathematical versus Experimental Traditions in the Development of Physical Science." *Joural of Interdisciplinary History* 7 (1976): 1~31. Reprinted in *The Essential Tension,* 31~65.

_____. John L. Heilbron을 보라.

Kundt, August. "Antrittsrede." *Sitzungsber. preuss. Akad.,* 1889, pt. 2, 679~683.

_____. *Vorlesungen über Experimentalphysik.* Edited by Karl Scheel. Braunschweig: F. Vieweg, 1903.

Kurylo, Friedrich, and Charles Süsskind. *Ferdiand Braun: A Life of the Nobel Prizewinner and Inventor of the Cathode-Ray Oscilloscope.* Cambridge, Mass.: MIT Press, 1981.

Kuznetsov, Boris. *Einstein.* Translated by V. Talmy. Moscow: Progress Publishers, 1965.

Lampa, Anton. "Ludwig Boltzmann." *Biographisches Jahrbuch und Deuyscher Nekrolog* 11 (1908): 96~104.

Lampe, Hermann. *Die Entwicklung und Differenzierung von Fachabteilungen auf den Versammlungen von 1828 bis 1913 .*Vol 2 of Schriftenreihe zur Geschichte der Versammlungen deutscher Naturforscher und Ärzte. Hildesheim: Gerstenberg, 1975.

_____. *Die Vorträge der allgemeinen Sitzungen auf der 1.-85. Versammlung 1822~1913.* Vol. 1 of Schriftenreihe zur Geschichte der Versammlungen deutscher Naturforscher und Ärzte. Hildesheim: Gerstenberg, 1972.

Landolt, Hans Heinrich, and Richard Börnstein, eds. *Physikalisch-chemische Tabellen* Berlin, 1883.

Lang, Victor von. *Einleitung in die theoretische Physik.* 2d rev. ed. Braunschweig, 1891.

_____. Obituary of Ludwig Boltzmann. *Almanach österreichische Akad.* 57 (1907): 307~309.

Laue, Max (von). *Gesammelte Schriften und Vorträge.* 3 vols. Braunschweig: F. Vieweg, 1961.

_____. "Heinrich Hertz 1857~1894." In *Gesammelte Schriften und Vorträge* 3: 247~256.

_____. "Mein physikalischer Werdegang. Eine Selbstdarstellung." In *Schöpfer des neuen Weltbildes,* edited by H. Hartmann. 178~210.

_____. "Paul Drude." *Math.-Naturwiss. Blätter* 3 (1906): 174~175.

_____. *Das physikalische Weltbild. Vortrag, gehalten auf der Kieler Herbstwoche 1921.* Karlsruhe: C. F. Müller, 1921.

_____. *Das Relativitätsprinzip.* Braunschweig: F. Vieweg, 1911. 2d ed. 2 vols. Vol. 2, *Die allgemeine Relativitätstheorie und Einsteins Lehre von der Schwerkraft.* Braunschweig: F. Vieweg, 1921.

_____. "Rubens, Heinrich." *Deutsches biographisches Jahrbuch.* Vol. 4, *Das Jahre 1922* (1929): 228~230.

_____. "Sommerfelds Lebenswerk." *Naturwiss.* 38 (1951): 513~518.

_____. "Über Hermann von Helmholtz." In *Forschen und Wirken. Festschrift ··· Humboldt-Universität zu Berlin,* vol. 1, 359~366.

_____. "Wien, Wilhelm." *Deutsches biographisches Jahrbuch.* Vol. 10, *Das Jahre 1928* (1931): 302~310.

_____. Max Born을 보라.

Lehmann, Otto, ed. *Dr. J. Fricks Physikalische Technik; oder, Anleitung zu Experimentalvorträgen sowie zur Selbstherstellung einfacher*

Demonstrationsapparate. 7th rev. ed. 2 vols. in 4. Braunschweig: F. Vieweg, 1904~1909.

_____. "Geschichte des Physikalischen Instituts der technischen Hochschule Karlsruhe." In *Festgabe* by the Karlsruhe Technical University, 207~265.

_____. *Molekularphysik mit besonderer Berücksichtigung mikroskopischer Untersuchungen und Anleitung zu solchen sowie einem Anhang über mikroskopische Analyse.* 2 vols. Leipzig, 888~889.

_____. *Physik und Politik.* Karlsruhe: Braun, 1901.

_____. "Vorrede." In *Dr. J. Fricks Physikalische Technik.* vol. 1. pt. 1, v~xx.

Leipzig. University, *Festschrift zur Feier des 500jährigen Bestehens der Universität Leipzig,* Vol. 4, *Die Institute und Seminare der Philosophischen Fakultät.* Pt. 2, *Die mathematisch-naturwissenschaftenliche Sektion.* Leipzig; S. Hirzel, 1909.

_____. *Die Universität Leipzig, 1409~1909. Gedenkblätter zum 30. Juli 1909.* Leipzig: Press-Ausschuss der Jubiläums-Kommission, 1909.

_____. *Verzeichniss der ⋯ auf der Universität Leipzig zu haltenden Vorlesungen.* Leipzig.

_____. Otto Wiener를 보라.

Lemaine, Gerard, Roy Macleod, Michael Mulkay, and Peter Weingart, eds. *Perspectives on the Emergence of Scientific Disciplines.* The Hague: Mouton, 1976.

Lenard, Philipp. "Einleitung." In Heinrich Hertz's *Gesammelte Werke* 1: ix~xxix.

_____. *Great Men of Science; A History of Scientific Progress.* Translated by H. Stafford Hatfield. New York: Macmillan, 1933.

_____. *Über Relativitätsprinzip, Äther, Gravitation.* Leipzig: S. Hirzel, 1918.

Lenz, Max. *Geschichte der Königlichen Friedrich-Wilhelms-Universität zu Berlin.* 4 vols. in 5. Halle a. d. S.: Buchhandlung des Waisenhauses, 1910~1918.

Lexis, Wilhelm, ed. *Die deutschen Universitäten.* 2 vols. Berlin, 1893.

_____. *Die Reform des höheren Schulwesens in Preussen.* Halle a. d.
S.: Buchhandlung des Waisenhauses, 1902.

_____, ed. *Das Unterrichtswesen im Deutschen Reich.* Vol. 1. *Die*
Universitäten im Deutschen Reich. Vol. 4, pt. 1. *Die technischen*
Hochschulen im Deutschen Reich. Berlin: A. Asher, 1904.

Lichtenecker, Karl. "Otto Wiener." *Phys. Zs.* 29 (1928): 73~78.

Liebmann, Heinrich. "Zur Erinnerung an Carl Neumann." *Jahresber. d. Deutsch.*
Math.-Vereinigung 36 (1927): 174~178.

"Life and Labors of Henry Gustavus Magnus." *Annual Report of the* ⋯
Smithsonian Institution for the Year 1870, 1872, 223~230.

Lindemann, Frederick Alexander, Lord Cherwell, and Franz Simon. "Walther
Hermann Nernst (1864~1941)." *Obituary Notices of Fellows of the Royal*
Society 4 (1942): 101~112.

Lommel, Eugen. *Experimental Physics.* Translated from the 3d German ed.
of 1896 by G. W. Myers. London, 1899.

Lorentz, H. A. *Collected Papers,* 9 vols. The Hague: M. Nijhoff, 1934~1939.

_____. "Ludwig Boltzmann." *Verh. phys. Ges.* 9 (1907): 206~238.
Reprinted in *Collected Papers,* vol. 9, 359~391.

_____. *Versuch einer Theorie der electrischen und optischen*
Erscheinungen in bewegten Körpern. Leiden, 1895. Reprinted in *Collected*
Papers, vol. 5, 1~137.

_____. Erwin Schrödinger를 보라.

Lorentz, H. A., Albert Einstein, Hermann Minkowski, and Hermann Weyl.
The Principle of Relativity: A Collection of Original Memoirs on the
Special and General Theory of Relativity by H. A. Lorentz, A Einstein,
H. Minkowski and H. Weyl. Translated from the 4th German edition
of 1922 by W. Perrett and G. B. Jeffery. London: Methuen, 1923. Reprint.
New York: Dover, n.d.

Lorenz, Hans. *Technische Mechanik starrer Systeme.* Munich: Oldenbourg,
1902.

_____. "Die Theorie in der Technik mit besonderer Berücksichtigung
der Entwickelung der Kreiselräder." *Phys. Zs.* 12 (1911): 185~191.

_____. "Der Unterricht in angewandter Mathematik und Physik an den deutschen Universitäten." *Jahresber. d. Deutsch. Math.-Vereinigung* 12 (1903): 565~572.

Lorey, Wilhelm. "Paul Drude und Ludwig Boltzmann." *Abhandlungen der Naturforschenden Gesellschaft zu Görlitz* 25 (1907): 217~222.

_____. "Die Physik an der Universität Giessen im 19. Jahrhundert." *Nachrichten der Giessener Hochschulgesellschaft* 15 (1941): 80~132.

_____. *Das Studium der Mathematik an den deutschen Universitäten seit Anfang des 19. Jahrhunderts.* Leipzig and Berlin: B. G. Teubner, 1916.

Losch, P. "Melde, Franz Emil." *Biographisches Jahrbuch und Deutscher Nekrolog* 6 (1901): 338~340.

Ludwig, Hubert. *Worte am Sarge von Heinrich Rudolf Hertz am 4. Januar 1894 im Auftrage der Universität gesprochen.* Bonn, 1894.

Lüdicke, Reinhard. *Die preussischen Kultusminister und ihre Beamten im ersten Jahrhundert des Ministeriums*, 1817~1917. Stuttgart: J. G. Cotta, 1918.

Lummer, Otto. "Physik." In *Festschrift ⋯ Universität Breslau*, vol. 2, 440~448.

McCormmach, Russell. "Editor's Foreword." *HSPS* 7 (1976): xi~xxxv.

_____. "Einstein, Lorentz, and the Electron Theory." *HSPS* 2 (1970): 41~87.

_____. "H. A. Lorentz and the Electromagnetic View of Nature." *Isis* 61 (1970): 459~497.

_____. "Henri Poincaré and the Quantum Theory." *Isis* 58 (1967): 37~55.

_____. "J. J. Thomson and the Structure of Light." *Brit. Journ. Hist. Sci.* 3 (1967): 362~387.

_____. "Lorentz, Hendrik Antoon." *DSB* 8 (1973): 487~500.

_____. *Night Thoughts of a Classical Physicist.* Cambridge, Mass,: Harvard University Press, 1982.

McGucken, William. *Nineteenth-Century Spectroscopy.* Baltimore: Johns Hopkins University Press, 1969

McGuire, J. E. "Forces, Powers, Aethers and Fields." *Boston Studies in the Philosophy of Science* 14 (1974): 119~159.

Mach, Ernst. *Die Mechanik in ihrer Entwickelung. Historisch-kritisch dargestellt.* Leipzig, 1883. 2d. rev. ed. Leipzig, 1889. Translated as *The Science of Mechanics. A Critical and Historical Exposition of Its Principles* by T. J. McCormack. Chicago, 1893.

_____. *Populär-wissenschaftliche Vorlesungen.* Leipzig, 1896. Translated as *Popular Scientific Lectures* by T. J. MaCormack. Chicago, 1895.

_____. *Die Principien der Wärmelehre. Historisch-kritisch entwickelt.* Leipzig, 1896.

MacKinnon, Edward. "Heisenberg, Models, and the Rise of Matrix Mechanics." *HSPS* 8 (1977): 137~188.

Macleod, Roy. Gerard Lemaine을 보라.

Madelung, Erwin. *Die mathematischen Hilfsmittel des Physikers.* Vol. 4, Die Grundlehren der mathematischen Wissenschaften in Einzeldarstellungen mit besonderer Berücksichtigung der Anwendungsbebiete, edited by Richard Courant. Berlin: Springer, 1922.

Manegold, Karl-Heinz. *Universität, Technische Hochschule und Industrie.* Vol. 16 of Schriften zur Wirtschafts- und Sozialgeschichte, edited by W. Fischer. Berlin: Duncker und Humblot, 1970.

Marburg. University. *Catalogus professorum academiae Marburgensis; die akademischen Lehrer der Philipps-Universität in Marburg von 1527 bis 1910.* Edited by F. Gundlach. Marburg: Elwert, 1927.

_____. *Chronik der Königlich Preussischen Universität Marburg.* Marburg.

_____. *Die Philipps-Universität zu Marburg 1527~1927.* Edited by H. Hermelink and S. A. Kaehler. Marburg: Elwert, 1927.

Max-Planck-Gesellschaft. *50 Jahre Kaiser-Wilhelm-Gesellschaft und Max-Planck-Gesellschaft zur Förderung der Wissenschaften 1911~1961.* Göttingen: Max-Planck-Gesellschaft, 1961.

Maxwell, James Clerk. "Hermann Ludwig Ferdinand Helmholtz." *Nature* 15 (1877): 389~391.

_____. *Lehrbuch der Electricität und des Magnetismus.* Translated by Bernhard Weinstein. 2 vols. Berlin, 1883.

Mehra, Jagdish. "Albert Einsteins erste wissenschaftliche Arbeit." *Phys. Bl.* 27 (1971): 386~391.

_____. "Einstein, Hilbert, and the Theory of Gravitation." In *The Physicist's Conception of Nature*, edited by Jagdish Mehra, 194~278.

_____. ed. *The Physicist's Conception of Nature*. Dordrecht: D. Reidel, 1973.

_____. ed. *The Solvay Conferences on Physics: Aspects of the Development of Physics since 1911*. Dordrecht: D. Reidel, 1975.

Meissner, Walther. "Max von Laue als Wissenschaftler und Mensch." *Sitzungsber. bay. Akad.*, 1960, 101~121.

M[elde, Franz]. "Der Erweiterungs- und Umbau des mathematisch-physikalischen Instituts der Universität Marburg." *Hessenland. Zeitschrift für Hessische Geschichte und Literatur* 5 (1891): 141~142.

Mendelsohn, Kurt. *The World of Walther Nernst. The Rise and Fall of German Science, 1864~1941*. Pittsburgh: University of Pittsburgh Press, 1973.

Merz, John Theodore. *A History of European Thought in the Nineteenth Century*. 4 vols. 1904~1912. Reprint. New York: Dover, 1965.

Meyer, Oskar Emil. "Das physikalische Institut der Universität zu Breslau." *Phys. Zs.* 6 (1905): 194~196.

Meyer, Stefan. "Friedrich Hasenörl." *Phys. Zs.* 16 (1915): 429~433.

_____. ed. *Festschrift Ludwig Boltzmann gewidmet zum sechzigsten Geburstage/20. Februar 1904*. Leipzig: J. A. Barth, 1904.

Michelmore, Peter. *Einstein, Profile of the Man*. New York: Dodd, Mead, 1962.

Mie, Gustav. "Aus meinem Leben." *Zeitwende* 19 (1948): 733~743.

_____. *Die Einsteinsche Gravitationstheorie. Versuch einer allgemein verständlichen Darstellung der Theorie*. Leipzig: S. Hirzel, 1921.

_____. *Entwurf einer allgemeinen Theorie der Energieübertragung*. Vienna, 1898.

_____. *Lehrbuch der Elektrizität und des Magnetismus. Eine Experimentalphysik des Weltäther für Physiker, Chemiker, Elektrotechniker*. Stuttgart: F. Enke, 1910.

_____. *Die Materie. Vortrag gehalten am 27. Januar 1912 (Kaisers Geburstag) in der Aula der Universität Greifswald.* Stuttgart: F. Enke, 1912.

_____. "Die mechanische Erklärbarkeit der Naturerscheinungen. Maxwell. −Helmholtz. −Hertz." *Verhandlungen des naturwissenschaftlichen Vereins in Karlsruhe* 13 (1895~1900): 402~420.

_____. *Moleküle, Atome, Weltäther.* Leipzig: B. G. Teubner, 1904.

_____. *Die neueren Forschungen über Ionen und Elektronen.* Stuttgart: F. Enke, 1903.

Miller, Arthur I. *Albert Einstein's Special Theory of Relativity.* Reading, Mass." Addison-Wesley, 1981.

_____. "A. Study of Henri Poincaré's 'Sur la Dynamique de l'Electron,'" *Arch. Hist. Ex. Sci.* 10 (1973): 207~328.

_____. "Visualization Lost and Regained: The Genesis of the Quantum Theory in the Period 1913~1927." In *On Aesthetics in Science*, edited by J. Wechsler, 73~101. Cambridge, Mass.: MIT Press, 1978.

Minkowski, Hermann. *Briefe an David Hilbert/Hermann Minkowski.* Edited by L. Rüdenberg and H. Zassenhaus. Berlin, Heidelberg, and New York: Springer, 1973.

_____. *Gesammelte Abhandlungen* Edited by David Hilbert. 2 vols. Lepzig and Berlin: B. G. Teubner, 1911.

_____. "Peter Gustav Lejeune Dirichlet und seine Bedeutung für die heutige Mathematik." In Minkowski's *Gesammelte Abhandlungen*, vol. 2, 447~461.

_____. H. A. Lorentz를 보라.

Mohl, Robert von. *Lebens-Erinnerungen.* Vol. 1. Stuttgart and Leipzig: Deutsche Verlags-Anstalt, 1902.

Mott, Nevill, and Rudolf Peierls. "Werner Heisenberg. 5 December 1901~1 February 1976." *Biographical Memoirs of Fellows of the Royal Society* 23 (1977): 213~242.

Mrowka, B. "Richard Gans." *Phys. Bl.* 10 (1954): 512~513.

Müller, J. A. von. "Das physikalisch-metronomische Institut." In *Die wissenschaftlichen Anstalten der Ludwig-Maximilians-Universität zu München,* 278~279.

Müller, J. J. C. C. Christiansen을 보라.

Mulkay, Michael. Gerard Lemine을 보라.

Munich Technical University, ed. *Darstellungen aus der Geschichte der Technik, der Industrie und Landwirtschaft in Bayern.* Munich: R. Oldenbourg, 1906.

Munich. University. *Die Ludwig-Maximilians-Universität in ihren Fakultäten.* Vol. 1. Edited by L. Boehm and J. Spörl. Berlin: Duncker und Humblot, 1972.

_____. *Ludwig-Maximilians-Universität, Ingolstadt, Landshut, München, 1472~1972.* Edited by L. Boehm and J. Spörl. Berlin: Duncker und Humblot, 1972.

_____. *Die wissenschaftlichen Anstalten der Ludwig-Maximilians-Universität zu München.* Edited by Karl Alexander von Müller. Munich: R. Oldenbourg und Dr. C. Woif, 1926.

_____. Clara Wallenreiter을 보라.

Narr, Friedrich. *Ueber die Erkaltung und Wärmeleitung in Gasen.* Munich, 1870.

Needell, Allan A. "Irreversibility and the Failure of Classical Dynamics: Max Planck's Work on the Quantum Theory 1900~1915." Ph. D. diss., Yale University, 1980.

_____. Martin J. Klein을 보라.

Nernst, Walther. "Antrittsrede." *Sitzungsber. preuss. Akad.,* 1906, 549~552.

_____. "Development of General and Physical Chemistry during the Last Forty Years." *Annual Report of the Smithsonian Institution,* 1908, 245~253.

_____. "Rudolf Clausius 1822~1888." In *150 Jahre Rheinische Friedrich-Wilhelms-Universität zu Bonn 1818~1968,* 101~109.

_____. *Theoretische Chemie vom Standpunkte der Avogadroschen Regel und der Thermodynamik.* Stuttgart, 1893.

_____. *Das Weltgebäude im Lichte der neueren Forschung.* Berlin:

Springer, 1921.

Neuer Nekrolog der Deutschen.

Neuerer, Karl. *Das höhere Lehramt in Bayern im 19. Jahrhundert.* Berlin: Duncker und Humblot, 1978.

Neumann, Carl. *Beiträge zu einzelnen Theilen der mathematischen Physik, insbesondere zur Elektrodynamik und Hydrodynamik, Elektrostatik und magentischen Induction.* Leipzig, 1893.

_____. *Untersuchungen über das logarithmische und Newton'sche Potential.* Leipzig, 1877.

_____. "Worte zum Gedächtniss an Wilhelm Hankel." *Verh. sächs. Ges. Wiss.,* 51 (1899): lxii~lxvi.

Neumann, Franz. *Vorlesungen über mathematische Physik, gehalten an der Universität Königsberg.* Edited by his students. Leipzig, 1881~1894. 개별 권은 다음과 같다. *Einleiting in die theoretische Physik.* Edited by Carl Pape. Leipzig, 1883. *Vorlesungen über die Theorie der Capillarität.* Edited by Albert Wangerin. Leipzig, 1894. *Vorlesungen über die Theorie der Elasticität der festen Körper und des Lichtäthers.* Edited by Oskar Emil Meyer. Leipzig, 1885. *Vorlesungen über die Theorie des Magnetismus, namentlich über die Theorie der magnetischen Induktion.* Edited by Carl Neumann. Leipzig, 1881. *Vorlesungen über die Theorie des Potentials und der Kugelfunctionen.* Edited by Carl Neumann. Leipzig, 1887. *Vorlesungen über elektrische Ströme.* Edited by Karl Von der Mühll. Leipzig, 1884. *Vorlesungen über theoretische Optik.* Edited by Ernst Dorn. Leipzig, 1885.

Neumann, Luise. *Franz Neumann, Erinnerungsblätter von seiner Tochter.* 2d ed. Tübingen: J. C. B. Mohr (P. Siebeck), 1907.

Nisio, Sigeko. "The Formation of the Sommerfeld Quantum Theory of 1916." *Jap. Stud. Hist. Sci.* no. 12 (1973): 39~78.

Nitske, W. Robert. *The Life of Wilhelm Conrad Röntgen: Discoverer of the X Ray.* Tucson: Unversity of Arizona Press, 1971.

North, J. D. *The Measure of the Universe: A History of Modern Cosmolgy.* Oxford: Clarendon Press, 1965.

Obituary of Hermann Ebert. *Leopoldina* 18 (1913): 38.

Obituary of Hermann von Helmholtz. *Nature* 50 (1894): 479~480.

Obituary of Eduard Ketteler. *Leopoldina* 37 (1901): 35~36.

Obituary of Ludwig Matthiessen. *Leopoldina* 42 (1906): 158.

Obituary of Franz Melde. *Leopoldina* 37 (1901): 46~47.

Olesko, Kathryn Mary. "The Emergence of Theoretical Physics in Germany: Franz Neumann and the Königsberg School of Physics, 1830~1890." Ph. D. diss., Cornell University, 1980.

Oppenheim, A. "Heinrich Gustav Magnus." *Nature* 2 (1870): 143~145.

Ortwein, "Wilhelm Lenz 60 Jahre." *Phys. Bl.* 4 (1948): 30~31.

Ostwald, Wilhelm. *Aus dem wissenschaftlichen Briefwechsel Wilhelm Ostwalds.* Vol. 1, *Briefwechsel mit Ludwig Boltzmann, Max Planck, Georg Helm und Josiah Willard Gibbs.* Edited by Hans-Günther Körber. Berlin: Akademie-Verlag, 1961.

_____. "Gustav Wiedemann." *Verh. sächs. Ges. Wiss.*, 51 (1899): lxxvii~lxxxiii.

_____. *Lehrbuch der allemeinen Chemie.* 2d ed. 2 vols. in 4. Leipzig: W. Engelmann, 1891~1906.

_____. "Recent Advances in Physical Chemistry." *Nature* 45 (1892): 590~593.

Paalzow, Adolph, "Stiftungsfeier am 4. Januar 1896." *Verh. phys. Ges.* 15 (1896): 36~37.

Paschen, Friedrich. "Gedächtnisrede des Hrn. Paschen auf Emil Warburg." *Sitzungsber. preuss. Akad.*, 1932, cxv~cxxiii.

_____. "Heinrich Kayser." *Phys. Zs.* 41 (1940): 429~433.

Pasler, M. "Leben und wissenschaftliches Werk Max von Leues." *Phys. Bl.* 16 (1960): 552~567.

Paul, Wolfgang. Barbara Jaeckel을 보라.

Pauli, Wolfgang. "Albert Einstein in der Entwicklung der Physik." *Phys. Bl.* 15 (1959): 241~245.

_____. *Wolfgang Pauli. Wissenschaftlicher Briefwechsel mit Bohr, Einstein, Heisenberg u. a.* Vol. 1, *1919~1929.* Edited by Armin Hermann,

K. v. Meyenn, and V. F. Weisskopf. New York, Heidelberg, and Berlin: Springer, 1979.

Paulsen, Friedrich. *Die deutschen Universitäten und das Universitätsstudium.* Berlin: A. Asher, 1902.

Peierls, Rudolph, Nevill Mott를 보라.

Perron, Oskar, Constantin Carathéodory, and Heinrich Tietze. "Das Mathematische Seminar." In *Die wissenschaftlichen Anstalten ··· zu München*, 206.

Pfannenstiel, Max, ed. *Kleines Quellenbuch zur Geschichte der Gesellschaft Deutscher Naturforscher und Ärzte.* Berlin, Göttingen, and Heidelberg: Springer, 1958.

Pfaundler, Leopold, ed. *Müller-Pouillet's Lehrbuch der Physik und Meteorologie.* 9th rev. ed. 3 vols. Braunschweig, 1886~1898. 10th rev. ed. 4 vols. Braunschweig: F. Vieweg, 1905~1914.

Pfetsch, Frank. "Scientific Organization and Science Policy in Imperial Germany, 1871~1914: The Foundations of the Imperial Institute of Physics and Technology." *Minerva* 8 (1970): 557~580.

Philippovich, Eugen von. *Der badische Staatshaushalt in den Jahren 1868~1889.* Freiburg i. Br., 1889.

Planck, Max. *Acht Vorlesungen über theoretische Physik.* Leipzig: S. Hirzel, 1910. Translated as *Eight Lectures on Theoretical Physics Delivered at Columbia University in 1909* by A. P. Wills. New York: Columbia University Press, 1915.

_____. "Antrittsrede." *Sitzungsber. preuss. Akad.*, 1894, 641~644. Reprinted in *Physikalische Abhandlungen und Vorträge* 3: 1~5.

_____. "Arnold Sommerfeld zum siebzigsten Geburtstag." *Naturwiss.* 26 (1938): 777~779. Reprinted in *Physikalische Abhandlungen und Vorträge* 3: 368~371.

_____. *Die Entstehung und bisherige Entwicklung der Quantentheorie.* Leipzig: J. A. Barth, 1920. Reprinted in *Physikalische Abhandlungen und Vorträge* 3: 121~134.

_____. "Gedächtnisrede auf Heinrich Hertz." *Verh. phys. Ges.* 13 (1894):

9~29. Reprinted in *Physikalische Abhandlungen und Vorträge* 3: 321~323.

_____. "Gedächtnisrede des Hrn. Planck auf Heinrich Rubens." *Sitzungsber. preuss. Akad.,* 1923, cviii~cxiii.

_____. *Grundriss der allgemeinen Thermochenmie.* Breslau, 1893.

_____. "Helmholtz's Leistungen auf dem Gebiete der theoretischen Physik." *ADB* 51 (1906): 470~472. Reprinted in *Physikalische Abhandlungen und Vorträge,* 3: 321~323.

_____. "Das Institut für theoretische Physik." In *Geschichte der* ··· *Universität zu Berlin,* edited by Max Lenz, vol. 3, 276~278.

_____. "James Clerk Maxwell in seiner Bedeutung für die theoretische Physik in Deutschland." *Naturwiss.* 19 (1931): 889~894. Reprinted in *Physikalische Abhandlungen und Vorträge* 3: 352~357.

_____. "Max von Laue. Zum 9. Oktober 1929." *Naturwiss.* 17 (1929): 787~788. Reprinted in *Physikalische Abhandlungen und Vorträge* 3: 350~351.

_____. "Paul Drude." *Ann.* 20 (1906): i~iv.

_____. "Paul Drude." *Verh. phys. Ges.* 8 (1906): 599~630. Reprinted in *Physikalische Abhandlungen und Vorträge* 3: 289~320.

_____. *Physikalische Abhandlungen und Vorträge.* 3 vols. Braunschweig: F. Vieweg, 1958.

_____. Das Princip der Erhaltung der Energie. Leipzig, 1887.

_____. "Theoretische Physik." In *Aus fünfzig Jahren deutscher Wissenschaft,* edited by Gustav Abb, 300~309. Reprinted in *Physikalische Abhandlungen und Vorträge* 3: 209~218.

_____. *Über den zweiten Hauptsatz der mechanischen Wärmetheorie,* Munich, 1879.

_____. "Verhältnis der Theorien zueinander." In *Physik,* edited by Emil Warburg, 732~737.

_____. *Vorlesungen über die Theorie der Wärmestrahlung.* Leipzig: J. A. Barth, 1906.

_____. *Vorlesungen über Thermodynamik.* Leipzig, 1897. Translated as *Treatise on Thermodynamics* by A Ogg. London, New York, and Bombay:

Longmans, Green, 1903.

_____. *Wissenschaftliche Selbstbiographie*. Leipzig: J. A. Barth, 1948.
Reprinted in *Physikalische Abhandlungen und Vorträge* 3: 374~401.

_____. Erwin Schrödinger를 보라.

Plücker, Julius. *Gesammelte physikalische Abhandlungen*. Edited by Friedrich
Pockels. Leipzig, 1896.

Pockels, Friedrich. "Gustav Robert Kirchhoff." In *Heidelberger Professoren
aus dem 19. Jahrhundert*, vol. 2, 243~263.

_____. *Lehrbuch der Kristalloptik*. Leipzig and Berlin: B. G. Teubner,
1906.

_____. *Über die partielle Differentialgleichung* $\Delta u + k^2 u = 0$ *und deren
Auftreten in der mathematischen Physik*. Leipzig, 1891.

Poggendorff, Johann Christian. *J. C. Poggendorff's biographisch-literarisches
Handwörterbuch zur Geschichte der exacten Wissenschaften*. Leipzig,
1863~.

_____. "Meine Rede zur Jubelfeier am 28. Februar 1874." In *Johann
Christian Poggendorff* by Emil Frommel, 68~72.

Preston, David Lawrence. "Science, Society, and the German Jews: 1870~1933."
Ph. D. diss., University of Illinois, 1971.

Pringsheim, Peter. "Gustav Magnus." *Naturwiss.* 13 (1925): 49~52.

Prutz, Hans. *Die Königliche Albertus-Universität zu Königsberg i. Pr. Im
neunzehnten Jahrhundert. Zur Feier ihres 350jährigen Bestehens*.
Königsberg, 1894.

Pyenson, Robert Lewis. "The Göttingen Reception of Einstein's General Theory
of Relativity." Ph. D. diss., Johns Hopkins University, 1973.

_____. "Hermann Minkowski and Einstein's Special Theory of Relativity."
Arch. Hist. Ex. Sci. 17 (1977): 71~95.

_____. "Mathematics, Education, and the Göttingen Approach to Physikal
Reality, 1890~1914." *Europa* 2 (1979): 91~127.

_____. "Physics in the Shadow of Mathematics: The Göttingen
Electon-Theory Seminar of 1905." *Arch. Hist. Ex. Sci.* 21 (1979): 55~89.

_____. "La réception de la relativité généralisée: disciplinarité et institutionalisation en physique." *Revue d'histoire des sciences* 28 (1975): 61~73.

R., D. "Jolly: Philipp Johann Gustav von." *ADB* 55 (1971): 807~810.

Raman, V. V., and Paul Forman. "Why Was It Schrödinger Who Developed de Broglie's Ideas!" *HSPS* 1 (1969): 291~314.

Ramsauer, Carl. "Zum zehnten Todestag. Philipp Lenard 1862~1957." *Phys. Bl.* 13 (1957): 219~222.

Rees, J. K. "German Scietific Apparatus." *Science* 12 (1900): 777~785.

Reiche, F. "Otto Lummer." *Phys. Zs.* 27 (1926): 459~467.

Reid, Constance. *Courant in Göttingen and New York: The Story of an Improbable Mathematician.* New York: Springer, 1970.

_____. *Hilbert, With an Appreciation of Hilbert's Mathematical Work by Hermann Weyl.* Berlin and New York: Springer, 1970.

Reindl, Maria. *Lehre und Forschung in Mathematik und Naturwissenschaften, insbesondere Astronomie, an der Universität Würzburg von der Gründung bis zum Beginn des 20. Jahrhunderts.* Neustadt an der Aisch: Degener, 1966.

Reinganum, Max. "Clausius: Rudolf Julius Emanuel." *ADB* 55 (1971): 720~729.

Richarz, Franz. Wlater König를 보라.

Riebesell, P. "Die neueren Ergebnisse der theoretischen Physik und ihre Beziehungen zur Mathematik." *Naturwiss.* 6 (1918): 61~65.

Riecke, Eduard. "Friedrich Kohlrausch." *Gött. Nachr.,* 1910, 71~85.

_____. *Lehrbuch der Experimental-Physik zu eigenem Studium und zum Gebrauch bei Vorlesungen.* 2 vols. Leipzig, 1896.

_____. *Die Principien der Physik und der Kreis ihrer Anwendung.* Festrede. Göttingen, 1897.

_____. "Rede." In *Die physikalischen Institute der Universität Göttingen,* 20~37.

_____. "Rudolf Clausius." *Abh. Ges. Wiss. Göttingen* 35 (1888): appendix, 1~39.

_____. "Wilhelm Weber." *Abh. Ges. Wiss. Göttingen* 38 (1892): 1~44.

Riese, Reinhard. *Die Hochschule auf dem Wege zum wissenschaftlichen*

Grossbetrieb. Die Universität Heidelberg und das badische Hochschulwesen 1860~1914. Vol. 19 of Industrielle Welt, Schriftenreihe des Arbeitskreises für moderne Sozialgeschichte, edited by Werner Conze. Stuttgart: Ernst Klett, 1977.

Riewe, K. H. *120 Jahre Deutsche Physikalische Gesellschaft.* N. p., 1965.

Ringer, Fritz K. *The Decline of the German Mandarins: The German Academic Community, 1890~1933.* Cambridge, Mass.: Harvard University Press, 1969.

Röntgen, W. C. *W. C. Röntgen. Briefe an L. Zehnder.* Edited by Ludwig Zehnder. Zurich, Leipzig, and Stuttgart: Rascher, 1935.

Rohmann, H. "Ferdinand Braun." *Phys. Zs.* 19 (1918): 537~539.

Rosanes, Jakob. "Charakteristerische Züge der Entwicklung der Mathematik des 19. Jahrhunderts." *Jahresber. d. Deutsch. Math.-Vereinigung* 13 (1904): 17~30.

Roscoe, Henry. *The Life and Experiences of Sir Henry Enfield Roscoe, D. C. L., LL. D., F. R. S.* London and New York: Macmillan, 1906.

Rosenberg, Charles E. "Toward an Ecology of Knowledge: On Discipline, Context and History." In *The Organization of Knowledge in Modern America 1860~1920,* edited by A. Oleson and J. Voss, 440~455. Baltimore: Johns Hopkins University Press. 1979.

Rosenberger, Ferdinand. *Die Geschichte der Physik.* Vol. 3, *Geschichte der Physik in den letzten hundert Jahren.* Braunschweig, 1890. Reprint. Hildesheim: G. Olms, 1965.

Rosenfeld, Leon. "Kirchhoff, Gustav Robert." *DSB* 7 (1973): 379~383.

_____. "La première phase de l'évolution de la Théorie des Quanta." *Osiris* 2 (1936): 149~196.

_____. "The Velocity of Light and the Evolution of Electrodynamics." *Nuovo Cimento,* supplement to vol. 4 (1957): 1630~1669.

Rostock. University. Günter Kelbg를 보라.

Rubens, Heinrich. "Antrittsrede." *Sitzungsber. preuss. Akad.,* 1908, 714~717.

_____. "Das Physikalische Institut." In *Geschichte der ⋯ Universität zu Berlin,* edited by Max Lenz, vol. 3, 278~296.

Runge, Carl. "Woldemar Voigt." *Gött. Nachr.,* 1920, 46~52.

Runge, Iris. *Carl Runge und sein wissenschaftliches Werk.* Göttingen: Vandenhoeck und Ruprecht, 1949.

Salié, Hans. "Carl Neumann." In *Bedeutende Gelehrte in Leipzig,* vol. 2, edited by G. Harig, 13~23.

Schachenmeier, R. A. Schleiermacher를 보라.

Schaefer, Clemens. *Einführung in die theoretische Physik.* Vol. 1, *Mechanik materieller Punkte, Mechanik starrer Körper und Mechanik der Continua* (Elastizität und Hydrodynamik). Leipzig: Veit, 1914.

_____. "Ernst Pringsheim." *Phys. Zs.* 18 (1917): 557~560.

Schaffner, K. F. "The Lorentz Electron Theory [and] Relativity." *Am. J. Phys.* 37 (1969): 498~513.

Scharmann, Arthur. Wilhelm Hanre를 보라.

Scheel, Karl. "Bericht über den internationalen Katalog der wissenschaftlichen Literatur." *Verh. phys. Ges.* 1903, 83~86.

_____. "Die literarischen Hilfsmittel der Physik." *Naturwiss.* 16 (1925): 45~48.

_____. "Physikalische Forschungsstätten." In *Forschungsinstitute, ihre Geschichte, Organisation und Ziele,* edited by Ludolph Brauer, et. al., 175~208.

Scherrer, P. "Wolfgang Pauli." *Phys. Bl.* 15 (1959): 34~35.

Schlipp, P. A., ed. *Albert Einstein: Philosopher-Scientist.* Evanston: The Library of Living Philosphers, 1949.

Schlapp, R. N. Kemmer를 보라.

Schleiermacher, A., and R. Schachenmeier. "Otto Lehmann." *Phys. Zs.* 24 (1923): 289~291.

Schmidt, Gerhard C. "Eilhard Wiedemann." *Phys. Zs.* 29 (1928) 185~190.

_____. "Wilhelm Hittorf." *Phys. Bl.* 4 (1948): 64~68.

Schmidt, Karl. "Carl Hermann Knoblauch." *Leopoldina* 31 (1895): 116~122.

Schmidt-Ott, Friedrich. *Erlebtes und Erstrebtes, 1860~1950.* Wiesbaden: Franz Steiner, 1952.

Schmidt-Schönbeck, Charlotte. *300 Jahre Physik und Astronomie an der Kieler*

Universität. Kiel: F. Hirt, 1965.

Schmitt, Eduard. "Hochschulen im allgemeinen." In *Handbuch der Architektur*, pt. 4, sec. 6, no. 2aI, 4~53.

Schnabel, Franz. "Althoff, Friedrich Theodor." *Neue deutsche Biographie* 1 (1953): 222~224.

Schrader, "Wilhelm. *Geschichte der Friedrichs-Universität zu Halle*. 2 vols. Berlin, 1894.

Schröder, Brigitte. "Caractérisques des relations scientifiques internationals, 1870~1914." *Journal of World History* 19 (1966): 161~177.

Schrödinger, Erwin. *Collected Papers on Wave Mechanics*. Translated by J. F. Shearer from the 2d German ed. of 1928. London and Glasgow: Blackie and Son, 1928.

_____. *Science and the Human Temperament*. Translated by Murphy and W. H. Johnston. New York: W. W. Norton, 1935.

Schrödinger, Erwin, Max Planck, Albert Einstein, and H. A. Lorentz. *Letters on Wave Mechanics*. Edited by K. Przibram. Translated by Martin J. Klein. New York: Philosophical Library, 1967.

Schroeter, Joachim. "Johann Georg Koenigsberger (1874~1946)." *Schweizerische Mineralogische und Petrographische Mitteilungen* 27 (1947): 236~246.

Schuler, H. "Friedrich Paschen." *Phys. Bl.* 3 (1947): 232~233.

Schulz, H. "Otto Lummer." *Zs. für Instrumentenkunde* 45 (1925): 465~467.

Schulze, F. A. "Franz Richarz." *Phys. Zs.* 22 (1921): 33~36.

_____. "Wilhelm Feussner." *Phys. Zs.* 31 (1930): 513~514.

Schulze, Friedrichs. *B. G. Teubner 1811~1911. Geschichte der Firma in deren Auftrag*. Leipzig, 1911.

Schulze, O. F. A. "Zur Geschichte des Physikalischen Instituts." In *Die Philipps-Universität zu Marburg 1527~1927*, 756~763.

Schuster, Arthur. "International Science." *Annual Report of the Smithsonian Institution*, 1906, 493~514.

_____. *The Progress of Physics During 33 Years (1875~1908)*. Cambridge: Cambridge University Press, 1911.

Schwalbe, B. "Nachruf auf G. Karsten." *Verh. phys. Ges.* 2 (1900): 147~159.

Schwarzschild, Karl. "Antrittsrede." *Sitzungsber. preuss. Akad.*, 1913, 596~600.

Scot, William T. *Erwin Schrödinger, An Introduction to His Writings.* Amherst: University of Massachussetts Press; 1967.

Seelig, Carl. *Albert Einstein: Eine dokumentarische Biographie.* Zurich: Europa-Verlag, 1952. Translated as *Einstein: A Documentary Biography* by M. Savill. London: Staples, 1956.

Segré, Emilio. *From X-rays to Quarks: Modern Physicists and Their Discoveries.* San Francisco: W. H. Freeman, 1980.

Serwer, Daniel. "Unmechanischer Zwang: Pauli, Heisenberg, and the Rejection of the Mechanical Atom, 1923~1925." *HSPS* 8 (1977): 189~256.

Siemens, Werner von. *Personal Recollections.* Translated by W. C. Coupland. New York, 1893.

Simpson, Thomas K. "Maxwell and the Direct Experimental Test of His Electromagnetic Theory." *Isis* 57 (1966): 411~432.

Skalweit, Stephan. "Gossler, Gustav Konrad Heinrich." *Neue deutsche Biographie* 6 (1964): 650~651.

Smith, F. W. F., Earl of Birkenhead. *The Professor and the Prime Minister: The Official Life of Professor F. A. Lindemann, Viscount Cherwell.* Boston: Houghton, Mifflin, 1962.

Solvay Congress. Instituts Solvay. Institut international de physique. *Electrons et photons. Rapports et discussions du cinquième conseil de physique tenu à Bruxelles du 24 au 29 octobre 1927.* Paris: Gauthier-Villars, 1928.

_____. *La théorie du rayonnement et les quanta. Rapports et discussions de la réunion tenue à Bruxelles, du 30 octobre au 3 novembre 1911.* Edited by Paul Langevin and Maurice de Broglie. Paris: Gauthier-Villars, 1912. Translated as *Die Theorie der Strahlung und der Quanten. Verhandlungen auf einer von E. Solvay einberufenen Zusammenkunft (30. Oktobre bis 3. November 1911). Mit einem Anhange über die Entwicklung der Quantentheorie vom Herbst 1911 bis zum Sommer 1913* by Arnold Eucken. Halle: Wilhelm Knapp, 1914.

Sommerfeld, Arnold. "Abraham Max." *Neue deutsche Biographie* 1: 23~24.

_____. *Atombau und Spektrallinien.* Braunschweig: F. Vieweg, 1919.

_____. "Die Entwicklung der Physik in Deutschland seit Heinrich Hertz." *Deutsche Revue* 43 (1918): 122~132.

_____. *Gesammelte Schriften.* 4 vols. Edited by F. Sauter. Braunschweig: F. Vieweg, 1968.

_____. "Das Institut für Theoretische Physik." In *Die wissenschaftlichen Anstalten ⋯ zu München,* 290~291.

_____. "Max Planck zum sechzigsten Geburtstage." *Naturwiss.* 6 (1918): 195~199.

_____. "Max von Laue zum 70. Geburstag." *Phys. Bl.* 5 (1949): 443.

_____. "Oskar Emil Meyer." *Sitzungsber. bay. Akad.* 39 (1909): 17.

_____. "Some Reminiscences of My Teaching Career." *Am. J. Phys.* 17 (1949): 315~316.

_____. "Überreichung der Planck-Medaille für Peter Debye." *Phys. Bl.* 6 (1950): 509~512.

_____. "Woldemar Voigt." *Jahrbuch bay. Akad.,* 1919 (1920): 83~84.

_____. Albert Einstein을 보라.

Stachel, John. "The Genesis of General Relativity." In *Einstein Symposion Berlin,* edited by H. Nelkowski, et al., 428~442. Lecture Notes in Physics, vol. 100. Berlin, Heidelberg, and New York: Springer, 1979.

Stäckel, Paul. "Angewandte Mathematik und Physik an den deutschen Universitäten." *Jahresber. d. Deutsch. Math.-Vereinigung* 13 (1904): 313~341.

Stein, Howard. "'Subtler Forms of Matter' in the Period Following Maxwell." In *Conceptions of Ether: Studies in the History of Ether Theories 1740~1900,* edited by G. N. Cantor and M. J. S. Hodge, 309~340.

Stevens, E. H. "The Heidelberg Physical Laboratory." *Nature* 65 (1902): 587~590.

Strassburg. University. *Festschrift zur Einweihung der Neubauten der Kaiser-Wilhelms-Universität Strassburg.* Strassburg, 1884.

Stuewer, Roger H. *The Compton Effect: Turning Point in Physics.* New York:

Science History Publications, 1975.

Sturm, Rudolf. "Mathematik." In *Festschrift* ⋯ *Breslau*, vol. 2, 434~440.

Süss, Eduard. Obituary of Josef Stefan. *Almanach. Österreichische Akad.* 43 (1893): 252~257.

Süsskind, Charles. "Hertz and the Technological Significance of Electromagnetic Waves." *Isis* 56 (1965): 342~355.

_____. "Observations of Electromagnetic-Wave Radiation before Hertz." *Isis* 55 (1964): 32~42.

_____. Friedrich Kurylo를 보라.

Swenson, Loyd S., Jr. *The Ethereal Ether: A History of the Michelson-Morley-Miller Aether-Drift Experiments, 1880~1930.* Austin and London: University of Texas Press, 1972.

Täschner, Constantin. "Ferdinand Reich, 1799~1884. Ein Beitrag zur Freiberger Gelehrten- und Akademiegeschichte." *Mitteilungen des Freiberger Altertumsvereins,* no. 51 (1916): 23~59.

Tammann, G. "Wilhelm Hittorf." *Gött. Nachr.*, 1915, 74~78.

Thiele, Joachim. "Einige zeitgenössische Urteile über Schriften Ernst Machs. Briefe von Johannes Reinke, Paul Volkmann, Max Verworn, Carl Menger und Jakob von Uexküll." *Philosophia Naturalis* 11 (1969): 474~489.

_____. "Ernst Mach und Heinrich Hertz. Zwei unveröffentlichte Briefe aus dem Jahre 1890." *NTM* 5 (1968): 132~134.

_____. "'Naturphilosophie' und 'Monismus' um 1900 (Briefe von Wilhelm Ostwald, Ernst Mach, Ernst Haeckel und Hans Driesch)." *Philosophia Naturalis* 10 (1968): 295~315.

Todhunter, Isaac. *A History of the Theory of Elasticity and of the Strength of Materials from Galilei to the Present Time.* Vol. 2, *Saint-Venant to Lord Kelvin.* Pt. 2. Cambridge, 1893.

Tomascheck, R. "Zur Erinnerung an Alfred Heinrich Bucherer." *Phys. Zs.* 30 (1929): 1~8.

Tonnelat, M. A. *Histoire du Prinzipe de Relativité.* Paris: Flmmarion, 1971.

Truesdell, C. "History of Classical Mechanics, Part II, the 19th and 20th Centuries." *Naturwiss.* 63 (1976): 119~130.

Tübingen. University. *Festgabe zum 25: Regierungs-Jubiläum seiner Majestät des Königs, Karl von Württemberg.* Tübingen, 1889.

Turner, R. Steven. "Helmholtz, Hermann von." *DSB* 6 (1972): 241~253.

Van der Waerden, B. L., ed. *Sources of Quantum Mechanics.* Amsterdam: North-Holland, 1967. Reprint. New York: Dover, 1968.

Van't Hoff, J. H. *Acht Vorträge über physikalische Chemie gehalten auf Einladung der Universität Chicago 20. Bis 24. Juni 1901.* Braunschweig: F. Vieweg, 1902.

_____. "Friedrich Wilhelm Ostwald." *Zs. f. phys. Chem.* 46 (1903): v~xv.

_____. *Vorlesungen über theoretische und physikalische Chemie.* 3 vols. Braunschweig: F. Vieweg, 1898~1900.

Van Vleck, J. H. "Nicht-mathematische theoretische Physik." *Phys. Bl.* 24 (1968): 97~102.

Vienna. University. *Geschichte der Wiener Universität von 1848 bis 1898.* Edited by the Akademischer Senat der Wiener Universität. Vienna, 1898.

Voigt, Woldemar. "Eduard Riecke als Physiker." *Phys. Zs.* 16 (1915): 219~221.

_____. *Elementare Mechanik als Einleitung in das Studium der theoretischen Physik,* 2d rev. ed. Leipzig: Veit, 1901.

_____. *Erinnerungsblätter aus dem deutsch-französischen Kriege 1870~1871.* Göttingen: Dietrich, 1914.

_____. *Die fundamentalen physikalischen Eingenschaften der Krystalle.* Leipzig, 1898.

_____. "Der Kampf um die Dezimale in der Physik." *Deutsche Revue* 34 (1909): 71~85.

_____. *Kompendium der theoretischen Physik.* Vol. 1, *Mechanik starrer und nichtstarrer Körper. Wärmelehre.* Leipzig, 1895. Vol. 2, *Elektricität und Magentismus. Optik.* Leipzig, 1896.

_____. *Lehrbuch der Kristallphysik (mit Ausschluss der Kristalloptik).* Leipzig and Berlin: B. G. Teubner, 1910.

_____. "Ludwig Boltzmann." *Gött. Nachr.,* 1907, 69~82.

_____. *Magneto- und Elektrooptik.* Leipzig: B. G. Teubner, 1908.

_____. "Paul Drude." *Phys. Zs.* 7 (1906): 481~482.

_____. *Physikalische Forschung und Lehre in Deutschland während der letzten hundert Jahre. Festrede im Namen der Georg-August-Universität zur Jahresfeier der Universität am 5. Juni 1912.* Göttingen, 1912.

_____. "Rede." In *Die physikalischen Institute der Unversität Göttingen,* 37~43.

_____. *Thermodynamik.* 2 vols. Leipzig: G. J. Göschen, 1903~1904.

_____. "Zum Gedächtniss von G. Kirchhoff." *Abh. Ges. Wiss. Göttingen* 35 (1888): 3~10.

_____. "Zur Erinnerung an F. E. Neumann, gestorben am 23. Mai 1895 zu Königsberg i/Pr." *Gött. Nachr.,* 1895, 248~265. Reprinted as "Gedächtnissrede auf Franz Neumann" in *Franz Neumanns Gesammelte Werke,* vol. 1, 3~19.

Voit, C. "August Kundt." *Sitzungsber. bay. Akad.* 25 (1895): 177~179.

_____. "Eugen v. Lommel." *Sitzungsber. bay. Akad.* 30 (1900): 324~339.

_____. "Leonhard Sohncke." *Sitzungsber. bay. Akad.* 28 (1898): 440~449.

_____. "Philipp Johann Gustav von Jolly." *Sitzungsber. bay. Akad.* 15 (1885): 119~136.

_____. "Wilhelm von Beetz." *Sitzungsber. bay. Akad.* 16 (1886): 10~31.

_____. "Wilhelm von Bezold." *Sitzungsber. bay. Akad.* 37 (1907): 268~271.

Volkmann, H. "Ernst Abbe and His Work." *Applied Optics* 5 (1966): 1720~1731.

Volkmann, Paul. *Einführung in das Studium der theoretischen Physik insbesondere in das der analytischen Mechanik mit einer Einleitung in die Theorie der physikalischen Erkenntniss.* Leipzig: B. G. Teubner, 1900.

_____. *Erkenntnistheoretische Grundzüge der Naturwissenschaften und ihre Beziehungen zum Geistesleben der Gegenwart. Allegemein wissenschaftliche Vorträge.* Leipzig, 1896. 2d. ed. Leipzig and Berlin: B. G. Teubner, 1910.

_____. "Franz Neumann als Experimentator." *Phys. Zs.* 11 (1910): 932~937.

_____. *Franz Neumann. 11. September 1798, 23. Mai 1895.* Leipzig,

1896.

_____. "Hermann von Helmholtz." *Schriften der Physikalisch-ökonomischen Gesellschaft zu Königsberg* 35 (1894): 73~81.

_____. *Die materialistische Epoche des neunzehnten Jahrhunderts und die phänomenologisch-monistische Bewegung der Gegenwart. Rede am Krönungstage, 18. Januar 1909* ⋯ Leipzig and Berlin: B. G. Teubner, 1909.

_____. *Vorlesungen über die Theorie des Lichtes. Unter Rücksicht auf die elastische und die elektromagnetische Anschauung.* Lipzig, 1891.

Voss, A. "Heinrich Weber." *Jahresber. d. Deutsch. Math.-Vereinigung* 23 (1914): 431~444.

Wachsmuth, Richard. *Die Gründung der Universität Frankfurt.* Frankfurt a. M.: Englert und Schlosser, 1929.

Wallenreiter, Clara. *Die Vermögensverwaltung der. Universität Landshut-München: Ein Beitrag zur Geschichte des bayerischen Hochschultyps vom 18. Zum 20. Jahrhundert.* Berlin: Duncker und Humblot, 1971.

Wangerin, Albert, *Franz Neumann und sein Wirken als Forscher und Lehrer.* Braunschweig: F. Vieweg, 1907.

Warburg, Emil. "Friedrich Kohlrausch." *Verh. phys. Ges.* 12 (1910): 911~938.

_____. *Lehrbuch der Experimentalphysik für Studirende.* Freiburg i. Br. And Leipzig, 1893.

_____. "Das physikalische Institut." In *Die Universität Freiburg,* 91~96.

_____. "Die technische Physik und die Physikalisch-Technische Reichsanstalt." *Zs. f. techn. Physik* 2 (1921): 225~227.

_____. "Über Plancks Verdienste um die Experimentalphysik." *Naturwiss.* 6 (1918): 202~203.

_____. "Verhältnis der Präzisionsmessungen zu den allgemeinen Zielen der Physik." In *Physik,* edited by Emil Warburg, 653~660.

_____. "Zur Erinnerung an Gustav Kirchhoff." *Naturwiss.* 13 (1925): 205~212.

_____. "Zur Geschichte der Physikalischen Gesellschaft." *Naturwiss.* 13 (1925): 35~39.

_____. ed. *Physik.* Kultur der Gegenwart, ser. 3, vol. 3, pt. 1. Berlin: B. G. Teubner, 1915.

Weart, Spencer. Paul Forman을 보라.

Weber, Heinrich. *Die partiellen Differential-Gleichungen der mathematischen Physik. Nach Riemann's Vorlesungen.* 4th rev. ed. 2 vols. Braunschweig: F. Vieweg, 1900~1901.

Weber, Heinrich. *Wilhelm Weber. Eine Lebensskizze.* Breslau, 1893.

Weber, Leonhard. "Gustav Karsten." *Schriften d. Naturwiss. Vereins f. Schleswig-Holstein* 12 (1901): 63~68.

Weber, Wilhelm. *Wilhelm Weber's, Werke.* Edited by Königliche Gesellschaft der Wissenschaften zu Göttingen. Vol. 1, *Akustik, Mechanik, Optik und Wärmelehre.* Edited by Woldemar Voigt. Berlin, 1892. Vol. 2, *Magnetismus.* Edited by Eduard Riecke. Berlin, 1892. Vol. 3, *Galvanismus und Elektrodynamik, erster Theil.* Edited by Heinrich Weber. Berlin, 1893. Vol. 4, *Galvanismus und Elektrodynamik, zweiter Theil.* Edited by Heinrich Weber. Berlin, 1894. Vol. 5, with E. H. Weber, *Wellenlehre auf Experimente gegründet oder über die Wellen tropfbarer Flüssigkeiten mit Anwendung auf die Schall- und Lichtwellen.* Edited by Eduard Riecke. Berlin, 1893.

Weickmann, Ludwig. "Nachruf auf Otto Wiener." *Verh. sächs. Ges. Wiss.* 79 (1927): 107~118.

Weinberg, Steven. "The Search for Unity: Notes for a History of Quantum Field Theory." *Daedalus* 106 (1977): 17~35.

Weiner, Charles, ed. *History of Twentieth Century Physics.* New York: Academic Press, 1977.

Weiner, K. L. "Otto Lehmann, 1855~1922." In vol. 3, *Geschichte der Mikroskopie,* edited by H. Freund and A. Berg, 261~271. Frankfurt a. M.: Umschau, 1966.

Weingart, Peter. Gerard Lemaine을 보라.

Weinstein, Bernhard. *Einleitung in die höhere mathematische Physik.* Berlin: F. Dümmler, 1901.

Weis, E. "Bayerns Beitrag zur Wissenschaftsentwicklung im 19. und 20.

Jahrhundert." In *Handbuch der bayerischen Geschichte*, vol. 4, pt. 2, 1034~1088.

Weyl, Hermann. "A Half-Century of Mathematics." *Amer. Math. Monthly* 58 (1951): 523~553.

_____. "Obituary: David Hilbert 1862~1943." *Obituary Notices of Fellows of the Royal Society* 4 (1944): 547~553. Reprinted in Weyl's *Gesammelte Abhandlungen*, edited by K Chandrasekharan, vol. 4, 121~129. Berlin: Springer, 1968.

_____. H. A. Lorentz를 보라.

Wheaton, Bruce R. "Philipp Lenard and the Photoelectric Effect, 1889~1911." *HSPS* 9 (1978): 299~322.

Whittaker, Edmund. *A History of the Theories of Aether and Electricity*. Vol. 1. *The Classical Theories*. Vol. 2, *The Modern Theories, 1900~1926*. Reprint. New York: Harper and Brothers, 1960.

Wiechert, Emil. "Eduard Riecke." *Gött. Nachr.,* 1916, 45~56.

_____. "Das Institut für Geophysik." In *Die physikalischen Institute der Universität Göttingen*, 119~188.

Wiedemann, Eilhard. "Die Wechselbeziehungen zwischen dem physikalischen Hochschulunterricht und dem physikalischen Unterricht an höheren Lehranstalten." *Zs. f. math. u. naturwiss. Unterricht* 26 (1895): 127~140.

Wiedemann, Gustav. *Ein Erinnerungsblatt*. Leipzig, 1893.

_____. "Hermann von Helmholtz' wissenschaftliche Abhandlungen." In Helmholtz' *Wissenschaftliche Abhandlungen*, vol. 3; xi~xxxvi.

_____. *Die Lehre von der Elektricität*. 2d rev. ed. 4 vols. Braunschweig, 1893~1898.

_____. "Stiftungsfeier am 4. Januar 1896." *Verh. phys. Ges.* 15 (1896): 32~36.

_____. "Vorwort." *Ann.* 39 (1890): i~iv.

Wiederkehr, K. H. *Wilhelm Eduard Weber. Erforscher der Wellenbewegung und der Elektrizität 1804~1891*. Vol. 32, Grosse Naturforscher. Stuttgart: Wissenschaftliche Verlagsgesellschaft, 1967.

Wien, Wilhelm. *Aus dem Leben und Wirken eines Physikers*. Edited by K.

Wien. Leipzig: J. A. Barth, 1930.

_____. "Helmholtz' als Physiker." *Naturwiss.* 9 (1921): 694~699.

_____. "Mathias Cantor." *Phys. Zs.* 17 (1916): 265~267.

_____. "Das neue physikalische Institut der Universität Giessen." *Phys. Zs.* 1 (1899): 155~160.

_____. *Die neuere Entwicklung unserer Universitäten und ihre Stellung im deutschen Geisteleben.* Rede für den Festakt in der neuen Universität am 29. Juni 1914 ... Würzbung: Stürtz, 1915.

_____. "Das physikalische Institut und Physikalische Seminar." In *Die wissenschaftlichen Anstalten* ··· *zu München*, 207~211.

_____. *Die Relativitätstheorie vom Standpunkte der Physik und Erkenntnislehre.* Leipzig: J. A. Barth, 1921.

_____. "Ein Rückblick." In *Aus dem Leben und Wirken eines Physikers*, 1~76.

_____. "Theodor Des Coudres." *Phys. Zs.* 28 (1927): 129~135.

_____. "Über die partiellen Differential-Gleichungen der Physik." *Jahresber. d. Deutsch. Math.-Vereinigung* 15 (1906): 42~51.

_____. *Über Elektronen. Vortrag gehalten auf der 77. Versammlung deutscher Naturforscher und Ärzte in Meran.* 2d rev. ed. Leipzig and Berlin: B. G. Teubner, 1909.

_____. *Universalität und Einzelforschung. Rektorats-Antrittsrede, gehalten am 28. November 1925.* Munich: Max Hueber, 1926.

_____. *Vergangenheit, Gegenwart und Zukunft der Physik. Rede gehalten beim Stiftungsfest der Universität München am 19. Juni 1926.* Munich: Max Hueber, 1926.

_____. *Vorlesungen über neuere Probleme der theoretischen Physik, gehalten an der Columbia-Universität* in New York im April 1913. Leipzig and Berlin: B. G. Teubner, 1913.

_____. *Vorträge über die neuere Entwicklung der Physik und ihrer Anwendungen. Gehalten im Baltenland im Frühjahr 1918 auf Veranlassung des Oberkommandos der achten Armee.* Leipzig: J. A. Barth, 1919.

_____. "Ziele und Methoden der theoretischen Physik." *Jahrbuch der Radioaktivität und Elektronik* 12 (1915): 241~259.

Wiener, Otto. "Die Erweiterung unsrer Sinne." *Deutsche Revue* 25 (1900): 25~41.

_____. "Nachruf auf Theodor Des Coudres." *Verh. sächs. Ges. Wiss.* 78 (1926): 358~370.

_____. "Nachruf auf Wilhelm Hallwachs." *Verh. sächs. Ges. Wiss.* 74 (1922): 293~313.

_____. "Das neue physikalische Institut der Universität Leipzig und Geschichtliches." *Phys. Zs.* 7 (1906): 1~14.

Wigand, Albert. "Ernst Dorn." *Phys. Zs.* 17 (1916): 297~299.

Winkelmann, Adolph, ed. *Handbuch der Physik.* 2d ed. 6 vols. Leipzig: J. A. Barth, 1903~1909.

Wise, M. Norton. "German Concepts of Force, Energy, and the Electromagnetic Ether: 1845~1880." In *Conceptions of Ether: Studies in the History of Ether Theories 1740~1900*, edited by G. N. Cantor and M. J. S. Hodge, 269~307.

Witte, H. "Die Ablehnung der Materialismus-Hypothese durch die heutige Physik." *Annalen der Naturphilosophie* 8 (1909): 95~130.

_____. "Die Monismusfrage in der Physik." *Annalen der Naturphilosophie* 8 (1909): 131~136.

Wolf, Franz. "Aus der Geschichte der Physik in Karlsruhe." *Phys. Bl.* 24 (1968): 388~400.

_____. "Philipp Lenard zum 100. Geburtstag." *Phys. Bl.* 18 (1962): 271~275.

Wolkenhauer, W. "Karsten, Gustav." *Biographisches Jahrbuch und Deutscher Nekrolog* 5 (1900): 76~78.

Woodruff, A. E. "The Contributions of Hermann von "Helmholtz to Electrodynamics." *Isis* 59 (1968): 300~311.

Woolf, Harry, ed. *Some Strangeness in the Proportion.* Reading, Mass.: Addison-Wesley, 1980.

Wüllner, Adolph. *Lehrbuch der Experimentalphysik.* 4th rev. ed. 4 vols. Leipzig:

1882~1886.

Württemberg, Statistisches Landesamt, *Statistik der Universität Tübingen*. Edited by the K. Statistisch Topographisches Bureau. Stuttgart, 1877.

Würzburg. University. *Verzeichniss der Vorlesungen welche an der Königlich-Bayerischen Julius-Maximilans-Universität zu Würzburg ⋯ gehalten werden. Würzburg,* n.d.

_____. Maria Reindl와 W. C. Röntgen을 보라.

Zehnder, Ludwig. W. C. Röntgen을 보라.

Zenneck, J. "Ferdinand Braun (1850~1918)/Professor der Physik." In *Lebensbilder aus Kurhessen und Waldeck 1830~1930*, edited by Ingeborg Schnack, vol. 2, 51~62. Marburg: Elwert, 1940.

Ziegenfuss, Werner. "Helmholtz, Hermann von." In *Philosophischen-Lexikon*, 1: 498~501. Berlin: de Gruyter, 1949.

Zöllner, J. C. F. *Erklärung der universellen Gravitation aus den statischen Wirkungen der Elektricität und die allgemeine Bedeutung des Weber'schen Gesetzes. Mit Beiträgen von Wilhelm Weber.* 2d ed. Leipzig, 1886.

_____. *Principien einer elektrodynamischen Theorie der Materie.* Vol. 1, *Abhandlungen zur atomistischen Theorie der Elektrodynamik,* Leipzig, 1876.

Zurich. ETH. *Eidgenössische Technische Hochschule 1855~1955.* Zurich: Buchverlag der Neuen Zürcher Zeitung, 1955.

_____. *Festschrift zur Feier des fünfzigjährigen Bestehens des Eidg. Polytechnikums.* Pt. 1, *Geschichte der Gründung des Eidg. Polytechnikums mit einer Übersicht seiner Entwicklung 1855~1905* by Wilhelm Oechsli. Frauenfeld: Huber, 1905. Pt. 2, *Die bauliche Entwicklung Zürichs in Einzeldarstellungen.* Zurich: Zürcher & Furrer, 1905.

_____. *100 Jahre Eidgenössische Technische Hochschule. Sonderheft der Schweizerischen Hochschulzeitung* 28 (1955).

_____. A. Frey-Wyssling을 보라.

독일 이론 물리학 수립의 대서사시

『자연에 대한 온전한 이해: 이론 물리학, 옴에서 아인슈타인까지』 *Intellectual Mastery of Nature: Theoretical Physics from Ohm to Einstein*를 집필한 융니켈 Christa Jungnickel과 맥코마크Russell McCormmach는 부부 과학사학자로서 이 걸출한 연대기로 명성을 얻었다. 융니켈은 독일에서 태어나 독일에서 교육받았고 19세기 독일의 과학 기관에 많은 관심을 두었다. 그녀는 남편과 함께 『캐번디시』*Cavendish*[1]를 저술했고 이 책을 보완하여 3년 뒤에는 『캐번디시: 실험실 생활』*Cavendish: The Experimental Life*[2]을 출간했다. 그녀의 남편이자 이 책의 공동 저자인 맥코마크는 1969년부터 1979년까지 과학사 학술지인 《물리 과학 역사 연구》*Historical Studies of Physical Sciences*의 편집을 맡아 꼼꼼함과 박식함으로 이 학술지를 세계 최고의 과학사 학술지로 만들었다. 그는 아내와 집필한 책 말고도 과학사 연구서와 논문들을 다수 출판했다. 특히 과학 인명사전 *Dictionary of Scientific Biography*[3]의 "헨

---

[1] [역주] Christa Jungnickel and Russell McCormmach, *Cavendish* (Diane Pub Co., 1996).

[2] [역주] Christa Jungnickel and Russell McCormmach, *Cavendish: The Experimental Life* (Bucknell University Press, 1999).

[3] [역주] Charles C. Gillispie, ed. *Dictionary of Scientific Biography*, 16 vols. (New York: Charles Scribner's Sons, 1971~1980).

리 캐번디시"Henry Cavendish 항목과 《미국 철학회보》*Proceedings of the American Philosophical Society*에 낸 논문 「캐번디시, 지구의 무게를 재다」Mr. Cavendish Weighs the World[4]에서 캐번디시에 대한 깊은 이해를 보여주었다. 또한 아내 융니켈과 함께 출판한 캐번디시에 대한 책들과 이후에 추가된 연구를 담은 『사색적 진실: 헨리 캐번디시, 자연철학, 현대 이론과학의 발흥』*Speculative Truth: Henry Cavendish, Natural Philosophy, and the Rise of Modern Theoretical Science*[5]을 내놓아 캐번디시 전문가로서 확고한 위상을 얻었다. 또한 독특한 접근법을 적용한 역사 소설 『어떤 고전 물리학자의 한밤중의 생각들』*Night Thoughts of a Classical Physicist*[6]을 집필하기도 했다. 이 책은 가상의 독일 물리학자인 야콥Victor Jacob을 등장시켜 1918년을 배경으로 한 독일 물리학계의 실상을 아카이브의 기록을 토대로 제시한 소설이다. 문학성의 결여로 비판을 받기도 했지만 역사적 자료에 근거한 역사 소설의 집필을 시도했다는 점에서 주목할 만하다. 이 두 저자가 이룩한 가장 탁월한 업적은, 그들에게 미국 과학사 학회의 파이저 상Pfizer Award을 안겨준 『자연에 대한 온전한 이해』*Intellectual Mastery of Nature*(1986)이다. 저명한 과학사학자 버크왈드Jed Buchwald는 이 책이 당시까지 사용되지 않은 1차 사료를 사용함으로써 생생한 역사를 보여주어 물리학사에서 가장 빼어난 저작 중에 들었다고 평가했다.

물리학사에서 길이 빛나는 탁월한 성과들이 수립된 시기를 들여다보

---

4   [역주] Russell McCormmach, "Mr. Cavendish Weighs the World," *Proceedings of the American Philosophical Society* 142 (September, 1998) 3: 355~366.

5   [역주] Russell McCormmach, *Speculative Truth: Henry Cavendish, Natural Philosophy, and the Rise of Modern Theoretical Science* (Oxford University Press, 2004).

6   [역주] Russell McCormmach, *Night Thoughts of a Classical Physicist* (Harvard University Press, 1982)

면서 이 책의 저자들은 특히 이론 물리학이 실험 물리학과 분리되어 별도의 연구 분야로 정립되는 과정을 추적했다. 어떤 과학 분야도 이론과 실험이 분리되어 추구되는 독특한 발전이 이루어진 사례가 없었기에, 저자들은 이러한 독특한 과정이 어떻게 진행되었는지, 과학의 내용, 인물, 제도, 기관에 대한 방대한 자료를 바탕으로 폭넓고 꼼꼼하게 살폈다. 수백 명의 등장인물과 수백 가지 사건을 다룸으로써 삼국지만큼이나 복잡하고 다양한 이야기 속에 당시 물리학자들이 처한 상황을 생생하고 상세한 장면으로 재현해 놓았다. 이 모든 것이, 독일 전역에 흩어져 있는, 당시까지 연구된 적이 없는 원자료들을 바탕으로 새롭게 구성되었다는 점에서 이 연구서의 가치가 높이 평가되었다.

　1800년부터 1925년까지 독일에서 이론 물리학의 형성 과정을 추적한 이 저술은 125년의 기간을 4기로 구분한다. 1기는 1800년부터 1830년까지로 준비기에 해당한다. 정치적 격동을 겪은 후 독일 대학들이 정비되고, 독일보다 앞선 프랑스 물리학이 수입되고, 이러한 배경에서 성장한 물리학자들이 독일 내에서 교수 자리를 얻게 된다. 2기는 1830년부터 1870년까지로 물리학의 성장기에 해당한다. 물리학의 가능성이 과학적으로나 제도적으로나 널리 인식되고 물리 교육과 연구의 틀이 잡히는 시기이다. 3기는 1870년부터 1900년까지로 이론 물리학의 분리기라고 볼 수 있다. 그것은 1871년에 키르히호프Gustav Kirchhoff가 베를린 대학의 이론 물리학 교수로 임명되는 사건으로 상징화된다. 물리학은 정립된 분야가 되어 확고한 위상을 대학 내에서 얻은 한편 이론 물리학이 교육과 연구에서 전문화된 분야가 되었다. 이론 물리학과 실험 물리학의 분리가 일어난 것을 확실히 볼 수 있는 시기이다. 4기는 20세기 시작부터 1925년까지로 이론 물리학의 융성기라고 할 수 있다. 아인슈타인Albert Einstein과 플랑크를 비롯하여 양자론과 원자론을 전개한 이론 물리학자들에 의해 독일 물리학이 최고의 명성을 얻을 뿐 아니라 현대 물리학의 변혁을 선도한다. 1부는 1기와 2기, 2부는 3기와 4기를 다루도록 구성되어 있다.

이 책의 1부는 19세기 초 독일 물리학의 상황에 대한 서술로 시작한다. 독일은 분열된 군소 국가의 집합체에 불과했고 경쟁국인 프랑스나 영국보다 전반적으로 뒤처져 있었으며, 이러한 상황에서 프랑스와의 경쟁에서 이기기 위한 노력을 기울였다. 그러한 노력의 일환으로 대학이 개혁되고 물리학 또한 새로운 교육 목표를 달성하려는 노력, 즉 관료와 과학 교사, 약사, 의사 등의 엘리트를 양성하려는 노력에 힘을 보탰다. 이러한 목표를 달성하기 위해 독일의 물리학자들이 선진 프랑스의 실험적, 수학적 연구를 적극적으로 수용하는 과정을 묘사하면서 저자들은 옴G. S. Ohm과 베버Wilhelm Weber, 노이만Franz Neumann의 경력과 실험 물리학 및 이론 물리학에서의 성취를 추적한다. 독일의 여러 대학에서 새로운 학생 실험실 교육 체제가 등장했고, 물리 기구실이 발전하여 물리학 연구소가 수립되었으며, 물리 세미나를 통해 실험 물리학뿐 아니라 수리 물리학에서도 체계적인 교육이 정착되어 갔다. 그럼에도 수리 물리학의 교육적 가치는 널리 공유되지 않았기에, 이론 물리학 부교수 자리의 창출을 통하여 서서히 그 위상의 고양과 영역의 확장이 추구되었다. 저자들은 이와 더불어 학회와 학술지를 만들고 유지하면서 물리학이 제도적으로 정착되고 고전 물리학의 주요 이론들이 형성되는 과정을 보여준다. 1870년경이 되면 독일 물리학, 특히 이론 물리학은 오늘날과 유사한 제도적 형태를 갖추게 되고 지적으로도 물리적 세계에 대한 고전적인 묘사가 정교화되기에 이른다.

2부에서는 1870년 이후 이론 물리학의 제도적 정착과 성숙의 시기를 다룬다. 《물리학 연보》와 같은 학술지에서 이론 물리학의 위상과 수준은 헬름홀츠나 이후에 플랑크Max Planck와 같은 탁월한 이론 물리학자들의 편집 자문을 통하여 더욱 높아졌다. 베를린 대학의 이론 물리학 정교수 자리나 괴팅겐 대학의 이론 물리학 연구소 창설과 같은 제도 개선이 선도적으로 이루어지면서 이론 물리학은 독일 대학 내에서 부교수 자리의 수를 늘리고 정교수 자리를 창출할 뿐 아니라 유명한 이론 물리학 연구소도 잇따라 창설하며 실험 물리학에 비견될 만한 위상과 중요성을 확보했다. 이렇듯 독일 물리학이 역학, 광학, 열역학, 전자기학 등의 분야에서 실험적 발전과 이론적 발전의 병행으로 더욱 영향력과 수준을 높여가면서, 이 모든 하위 분야를 하나로 아우르는 일반론적 체계를 구축하려는 이론적 노력이 출현했다. 이 과정에서 역학을 모든 물리학의 기초와 중심으로 삼으려는 관점을 전도시켜 맥스웰의 전자기학의 기초 위에 모든 물리학을 세우려는 시도가 출현하기도 했다. 이러한 이론적 노력의 기초 위에서 20세기 초에 양자역학과 상대성 이론이라는 현대 물리학의 치적이 독일어권을 중심으로 달성될 수 있었다.

이 책을 집필하기 위해 저자들은 이 책에서 다루는 모든 독일어권 대학을 방문하고 물리학 연구소, 실험실 및 그 대학에서 근무한 과학자들의 관련 기록을 철저히 검토했다. 저자들은 이러한 철저한 사료 연구 결과를 직접적이고 선언적인 문장 스타일로 19세기부터 20세기 초 독일 물리학의 연대기로 엮어내었다. 이 책을 통해서 저자들은 이전에 물리학사에서 간과된 과학 외적 요인들이 과학 지식의 형성과 과학 연구 및 교육에 미치는 복잡한 연관 관계를 드러냄으로써 과학사 서술의 새로운 지평을 열었다. 이 책의 주된 주장은 물리학의 실행과 내용이 대학의 조직 체계에 의해 영향을 받았다는 것이다. 저자들은 서술된 125년 동안 이론 물리학이 교육과 연구를 위한 독립된 분야로 발전하게 되었음을 주장했는데 그것은 독일의 특수 상황에서 비롯된 것이었다. 그들의 목표는 과학적 작업과 제도적 배경이 통합된 설명을 제시하는 것이었는데 그러한 목적은 성공적으로 달성되었다.

이러한 시기를 다루면서 우선으로 살펴본 장소는 독일의 대학과 고등 기술학교였고 그중에서도 물리학 연구소가 관심의 초점이었다. 이 책의 주된 등장인물은 이러한 기관을 이끌어간 물리학 정교수 및 부교수들이다. 모든 이야기의 전개는 이 물리학자들이 어떻게 특정한 자리에 임용되고 어떻게 교육과 연구를 수행하고 어떻게 다른 곳으로 옮기게 되었는가가 핵심을 이룬다. 이러한 논의를 중심으로 다루었다는 것은 다른 사회적 요인들, 가령, 정치적, 경제적, 문화적 요인은 주된 논의에서 벗어나 있다는 것이다. 이것이 이 저술이 갖는 뚜렷한 특색이며 이는 저자들의 독특한 역사관을 반영한다. 결국 외적 접근법을 쓰는 것 같지만 물리학자들이 독특한 배경에서 어떠한 실험과 어떠한 이론을 어떠한 방법을 써서 전개했는가를 다룸으로써 내적 접근법에도 균형을 맞춘다. 그럼에도 과학의 내용을 본격적으로 분석하는 데 초점을 맞추지는 않으며 기관과 직접 관련된 사항이 아니라면 외적 요인에 대해서는 거의 무관심하다. 이러한 독특한 태도는 이후의 과학사에서 좀처럼 찾아보기 어려운 독특한 연구 방법으로 남아 있다.

물론 내적 접근과 외적 접근은 동시에 구분 없이 추구되어야 한다는 생각이 이 선구적인 저작이 나온 이후에 더욱 보편적인 힘을 얻게 되었고, 이 책의 시도가 그러한 경향에 기여한 바가 크다고 할 수 있겠으나, 그러한 경향을 이 책에서만 독보적으로 채택한 것은 아니었다. 이 책이 나올 즈음에는 이미 내적 접근과 외적 접근이 배타적이어서는 안 된다는 데에 과학사학자들 사이에 폭넓은 공감대가 형성되어 있었다. 코이레 Alexandre Koyré의 과학 혁명 연구에서는 내적 접근법만을,[7] 포먼 Paul Forman 의 「바이마르 문화, 인과율, 양자역학」[8]에서는 외적 접근법만을 사용함으로써 온전한 설명을 할 수 없었다는 데 공감했다. 그러한 조화로운 접근법이 어떠한 모습으로 하나의 연구에서 나타날 수 있는가를 예시해 주었다는 점에서, 이 책은 하나의 모범 사례를 보여준 것이었다. 그러나 이 책이 나왔을 즈음에 예견된 것처럼 비슷한 방식의 연구가 비슷한 시기에 프랑스나, 영국, 미국 등의 다른 지역을 배경으로 이루어질 수 있겠다는 바람은 아직 제대로 성취되지 못했다. 이 책이 나온 지 30년이 다 되어 가지만 이 책이 이룩한 방대한 작업을 비슷하게라도 성취하는 다른 연구는 나오지 않고 있다. 이 책에 전개된 것처럼 국가 규모에서 어떤 과학 전문 분야의 '전기'라고 할 수 있는 서술을 성공적으로 수행하는 것은 좀처럼 흉내 내기 어려운 과업임을 세월이 입증한 셈이다.

1980년대와 1990년대에 과학사학계를 크게 추동한 것은 과학사회학으로부터 몰아친 구성주의였다. 구성주의는 과학의 내용에 비과학적 요소들이 미치는 영향을 다양한 방면에서 보여주었는데, 그 요소들은 사회적 인자뿐만 아니라 실험실 내의 기구를 포함하여 과학자들의 과학 활동에 영향을 미치는 다양한 인자의 형태로 다면적으로 나타났다. 그런 점에서 이 책은 이러한 경향과는 다소 유사하면서도 거리를 두는 연구로서 그 자체의 의미를 갖게 되었다. 고용 환경이 과학 활동, 과학 방법론과 과학의 내용에 미치는 영향처럼 그동안 살펴보지 못했던 측면을 들여다

---

[7] [역주] Alexandre Koyré, *Galileo Studies* (1939) (trans. John Mepham; Atlantic Highlands, N.J.: Humanities Press, 1978); *The Astronomical Revolution* (trans. R. E. W. Maddison; Ithaca, N.Y.: Cornell Univ. Press: 1973) *From the Closed World to the Infinite Universe* (Baltimore: Johns Hopkins University Press, 1957) 등이 대표적이다.

[8] [역주] Forman, Paul. "Weimar Culture, Causality, and Quantum Theory: Adaptation by German Physicists and Mathematicians to a Hostile Environment," *Historical Studies in the Physical Sciences* 3 (1971), 1~115.

본 것이 바로 이 책의 특징이다. 그렇지만 이 책은 그러한 고용 환경이 과학의 내용을 구성한다는 주장까지 할 정도로 급진적이지는 않다. 그런 점에서 구성주의와는 어느 정도의 거리를 둔 관점에서 대안적인 과학사 방법론을 제시하는 입장을 취했다고 볼 수 있다.

이후에 물리학사에서 전개된 바대로 과학의 내용과 과학 외적 요소의 영향을 독특한 시각으로 살펴보는, 주목받는 저작인 갤리슨Peter Galison의 『이미지와 논리』Image and Logic에도 이 책은 영향을 주었다. 갤리슨 자신이 고백했듯이 사회학과 인류학에서 많은 영향을 받아 독특한 시각으로 현대 물리학사를 조망한 이 저작은 다양한 전통이 접촉하는 "교역 지대"trading zone에서 이루어지는 독특한 커뮤니케이션에 관심을 집중했다. 각기 상이한 전통이 접촉할 때 피진이나 크레올이 만들어져 의사소통이 이루어지는 과정을 밝혀 과학에 대한 이해의 폭을 더욱 넓혔다. 이러한 저술에 이 책『자연에 대한 온전한 이해』가 직접적인 영향을 미쳤다고 말하기는 어려워도, 이 성공적인 저술이 과학 활동에 교육적, 제도적 요인이 미치는 영향을 어떻게 다루어야 할지 지침을 제공했다는 점을 인정할 수 있을 것이다.

두 부로 되어 있는 이 책의 첫 부 제목은 "수학의 횃불"이다. 이는 옴의 연구를 특성화하는 말로 처음 나타나 2부의 마지막 장에 아인슈타인에 대한 논의에서 다시 언급됨으로써 이 책 전체를 관통하는 중요한 주제이다. 이론 물리학 전체를 관통하는 중요한 방법상의 혁신으로서 수학의 횃불은 자연을 온전히 이해하는 강력한 무기로서 지속적으로 기여했다.[9] 실험 결과를 대수식으로 표현하는 방식으로부터, 연역적 추론

---

[9] [역주] "수학의 횃불"이라는 용어는 19세기 독일 이론 물리학의 형성 과정에서 이루어진 "수학화"라는 독특한 혁신을 지칭하는 용어로 사용된다. Salvo D'Agostino, *A History of the Ideas of Theoretical Physics: Essays on the*

과정을 거쳐서 수식을 찾아내는 방식, 미분 방정식의 수립과 풀이로부터 식을 찾는 수리 해석학적 방법, 연산자의 사용과 비유클리드 기하학의 도입에 이르기까지, 이론 물리학은 다양한 수학적 도움을 얻었는데, 이는 '수학화'라는 개념으로 표현된다. 100년이 넘도록 이론 물리학은 실험 물리학에 비하여 그 독립된 지위를 획득하지 못하다가 마지막 시기에 도달해서야 제도적으로 독립된 대학의 교수직과 독립된 연구소를 확보함으로써 안정적인 독립적 지위를 누리게 되었다. 옴의 연구에서 물리학의 새로운 방법으로서 등장한 수학적 탐구 방식은 우여곡절을 거치면서 점차 그 영역을 확장해 나갔고 19세기 독일 물리학 성과의 주된 내용을 점차 차지하게 되었다.

이 책이 이론 물리학의 형성 과정이 독일어권에서 일어났다는 것을 말하고자 한 것은 아니다. 19세기와 20세기 초에 걸쳐서 이론 물리학이 독립된 연구분야이자 교육 분야로서 정립되는 과정은 독일어권 밖인 프랑스와 영국에서도 일어났다. 프랑스에서 앙페르André-Marie Ampère의 전자기학이 만들어지고, 영국에서 윌리엄 톰슨William Thomson에 의해 열역학이 수립되고, 맥스웰James Clerk Maxwell에 의해 전자기학이 수립되는 과정은 물리학사에서 뺄 수 없는 중요한 이론적 발전이었다. 또한 프랑스, 영국, 아일랜드 출신의 수학자들, 가령 푸아송Siméon-Denis Poisson, 코시 Augustin Louis Cauchy, 그린George Green, 스토크스G. G. Stokes, 해밀턴William Rowan Hamilton 등이 이론 물리학의 토대가 될 수학적 도구들을 개발함으로써 이론 물리학의 기초를 놓은 것도 중요하다. 이런 국가에서 일어난 이러한 변화들이 독일에서 뒤이어 변화가 일어나는 데 지대한 영향을 미쳤다. 그렇지만 비중 면에서 본다면 독일어권에서 일어난 변화가 중심

Nineteenth and Twentieth Century Physics (Dordrecht: Kluwer, 2000).

이었다는 것을 부인할 수는 없다. 그 정도로 19세기 후반에 독일 물리학은 세계 최고 수준이었고 상당수의 혁신적 발전이 독일어권에서 일어난 것이다. 그런 점에서 이 책의 논의가 독일어권에 한정되어 있음에도 그 논의하는 바가 지극히 중요하다고 판단할 수 있다.

이 책을 잘 이해하기 위해서는 이 책의 배경이 되는 독일의 사회 정치적 변혁에 대한 사전 이해가 필요하다. 1806년에 나폴레옹 전쟁에서 프로이센이 패한 후 1818년까지, 대학 개혁은 학문주의Wissenschaftideologie에 따라 진행되었다. 이는 도덕성과 미적 감각을 갖춘 전인적 인간의 양성을 위하여 빌둥Bildung을 갖추도록 돕기 위한 개혁이었다. 1809년에 베를린 대학이 설립되고 1818년에 본 대학이 설립되면서 이러한 이상이 구현될 길이 열렸다. 그러나 훔볼트의 시대는 1819년 종식되고 프로이센 대학에 카를스바트 선언문[10]에 따른 검열과 억압 조치가 내려졌다. 이는, 부정적 측면과 함께, 정부의 행정력이 대학에 직접 미치는 결과를 가져왔다. 대학 교원의 임용에서 정부의 권한이 강화되면서 임용 요건으로서 전문 분야에서의 기여도가 중시되기 시작했다. 이로부터 연구는 교수로 임용되는 데 중요한 조건으로 새롭게 주목되기 시작했다. 1848년 3월에 정치적 소요가 발생하기 전까지 "3월 이전"Vormärz 시대는 연구가 대학 내에서 정착되는 중요한 시기였다. 국가 간의 치열한 경쟁 속에서 독일 대학의 독특한 체제가 형성되었는데, 1870년 독일이 통일되면서 프로이센을 중심으로 하는 체제가 성립되었다. 독일 대학 제도는 이전보다 좀

---

[10] [역주] 여러 영방국가 장관들이 보헤미아의 카를스바트(지금의 카를로비바리)에서 열린 회의에서 발표한 일련의 결의안(1819. 8. 6~31). 빈 체제를 주도하던 오스트리아 재상 메테르니히가 주도했다. 주요 내용은 급진주의자들의 취업 제한, 학생회(Burschenschaften) 및 체육협회의 해산, 대학에 감시자 파견, 출판물을 엄격하게 검열할 것 등으로, 빈 체제에 반대하는 음모를 탄압할 것을 결의했다.

더 차별성이 줄어들어 균일한 속성을 띠게 되었다. 1887년에 제국 물리 기술 연구소Physikalisch-Technische Reichsanstalt의 성립은 물리학이 갖게 된 균질성의 축이 되었다. 이로써 실제적인 응용보다 순수 과학을 지향하고 이론과 실험을 긴밀하게 연관시키는 경향이 물리학을 지배했다. 그렇지만 기본적으로 제국 안에서 국가 간의 경쟁이 지속되면서 대학에서 더 좋은 물리학자를 유치하고 더 낳은 연구 성과를 내놓으려는 경쟁 또한 계속되었다.

우리가 애초에 왜 이론 물리학에 관심을 두게 되었는가를 따져보면 이 분야의 발전이 인류의 삶에 끼친 깊은 영향력 때문이다. 그런 점에서 이러한 논의 자체가 의미가 있다는 것을 이해하기 위해서는 이론적 발전에 대한 이해가 선행되어야 한다. 그러한 연구가 기존에 충분히 나와 있기에 이 책에서는 그러한 측면들이 배경 설명처럼 피상적으로 다루어져서, 19세기 독일 이론 물리학의 발전을 이해하고자 하는 대중적 관심사를 충족하기에는 부족한 측면이 있다. 이런 점을 보완하려고 역주에서 핵심적인 설명을 덧붙이기도 했지만, 일관된 설명이 미흡한 점을 고려하여 여기에서 19세기 물리학의 주요 발전을 정리하는 것이 이 책을 충실하게 이해하고자 하는 독자에게 도움이 될 것이다.

19세기 초 물리학의 발전은 전자기학에서의 중요한 혁신에서 비롯된다. 그 혁신은 1800년부터 사용되기 시작한 볼타 전지를 통해 연구자들이 전류를 손에 넣은 것이었다. 전지는 그 이전까지 정전기로만 취급되던 전기를 일정하고 지속적인 세기를 갖는 흐름으로 다룰 수 있게 해주었고, 이로써 전기에 대한 연구자들의 취급 능력이 현격하게 높아졌다. 이 덕분에 독일에서는 전류와 전기 저항과 전압의 관계에 대한 옴Georg Ohm의 정식화가 이루어졌고, 전류 주위에 자기장이 형성된다는 외르스테드Hans Christian Oersted의 발견에 힘입어 프랑스에서는 전류의 자기 작용을 정식화한 앙페르의 연구가 나왔다. 이어진 영국의 패러데이Michael Faraday의 연구는 전기를 가지고 수행할 수 있는 모든 실험을 연구의 목록에 올렸다. 그중에서 전류에 의한 자기 유도 법칙의 발견과 자기장의 변화에 의한 전류의 유도 실현은 이후 발전기와 전동기의 개선을 통해 전기 산업의 기초가 되었다. 이론적 측면에서 패러데이는 대륙의 전기학자들과 유리된 상태에서 독창적인 연속체 관념에 입각하여 역선과 장의 개념을 통해 전기 자기 현상의 이해를 도모했고 이는 이후 맥스웰에 의해 수학화되어 맥스웰 방정식의 수립과 전자기파의 예견으로 이어졌다. 한편 독일에서는 베버Wilhelm Weber와 노이만Franz Neumann 등에 의해 전기 동역학의 수학화가 진행되었는데, 원격 작용에 토대를 두고 전기 현상을 이해했다는 점에서 이들은 영국의 접근 방식과 차별화되었다. 헬름홀츠는 이러한 대륙의 전자기학과 맥스웰이 수립한 영국의 전자기학을 접목해 이해하려는 시도를 했다. 이러한 노력의 연장선에서 헬름홀츠의 제자인 헤르츠Heinrich Hertz는 1888년에 전자기파를 검출해 냄으로써 맥스웰의 접근법의 우수성을 여실히 입증해 내었고 이후 무선통신이 발전할 토대를 놓았다.

1840년대 에너지 보존 법칙의 수립과 엔트로피라는 개념의 정립, 그리고 열역학 제2법칙의 성립 과정은 물리학사에서 매우 중요한 사건이었다. 에너지 보존 법칙의 발견은 동시 발견의 예로 주로 거론되는바 영국의 줄James Prescott Joule, 독일의 생리학자 마이어Julius Robert Mayer, 독일의 물리학자 헬름홀츠 등이 독립적으로 유사한 결론에 도달했다고 인정을 받는다. 헬름홀츠는 사실상 생리학적인 연구를 통해 에너지 보존 법칙을 착안하게 되었는데, 이 법칙을 정립하는 데 수학적인 접근을 추구함으로써, 수학화가 이론 물리학적 성과로서 중요하게 인식되게 된다. 영국에서 줄이 열기관의 효율을 높이려는 실용적인 목적에서 연구를 수행한 반면, 헬름홀츠는 동물의 열 발생을 생리화학적으로 연구하면서 유사한 결론에 도달했다. 에너지 보존 법칙은, 여러 종류의 변환 과정에 모두 적용되는 변하지 않는 통일적인 원리를 추구했다는 점에서, 낭만주의적 사조로서 독일 지식인을 사로잡고 있었던 자연철학주의 Naturphilosophie의 영향을 받았다고 알려져 있다.

열역학 제2법칙의 발견도 역시 열기관의 열효율에 대한 문제를 고찰하면서 나왔다. 자연 상태에서 열은 고열원에서 저열원으로 흐르며 열효율은 두 열원의 온도 차에만 관계되고 작용물질과는 무관하다는 사실에서, 에너지의 자연적 흐름의 방향성, 즉 에너지 낭비의 경향이 있음이 인지되었다. 영국의 윌리엄 톰슨William Thomson이 이 개념을 천착하는 동안 독일의 클라우지우스Rudolf Gottlieb Clausius는 이러한 경향을 수학적으로 정량화하기 위한 이론적 고찰을 거듭한 끝에 엔트로피라는 개념을 창시하고 엔트로피 증가의 경향이라는 말로 열역학 제2법칙을 수립하는 데 성공했다. 오스트리아의 볼츠만Ludwig Boltzmann은 클라우지우스의 엔트로피 개념에 통계역학적으로 접근하여 상태의 수의 증가라는 개념에 의거해 엔트로피를 새롭게 정의했다. 이는 통계역학이라는 새로운 접근법의 수립과 병행하여 이루어졌다. 맥스웰은 다수의 입자가 모여 있는 기체의 운동을 다루면서 속도 분포에 대한 이론적 논의를 통계적 접근법을 써서 성공적으로 제시한 데 비해, 볼츠만은 여기에 시간의 차원을 넣어서 이러한 분포가 어떻게 바뀌어 갈 수 있는지를 논의함으로써 열역학 제2법칙에 이르게 되었다.

19세기 물리학의 큰 특징은 일반 이론을 추구하는 경향이었으며, 그러한 과정에서 이론 물리학은 중심적인 역할을 했다. 그중에서도 역학 위에 물리학을 세우고자 하는 움직임이 광범하게 일어났다. 많은 물리학자가 열역학을 역학적으로 설명하고자 시도했으며, 이러한 과정에서 통계역학이라는 새로운 시각의 물리학이 창출되었다. 처음에는 전자기학을 역학적으로 설명하고자 시도했으나 결국에 맥스웰의 전자기학이 자체로서 서게 되었고 그 엄밀성의 확보는 확고하여 역학조차도 전자기학으로 환원하려는 시도를 하는 이들이 상당히 많았다. 이러한 흐름에서 선두에 섰던 이가 네덜란드의 물리학자 로렌츠H. A. Lorentz로, 물질 내부의 구성물로 전하를 띤 입자인 전자를 가정함으로써 전기 역학적 접근으로 물체의 변형을 다루어, 로렌츠 변환식을 얻기에 이르렀는데 이것은 나중에 아인슈타인이 고속으로 움직이는 물체에 대하여 상대론적으로 얻은 것과 일치했다.

20세기 초 독일 물리학의 탁월한 공헌은 양자역학과 상대성 이론의 창안에 있었다. 양자 개념은 1900년에 플랑크가 흑체 복사를 설명하는 식을 만들면서 도입한 가정에서 시작되었다. 빛이 띄엄띄엄 떨어진 에너지 양자를 갖는다는 생각은 근본적으로 새로운 사고였기에 그 의미에 대한 많은 논의가 이어졌고, 1908년에 아인슈타인의 광양자(빛양자) 이론을 통해 광전 효과를 성공적으로 설명함으로써 그 함의가 더욱 확장되었다. 1913년에 보어의 수소 모형에 도입된 불연속적 준위의 가정에서 분광학적 측정값으로 제시된 발머 계열에 대한 일관된 설명을 통해 양자 개념은 원자 물리학에 도입되었다. 조머펠트Arnold Sommerfeld는 타원 궤도를 전자에 부여함으로써 측정치와 더욱 일치되는 양자 모형을 만들어 내었고 하이젠베르크는 행렬을 사용하는 새로운 수학적 방법을 통해 양자역학을 체계적으로 수립했다. 한편 슈뢰딩거는 운동 방정식을 사용하는 더 전통적인 방법으로 미시적 세계를 기술하려 시도했고, 이것이 하이젠베르크의 행렬역학과 일치된 결과를 낸다는 것이 알려짐으로써 양자역학은 더욱 완결된 형식을 얻게 되었다. 보른Max Born은 양자역학의 상태함수의 제곱이 확률 밀도 함수로서 특정한 위치에서 입자가 발견될 확률을 나타낸다는 것을 발견하여, 파동함수란 곧 존재 확률의 파동이라는 이해를 낳게 되었다. 이는 이후 보어에 의해 정교화된 양자역학에 대한 코펜하겐 해석의 기초였다.

아인슈타인의 상대성 이론은 맥스웰의 전자기 이론에서 출발했다. 도선 주위에서 자기장이 움직이는 경우와 자기장에 대하여 도선이 움직이는 경우에서, 맥스웰의 이론에 따라 대칭적인 해석이 가능하도록 하려는 노력에서 아인슈타인은 역학의 변혁을 요구했다. 이는 광속 불변과 상대성 원리라는 공준postulate에서 출발하여 등속으로 운동하는 좌표계에 논의를 한정했기에 특수 상대성 이론이라고 불렸다. 이것이 근본적으로 시공간의 변혁을 함축한다는 것은 한때 아인슈타인의 스승이었던 수학자 민코프스키Hermann Minkowski의 해석에 의해 분명해졌고, 플랑크의 적극적인 도움으로 특수 상대성 이론은 이후 많은 추가 연구를 촉발시켰다. 아인슈타인은 속도가 변하는 좌표계 사이의 상대성을 다루는 일반 상대성 이론을 중력 이론과 연관해 전개했고, 이를 위해 필요한 수학적 도구인 텐서를 활용하기 위하여 수학자 그로스만Marcel Grossmann의 도움을 받았다. 그렇게 하여 1915년에 수립된 일반 상대성 이론은 다양한 예측을 내어 놓았고 그중에서 태양에 의한 별빛의 굴절(꺾임)의 예측은 1919년에 영국의 천문학자인 에딩턴Arthur Eddington의 팀에 의해 검증됨으로써 세계적인 명성을 아인슈타인에게 안겨주었다.

이 책의 약점이자 장점은, 제도적 측면에 초점이 맞추어져 있어 개념적 발전의 흐름을 상세히 살피지는 않는다는 점이다. 실제로 과학사에서 오랫동안 관심의 초점이 된 것은 이러한 개념의 역사였다. 과학의 흐름을 새로운 개념의 출현과 발전 과정으로 읽었던 것이다. 그러다가 1990년대에 들어와 실행practice으로 과학을 보고자 하는 새로운 조류가 생겨났다. 과학은 단지 머릿속에서만 일어나는 과정이 아니라 사람의 몸과 관련된 활동이기도 하다는 인식이 이러한 흐름을 이끌었다. 이러한 조류는 한편으로는 관찰과 실험이라는 실행적 측면에 대한 역사가들의 관심을 증폭시켰고 또 한편으로는 과학이라는 실행의 배경이 되는 제도적 측면에 대한 관심으로 나타났다. 이러한 맥락에서 이 책은 대학의 교수직과 연구소, 그리고 학술지에 초점을 맞추어 이론 물리학의 전개 과정을 살펴보았다. 이전까지 탐구된 적이 없었던 1차 자료들을 분석함으로써 이전에 세상에 알려지지 않았던 새로운 측면을 찾아내 이론 물리학의 역사에 새로운 내용을 더했다. 그런 점에서 이 책은 신기원을 이루었고 이후의 과학사 연구 방향에 중요한 영향을 미쳤다. 제도적 측면을 이 책의 방식으로 탐구하는 데 모범이 된 것이다.

그런 점에서 과학사를 연구하고자 하는 학생이나 연구자는 이 책을 통하여 과학의 제도적 측면을 살피는 좋은 실례를 배울 수 있다. 물론 과학자들을 비롯하여 관심 있는 일반 독자는 이 책을 통하여 과학이라는 것이 어떤 배경에서 자라나고 어떠한 상호 작용을 통하여 육성될 수 있는지를 발견할 수 있다. 물론 현대 물리학의 형성 과정에서 결정적으로 기여한 유명한 독일 물리학자들의 생생한 삶의 이야기와 난관들을 실감나게 살필 기회와 적지 않은 재미도 가져다줄 것이다.

[인명 찾아보기]

[용어 찾아보기]

지은이

융니켈(Christa Jungnickel)과 맥코마크(Russell McCormmach)는 부부 과학사학자로서
『자연에 대한 온전한 이해』(Intellectual Mastery of Nature, 1986)로 미국 과학사학회의
파이저 상(Pfizer Award)을 수상하였다.

크리스타 융니켈(Christa Jungnickel)

융니켈은 독일에서 태어나 독일에서 교육받았고 19세기 독일의 과학 기관에 대해서 많은
연구를 하였다. 남편과 함께 『캐번디시』(Cavendish, 1996)를 저술하였고 이 책을 보완하여
3년 뒤에는 『캐번디시: 실험실 생활』(Cavendish: The Experimental Life, 1999)을 출간하였다.

러셀 맥코마크(Russell McCormmach)

맥코마크는 1969년부터 1979년까지 과학사 학술지인 《물리 과학 역사 연구》(Historical
Studies of Physical Sciences)를 편집하였고 길리스피(Charles C. Gillispie)의 과학 인명사전
(Dictionary of Scientific Biography, 1971~1980) 중 "헨리 캐번디시"(Henry Cavendish)
항목을 집필, 《미국 철학회보》(Proceedings of the American Philosophical Society)에 낸
논문 "캐번디시 지구의 무게를 재다"(Mr. Cavendish Weighs the World, 1998), 연구서
『사색적 진실: 헨리 캐번디시, 자연철학, 현대 이론 과학의 발흥』(Speculative Truth: Henry
Cavendish, Natural Philosophy, and the Rise of Modern Theoretical Science, 2004)을 내놓아
캐번디시 전문가로서 확고한 위상을 얻었다. 역사 소설 『어떤 고전 물리학자의 한밤중의
생각들』(Night Thoughts of a Classical Physicist, 1982)을 집필하기도 하였다.

옮긴이 구자현

1966년 서울에서 태어나 서울대학교 물리학과를 졸업하고 같은 대학 대학원에서 서양 과학사
로 박사학위를 받았다. 현재 영산대학교 자유전공학부 교수로 재직하고 있다. 2007년에 한국
과학사학회 논문상을 수상했으며 2010년에 "개인의 총체적 쾌감인 행복을 위한 사회적 조건"
으로 제1회 한국창의연구논문상 장려상(한국연구재단)을 수상했다. 또한 논문 "기구의 용도와
형태: 레일리의 음향학 실험의 공명기와 소리굽쇠"로 2010년에 교과부 선정 「연구개발사업
기초 연구 우수성과」(교과부 장관상)와 2012년에 한국연구재단 선정 「인문사회 기초학문육성
10년 대표성과」로 선정되었다. 국제적으로는 과학 분야에서 교육자, 번역가, 저자로서의
우수한 업적을 인정받아 세계 3대 인명정보기관인 마르퀴즈 후즈후(Marquis Who's Who),
국제인명센터(International Biographic Centre), 미국인명연구소(American Biographical
Institute)에서 편찬하는 다수의 인명사전에 2009년부터 연속으로 등재되었다. 주요 저서로는
『레일리의 음향학 연구의 성격과 성과』, 『레일리의 수력학 전기학 연구』, 『쉬운 과학사』,
『앨프레드 메이어와 19세기 미국 음향학의 발전』, 『공생적 조화: 19세기 영국의 음악 과학』,
『음악과 과학의 만남: 역사적 조망』, Landmark Writings in Western Mathematics, 1640~
1940(공저)가 있으며 주요 논문으로는 Annals of Science에 게재된 "British Acoustics and
Its Transformation from the 1860s to the 1910s," "Uses and Forms of Instruments: Resonator
and Tuning Fork in Rayleigh's Acoustical Experiments," "Alfred M. Mayer and Acoustics
in the Nineteenth-Century America"가 있다.